教育部大学计算机课程改革项目规划教材

面向经管类专业的大学计算机基础教程

主　编　张义刚　李自力

高等教育出版社·北京

内容提要

计算机技术的迅速发展，不断拓展着计算机知识领域的深度和广度。经管类专业的大学生应该掌握哪些计算机基础知识和基本技能呢？ 进入大学后的第一门计算机课程应该如何进行呢？ 参考教育部高等学校文科计算机基础教学指导委员会制定的针对文科类专业的《大学计算机教学要求》，作者在充分调研、讨论和总结财经类院校计算机基础课程教学的基础上，编写了本书。 本书以数据处理为主线来组织内容，主要分为上、下两篇。 上篇介绍计算机基础知识，包括计算机概述、操作系统、计算机网络与应用基础、信息安全等；下篇介绍计算机数据处理，包括文字编辑软件、电子表格、数据库应用基础、数据科学简介等。 其中，本书介绍的操作系统版本是 Windows 10，办公软件版本是 Office 2016。

本书理论和实践并重，既提供了较为丰富的资源供读者下载，同时也提供了微信公众号的支持。

本书内容丰富、层次清晰、通俗易懂、图文并茂，适合作为高等院校本专科生的大学计算机课程教材，也可作为计算机爱好者尤其是对数据处理基础感兴趣的读者的学习参考书。

图书在版编目(CIP)数据

面向经管类专业的大学计算机基础教程 / 张义刚，李自力主编.--北京:高等教育出版社,2020.9(2022.5 重印)
ISBN 978-7-04-052859-6

Ⅰ.①面… Ⅱ.①张… ②李… Ⅲ.①电子计算机-高等学校-教材 Ⅳ.①TP3

中国版本图书馆 CIP 数据核字(2019)第 231476 号

策划编辑 刘 娟　　责任编辑 刘 娟　　封面设计 李卫青　　版式设计 徐艳妮
插图绘制 于 博　　责任校对 吕红颖　　责任印制 韩 刚

出版发行	高等教育出版社	网　　址	http://www.hep.edu.cn
社　　址	北京市西城区德外大街 4 号		http://www.hep.com.cn
邮政编码	100120	网上订购	http://www.hepmall.com.cn
印　　刷	北京印刷集团有限责任公司		http://www.hepmall.com
开　　本	850mm×1168mm　1/16		http://www.hepmall.cn
印　　张	18.75		
字　　数	460 千字	版　　次	2020 年 9 月第 1 版
购书热线	010-58581118	印　　次	2022 年 5 月第 3 次印刷
咨询电话	400-810-0598	定　　价	42.30 元

本书如有缺页、倒页、脱页等质量问题，请到所购图书销售部门联系调换

物 料 号　52859-00

面向经管类专业的大学计算机基础教程

张义刚 李自力

1 计算机访问http://abook.hep.com.cn/18610220，或手机扫描二维码、下载并安装Abook应用。

2 注册并登录，进入“我的课程”。

3 输入封底数字课程账号（20位密码，刮开涂层可见），或通过Abook应用扫描封底数字课程账号二维码，完成课程绑定。

4 单击“进入课程”按钮，开始本数字课程的学习。

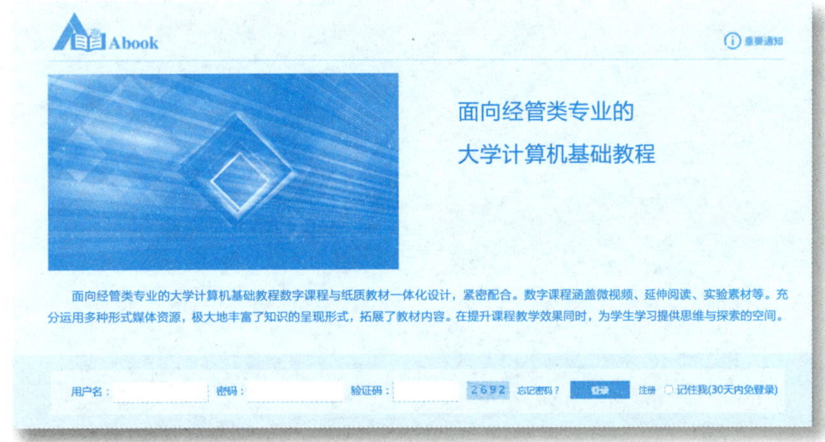

课程绑定后一年为数字课程使用有效期。受硬件限制，部分内容无法在手机端显示，请按提示通过计算机访问学习。

如有使用问题，请发邮件至abook@hep.com.cn。

实验素材

http://abook.hep.com.cn/18610220

前言

云计算、大数据、区块链、人工智能…不断涌现，计算机技术的迅猛发展，不断拓展着计算机知识领域的深度和广度，大学计算机基础教育必须与时俱进，才能满足时代的需要。那么，经济类、管理类专业的学生，应该具备什么样的计算机基础知识和基本技能呢？

在教育部高等学校文科计算机基础教学指导委员会制定的针对文科类专业的《大学计算机教学要求》的指导下，作者在充分调研和讨论的基础上，编写了本书，以期能够为经管类专业的学生提供学习参考。

计算机知识领域涉及面非常广，为了能够在有限的学习时间内，突出重点明确方向，本书在编写过程中围绕数据处理这条主线来组织内容。在数据时代，使用计算机来进行数据处理，是经管类专业的学生必须具备的计算机基本技能。因此在内容的安排上：Excel 是本书的重点；Word 不单单是文字排版软件，同时也是文本型数据的处理工具；数据库则是重要的数据管理工具。当然，要使用计算机来进行数据处理，必须具备一定的计算机基础知识。因此，本书依然保留了对计算机工作原理、操作系统、计算机网络、信息安全等基础内容的介绍，并集合为上篇。

由于本书是学生进入大学后第一门计算机课程的教材，因此本书也充分考虑了内容的开放性。对于一些内容（如数据科学），本书仅仅是作了导论似的简介，以期能够引导读者进一步深入学习，并和后续的一些课程进行衔接。本书还在下载资源中，提供了一些拓展阅读资料。

理论性和实践性的并重，是本书的另外一个特点。如果只强调实践性，则计算机基础教学很可能变成对某款应用软件当前版本的介绍，学生很难做到融会贯通；若不强调实践性，学生则很难掌握实际的操作技能来满足学习和工作的需要。本书准备了比较丰富的练习素材，可供读者下载。同时，读者扫描关注封面勒口处的微信公众号 fe_computer 还可获得持续帮助。

本书由张义刚、李自力任主编，缪春池、张英、谢志龙任副主编。各章的作者为：第 1 章，李自力；第 2 章，范江波、陈智；第 3 章，范江波；第 4 章，陈德伟；第 5 章，缪春池；第 6 章，张义刚、陈蓓；第 7 章，张英；第 8 章，谢志龙。张义刚负责全书的统稿工作。

西南财经大学经济信息工程学院的领导和其他老师也为本书的编写提供了支持和帮助，并提出了宝贵的修改意见，这里一并表示感谢。

尽管编写组做出了极大努力,但是书中难免还存在一些问题,恳请专家和读者批评指正,我们将非常感谢。

西南财经大学经济信息工程学院
“大学计算机基础课程组”
2020年8月

教学时间安排建议

章节	知识点	学时
计算机概述	• 基本概念 • 计算机硬件系统 • 计算机软件系统 • 微型计算机系统 • 计算机内部的数据表示	2
操作系统	• 基本概念和基本操作 • 文件、文件夹和磁盘管理	1
计算机网络与应用基础	• 计算机网络概述 • 局域网 • 无线通信网 • 网络互连与互联网 • 互联网的具体应用	2
信息安全基础	• 信息安全的概念 • 病毒及其防范	1
Word 2016	• Word 2016 概述 • 查找和替换 • 邮件合并 • 长文档排版	2
Excel 2016	• Excel 2016 概述 • 数据的录入与显示 • Excel 公式 • Excel 函数 • 数据分析 • Excel 图表 • 常用快捷键	18
数据库基础	• 数据库系统基本知识 • Access 概述和基本操作 • 在 Access 中使用 SQL	4

【说明】

(1) 因“大学计算机基础”课程的课时一般较少,所以建议将教学的重点放在 Excel 部分;其余内容,教师可选择讲授一些难点和重点,大部分内容由学生在教师的指导下自学。

(2) 本书第 8 章“数据科学简介”介绍了一些数据科学的前沿发展情况,目的是为“Python 语言程序设计”课程的学习打下一些基础。建议可把本章作为课外阅读资料学习。

目 录

上篇 计算机基础知识

下篇 计算机数据处理

上篇　计算机基础知识

第 1 章　计算机概述

学习目标

1. 熟悉计算机的特点、分类、产生发展以及应用领域。
2. 熟悉计算机系统的构成，了解计算机的硬件和软件系统。
3. 了解微型计算机系统。
4. 掌握计算机内部数据的表示方式。

1.1　基本概念

1.1.1　计算机

在人类社会的发展过程中，有许多用于辅助计算的工具被发明并应用。例如，计算尺、算盘、机械式的计算器等，这些曾经都是应用极其广泛的辅助计算工具。

进入 20 世纪，在数学家和工程师的共同努力下，一种使用电子元器件构成的，能够通过执行预先存储描述计算机算法的程序代码而自动进行数值计算和数据处理的机器被设计和制造出来，这种机器被称为“计算机”。计算机的核心部件由纯粹的电子元器件和线路构成。由于计算机在工作中不包含传统计算工具中必不可少的机械运动部分，因而，电子计算机的运算速度也是之前的各种辅助计算工具无法比拟的。

计算机一出现，便被人们广泛地应用于科学研究、工程设计、经营管理等各个领域。由此，计算机也以各种各样的形式出现在人类社会生活的方方面面。今天，这里谈论的“计算机”实际上是指通用型电子数字式计算机系统。

1.1.2　计算机的特点

1. 运算速度快

电子计算机的核心部件内部没有机械运动部件，因此，计算机核心部件的工作步骤仅仅表现为系统内部电信号状态的变化。和传统的机械式辅助计算工具相比，计算机的运算速度能够达到一个难以想象的、非常高的水平。早期的第一代电子管计算机就已经能够达到每秒进行数千次的加法运算的速度，今天的计算机则完全能够轻松地达到远远高于每秒 1 亿次的运算速度。

2. 存储容量大

计算机有“记忆”能力，计算机的这个“记忆”能力实际上是它的存储功能。计算机能够将大量的、各种各样的程序代码和数据代码（如表示数值的、文字的、图形的、图像的、声音的、视频的、动画的等）保存在它的外部存储器（如硬盘、软盘、磁带、光盘、U 盘等）中。今天普通的计算机存储容量到底有多大？一个存储容量为 32 GB 的 U 盘理论上能够保存 170 亿个以上的汉字信息，而人们目前使用的一台普通的笔记本电脑一般配置 4 GB 以上的内存和 1 TB 以上的外存（仅硬盘一种外部存储器设备）。

3. 计算精度高

计算机进行数值计算可以达到很高的精度。通过提高计算机的字长而达到的精度往往不能满足人们的要求，但人们可以编制专门的程序来提高计算机进行数值计算的精度。举个例子，可以通过设计专门的程序，使用计算机轻易地将圆周率的精度计算到小数点后的 100 万位。

4. 具有逻辑判断能力

计算机不仅可以进行数值计算和数据处理，还能进行复杂的逻辑运算和条件判断。例如，计算机能够解决诸如“数值 100 是否大于 98”“字符串 abc 和字符串 aaa 中字母的排列情况是否一致”“变量 a 是不是逻辑型变量”等逻辑判断问题。计算机具有逻辑判断能力，为计算机能够按程序自动工作打下了基础。

5. 能存储程序并自动执行程序

人们设计出解决问题的算法（解决问题的方法和步骤），用计算机程序设计语言描述出来，这种描述的结果就是计算机程序代码。计算机可以事先将准备好的程序代码和需要被处理的数据代码存入计算机存储器中。当需要的时候，人们可以随时执行准备好的程序代码（即执行程序），处理数据代码，得到并输出结果数据。这种工作方式是计算机存储程序并按程序执行的表现形式。特别是在这个过程中，无须人工干预，完全是计算机自动执行。今天人们看到的各种计算机应用案例，无一例外的都是计算机按人们事先设计好的程序工作的结果。

6. 硬件系统的可靠性高

随着信息技术的发展，今天的计算机已经能够以各种形式存在于人们生活的各个方面。现在的计算机，或者是计算机部件一般都被封装在非常坚固、密实的外壳中，这使得计算机硬件系统的可靠性大为提高。在山区、在海底、在太空，计算机硬件系统总是能正常地、可靠地、持久地工作。

1.1.3　计算机的分类

经过 70 多年的发展，如今的电子计算机已出现各种各样的类型。以下是常见的电子计算机的分类依据和分类结果。

1. 按数据编码方式分类

按信息在计算机中的表示形式和处理方式，电子计算机可分为数字式电子计算机、模拟式电子计算机和数字模拟混合式电子计算机三大类。在计算机内部，以二进制数字信号方式存储和运算数据的电子计算机，被称为数字式电子计算机；以模拟信号方式表示和运算数据的电子计算机，被称为模拟式电子计算机；具有上述两者特点的电子计算机被称为数字模拟混合式电子计算机（简称为混合式电子计算机）。

2. 按计算机规模分类

这里的规模是一个综合性指标，综合了与电子数字式计算机相关的性能、价格（或研发成本）、体积、对运行环境的要求、维护费用和对维护人员的要求等指标。按规模，计算机可分为：巨型计算机系统、大中型计算机系统、小型计算机系统、微型计算机系统、服务器和工作站系统等。

3. 按用途分类

某些计算机是为普通人服务的，这些计算机系统一般被称为“通用型计算机系统”。某些计算机是为特殊人群或特殊岗位服务的，这些计算机系统一般被称为“专用型计算机系统”。

- 通用型计算机系统一般具有较完备的指令系统和外部设备，可以应用在各个方面。比如，通常在办公室、教室、网吧等场所摆放的计算机的系统就是通用系统。
- 专用型计算机系统一般是为某特定工作场所或工作目的而研发的系统。

1.1.4　计算机的产生

微视频：
计算机的产生与发展

1946 年，世界上第一台电子数字式计算机在美国宾夕法尼亚大学诞生。这台名为 ENIAC（Electronic Numerical And Calculator）的“庞然大物”被认为是第一台真正意义上的电子数字式计算机系统。这台计算机系统能够用来进行弹道计算。这台耗资几十万美元打造的计算机系统的硬件系统的核心部件由 1 万多个电子管和 1 千多个继电器构成。这台计算机占地 170 m^2，质量达 30 t，工作起来耗电 140 kW，运算速度达 5 000 次/秒。

尽管在今天看来，这是一台体积庞大、耗费巨资、性能并不怎么样的计算机系统，但它标志着数字式电子计算机进入实际应用的新时代。

1.1.5　计算机的发展历程

1. 第一代计算机

1958 年以前，还没有发明晶体管，人们只能用电子管作为基本的开关设备来构造计算机的主要核心部件，这个时期被制造出来的计算机被称为第一代计算机。第一代计算机的特点是体积大、重量大、耗电量大、制造成本高、运行维护费用高，总之，计算机的性能指标比较低，造价昂贵，性价比很低。第一代计算机的运算速度可达几千次/秒。

2. 第二代计算机

1958 年，人类发明了晶体管，人们用晶体管代替电子管作为基本的开关设备构造计算机的核心部件，这个时期的计算机被称为第二代计算机。这种情况持续到 1964 年。第二代计算机的各项性能指标都有大幅度提高，同时价格和运行维护成本大幅度降低。第二代计算机的运算速度可达几十万次/秒。

3. 第三代计算机

1965 年，随着集成电路技术的出现，计算机的核心部件不再由晶体管构成，而由集成电路构成。一块集成电路芯片上有成千上万的晶体管，这个时期的计算机被称为第三代计算机。第三代计算机的各项性能指标进一步提高，而价格和运行维护成本进一步降低。第三代计算机的运算速度可达一百万次/秒以上。这个阶段一直持续到 1970 年。

4. 第四代计算机

随着科学与工程技术的发展，1971 年，出现了大规模和超大规模集成电路制作工艺，计算机的核心部件由集成度更高的大规模集成电路构成，这个时期的计算机被称为第四代计算机。第四代计算机除了各项性能指标进一步提高，价格和成本进一步降低外，计算机硬件的小型化和微型化取得突破性进展。微型计算机就是应用超大规模集成电路的成果。这个阶段一直持续到今天。

1.1.6 计算机的主要应用领域

1. 科学计算

科学计算又被称为数值计算，指人们借助于计算机的高速计算能力解决一些计算量非常大的数值计算问题。例如，解线性方程组、计算定积分等。计算机科学计算被广泛应用于科学研究、工程设计、气象预报、统计分析、数据挖掘等领域。

2. 数据处理

计算机数据处理是借助于计算机的大容量数据存储能力，将海量的原始数据存储在计算机系统的外部存储器中，并在此基础上进行诸如数据排序、筛选、分类、统计、转换、传输等数据处理操作，产生新的数据集合（或数据结构），再根据对新的数据集合（或数据结构）的解读（或分析）得到有用的新信息。人们从得到的新信息中获取新的知识，或者是运用新的信息帮助管理和决策。数据处理是目前计算机应用最为广泛的领域。

3. 过程控制

这里的过程是指产品的生产制造过程或物体的运动过程。计算机过程控制就是在生产过程和运动过程中实施计算机控制。今天人们看到的自动化生产线、无人驾驶飞机等都是计算机过程控制的产物。

4. 计算机辅助

计算机辅助设计（CAD）是最早的计算机辅助模式。利用计算机的高速计算和数据处理能力，计算机大容量数据存储能力，计算机的图形显示器、打印机、绘图仪等外部设备，工程设计人员将工程设计工作迁移到计算机上来进行，计算机辅助设计人员完成了大量烦琐的计算、绘图、资料保存和检索等工作。在计算机的辅助之下,工程设计人员将宝贵的时间和精力放在了解决设计难题、提出新的方案、测试设计结果等方面,工程设计工作的创意、质量、效率大为改善。这种设计模式就是计算机辅助设计。

后来出现了计算机辅助制造、计算机辅助教学、计算机辅助医疗等新的模式。今天,计算机辅助人们从事各种各样的工作已然是一种常见现象。

5. 人工智能

人工智能是指利用计算机来模仿人类特有的思维活动(如学习能力、理解能力、决策能力、适应能力等)的研究和应用领域。人工智能是计算机的一个“古老”的研究和应用领域,人类对此充满殷切的期望。但是到目前为止,该领域还没有取得突破性进展。计算机系统到今天仍然不能像人一样思考和学习,诸如“机器人”“专家系统”等只是人工智能比较初级的研究和应用成果,即便是这些非常初级的成果,也已经让人们看到这个领域的无限前景。

6. 计算机网络

随着计算机技术和通信技术的飞速发展和深度融合,一种计算机技术和通信技术相结合的产物——“计算机网络”快步走入了人们的生活。电子邮件、WWW 浏览、远程登录、搜索引擎、BBS 等已然成为人们生活的一部分。计算机网络是计算机的一个新的、发展异常迅猛的应用领域。

1.1.7　计算机系统的构成

一台可供使用的计算机系统通常由硬件系统和软件系统两大部分构成(如图1-1-1所示)。一般来讲,计算机硬件是计算机系统的基础,计算机软件是计算机系统的灵魂。

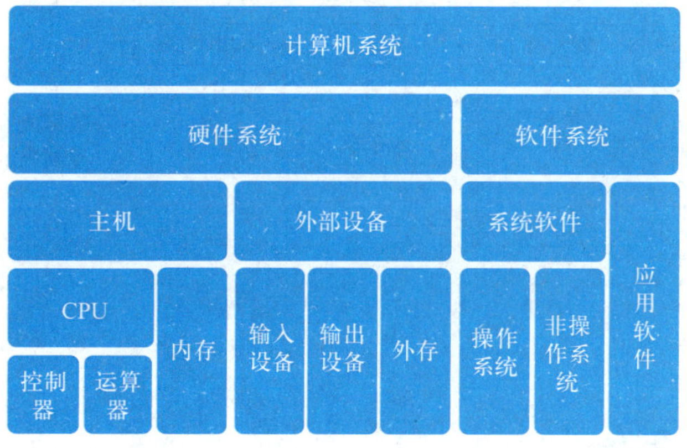

图 1-1-1　计算机系统的基本组成

计算机的硬件是指计算机中看得见(或者是应该看得见)、摸得着(或者是应该摸得着)、有体积和质量的设备和元器件等。如电路板、集成电路芯片、键盘、鼠标、显示器、线缆接口等。

计算机软件是指附着于计算机硬件(或者是存储于计算机硬件)的数据代码、程序代码等。如存储在计算机中的数据、程序、电子表格、数码照片、数字音频、从网上下载的网页、在计算机上安装的 Windows 操作系统、Office 办公软件、显示在显示器上的一串字符等。

1.1.8　计算机发展趋势

就目前情况来看，人们可以预测，今后的计算机会朝着以下5个方向发展。

① 巨型化：超级计算机的性能指标越做越高。

② 微型化：微型计算机系统中硬件系统的体积越做越小，今天的手机基本上已经具备计算机的功能。

③ 智能化：计算机会变得越来越"聪明"，越来越好用。

④ 网络化：计算机的网络功能越来越强，能够随时随地与网络连接。

⑤ 异形化：什么都是计算机，计算机越来越不像计算机。

1.2　计算机硬件系统

1.2.1　冯·诺依曼体系结构

1946年，数学家冯·诺依曼提出了存储程序并执行的现代数字计算机工作基本原理，并在此基础上设计出了由存储器、控制器、运算器、输入设备、输出设备五大功能部件构成的电子数字式计算机硬件系统的基本结构。这一结构一直被后来电子数字式计算机硬件系统的设计者所遵循，沿用至今。该结构被称为冯·诺依曼体系结构（如图1-2-1所示）。

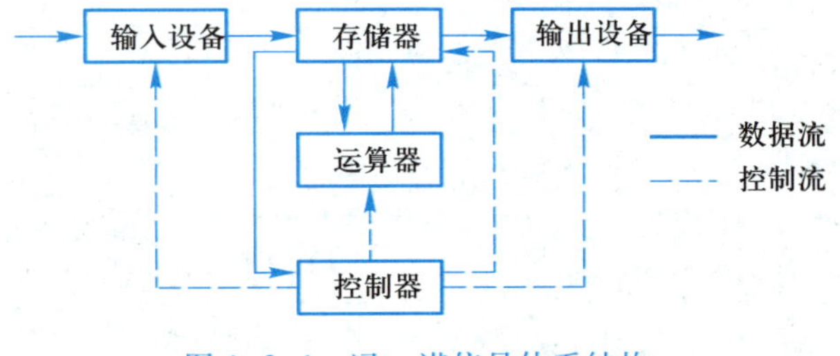

图1-2-1　冯·诺依曼体系结构

1.2.2　五大功能部件

冯·诺依曼体系结构的基础是五大功能部件。各部件各司其职，又相互配合，实现了存储程序并执行的功能。

1. 存储器

计算机的存储器就像一个包含了很多编了号的小抽屉的大柜子（如图1-2-2所示）。每一个抽屉被称为一个基本的字节（B或Byte）存储单元，一个字节由8位（b或bit）二进制代码构成。也就是说，一个字节存储单元可以存储一个8位的二进制代码。每一个字节存储单元对应的编号被称为该存储单元的地址，地址也是用二进制代码来表示的。

地址编号	1个字节（Byte）8位（bit）
00000000000000000000	0 1 0 0 0 0 0 1
00000000000000000001	0 1 0 0 0 0 1 0
00000000000000000010	1 1 0 0 0 0 1 1
00000000000000000011	0 1 0 0 0 1 0 0
00000000000000000100	0 1 0 0 0 1 0 0
00000000000000000101	1 1 0 0 0 1 0 1
00000000000000000110	1 1 0 0 0 1 1 0
00000000000000000111	0 1 0 0 0 1 1 1

图 1-2-2　存储器的基本结构示意图

存储器的基本功能就是保存代码。将要被运行和处理的指令代码、数据代码必须预先存放在存储器中。执行程序时，产生的中间数据代码和结果数据代码也要保存在存储器中。

存储器中字节存储单元的数量被称为存储容量，存储容量以字节（B）为单位。常见存储容量单位及换算如下所示。

1 KB = 1 024 B

1 MB = 1 024 KB

1 GB = 1 024 MB

1 TB = 1 024 GB

存储单元越多，存储器的存储容量也就越大。存储器的存储容量是衡量计算机硬件系统性能的主要指标之一。存储容量越大，能够一次性存入的程序代码和数据代码就越多，存储器和输入输出设备之间交换数据的次数就会越少，因而计算机运行程序和处理数据所需要的时间也就越少。这样，人们感觉到的计算机速度就会更快一些。

计算机存储器的容量不仅仅和存储单元的数量有关，还和存储单元地址编码的位数有关。存储单元地址是以二进制代码的形式表示的。1 位二进制代码可以编址 2 个存储单元，2 位二进制代码可以编址 4 个存储单元，3 位二进制代码可以编址 8 个存储单元，10 位二进制代码可以编址 2^{10} 个存储单元（即 1KB），20 位二进制代码可以编址 2^{20} 个存储单元（即 1 MB），30 位二进制代码可以编址 2^{30} 个存储单元（即 1 GB）。依此类推，计算机存储器的容量取决于两个方面：一是存储单元的地址代码的位数，它决定了寻址空间，也就是理论上存储容量的上限；二是要有足够多的存储单元用于存储代码。

当今计算机的存储器，主要是指内存。今天计算机的内存主要由数字电子线路构成。由于电子线路结构和工艺的不同，制造出来的基本字节存储单元的功能也有所差异。一类存储单元只能提供数据（这种操作被称为“读”数据），不能改写已保存的数据（这种操作被称为“写”数据），这种存储单元叫“只读存储单元”，由这种存储单元构成的存储器叫“只读存储器”（简称 ROM）。另一类存储单元既可以提供数据，又可以改写已保存的数据。这种存储单元叫“随机存取存储单元”，由这种存储单元构成的存储器叫“随机存取存储器”（简称 RAM）。

2. 控制器

计算机中存储两种二进制代码，一种是程序代码，另一种是数据代码，程序代码由一条一条的指令代码构成，数据代码则表示数据。计算机的硬件系统一旦被制造出来，一定会为用户提供一套完整的指令系统，在指令系统中，用户要求计算机做的任何一个操作都会有一条或多条指令与之相对应。程序实际上就是相关指令的代码序列。一条代码规定了计算机应该完成的一个符合用户要求的基本操作,一个指令序列规定了计算机应该完成的一个符合用户需要的能够解决特定问题的方法,这就是对程序概念的基本理解。

控制器的基本功能就是先通过理解程序中指令的含义(这个操作叫“指令译码”),然后产生出完成指令所必需的控制信号序列,控制相关设备协调工作,进而实现指令功能。因此,控制器是理解程序、控制程序的基础,它是五大功能部件中的控制中心。

3. 运算器

数据处理的基础是基本的数据运算,数据运算包括算术运算、逻辑运算和其他一些特殊运算。计算机中运算器的基本功能就是在控制器给出的控制信号作用下,和其他设备配合对数据代码进行运算。因此,运算器是一个专门的数据处理场所,运算器的工作速度是计算机速度的核心指标。

4. 输入设备

信息常常存在于计算机外,将信息转换成计算机能够表示、存储、运算的数据代码然后装入计算机系统,这个过程叫数据输入。在计算机硬件系统中,能够承担数据输入任务的设备是输入设备。数据输入是计算机工作的基础,输入设备也就成了计算机硬件系统必不可少的组成部分。比较常见的输入设备有:键盘、鼠标、扫描仪等。

5. 输出设备

计算机将保存的数据转换成人们能够理解的信息,并展现出来,这个过程叫数据输出。在计算机硬件系统中,能够承担数据输出任务的设备是输出设备。和数据输入一样,数据输出也是计算机工作的基础,也是计算机硬件系统必不可少的组成部分。比较常见的输出设备有:显示器、打印机等。

1.2.3　计算机的基本工作原理

计算机的工作原理概括起来就是一句话:存储程序并执行。理解计算机的工作原理就是要搞清楚程序执行的过程,而程序是由指令系列构成的,因此要理解程序执行的过程就是要理解一条指令的执行过程。

一条指令的执行全过程被划分成:取指令、理解指令、执行指令、准备取下一条指令 4 个步骤。一条指令的执行是存储器、控制器、运算器等多个部件共同作用的结果。下面是执行指令的各步骤需要完成的具体任务。

1. 取指令

构成程序的一条一条的指令代码被保存在计算机的内存单元中。假设每一个存储单元保存一条指令,那么构成程序的一串指令将被内存的一串存储单元保存。每一个存储单元都对应一个存储单元编号(即存储单元地址)。一个将要被执行的程序,不仅需要将程序代码预先存入内存,还要将构成程序的第一条指令代码的存储单元地址,放入控制器的程序计数器中。

取指令操作就是控制器根据程序计数器中保存的内存单元地址,到内存单元中将指令代码读取出来,并将该指令代码放入控制器的指令寄存器中暂存。

2. 理解指令

计算机给出的指令系统(即所有指令的集合)中的指令都有一个基本的结构——指令结构,

如图 1-2-3 所示是指令结构的示意图。

操作码	操作数

图 1-2-3　指令结构

从图 1-2-3 中可以看出，一条指令由操作码和操作数（或地址码）构成。操作码被用来表示操作的类型和方法，如加法运算、逻辑与运算、代码传输操作、输入或输出操作等。操作数被用来指定参与运算的数据代码是什么类型，在什么地方取数据代码等。一条指令一定有一个操作码，而一条指令可能有一个或多个操作数，甚至没有操作数。

控制器中有一个指令译码电路，其作用是根据输入的指令操作码，产生出与指令操作码相对应的一组操作控制信号，这个过程被称为：机器理解指令。

假设指令“10100101”的操作码是“1010”，操作数是“0101”，该指令的功能是将地址为“0101”的存储空间中的数据代码取出，传送并保存在运算器的 R1 寄存器中。那么，指令的操作码“1010”将被送给指令译码器。通过对“1010”的译码，指令译码器将产生出一组控制存储器和运算器协同工作的控制信号，这组控制信号将保证存储器和运算器协作完成数据传送的操作。

3. 执行指令

在由指令译码电路输出的操作控制信号的控制之下，各功能部件之间协调工作，完成与指令操作码相匹配的操作，这一过程被称为执行指令。

4. 准备取下一条指令

一条指令执行结束，控制器还需要为取下一条指令做好准备。根据前面的假设，一条指令用一个存储空间来保存，每个存储空间都对应一个固定的地址代码。并且，存储空间的地址是按顺序编码的，程序的指令代码也是按顺序存放在存储空间中。因此，要顺序取到下一条指令，只需要将控制器中的程序计数器的代码值加 1 即可。所以，所谓“准备取下一条指令”就是按规则修改程序计数器的值。

以上 4 个步骤叠加起来的效果，就是一条指令被执行的全过程。整个程序的执行就是不断地重复上述 4 个步骤的过程。

1.3　计算机软件系统

软件是计算机的“灵魂”。一台计算机如果只有硬件部分，而没有安装相应的软件，这种计算机通常被称为“裸机”。对一般用户来讲，“裸机”是不能使用的。只有在计算机硬件系统上按照用户的要求，安装了相应的软件系统，计算机才能帮用户做事情。

1.3.1　计算机软件分类

软件是计算机系统的灵魂。计算机系统能不能用？计算机系统好不好用？计算机系统能做什么？这些都和计算机软件息息相关。

按用途和在计算机系统中扮演角色的不同，可把计算机软件分为系统软件和应用软件两大类。

1. 系统软件

系统软件用于管理和监控计算机系统，使之更安全、更可靠、更高效、界面更友好，有助于用户更高效、更方便开发各种应用软件。一般来讲，计算机系统一定要安装系统软件。系统软件一般包含：操作系统、数据库管理系统、程序开发工具、“编译”和“解释”系统以及其他支持软件等。

操作系统是一种非常重要、非常特殊的系统软件。操作系统的功能是管理和协调整个计算机系统的软硬件设备，构造一个其他软件的运行平台。操作系统还提供了计算机系统的基本用户界面。

2. 应用软件

应用软件是专门为用户的具体工作和生活需要而设计开发的软件。用户出现了需求，并且这种需求是适合计算机辅助的，相应的应用软件就会出现。因此，应用软件五花八门、种类繁多，一种应用软件往往对应一种类型的用户需求。

1.3.2　常用的系统软件介绍

1. Windows

Windows 是美国“微软”公司开发的，主要运行在 IBM PC 及兼容微型计算机系统上的操作系统软件。Windows 有多个版本，如 Windows 95、Windows 98、Windows NT、Windows 2000、Windows XP、Windows 2003、Windows Vista、Windows 8、Windows 10 等。

大部分的 Windows 版本是基于微型计算机系统的个人计算机操作系统，是单用户多任务的、图形用户界面的、多媒体操作系统。

2. UNIX

UNIX 是目前小型计算机、服务器等系统上应用最普遍的操作系统。不同计算机制造商（如 IBM、SUN 等）都有自己的 UNIX 版本。

UNIX 是一种多用户多任务操作系统。它既是字符界面操作系统，又是图形界面操作系统，目前使用的一般都是网络操作系统。

3. Linux

Linux 的基本功能和 UNIX 一致，是一种可以免费使用的操作系统软件。

4. SQL Server

SQL Server 是微软研发的数据库管理系统。目前被广泛使用的 SQL Server 版本有：SQL Server 2000、SQL Server 2005、SQL Server 2008 等，其中 SQL Server 2000 是标准的数据库管理系统，SQL Server 2005 集成了商务智能（BI）功能。

1.3.3　常用的应用软件介绍

1. Office

Office 是美国微软公司开发的，主要运行在 IBM PC 及兼容微型计算机系统上的集成化的办公自动化软件系统。Office 有多个版本，包括 Office 95、Office 98、Office NT、Office 2000、Office

XP、Office 2003、Office 2007、Office 2016 等。

Office 中包括 Word、Excel、PowerPoint、Access 等应用程序。

2. AutoCAD

AutoCAD 是一款专门为工程设计人员开发的计算机辅助软件系统。使用 AutoCAD,设计人员可以方便地在计算机上进行工程设计,保存并交流设计思想和成果,打印和绘制设计图纸,并将设计与制造结合起来。

3. Photoshop

Photoshop 是一款专门为平面设计人员开发的计算机辅助软件系统。Photoshop 具有基本的绘图功能,具有对图像素材进行各种制作和效果渲染的功能,具有多图层编辑和合并功能,具有细腻的色彩调整功能等。今天人们在大街小巷中看到的各种各样的五彩缤纷的宣传品,很多都是用 Photoshop 或者是类似 PhotoShop 的软件辅助制作出来的。

4. Flash

Flash 是一款专门为动画效果设计人员开发的计算机辅助软件系统。Flash 是基于矢量图形的交互式二维动画制作软件。Flash 还支持动画和声音信息的整合。今天人们在浏览网页时看到的大量动画效果,很多都是这类软件工具辅助制作出来的。

5. 3ds Max

3ds Max 是一款用于三维实体建模和动画编辑制作的计算机辅助软件系统。今天,计算机虚拟现实技术已经被广泛应用。计算机虚拟现实应用的基础是对实体的计算机模拟。3ds Max 是非常好的和应用最为普遍的三维建模工具软件。

6. SPSS

SPSS(Statistical Product and Service Solutions)是一款知名统计数据分析软件。SPSS 起源于 3 位大学生的创意和工作,发展到今天在全世界范围内已有大量用户。SPSS 软件可以运行在 Windows 和 Mac OS X 操作系统上。

1.3.4　程序语言基础

计算机的核心工作原理就是事先存储程序,并按程序自动执行。那么,程序是怎么建立起来的呢?程序是由程序语言编写的。所以,程序语言是用户和计算机之间最基本的接口。

1. 机器语言

计算机硬件系统设计并制造出来以后,用户和计算机之间的最基本的人机接口就产生了,这就是计算机的指令系统。指令系统就是一种程序语言,用户可以用指令系统编写程序。指令系统是“贴在”计算机硬件系统上的语言,因此,又常被称为“机器语言”。

用机器语言编写的程序只能在能够理解本机器语言的同类计算机硬件系统上运行,但其运行时是不需要进行翻译和代码转换的。计算机的指令系统由二进制代码表示,由机器语言编写的程序也是二进制代码的形式。

一种类型的计算机硬件系统,对应一种机器语言。

机器语言被称为“第一代程序语言”。以下是一段机器语言代码的例子。

```
0000000000000000010000
0000000100000000001
```

```
0001000100000000010000
0001000100000000000001
0011000000000000010000
0011000100000000000001
0111000100000000010000
0011000100000000000001
0010000000000000010000
0011000100000000000001
0111000100000000010000
0110000100000000000001
```

使用机器语言编写的程序,就像“天书”一样。

2. 汇编语言

因为机器语言是一种向硬件提供的语言,以二进制代码的形式表示。因此,用户学习、掌握、使用机器语言都会觉得很困难,很难适应。能不能将机器语言的指令由二进制代码表示形式改成用户熟悉的字符代码表示形式呢?

使用机器语言编写一个代码转换程序,这个程序的功能是将字符代码形式转换成二进制代码形式。如果这个程序定义的二进制代码规则符合机器语言指令的规则,那么这个程序就是一个汇编程序。这个程序规定的字符代码规则就构成了汇编语言。

用汇编语言编写的程序,不能直接被计算机硬件系统解释并执行,必须经汇编程序处理(由汇编程序代码翻译成机器语言代码),得到逻辑上等价的机器语言代码之后,再由计算机硬件系统执行。这个翻译过程被称为“汇编”。

这里的汇编语言叫“源语言”,编写的程序叫“源语言程序”(简称源程序),具备将汇编语言源程序翻译成等价的机器语言程序的程序叫“汇编程序”,得到的机器语言程序叫“目标语言程序”(简称目标程序),构成“目标程序”的语言叫“目标语言”。翻译过程叫“汇编”。

一般来讲,一种类型的计算机硬件系统,对应一种汇编语言。汇编过程是一个简单的过程,因此,汇编程序也是一个简单的程序。

汇编语言被称为“第二代程序语言”。以下是一段汇编语言代码的例子。

```
SUB AL,20H
ADD AL,BL
MOV BL [DI]
SUB BL,30H
ADD AL,BL
ADD AL,40H
```

3. 高级语言

汇编语言是一种比较贴近计算机硬件的语言。尽管汇编语言指令用字符表示,但汇编语言不是脱离某种计算机硬件系统类型的通用语言。能不能将计算机程序语言和计算机硬件系统的类型脱离开来呢? 当然是可以的,可以用“高级语言”来实现这一操作。

“高级语言”是一种脱离了具体的计算机硬件系统类型的符号语言,这也就是说,用户学会了一种高级语言,并用这种高级语言编写的各种各样的程序,可以在各种各样的计算机硬件系统上运行。

高级语言被称为“第三代程序语言”。以下是一段高级语言代码的例子。

```
import java.util.Scanner;
public class A0302{
    public static void main(String [] args) {
        int a=0;
        int b=0;
        Scanner ob=new Scanner(System.in);
        System.out.println("请输入 2 个整数,用空格分隔:");
        a=ob.nextInt();
        b=ob.nextInt();
        if(a>=b){System.out.println(a+" "+b);}
        else{System.out.println(b+" "+a);}
    }
}
```

和汇编语言一样,用户用高级语言编写的程序(高级语言源程序),计算机硬件系统是不能直接执行的。用高级语言编写的源程序必须经“编译”或“解释”程序的翻译,转换为机器语言后,方可被计算机硬件系统执行。

高级语言和计算机硬件系统类型是不对应的,各种类型的计算机硬件系统上分别配置不同的“编译”或“解释”系统,因此,“编译”或“解释”不是一个简单的过程,“编译”或“解释”程序属于复杂的程序。

1.4 微型计算机系统

1.4.1 微处理器的产生

集成电路(Integrated Circuit)是一种将体积被制造得非常小的电子元器件(晶体管、电阻、导线等),聚集到一块很小的半导体晶片上的一种技术和加工工艺。这种技术和工艺出现以后,随着电子设备的体积越来越小,电子计算机的体积也大为缩小。

1971 年,随着集成电路制作工艺的出现,计算机硬件系统的小型化步伐开始加快。在接下来的几十年中,进一步提高集成电路芯片的集成度,一直是科学家和工程师们追求的目标。大规模和超大规模集成电路工艺相继出现,集成电路芯片的集成度也不断提高。终于,一种能够将计算机硬件系统的控制器和运算器功能集成在一起的芯片问世了,这种芯片被称为“微处理器”(Microprocessor Unit,MPU)。微处理器的产生得益于超大规模集成电路工艺的提升,奠定了微型计算机和笔记本电脑(一种特殊的微型计算机)的基础。

1971 年集成电路制作工艺出现至今,不断提高集成电路芯片集成度的努力和获得的进展就一直没有停止。芯片的集成度越高,集成在芯片中的电子元器件的数量就越大,构成芯片的电子线路就可以更复杂,一块芯片的功能就可以做得更强。如今一块集成电路芯片上已经可以集成几千万个基本电子器元件，因此人们不仅可以将芯片做成微处理器，甚至还可以在一块芯片中集成计算机硬件系统所必需的五大功能部件，这种芯片被称为“单片机”。单片机已经具备了计算机硬件系统的基本功能。

1.4.2 微型计算机系统

使用微处理器作为中央处理单元（Central Processing Unit，CPU）构造出来的计算机被称为“微型计算机”。一台使用微处理器构成的计算机硬件系统如果包含了必要的输入输出设备（如键盘、鼠标、显示器、打印机等）和必要的软件系统（如操作系统、系统软件、应用软件），这种计算机系统常常被称为“微型计算机系统”。

由于可以将一台计算机硬件系统的 CPU 功能集成到一块芯片上，这使得有可能制造一块专用的印制电路板，然后将这块电路板作为母板，连接微型计算机硬件系统所必需的输入、输出和外部存储器设备，成为一台完整的计算机硬件系统，这块母板被称为“微型计算机的主机板”（简称主板）。同时，进一步还可以将主板和微型计算机硬件系统中除了某些特殊的输入输出设备（如显示器、键盘、鼠标、打印机、绘图仪等）外的所有设备固定在一个机箱（又称主机箱）中。这种微型计算机硬件系统的结构一直沿用到今天。

1.4.3 微型计算机系统的产生和发展

业界公认微型计算机系统产生于 1971 年。Intel 公司推出 4004 处理器，这标志着计算机硬件技术的发展进入了一个新的阶段。1977 年，苹果公司推出著名的“Apple Ⅱ”微型计算机。1981 年，IBM 公司推出“IBM PC xt”微型计算机体系结构。自微型计算机问世以后，其性能快速提升，计算机字长从开始的 4 位、8 位发展到后来的 16 位、32 位，甚至 64 位。今天的微型计算机系统性能已经远远超过 20 世纪七八年代的小型、中型计算机系统。

自 20 世纪 80 年代开始，微型计算机系统的发展进入全盛时期，在 30 多年的时间里，微型计算机系统已和 Internet 一样遍及世界各个角落。

1.4.4 IBM PC 微型计算机硬件系统

1. IBM PC 体系结构

IBM PC 的基本结构是一根总线系统将计算机的各个部件连接起来，构成一个计算机硬件系统的整体（如图 1-4-1 所示）。

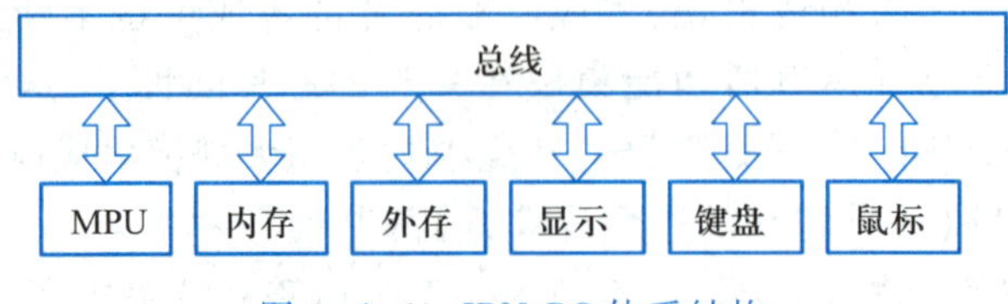

图 1-4-1 IBM PC 体系结构

2. 主机板

IBM PC 微型计算机的主机板(简称主板)是一块印制电路板(如图 1-4-2 所示)。在主板上集成了系统的总线系统、接口、控制电路等。IBM PC 微型计算机硬件系统的各个部件,都可以直接或间接与主板相连接,最终构造出完整的硬件系统。主板被固定在一个机箱的内部,这个机箱被称为主机箱。

图 1-4-2　印制电路板

3. 总线

总线是连接计算机硬件系统各部件,在各部件之间传送信号的公共数据传输系统。IBM PC 的总线分为 3 个层次:芯片级总线、系统级总线、通信总线。芯片级总线承担芯片内部部件之间的数据传输任务,系统级总线承担计算机硬件系统内部部件之间的数据传输任务,通信总线承担计算机硬件系统之间的数据传输任务。

图 1-4-2 所示的总线是系统级总线。IBM PC 的总线系统由 3 部分构成,具体为:地址总线、数据总线、控制总线。

- 地址总线:传输要访问的内存单元、I/O 接口地址代码。地址总线宽度越大,系统的寻址空间就越大。
- 数据总线:在硬件部件之间传输数据代码。数据总线宽度越大,计算机硬件系统的字长越长。
- 控制总线:传输控制信号。控制总线宽度越大,计算机功能越强。

IBM PC 使用过的总线标准有:ISA、EISA、VESA、PCI 等。

4. 微处理器

微处理器 MPU 是一块集成了计算机硬件系统控制器、运算器功能部件的集成电路芯片(如图 1-4-3 所示)。微处理器芯片的集成度越高,功能就越强大。其中,IBM PC 主板上有连接微处理器的接口。

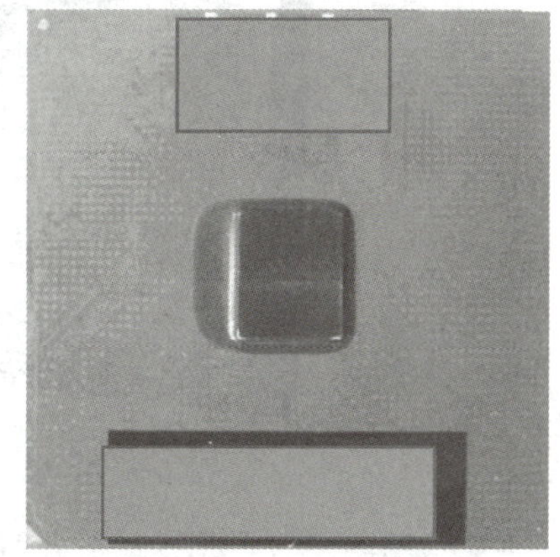

图 1-4-3　微处理器

人们常常将微处理器称为 CPU,这其实是一个不准确的说法。CPU 是一个概念而非实物,计算机硬件系统都会有 CPU,一台大型的计算机系统,CPU 可能由一个甚至几个机柜组成,一台嵌入式单片机系统,

CPU 可能是一块芯片的一部分,所以微处理器是 CPU 的一种特定形式。

5. 内存

IBM PC 微型计算机系统的内存由主板和内存条连接而成。一般主板的内存插槽和内存的型号要匹配,一块主板可以插接一块、两块甚至四块内存条,内存的容量由系统性能和内存条容量共同决定。微型计算机上的内存由两部分构成,具体为 ROM 和 RAM。

- ROM(Read Only Memory)是只读存储器的简称。通常从一个存储设备中取出数据叫“读”,将数据录入存储设备叫“写”。只读存储器是指只能读不能写的存储设备。ROM 一般由主板上的 ROM 存储芯片构成。
- RAM(Random Access Memory)是随机存取存储器的简称,随机存取存储器是指既能读、又能写的存储设备。RAM 一般由内存条构成。

ROM 和 RAM 是统一组织和管理的,共同构成微型计算机的内存。微型计算机中的不变的数据存放在 ROM 中,ROM 中的数据是不会随着关机而消失的。变化的数据存放在 RAM 中,没有电能的支持,RAM 中的数据瞬间就会消失。

存储容量是微型计算机的主要性能指标之一。存储容量一般用字节(B)表示。常用计量单位有:TB、GB、MB、KB、B,各计量单位的换算见 1.2.2 节。

现在,微型计算机的主流内存的容量一般是 1 GB 或 2 GB。

6. IBM PC 常用外部设备

(1) 软盘:软盘是一种磁介质的计算机外部存储设备。软盘的特点是:数据永久保存,盘片和驱动器可以分离,工作速度低、存储容量小。一张 3 英寸软盘的存储容量仅有 1.44 MB 左右。

(2) 硬盘:硬盘(如图 1-4-4 所示)也是一种磁介质的计算机外部存储设备。硬盘的特点是:数据永久保存,盘片和驱动器封装在一起,工作速度快、存储容量大。现在,微型计算机的主流硬盘容量配置一般是 80 GB 到 160 GB。

(3) 光盘:光盘(如图 1-4-5 所示)是一种光介质的计算机外部存储设备。光盘的特点是:数据能永久保存,盘片和驱动器可以分离,工作速度快、存储容量大。一张普通 CD 光盘的存储容量大约是 600 MB,一张普通 DVD 光盘的存储容量大约是 4 GB~5 GB。

图 1-4-4　硬盘

图 1-4-5　光盘

(4) 键盘:键盘(如图 1-4-6 所示)是用户输入字符信息的设备。当用户需要向计算机系统输入数值、字符、程序代码等信息时,键盘一定是首选。

(5) 鼠标:鼠标(如图 1-4-7 所示)是用户操作图形界面必备的输入设备。在使用 Windows 操作系统时,计算机如果没有配备鼠标是难以想象的。一般的鼠标有“左”“右”两个按键,用户

图 1-4-6 键盘

通过移动鼠标定位或操作按键向系统发命令。

(6) 显示器:显示器是用于显示数值、文本、图形、图像、视频、动画等信息的基本输出设备。根据工作原理,显示器可分为阴极射线管显示器(如图 1-4-9 所示)、液晶显示器(如图 1-4-8 所示)等类型。构成显示器上图像的最小单位被称为像素,显示器能够显示的最多像素模式被称为显示器的分辨率,分辨率越高,显示器能够显示的图像也就越细腻。现在,微型计算机的主流显示器分辨率一般在 1024×768 像素以上。

图 1-4-7 鼠标

图 1-4-8 阴极射线管显示器

(7) 打印机:显示器上显示的信息是不能保留的,如果需要将输出的结果保留下来,打印机(如图 1-4-10 所示)必然是首选的输出设备。打印机可以看成是一种纸介质显示器,和显示器一样,分辨率是打印机的关键指标之一。根据打印方式,打印机可分为击打式打印机和非击打式打印机。根据工作原理,打印机可分为针式打印机、喷墨打印机、激光打印机、热敏打印机等。

(8) 移动硬盘:由于笔记本电脑硬盘的体积小,重量轻,连接简单,因而利用这个优势,将笔记本电脑硬盘的数据接口转换成 USB 接口,进而将笔记本电脑的硬盘改装成了可以脱离计算机的外部存储器设备,这种设备被称为移动硬盘(如图 1-4-11 所示)。移动硬盘容量大、速度快、便于连接和携带,很受计算机用户的好评。目前,移动硬盘的容量基本在 1 TB~4 TB。

(9) 固态硬盘:普通硬盘是一个机电一体化设备,其机械部分使普通硬盘体积难以进一步缩小、功耗难以进一步降低、重量难以进一步减轻。固态硬盘是一种采用新技术、新工艺制造的完全电子化的外部存储设备,其可以回避普通硬盘的诸多缺点。目前固态硬盘的容量一般在 500 GB~1 TB,通过简单转换,固态硬盘可以被容易地改装成移动固态硬盘(如图 1-4-12 所示)。

图 1-4-9　液晶显示器

图 1-4-10　多功能激光打印机

图 1-4-11　移动硬盘

（10）U 盘:U 盘是一种完全电子化的移动外部存储设备,如图 1-4-13 所示。U 盘虽然存储容量小,但具有体积小、重量轻的特点,因此,U 盘仍然大受欢迎。目前 U 盘的容量一般在 8 GB~64 GB。

图 1-4-12　移动固态硬盘

图 1-4-13　从左往右依次为 U 盘、固态硬盘、移动硬盘

1.5　计算机内部的数据表示

计算机中有数值 100 吗？计算机中可以存储字符 A 吗？这是两个很有意思的问题。实际

上,计算机内部是没有数值 100 的,也没有字符 A,不仅没有字符 A,所有的英文字母、汉字字符、标点符号均没有。不仅如此,计算机里也没有诸如 100、200、3.141 592 6等数值。那么,计算机里是不是什么字符、什么数值都没有呢?当然不是。计算机里只有两种字符,一种是“0”,一种是“1”,而且字符“0”和“1”在计算机里的数量是巨大的,只要将一串“0”和“1”字符排列起来,就能表示各种字符和数值,这里的排列实际上就是“编码”,所谓“编码”,可以理解为一组已有字符的有序排列。在计算机里就是“0”和“1”字符的有序排列,这个排列的规则就是“编码规则”,例如,在世界上大多数计算机里,字符“A”是用二进制编码“1000001”来表示的,而它遵循的规则就是 ASCII 编码规则。

人们完全可以这样理解,计算机里没有“真实的数”,但计算机里有“机器数”,这里的“机器数”就是“编码”。因此,计算机中只有编码和机器数。我们用编码和机器数表示了真实的数值、字符、逻辑值,甚至是图形、图像、声音、动画、视频等信息。限于篇幅,本章只介绍数值和字符在计算机中表示的基本思路。

1.5.1　进位计数制

进位计数制是人类社会发展的产物,是今天人们计数的基本方法。进位计数制的优点是用能够用有限个计数符号记下大量的数值(成千上万)。进位计数制的两个核心要点是:N 个计数符号和逢 N 进一。

1. 十进制

十进制是进位计数制的一个特例。十进制的两个要点是:① 10 个计数符号 0、1、2、3、4、5、6、7、8、9;② 逢十进一,逢十进一导致了十进制数的位权是 10 的 n 次方。这里的 n 是一个整数,表示位权和某一位十进制数符所处的位置。例如,128.5 中,数符“1”对应的 n 是 2,即小数点左边第 3 位的位权是 10 的 2 次方,即 100;依此类推,数符“2”对应的 n 是 1,即小数点左边第 2 位的位权是 10 的 1 次方,即 10;数符“8”对应的 n 是 0,即小数点左边第 1 位的位权是 10 的 0 次方,即 1;数符“5”对应的 n 是-1,即小数点右边第 1 位的位权是 10 的-1 次方,即 0.1。

2. 二进制

二进制计数法的计数符号是 0、1,位权是 2 的 n 次方,即“逢二进一”。平常我们问,110 表示多少?答案当然是一百一十。但在计算机中情况就不同了。我们首先要搞清楚 110 是一个十进制数还是二进制数,否则无法确定这个数到底是多少。

进制数可以用以下形式来表示:

$$(\text{数符序列})_{\text{计数符号个数}}$$

例如,二进制数 101 可表示为$(101)_2$,十进制数 111 可表示为$(111)_{10}$。

3. 八进制

八进制计数法的计数符号是 0、1、2、3、4、5、6、7;位权是 8 的 n 次方,即“逢八进一”。

4. 十六进制

十六进制计数法的计数符号是 0、1、2、3、4、5、6、7、8、9、A、B、C、D、E、F;位权是 16 的 n 次方,即“逢十六进一”。

表 1-5-1 所示是二进制、八进制、十进制、十六进制计数的比较。

表 1-5-1 不同进制计数的比较

二进制数	八进制数	十进制数	十六进制数
0	0	0	0
1	1	1	1
10	2	2	2
11	3	3	3
100	4	4	4
101	5	5	5
110	6	6	6
111	7	7	7
1000	10	8	8
1001	11	9	9
1010	12	10	A
1011	13	11	B
1100	14	12	C
1101	15	13	D
1110	16	14	E
1111	17	15	F

1.5.2 不同进制数之间的相互转换

同样的一个数值,用十进制表示为 97,用八进制表示为 141,用二进制表示为 1100001,用十六进制表示为 61。可不可以通过对十进制数进行计算或处理得到等值的二进制数呢？回答是肯定的。本节将针对这个问题进行讨论。

1. 将十进制数转换成二进制数

十进制数转换成二进制数的问题分两种情况,对应两种方法。一种是十进制整数转换成二进制整数;另一种是十进制小数转换成二进制小数。

① 十进制整数转换成二进制整数

十进制整数转换成二进制整数的方法是连续除 2 取余操作,直至商数为零,然后逆向取各个余数得到的一串数即为转换结果。

【例 1.1】 将$(97)_{10}$转换为二进制数。

【解析过程】

97÷2=48……余数 1

48÷2=24……余数 0

24÷2=12……余数 0

12÷2=6……余数 0

6÷2=3……余数 0

3÷2=1……余数 1

1÷2=0……余数 1

逆向取余数得：$(97)_{10}=(1100001)_2$

② 将十进制小数转换成二进制小数

十进制小数转换成二进制小数的方法是连续乘 2 直至小数部分为零或已得到足够多个整数位，正向取积的整数位得到的一串数即为转换结果。

【例 1.2】　将$(0.125)_{10}$转换为二进制数。

【解析过程】

0.125×2=0.25……整数部分为 0

0.25×2=0.5……整数部分 0

0.5×2=1……整数部分为 1

正向取积的整数位得：$(0.125)_{10}=(0.001)_2$

2. 将二进制数转换成十进制数

二进制数转换成十进制数的具体方法是按照位权展开表达式（包括整数部分和小数部分）累加按位展开的结果便得到等值的十进制数。

【例 1.3】　将$(1100001.001)_2$ 转换为二进制数。

【解法一】

$$(1100001.001)_2=1\times2^6+1\times2^5+0\times2^4+0\times2^3+0\times2^2+0\times2^1+1\times2^0+0\times2^{-1}+0\times26^{-2}+1\times2^{-3}$$
$$=64+32+0+0+0+0+1+0+0+0.125=(97.125)_{10}$$

【解法二】

$(1100001.001)_2=64+32+1+0.125=(97.125)_{10}$

注意：只需展开“1”位的位权求和即可。

3. 将二进制数和八进制数之间的相互转换

计算机内部没有八进制数和十六进制数，只有二进制数。但是，二进制数的位数很多，如十进制数 1 024 的二进制形式为 10000000000。为了减少数的位数，且便于与二进制数进行相互转换，工程师们想出了用八进制或十六进制数表示二进制数。

二进制数和八进制数之间有一种天然的、特殊的关系，3 位二进制数和 1 位八进制数刚好是对应的。当 3 位二进制数达到了最大值（即 111）的时候，正好是 1 位八进制数达到了最大值（即

7)的时刻。这种特殊关系非常有利于二进制数和八进制数之间的相互转换。

二进制数转换成八进制数的方法是:以二进制数的小数点为基准,向左(对整数部分)和向右(对小数部分)按 3 位进行分组。整数部分高位不足 3 位,添 0 补足 3 位;小数部分低位不足 3 位,添 0 补足 3 位。依次将被划分出的每组看成一个 3 位的二进制数,并将其转换成一个 1 位的八进制数(如 001 转换成 1,101 转换成 5,111 转换成 7),转换完成后即可得到等值的八进制数。

【例 1.4】　将$(1111001101001100.111011011101)_2$转换为八进制数。

【解析过程】

分组:001 111 001 101 001 100 . 111 011 011 101

转换:171514.7335

所以:$(1111001101001100.111011011101)_2=(171514.7335)_8$

与二进制数转换成八进制数相似,按位将八进制数的每一位(包含整数位和小数位)转换成 3 位的二进制数。将按位转换的结果连接起来即可得到等值的二进制数。

【例 1.5】　将$(171514.7335)_8$转换为二进制数

【解析过程】

按位转换成二进制数:001 111 001 101 001 100.111 011 011 101

连接:001111001101001100.111011011101

所以:$(171514.7335)_8=(1111001101001100.111011011101)_2$

Tips

注意:一个二进制数和一个等值的八进制数实际上是一个数的两种不同的表示方式而已,且这两种表示方式很容易互换。

4. 将二进制数转和十六进制数相互转换

二进制数和十六进制数之间也存在类似二进制数和八进制数之间的那种特殊的关系,即 4 位二进制数和 1 位十六进制数是对应的。当 4 位二进制数达到了最大值(即 1111),1 位十六进制数也达到了最大值(即 F)。因此,二进制数转换成十六进制数的方法是:以二进制数的小数点为基准,向左和向右按 4 位进行分组。整数部分高位不足 4 位,添 0 补足 4 位;小数部分低位不足 4 位,添 0 补足 4 位。依次将被划分出的每组看成一个 4 位的二进制数,并将其转换成一个 1 位的十六进制数,转换完成后即可得到等值的十六进制数。

【例 1.6】　将$(1111001101001100.111011011101)_2$转换为十六进制数。

【解析过程】

分组:1111 0011 0100 1100.1110 1101 1101

转换:F34C.EDD

所以:$(1111001101001100.111011011101)_2=(\text{F34C.EDD})_{16}$

利用二进制和十六进制之间的特殊关系,按位将十六进制数的每一位转换成 4 位的二进制数。将转换的结果连接起来即可得到等值的二进制数。

【例 1.7】　将$(F34C.EDD)_{16}$转换为二进制数。

【解析过程】

按位转换成二进制数:1111 0011 0100 1100.1110 1101 1101

连接:1111001101001100.111011011101

所以:$(F34C.EDD)_{16}=(1111001101001100.111011011101)_2$

5. 十进制数和八进制、十六进制数之间的转换

有了一个数的十进制表示后,可以先将其转换成二进制数后,再转换为八进制或十六进制数。

【例 1.8】　将$(97.125)_{10}$转换为八进制数。

【解析过程】

根据[例 1.1]可知:$(97)_{10}=(1100001)_2$

根据[例 1.2]可知:$(0.125)_{10}=(0.001)_2$

所以:$(97.125)_{10}=(1100001.001)_2=(141.1)_8$

【例 1.9】　将$(97.125)_{10}$转换为十六进制数。

【解析过程】

根据[例 1.8]可知:$(97.125)_{10}=(1100001.001)_2$

所以:$(97.125)_{10}=(1100001.001)_2=(01100001.0010)_2=(61.2)_{16}$

按相同的思路,有了一个数的八进制或十六进制表示后,可以通过将改写成二进制数以便求得十进制数。

【例 1.10】　将$(141.1)_8$转换为十进制数。

【解析过程】

$(141.1)_8=(1100001.001)_2=(97.125)_{10}$

【例 1.11】　将$(61.2)_{16}$转换为十进制数。

【解析过程】

$(61.2)_{16}=(01100001.0010)_2=(97.125)_{10}$

6. 八进制数和十六进制数之间的转换

由于二进制数和八进制、十六进制数很容易转换,八进制数和十六进制数之间的转换,自然就可以用二进制数作为中间表示。

【例 1.12】　将$(141.1)_8$转换为十六进制数。

【解析过程】

$(141.1)_8=(001100001.001)_2=(01100001.0010)_2=(61.2)_{16}$

【例 1.13】　将$(61.2)_{16}$转换为十进制数。

【解析过程】

$(61.2)_{16}=(01100001.0010)_2=(001100001.001)_2=(141.1)_8$

1.5.3 计算机内部的数值表示方法

计算机的核心部件(如控制器、运算器、内存储器等)是由数字电路构成的,而构成数字电路的基本元器件在正常工作时通常有两种稳定状态,因此,在计算机中数据代码和指令代码均使用二进制表示,因为,每位二进制代码正好可以对应数字电路基本元器件的两种稳定状态。

在计算机中,怎么表示数值(本节只讨论整数)呢?一个整数包含两个信息:正负数信息和绝对值信息。在计算机中数值部分的表示与其二进制表示形式对应,而正负数信息通常用最高位表示(一般 0 表示正数,1 表示负数)。数值在计算机内的这种编码形式又称为机器数。

如果没有符号位,则该数是无符号数(即只有正数)。

如果小数点的位置被固定了,则该数就是定点数。如果小数点的位置是可以移动的,则该数是浮点数。

【例 1.14】 无符号数$(97)_{10}$在计算机中怎么表示?

【解析过程】

假设用 8 位(一个字节)表示和存储 97。

因为:$(97)_{10}=(1100001)_2$

所以:无符号数$(97)_{10}$的机器数是“01100001”。

【例 1.15】 有符号数$(-97)_{10}$的 16 位机器数怎么表示?

【解析过程】

16 位的最高位为符号位,其中 0 表示正数,1 表示负数。

因为:$(-97)_{10}=(-1100001)_2$

所以:有符号数$(-97)_{10}$的 16 位机器数是“1000000001100001”。

1.5.4 计算机内部的字符表示方法

1. 英文字符

如果用 1 位二进制代码表示字符,只能表示 2 个字符(0 和 1)。如果用 2 位二进制代码表示,可以表示 4(2^2)个字符;依此类推,用 7 位二进制代码可表示 $2^7=128$ 个字符;用 8 位二进制代码可表示 $2^8=256$ 个字符。

因为英文字符非常有限,所以表示英文字符需要的二进制代码位数不多。目前通用的英文字符在计算机内部表示的规则是 ASCII(American Standard Code for Information Interchange)编码规则。ASCII 编码规则规定,用 7 位二进制代码表示一个英文字符。一般在计算机内部用一个字节(8 位二进制代码)保存一个字符的 ASCII 码,其中一位作校验位使用。表 1-5-2 列举了常用字符的 ASCII 码。

表 1-5-2　常用字符的 ASCII 代码

字符	ASCII 码	十进制码	十六进制码	字符	ASCII 码	十进制码	十六进制码
A	1000001	65	41	f	1100110	102	66
B	1000010	66	42	g	1100111	103	67
C	1000011	67	43	0	0110000	48	30
D	1000100	68	44	1	0110001	49	31
E	1000101	69	45	2	0110010	50	32
F	1000110	70	46	3	0110011	51	33
G	1000111	71	47	,	0101100	44	2C
a	1100001	97	61	.	0101110	46	2E
b	1100010	98	62	+	0101011	43	2B
c	1100011	99	63	-	0101101	45	2D
d	1100100	100	64	CR（回车键）	0001101	13	0D
e	1100101	101	65	BS（退格键）	0001000	8	08

2. 汉字字符

汉字字符的数量很大（据统计，汉字的个数通常数以万计，常用汉字也有 3 000 个以上），因此，表示汉字字符需要更多位数的二进制代码。目前使用的计算机内部汉字编码规则规定，一般是用 2 个字节表示一个汉字字符，每个字节中，低 7 位用于字符编码，第 1 位则用作他用。例如 1981 年我国颁布了国家标准《信息交换用汉字编码字符集　基本集》（GB 2312—1980）。该编码规则包含 6 763 个汉字（一级汉字 3 755 个，二级汉字 3 008 个），以及拉丁字母、希腊字母、日文假名等。

第 1 章习题及答案

第 2 章　操作系统

学习目标

1. 了解 Windows 10 的一些版本特点。
2. 了解并掌握 Windows 10 的基本概念及基本操作。
3. 熟练掌握 Windows 10 对于文件和文件夹的管理。
4. 了解并掌握 Windows 10 中的任务管理。
5. 了解一些 Windows 10 中的重要设置。
6. 了解 Mac OS 操作系统。

2.1　Windows 10 概述

2.1.1　版本特色

Windows 10 是美国微软公司研发的可跨平台及设备的操作系统,是微软发布的最后一个独立 Windows 版本。2015 年 1 月 21 日,微软在华盛顿发布新一代 Windows 系统,同年 3 月 18 日,微软在中国官网正式推出了 Windows 10 中文介绍页面,7 月 29 日,微软发布了 Windows 10 正式版,其中共有 7 个发行版本:家庭版、专业版、企业版、教育版、移动版、移动企业版和物联网核心版。Windows 10 在以前版本的基础上,新增了以下的一些特色功能。

① 生物识别技术:Windows 10 新增的 Windows Hello 功能带来一系列对于生物识别技术的支持。除了常见的指纹扫描外,系统还能通过面部或虹膜扫描来登录。当然,这需要使用新的 3D 红外摄像头来实现这些新功能。

② Cortana 搜索功能:用户可以用 Cortana 来搜索硬盘内的文件、系统设置、安装的应用,甚至是互联网中的其他信息。作为一款私人助手服务,Cortana 还能设置基于时间和地点的备忘。

③ 平板模式:微软在照顾老用户的同时,也顾及使用触控屏幕成长的新一代用户。Windows 10 提供了针对触控屏设备优化的功能,同时还提供了专门的平板电脑模式,平板电脑模式下开始菜单和应用都将以全屏模式运行,通过设置,系统还可以在平板电脑与桌面模式间自动切换。

④ 桌面应用:微软放弃了激进的 Metro 风格,回归传统风格,用户可以调整应用窗口大小了,久违的标题栏重回窗口上方,最大化与最小化按钮也给了用户更多的选择和自由度。

⑤ 多桌面:如果用户没有多显示器配置,但依然需要对大量的窗口进行重新排列,那么 Windows 10 的虚拟桌面应该可以帮到用户。在该功能的帮助下,用户可以将窗口放进不同的虚拟桌面中,并在其中进行轻松切换,使原本杂乱无章的桌面变得整洁起来。

⑥ 开始菜单进化:微软在 Windows 10 中带回了用户期盼已久的开始菜单功能,并将其与 Windows 8 开始界面的特色相结合。用户点击屏幕左下角的 Windows 按钮打开开始菜单之后,会在左侧看到系统关键设置和应用列表,同时标志性的动态磁贴也会出现在右侧。

⑦ 任务切换器:Windows 10 的任务切换器不再仅显示应用图标,而是通过大尺寸缩略图的方式进行内容预览。

⑧ 文件资源管理器升级:Windows 10 的文件资源管理器会在主页面上显示出用户常用的文件和文件夹,让用户可以快速获取到自己需要的内容。

2.1.2　安装与激活

Windows 10 安装方式简单。首先确认计算机是支持安装 32 位或 64 位的操作系统。如果设备较老且内存容量小于 4 GB,那么推荐安装 32 位操作系统,因为 32 位的软件可以占用更少的资源,但可提高软件的兼容性和运行速度。如果设备内存在 4 GB 以上,那么推荐安装 64 位操作系统,随着计算机硬件的更新换代,运算速度的不断提高,64 位是未来的趋势,甚至一些大型的软件开始只提供 64 位的安装。

目前,中国的许多高校都与微软(中国)有限公司签订了合作协议。通过校园网,可以下载安装正版的 Windows 10 操作系统。主要步骤如下。

(1) 通过校园网下载正版的 Windows 10 操作系统。

(2) 将下载的系统通过软碟通刻录到 U 盘上。刻录好后,将 U 盘插到需要安装系统的计算机上。

(3) 启动计算机时注意切换到 U 盘启动(切换方法查看对应计算机说明手册),启动后,计算机将从 U 盘读取安装文件进行安装(一般安装程序可自动前往下一步),在磁盘分区时要注意,一般操作系统应该安装在主分区。

(4) 重启,完成安装。

(5) 进入系统。

(6) 进行连网设置,成功连接网络后进行激活,激活时需要以管理员方式运行 DOS 窗口,并在窗口中依次输入序列号(参见所在学校校园网的安装提示信息)。

2.2　基本概念和基本操作

Windows 10 默认安装后因更新的版本不同，操作界面略有差别。本书以 1803 版本为例。

2.2.1　桌面

桌面俗称工作桌面或工作台，是指操作系统将计算机的终端系统虚拟化后形成的一个交互桌面，其直观的表现形式为窗口、图标、对话框等。用户向系统发出的各种操作命令都是直接或间接通过桌面来接收和处理的。用户成功安装 Windows 10 后的桌面如图 2-2-1 所示。

图 2-2-1　Windows 桌面

默认桌面上只有回收站和任务栏，简洁明了。用户可以通过个性化设置，将“此计算机”“网络”“控制面板”等系统文件夹的图标放到桌面上，以便操作。用户还可以将自己常用应用程序的快捷方式、经常要访问的文件或文件夹的快捷方式放到桌面上，达到快速访问它们的目的。同时，为满足个性化需要，用户还可以为桌面设置不同的主题（如背景、声音等）。

- 桌面上的回收站用于存放用户删除的文件或文件夹，双击“回收站”图标，可以打开其窗口。用户右击某个被删除的文件或文件夹，在弹出的快捷菜单中选择“还原”命令，可将其还原到删除位置。如果要将回收站的文件或文件夹彻底删除，选择“清空回收站”命令即可。
- 桌面的最底端是任务栏，打开的程序、文件、文件夹等，在未被关闭前都会在这里显示。

2.2.2 “开始”菜单

1. “开始”菜单概述

用鼠标左键单击任务栏的“开始”按钮，将出现“开始”菜单，如图2-2-2所示。“开始”菜单是Windows的一个重要操作元素。用户可以由此快速启动常用应用，或快速访问“文件资源管理器”等系统文件夹。再次单击“开始”菜单按钮或在“开始”菜单之外的任何地方单击鼠标，可取消“开始”菜单。按键盘上的Windows键，也可以启动或取消“开始”菜单。

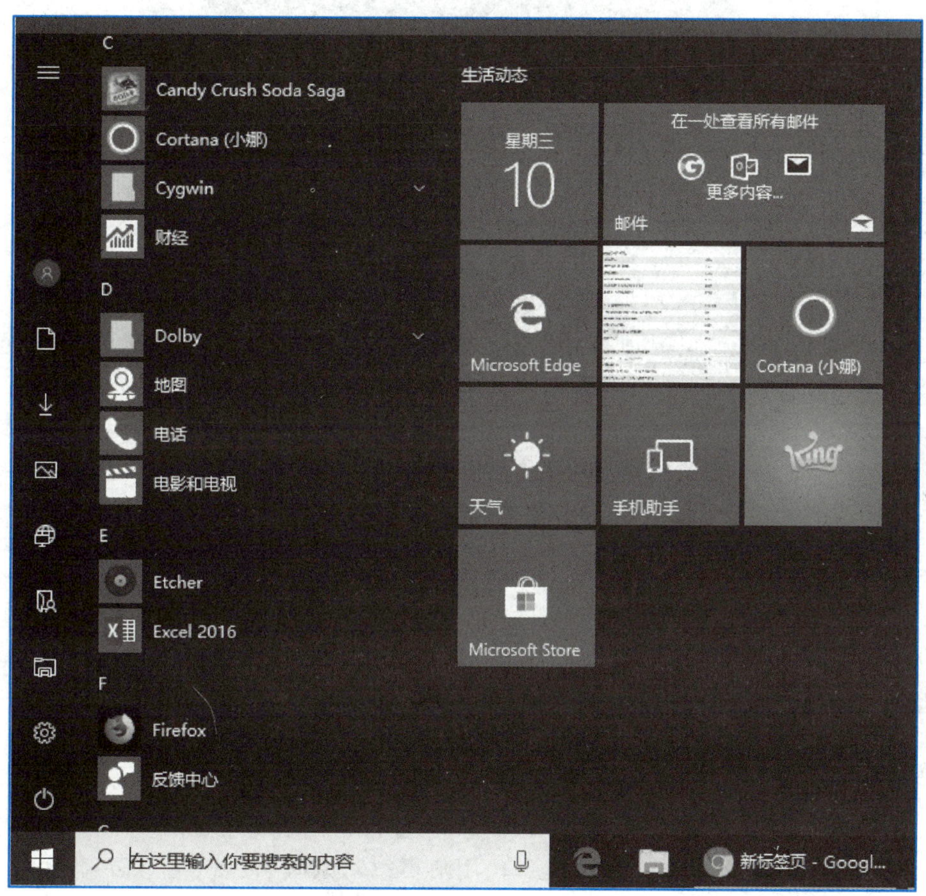

图2-2-2　“开始”菜单

Windows 10继承了Windows 8操作系统的“开始”菜单架构。单击菜单左侧最上边的，可以将开始菜单条目进行折叠与展开(如图2-2-3所示)。

下面分别介绍“开始”菜单中的主要项目。

2. 用户

菜单左上角区域显示了当前登录的用户名，如图2-2-3中所示的“cyber”。

开始菜单的右侧是用来固定应用磁贴或图表的区域，主要面向触控设备(如手机、平板电脑等)的使用，用户可以将常用应用添加到此处以便快速打开。

图 2-2-3　折叠/展开开始菜单条目

3. 电源

“电源”选项(如图 2-2-3 所示)提供了“睡眠”“关机”“重启”三种功能。当结束计算机使用时,可以使计算机进入睡眠或关机状态。

4. 设置

“设置”选项(如图 2-2-3 所示)是 Windows 10 进行各种系统设置的核心。单击设置选项,打开如图 2-2-4 所示的“Windows 设置”窗口,用户可以对系统、设备、网络访问、个性化、应用、账户、时间和语言等功能进行相关设置。

5. 网络设置

选择图 2-2-4 中的“网络和 Internet”选项,打开“网络设置”窗口(如图 2-2-5 所示),单击图中的显示可用网络。或单击桌面状态栏右侧的无线网络图标,可以在弹出的“无线网络”窗口(如图 2-2-6 所示)中进行网络服务选择。例如,西南财经大学提供 iSwufe 和 eduroam 两种无线服务,学校默认 eduroam 服务是自动开通的,可以直接使用。

6. 文件资源管理器

单击“文件资源管理器”选项,可以打开如图 2-2-7 所示的“文件资源管理器”窗口,其中列出了计算机系统的全部资源。

图 2-2-4 “Windows 设置”窗口

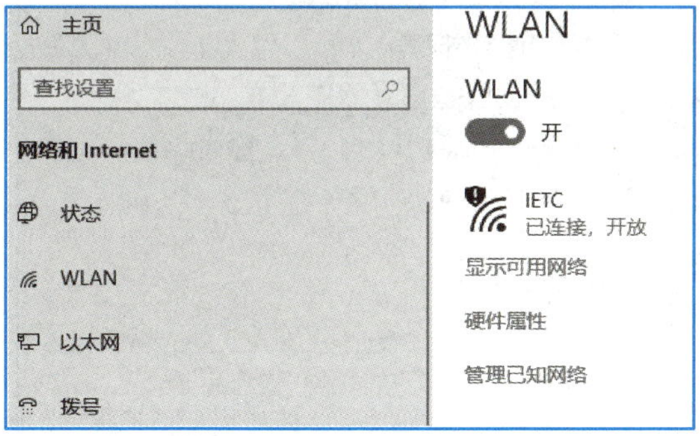

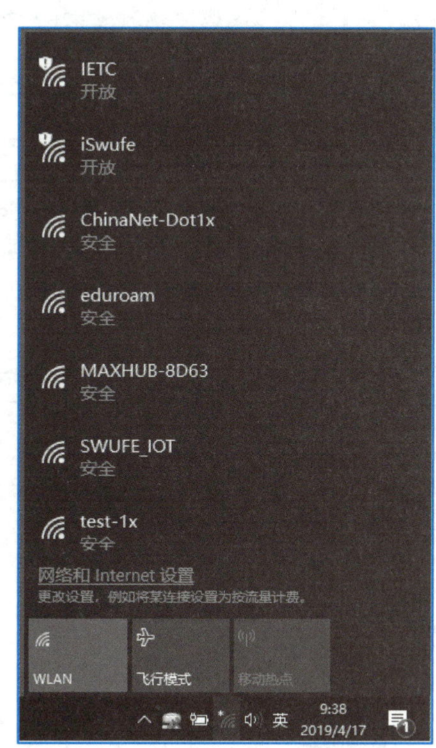

图 2-2-5 “网络设置”窗口

图 2-2-6 “无线网络”窗口

右击文件资源管理器窗口左侧的“此计算机”选项，在出现的快捷菜单中，选择“属性”命令，会弹出如图 2-2-8 所示的“系统信息”窗口，该窗口显示了该计算机的基本信息，包括处理器型号、内存大小、操作系统名称、计算机名称、计算机所在的工作组等。单击“系统信息”窗口中的“更改设置”选项，可以修改计算机名称，如果系统已经激活，则会在该窗口中显示“Windows 已激活”。

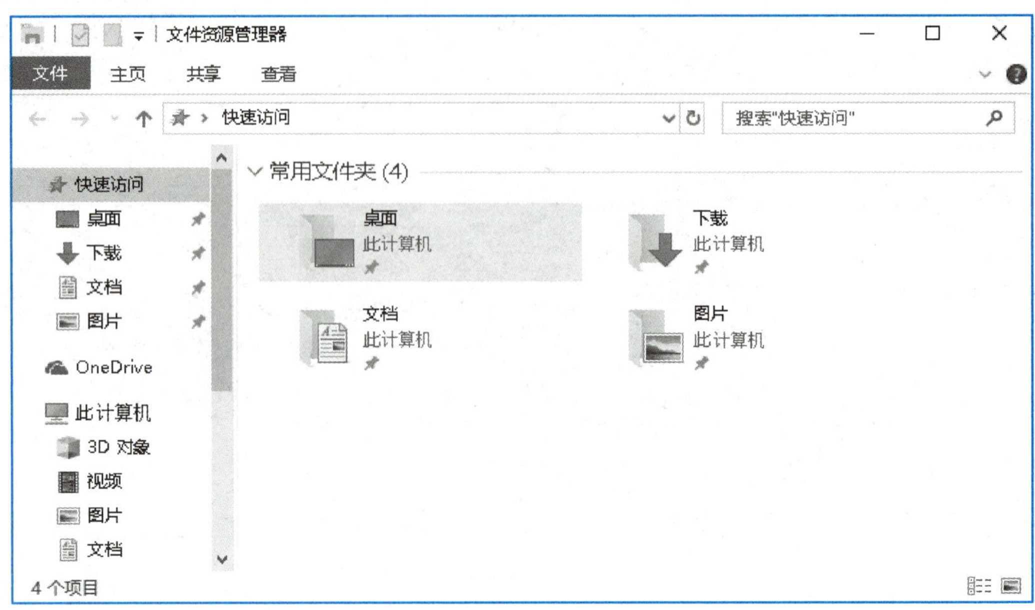

图 2-2-7　“文件资源管理器”窗口

图 2-2-8　“系统信息”窗口

7. 桌面图标设置

桌面上的默认图标只有回收站。若要在桌面上设置其他图标，可以通过选择“设置→个性化→主题”选项，打开“桌面图标设置”窗口（如图 2-2-9 所示），然后根据用户需求设置桌

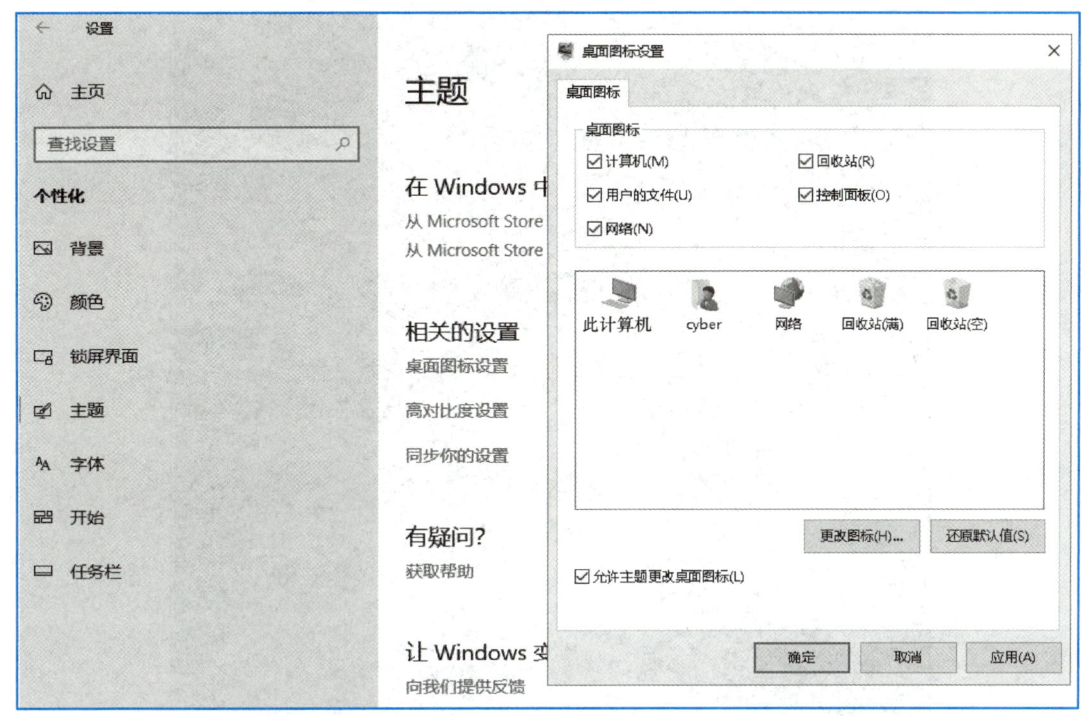

图 2-2-9 “桌面图标设置”窗口

面图标。

选择桌面图标设置对话框中的“计算机”“回收站”“用户的文件”“控制面板”“网络”,单击确定后,桌面上会显示如图 2-2-10 所示的图标。双击这些图标,可以快速访问其对应的功能。

8. 桌面背景设置

用户可以通过选择“设置→个性化→背景”选项,打开如图 2-2-11 所示的窗口来更改桌面背景图片。

9. 开始菜单设置

用户可以通过选择“设置→个性化→开始”选项,打开如图 2-2-12 所示的窗口来设置开始菜单的显示。

除此之外 ,用户还可以选择开始菜单设置窗口中的“选择哪些文件夹显示在“开始”菜单上”选项,打开如图 2-2-13 所示的窗口设置需要在开始菜单上显示的文件夹。

2.2.3 图标

1. 图标的概念

图标是 Windows 中各种项目的图形标识。根据标识项目(对象)的不同,可把图标分为文件夹图标、应用程序图标、快捷方式图标、文档图标、驱动器图标等。如表2-2-1 所示。

图 2-2-10　桌面图标

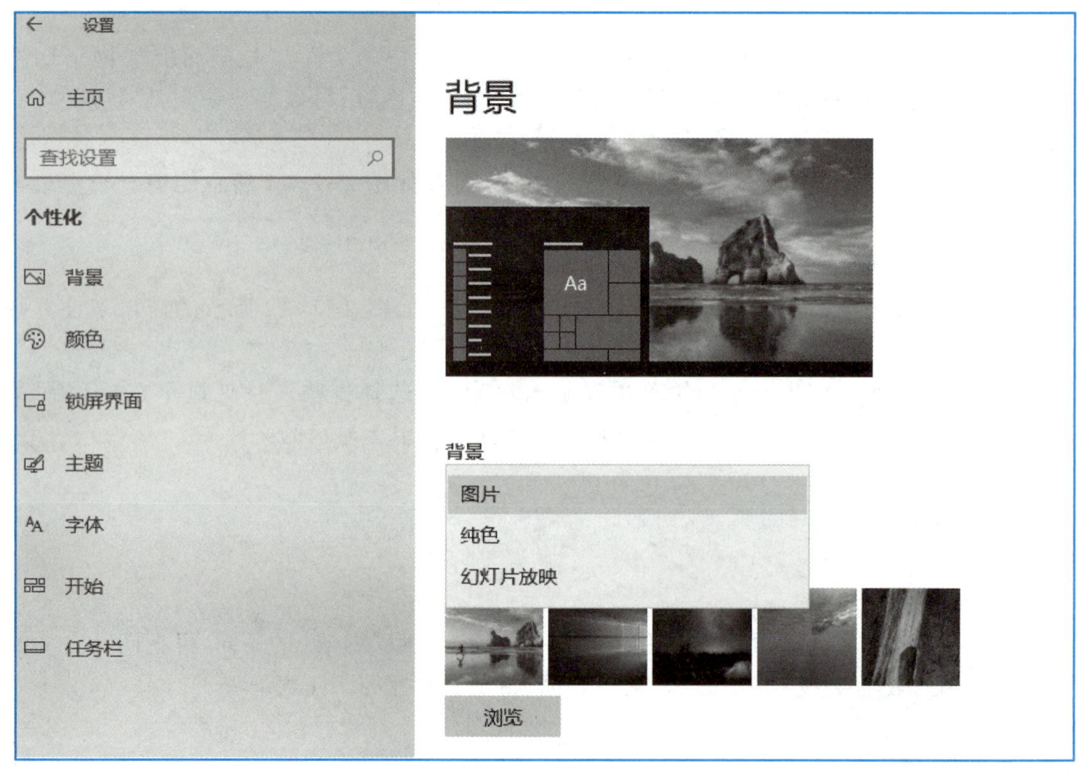

图 2-2-11　“桌面背景设置”窗口

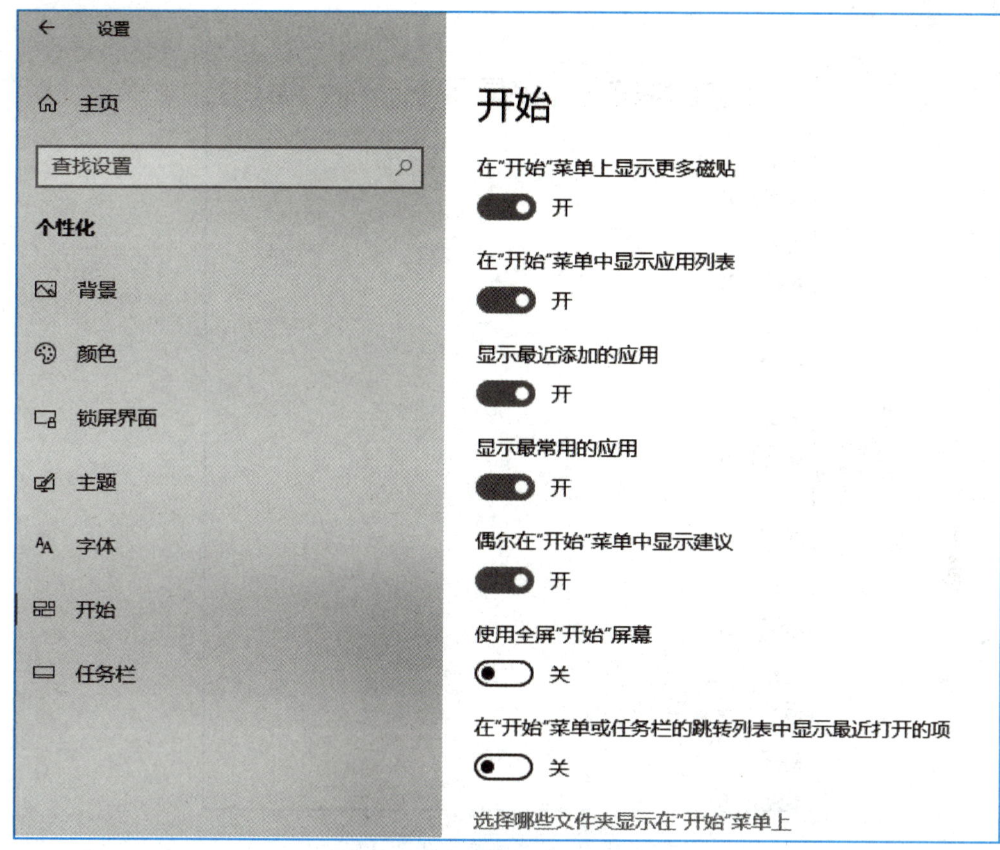

图 2-2-12　"开始菜单设置"窗口

表 2-2-1　部分文件类型的图标列表

图标	标识项目	图标	标识项目
	文件夹		Winrar 文件
	驱动器		DVD/CD 驱动器
	图片		视频
	文件		Word 文件

2. 图标的查看与排序

桌面上图标的排序有两种方式:自动排序和非自动排序。自动排序可以按照名称、大小、项目类型或修改日期的不同来排列图标。用户用鼠标右击桌面的空白处,在弹出的快捷菜单中选择"排序方式"选项,即选择一种合适的排序方式(如图 2-2-14 所示)。

选择图 2-2-15 所示菜单中的"查看"选项,将弹出如图 2-2-15 所示的子菜单,用户在此菜单中取消勾选"自动排列图标"选项后,可以按个人的喜好来安排图标在桌面上的位置。子菜单中的"将图标与网格对齐"选项不会改变图标已有的排列方式,只是使图标按一定间隔对齐而已。勾选或不勾选"显示桌面图标"选项可显示或隐藏桌面上的图标。

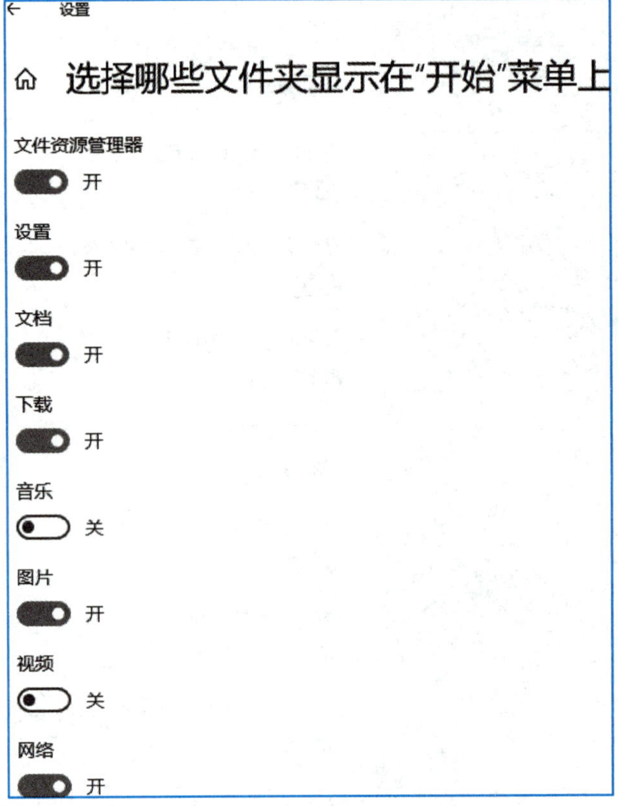

图 2-2-13　"开始菜单设置"窗口

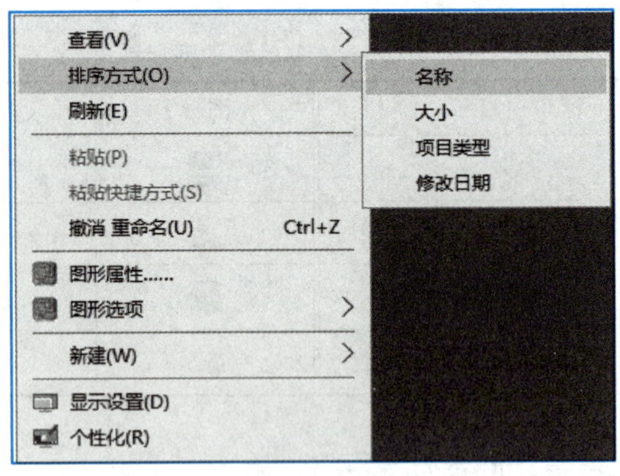

图 2-2-14　快捷菜单中的"排序方式"选项

3. 图标的基本操作

Windows 中的任务操作有多种方式，如鼠标方式、菜单方式、快捷方式等，本书仅介绍鼠标方式。

（1）移动图标。指向图标，按下鼠标左键（不松开），拖动图标到目的位置后松开。此操作不仅可以在桌面或某个窗口内移动图标，还可以将图标从一个文件夹移动到同一磁盘的另一个

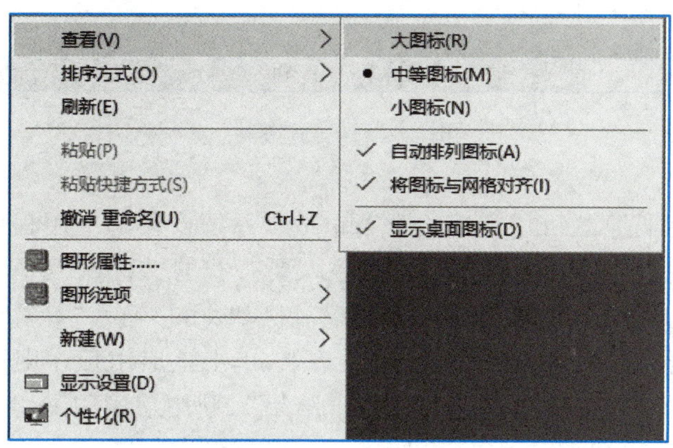

图 2-2-15　快捷菜单中的“查看”选项

文件夹中。

(2) 开启图标。用鼠标指向并双击应用程序图标或快捷方式,将启动对应的应用程序;指向并双击文档文件图标,将启动创建文档的应用程序并打开该文档;指向并双击文件夹图标,将打开文件夹窗口。

(3) 复制图标。复制文件或文件夹的图标,将产生与原文件或文件夹相同空间大小的文件。复制的方式分以下 3 种。

- 在桌面或同一个文件夹内复制图标:移动图标,松开鼠标左键前先按住 Ctrl 键。
- 在同一磁盘的不同文件夹间复制图标:移动图标,松开鼠标左键前先按住 Ctrl 键。
- 在不同磁盘间复制图标:移动图标到另一磁盘中即可。

注意:如果复制的是快捷方式图标,将不会真正复制原文件或文件夹。

(4) 图标更名。右击图标并从弹出的快捷菜单中选中“重命名”选项或选定图标并按功能键 F2。

(5) 删除图标。移动待删除图标到“回收站”图标上,直到“回收站”图标反显时松开鼠标,即可将此图标暂放在回收站中。在回收站中,再次对此图标执行删除命令(选定后按 Delete 键),才会真正将其从硬盘中删除。若移动图标到回收站的同时按住 Shift 键,则一次就真正删除了。

(6) 创建图标的快捷方式。右击图标,从弹出的快捷菜单中选择“创建快捷方式”命令。

2.2.4　任务栏

任务栏默认位于桌面的底端,如图 2-2-16 所示,其最左侧是“开始”按钮,单击此按钮将弹出“开始”菜单。“开始”按钮右侧,从左往右依次是“搜索栏”“快速启动区”“活动任务区”和

"系统区"。

图 2-2-16　任务栏

（1）搜索栏。使用搜索栏可以快速检索 Windows 系统安装的应用程序、创建的文件和文件夹、互联网中的 Web 网页等内容。在搜索栏中输入要查找的文件或程序名称，系统将返回匹配该名称的所有文件、程序，并提供互联网搜索建议。例如，用户输入"计算器"，系统从本地 Windows 中搜索到"计算器"应用程序作为最佳搜索结果，单击该应用程序即可打开计算器工具；用户也可单击"搜索建议"中提示的"查看网络搜索结果"，利用搜索引擎 Bing 检索互联网中描述"计算器"的 Web 网页。

（2）快速启动区。Windows 默认"Edge 浏览器""文件资源管理器"和"应用商店"为该区域中的项目。用户如果希望将自己经常要访问的程序的快捷方式放入到快速启动区，只需将相应图标从其他位置（比如桌面）拖动到这个区域即可。如果用户想要删除"快速启动区"中的项目，可右击对应的"图标"，在弹出的快捷菜单中选择"从任务栏取消固定此程序"。

（3）活动任务区。活动任务区显示着当前所有运行中的应用程序和所有打开的文件夹窗口所对应的图标。需要注意的是，如果应用程序或文件夹窗口所对应的图标在快速启动区中已经出现，则其不会在活动任务区中再出现。此外，为了使任务栏能够节省更多的空间，用相同的应用程序打开的多个文件只对应于一个图标。为了方便用户快速地定位已经打开的目标文件或文件夹，Windows 提供了两个强大的功能：实时预览功能和跳转列表（Jump List）。

使用实时预览功能可以快速定位已经打开的目标文件或文件夹。将鼠标指向任务栏中已打开程序所对应的图标，即可预览打开的文件，如图 2-2-17 所示。

微软从 Windows 7 开始引入的"跳转列表（Jump List）"功能，可以方便地打开最近使用过的项目。该功能在 Windows 10 系统中被保留，但默认没有开启。若要打开该功能，可以在图 2-2-12所示的开始菜单中进行设置。

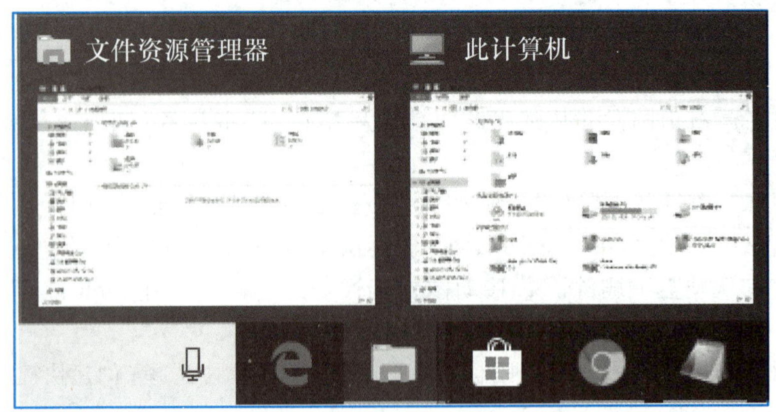

图 2-2-17　实时预览图

（4）系统区。系统在开机状态下会自动在系统区中显示常驻内存的一些项目，如反病毒实时监控程序、系统时钟显示、输入法等，单击系统区中的^图标，会显示这些项目。单击系统区的[英]图标，可以实现中英文输入法的切换（或者按 Ctrl+Shift 键进行切换）。双击时钟显示区将出现日期时间属性窗口，用户可以在窗口中设定系统的日期和时间。将鼠标移动到系统区最右侧，单击该区域可显示桌面。

（5）任务栏的相关设置。任务栏中还可以添加显示其他的工具栏，右击任务栏的空白区，在弹出的快捷菜单中选择“工具栏”选项，即可弹出如图 2-2-18 所示的子菜单，在此菜单中，用户可决定任务栏中是否显示地址工具栏、链接工具栏、桌面工具栏等。用户通过取消勾选“锁定所有任务栏”选项，则可以对任务栏进行高度调整，如拖动任务栏到桌面的其他边上显示；再次勾选“锁定所有任务栏”，出现 ✓ 锁定所有任务栏(L) 时，表示已锁定任务栏，用户不能对任务栏进行拖动和修改等操作。

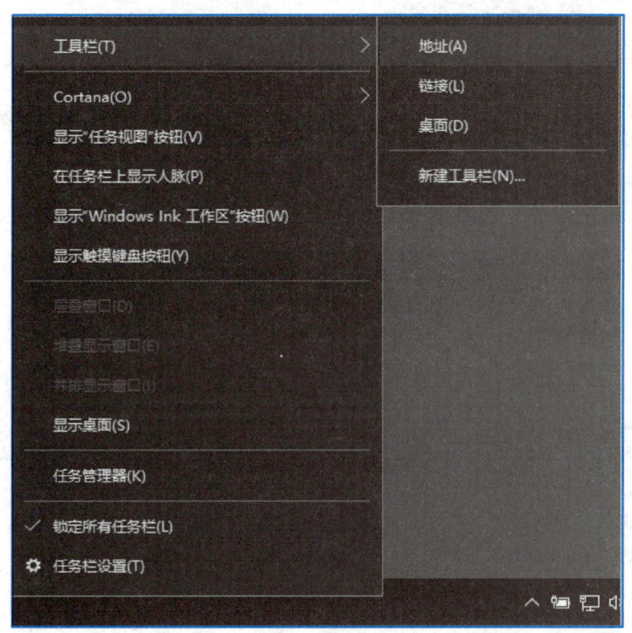

图 2-2-18　工具栏子菜单

用鼠标右击图 2-2-18 中的“任务栏设置”选项，可以显示任务栏菜单项。用鼠标左击“任务栏设置”，即可打开任务栏设置细节窗口（如图 2-2-19 所示），在图中，用户可以对任务栏是否隐藏、是否锁定等进行操作。

2.2.5　窗口

1. 窗口的概念

窗口是桌面上用于查看应用程序或文档等信息的一块矩形区域，Windows 中的窗口可分为应用程序窗口、文件夹窗口、对话窗口等。在同时打开的几个窗口中，有“前台”和“后台”窗口之分，用户当前操作的窗口，称为活动窗口或前台窗口，其他窗口则称为非活动窗口或后台窗口。前台窗口的标题栏颜色和亮度稍显醒目，后台窗口的标题栏呈浅色显示。用户可以利用有关操作变后台窗口为前台窗口。

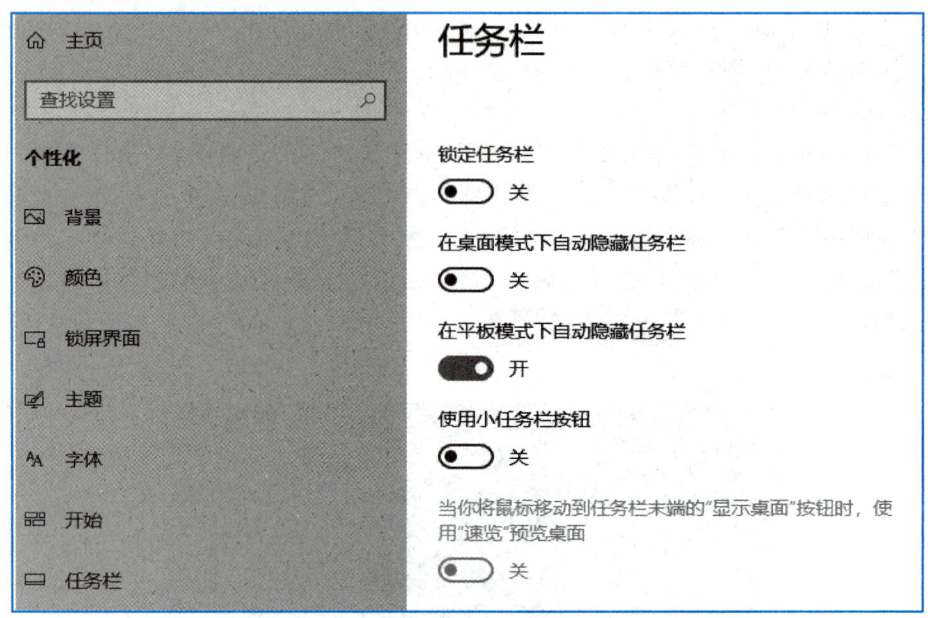

图 2-2-19　任务栏设置细节窗口

2. 窗口的组成

如图 2-2-20 是一个典型窗口——“文件资源管理器”窗口，该窗口由工具栏菜单与标题栏区、菜单栏程序菜单、滚动条、状态栏和应用程序工作区五部分组成。

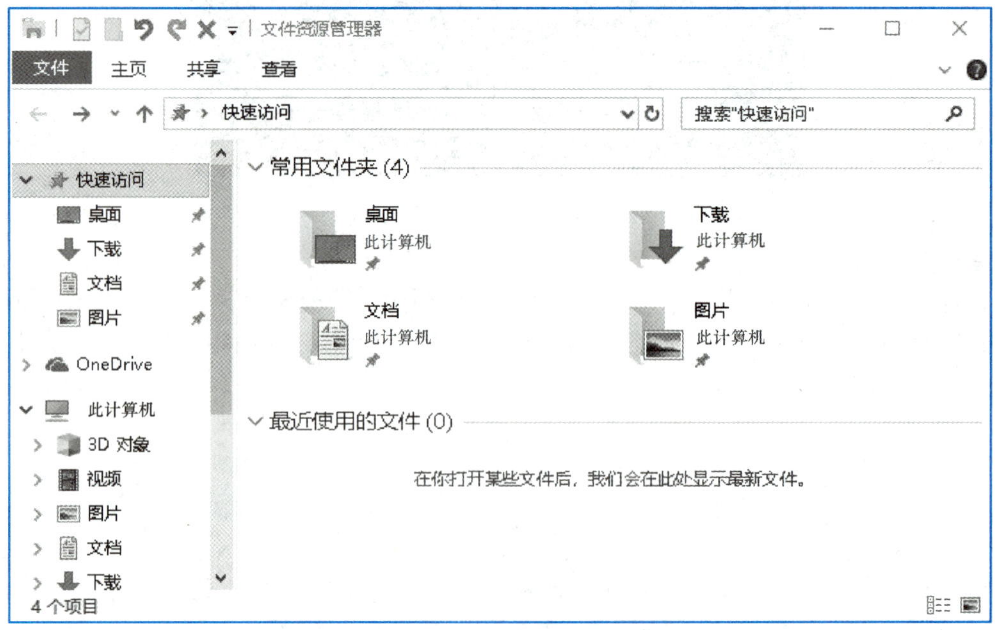

图 2-2-20　“文件资源管理器”窗口

（1）工具栏菜单与标题栏区（图 2-2-21 所示），从左至右依次为：控制菜单、快速工具栏区、标题区以及最右侧控制窗口大小的区域。

图 2-2-21　菜单栏

- 右击图标可弹出控制菜单，如图 2-2-22 所示。
- 在快速工具栏区，单击▾，在弹出的快捷菜单(图 2-2-23)中，可以对快速访问工具栏进行设置，增加或减少在快速工具栏上显示或隐藏的工具。

单击工具按钮可以快速实现相应的操作。

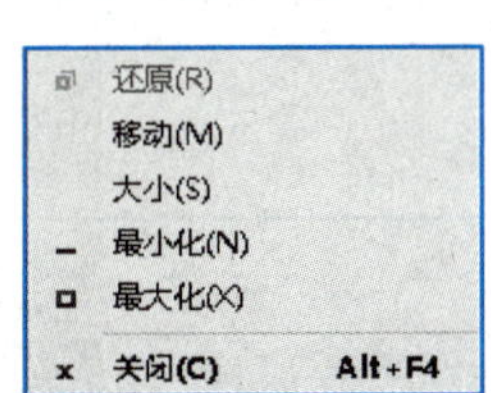

图 2-2-22　控制菜单

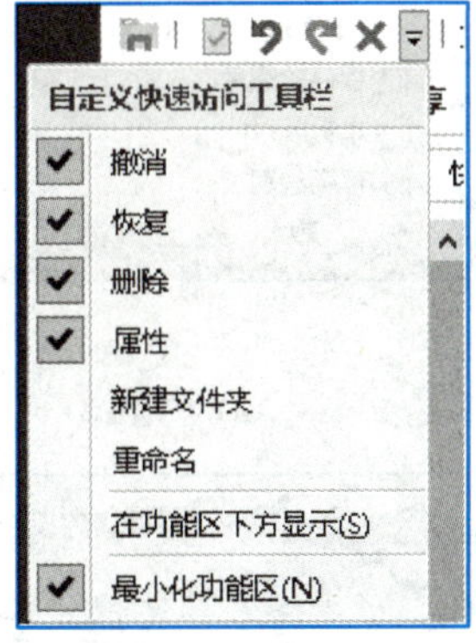

图 2-2-23　“自定义快捷访问工具栏”菜单

- 最右侧是控制窗口的工具按钮。–表示最小化窗口，□表示最大化窗口，×表示关闭窗口。

(2) 菜单栏与程序菜单：菜单栏是位于标题栏下面的水平条，如图 2-2-24 所示。不同窗口的菜单栏中通常有不同的菜单项，但不同的窗口一般都有一些共同的菜单项，如“文件”“主页”“查看”等。单击菜单栏中的一个菜单项，打开其相应的子菜单，单击⌄按钮可以展开子菜单中的各项命令，如图 2-2-25 所示。点击^按钮可以将展开的子菜单收起。点击?按钮可以获取 Windows 的在线帮助。

图 2-2-24　菜单栏

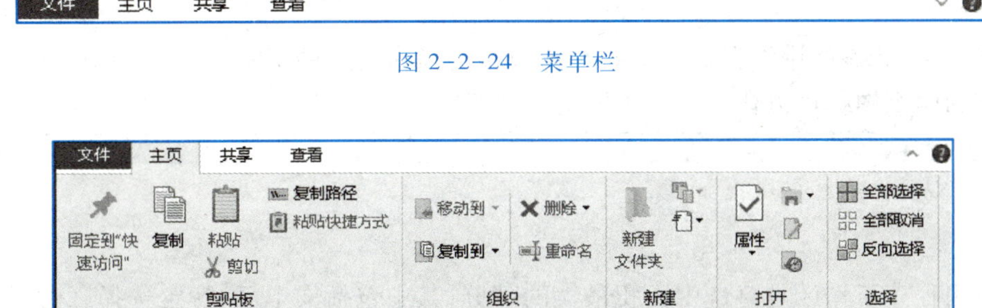

图 2-2-25　子菜单中的各项命令

(3) 滚动条：当窗口的内容不能全部显示时，在窗口的右侧或底端出现的条框称为滚动条，如图 2-2-26 和图 2-2-27 所示。

名称	日期	类型	大小
HanWang	2019/3/4 13:54	文件夹	
保存的图片	2018/4/24 16:33	文件夹	
本机照片	2018/4/24 16:33	文件夹	
屏幕截图	2019/4/9 15:51	文件夹	
1.png	2018/10/11 10:39	PNG 文件	52 K
2.png	2018/10/11 10:41	PNG 文件	52 K
3.png	2018/10/11 10:42	PNG 文件	43 K
4.png	2018/10/11 10:47	PNG 文件	37 K
HanWang - 副本	2019/4/12 17:25	文件夹	
保存的图片	2019/4/12 17:25	文件夹	
本机照片	2019/4/12 17:25	文件夹	
屏幕截图	2019/4/12 17:25	文件夹	

图 2-2-26　窗口滚动条①

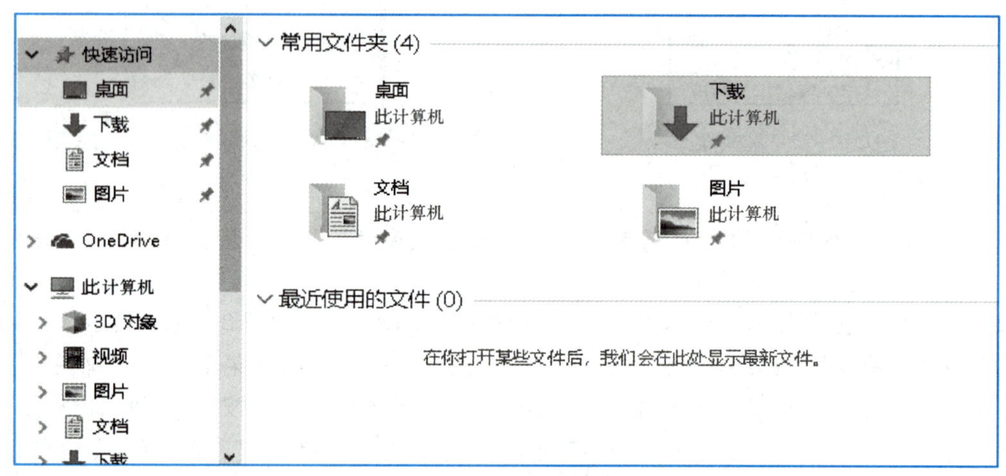

图 2-2-27　窗口滚动条②

(4) 状态栏：状态栏中常会显示一些与窗口中的操作有关的提示信息。如图 2-2-28 所示，单击最右侧的两个图标可以让内容以不同的方式显示。

4 个项目　选中 1 个项目

图 2-2-28　窗口的状态栏区

(5) 应用程序工作区是窗口中面积最大的部分，其中包括文本区、特定选择区、光标等。

有的应用程序如写字板、记事本等，利用这个区域创建、编辑文档，则称此区域为文本区。文本区中有一根闪动的小竖线，被称为插入点或文本光标，应注意文本光标和鼠标在文本区的指针形状“I”的区别，后者也被称为“I 形光标”或“I 光标”。另外，在写字板等应用程序文本区的左侧还有一个向上下延伸的狭窄区域，称为选定区。鼠标指针移入此区变为向右倾斜的箭头后，可以方便地进行文字块的选择。

3. 窗口的基本操作

(1) 窗口的打开。双击文件夹图标或应用程序图标，即可打开它们对应的窗口。打开应用程序窗口相当于启动一个应用程序。

(2) 窗口的关闭。单击窗口右上角的“关闭”按钮；或者从窗口的控制菜单中选择“关闭”命令；或者按快捷键 Alt+F4。

(3) 移动整个窗口。在窗口不是最大化的情况下，将鼠标指针指向标题栏，按下鼠标左键，不松开，直至拖动鼠标到合适的位置。

(4) 调整窗口大小。移动鼠标到窗口边框或窗口四角，当鼠标指针变成双箭头形状时，可对窗口大小进行调整。

(5) 窗口最小化。单击窗口的“最小化”按钮或从控制菜单中选择“最小化”命令。

(6) 窗口最大化。单击窗口的“最大化”按钮或从控制菜单中选择“最大化”命令。

(7) 窗口恢复原尺寸。单击窗口的“还原”按钮或从控制菜单中选择“还原”命令。

4. 窗口的切换操作

Windows 桌面上可以打开多个窗口，但活动窗口有且只有一个，切换窗口就是将非活动窗口切换成活动窗口的操作，其方法有多种。

(1) 使用快捷键 Alt+Tab。按下快捷键 Alt+Tab 后，屏幕中间会出现一个矩形区域，该矩形区域上半部分显示所有已打开的应用程序和文件夹的图标（包括处于最小化状态的）。按住 Alt 键不放，并反复按 Tab 键时，这些图标会轮流凸显。在想要选择的项突出显示时，松开 Alt 键，便可以使这个项对应的窗口变为活动窗口。按住 Alt+Shift 键，再反复按 Tab 键时，这些图标会逆向轮流凸显，如图 2-2-29 所示。

图 2-2-29　窗口预览

(2) 利用任务栏。所有打开的应用程序或文件夹在任务栏中均有对应的按钮，通过单击按钮，可以使其对应的应用程序或文件夹的窗口转为活动窗口。

(3) 单击非活动窗口的任何地方，也可以使其转为活动窗口，此方法也可以实现一个应用程序的不同文档窗口间的切换，例如，不同的 Word 文档之间的切换（也可以按快捷键 Ctrl+F6 实现）。

5. 在桌面上平铺或层叠窗口

桌面上可能打开若干个窗口，必要时可以层叠或平铺这些窗口。为此，可以在任务栏的空白处右击鼠标，在弹出的快捷菜单中选择“层叠窗口”命令，可使在桌面上已打开的若干窗口在桌面上按层叠方式排列，即每个窗口的标题栏和部分区域均可见，最前面的窗口为活动窗口。

从任务栏的快捷菜单中选择“堆叠显示窗口”或“并排显示窗口”命令，可使在桌面上已打开的若干窗口横向或纵向平均分享桌面的空间。

2.3 文件、文件夹和磁盘管理

2.3.1 基本概念

1. 文件与文档

文件是指被赋予名字并存储于磁盘上的信息的集合。文件可以是文档或应用程序。文档通常是指使用 Windows 的应用程序创建并可编辑的任何信息，例如，文章、信函、电子数据报表等。

一个应用程序可以创建无数个文档，文档文件总是与创建它的应用程序保持一种关联。打开一个文档文件时，其关联的应用程序也会随之启动，并将该文档文件的内容由磁盘调入内存并展现在窗口中。

在 Windows 中，文件以图标和文件名标识，每个文件都对应一个图标，删除文件图标事实上是删除文件。前面介绍的图标操作实际上已经介绍了文件管理的许多方面。一种类型的文件对应一种特定的图标。文档文件和创建它们的应用程序的图标十分类似。

2. 文件与文件夹

在 Windows 95 以后的版本中，文件夹有了更广泛的含义，它不仅用来存放、组织和管理具有某种关系的文件和文件夹，还用来管理和组织计算机的资源。例如，"设备和打印机"文件夹就是用来管理和组织打印机等设备；"此计算机"则是一个代表用户计算机资源的文件夹。

文件夹中可存放文件和文件夹（又称为子文件夹），子文件夹中还可以存放子文件夹，这种包含关系使得 Windows 中所有的文件夹形成一种树形结构。例如，单击"此计算机"相当于展开文件夹树形结构的根，根的下面是磁盘的各个分区，每个分区下面是第一级文件夹和文件，依此类推。

在 Windows 中，针对文件、文件夹、磁盘的管理都是直接或间接地通过文件资源管理器来进行的。

2.3.2 文件资源管理器

1. 文件资源管理器的打开

打开文件资源管理器的方法有以下 3 种。

（1）同时按下 Windows+E 键。

（2）选择"开始→文件→资源管理器"命令。

（3）在"开始"按钮上右击鼠标，从弹出的快捷菜单中选择"文件资源管理器"命令。

打开后的文件资源管理器如图 2-3-1 所示。

2. 文件资源管理器窗口的组成

（1）组成概述

前面介绍一般窗口的组成元素时，采用的例子就是资源管理器窗口。窗口中除了上节介绍

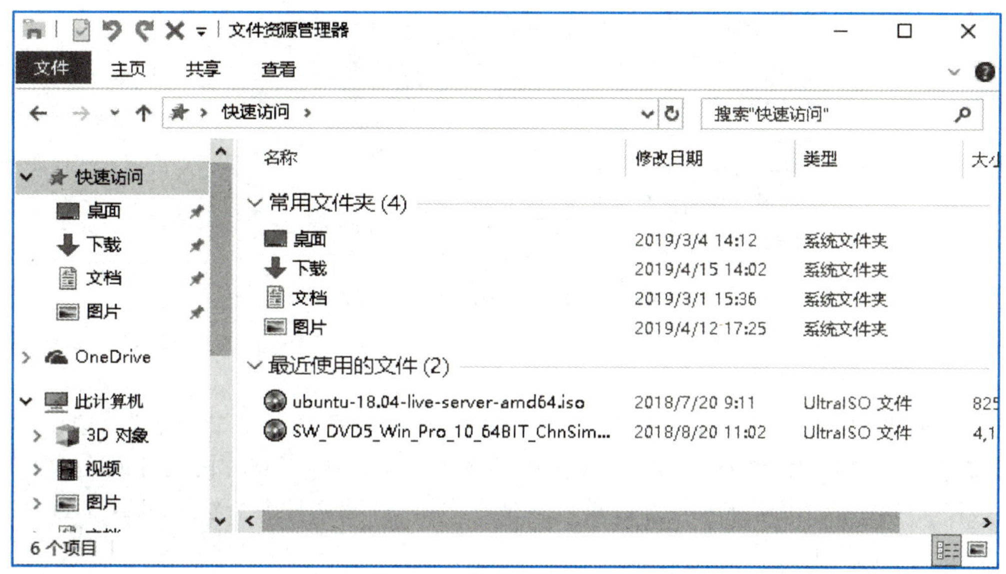

图 2-3-1　“文件资源管理器”窗口

的标题栏、菜单栏、工具栏、状态栏外，还有地址栏、导航窗格和预览窗格等。

文件资源管理器的工作区分为左右两个窗口。左窗口一般称为导航窗口，右窗口称为内容显示窗口。窗口工具栏（如图 2-3-2 所示）从左往右依次为“前进”和“后退”按钮；中间地址栏（又称为快速访问栏，用于显示当前文件或文件夹所在目录的完整路径），使用地址栏可以导航到不同的文件夹或库，也可以直接输入网址访问互联网上的站点；右边是搜索框，在搜索框中输入文件名或文件中的关键字时，可以搜索满足条件的文件并高亮显示。

图 2-3-2　工具栏

（2）同步云共享服务

OneDrive 是微软公司推出的云存储服务，用户使用微软账户注册 OneDrive 后，可以免费获取一定容量的（一般是 15 GB）云存储空间，如用户需要更多的空间，则需要支付费用购买。OneDrive 主要提供共享文件和文件夹、相册自动备份和在线 Office 三项功能。

（3）快速访问

快速访问可使用户在最短时间内访问到重要资源。默认情况下，快速访问中存在如下几个文件夹（可能会因版本号不同而略有差别）：“桌面”“下载”“文档”“图片”“视频”和“音乐”。当用户利用 Windows 提供的应用程序保存创建的文件时，默认的存储位置是“文档”文件夹所对应的路径。从互联网下载的歌曲、视频、网页、图片等也会默认分别存放在上述的几个文件夹所对应的路径中。

用户也可以在快速访问中建立“连接”来指向磁盘上的其他文件夹，具体做法是：右击目标文件夹，在弹出的快捷菜单中选择“包含到库中”命令后，在下一级的子菜单中选择希望加到哪个子库即可，如图 2-3-3 所示。通过访问这个子库，用户可以快速地找到其所需的文件或文件夹。

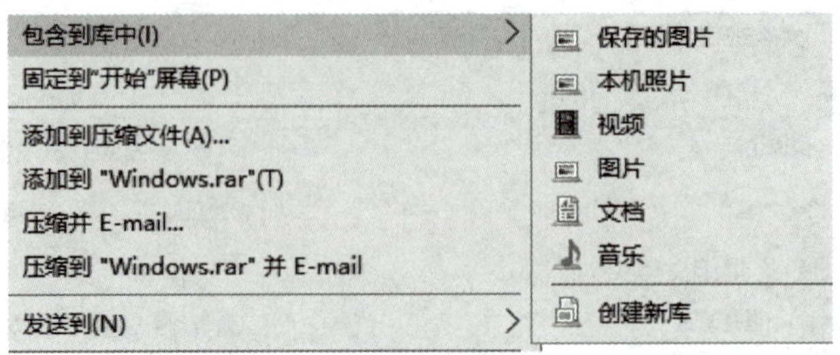

图 2-3-3　快速访问中“连接”的建立

（4）工具栏

在计算机中选中一个目标文件夹后，工具栏中会出现“主页”“共享”“查看”等选项卡。

• 如图 2-3-4 所示，单击“主页”选项卡下的菜单选项，可以对选中的文件或文件夹进行粘贴、复制、移动以及重命名等编辑操作。单击该选项卡下“新建文件夹”选项，可以在当前文件夹下快速建立一个新的子文件夹。

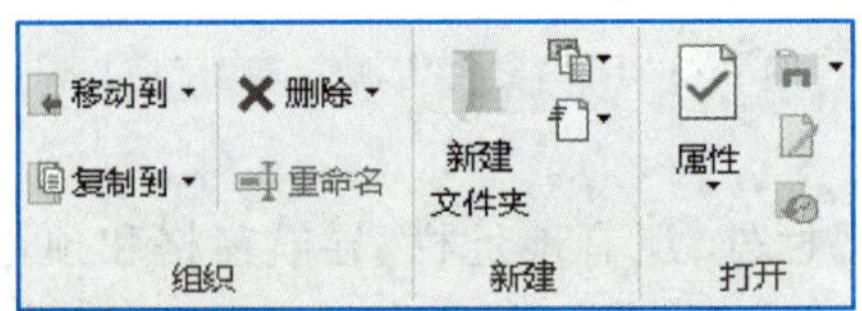

图 2-3-4　主页选项卡

• 如图 2-3-5 所示，单击“共享”选项卡下的菜单项，可以进行共享设置，主要包括设置共享的用户和读写权限以及停止共享等。

图 2-3-5　共享选项卡

• 如图 2-3-6 所示，单击“查看”选项卡，可以设置文件和查看布局，还可以单击不同布局选项来改变文件和文件夹的显示方式。

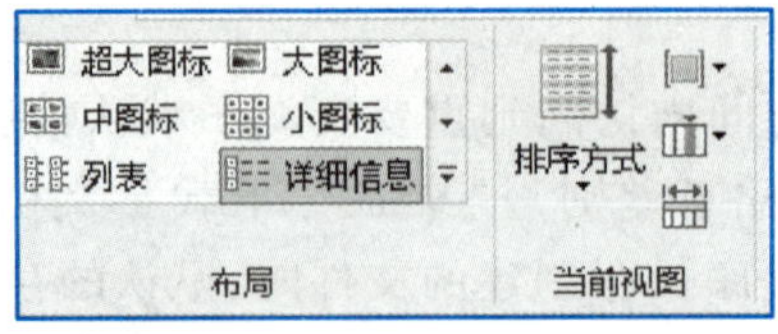

图 2-3-6　查看选项卡

3. 文件资源管理器的一些基础操作

文件资源管理器中的许多操作是针对选定的文件或文件夹进行的，例如，展开文件夹、折叠文件夹、选定文件夹和选定文件等。

（1）展开文件夹。在文件资源管理器的导航窗格中，当一个文件夹的左边有›按钮时，表示它有下一级文件夹。单击›按钮，可以展开其下一级文件夹；若单击此文件夹的图标，则该文件夹将成为当前文件夹，并在右窗口中展开其下一级文件夹。

（2）折叠文件夹。在导航窗格中，当一个文件夹的左边有⌄按钮时，表示已在导航窗格中展开其下一级文件夹。单击⌄按钮，下一级文件夹将折叠起来。

（3）选定文件夹。单击一个文件夹的图标，便可选定这个文件夹。在导航窗格中选定文件夹，常常是为了在右窗口中展开它所包含的内容；在右窗口中选定文件夹，常常是准备对文件夹做复制、移动等操作。

（4）选定文件。首先通过选定文件夹，使准备选定的目标文件显示在右窗口中，然后单击目标文件的图标或标识名即可。若要选定多个文件，可借助 Ctrl 键。

2.3.3　文件与文件夹的管理

1. 新建文件或文件夹

（1）使用新建文件或文件夹快捷菜单。在桌面或文件夹的空白处右击鼠标，在弹出的快捷菜单中选中“新建”命令即可，如图 2-3-7 所示。

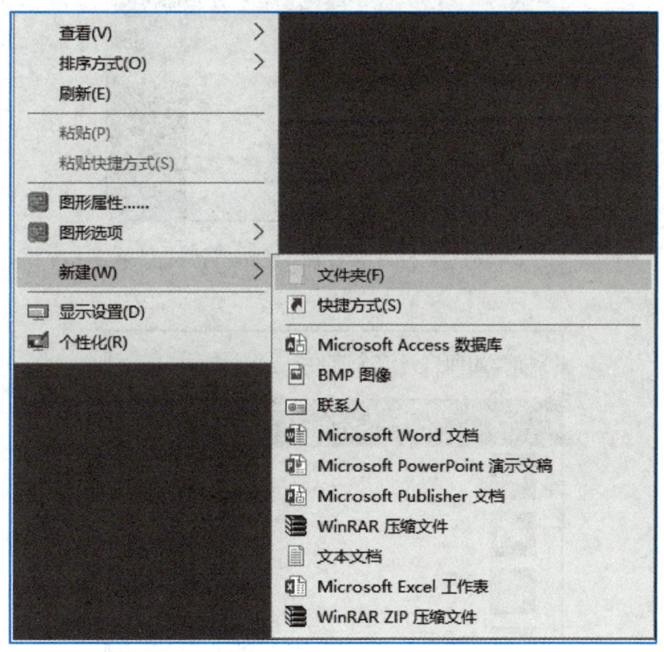

图 2-3-7　“新建文件或文件夹”快捷菜单

（2）使用文件资源管理器新建文件或文件夹。在文件资源管理器的导航窗格中选定文件夹，在右窗口的空白处右击鼠标，即可在弹出的如图 2-3-7 所示的快捷菜单中进行后续操作。也可选择工具栏中的“新建文件夹”命令。

（3）启动应用程序后新建文件。启动一个特定应用程序后即可进入创建新文件的过程，或从应用程序的“文件”菜单中选择“新建”命令也可。

2. 文件或文件夹的打开

打开文件或文件夹的方法有以下 3 种。

（1）指向目标文件或文件夹的图标后双击鼠标。

（2）右击文件或文件夹图标，在弹出的如图 2-3-8 所示的快捷菜单中，选择“打开”命令。

（3）在文件资源管理器或文件夹窗口中，先选定文件夹或文件，再选择“文件打开”命令。

Tips

注意：打开文件夹意味着打开文件夹窗口。打开文件则意味着启动创建这个文件的 Windows 应用程序，并把这个文件的内容在文档窗口中展开。

如果要打开的文件是非文档文件，即在系统中找不到创建这个文件对应的 Windows 应用程序，则将出现如图 2-3-9 所示的对话框。从中选择相应的程序后，单击“确定”按钮即可完成打开操作。如果在所示窗口中没有找到所需程序，则单击“在这台计算机上查找其他应用”选项，在出现的对话框（如图 2-3-10 所示）中选择一个特定的应用程序，从而打开相应文件。

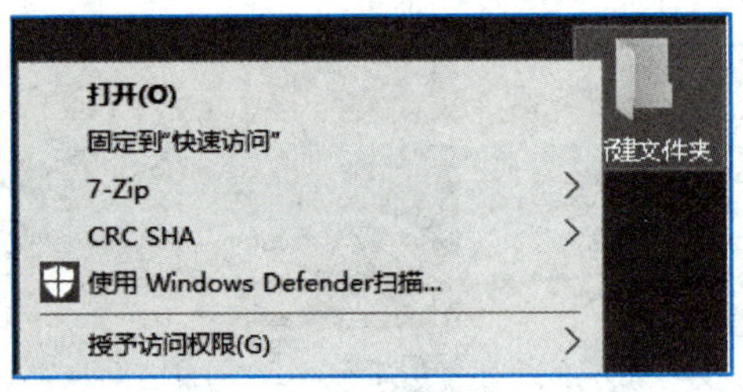

图 2-3-8 “打开文件或文件夹”快捷菜单

图 2-3-9 打开非默认文件时的对话框

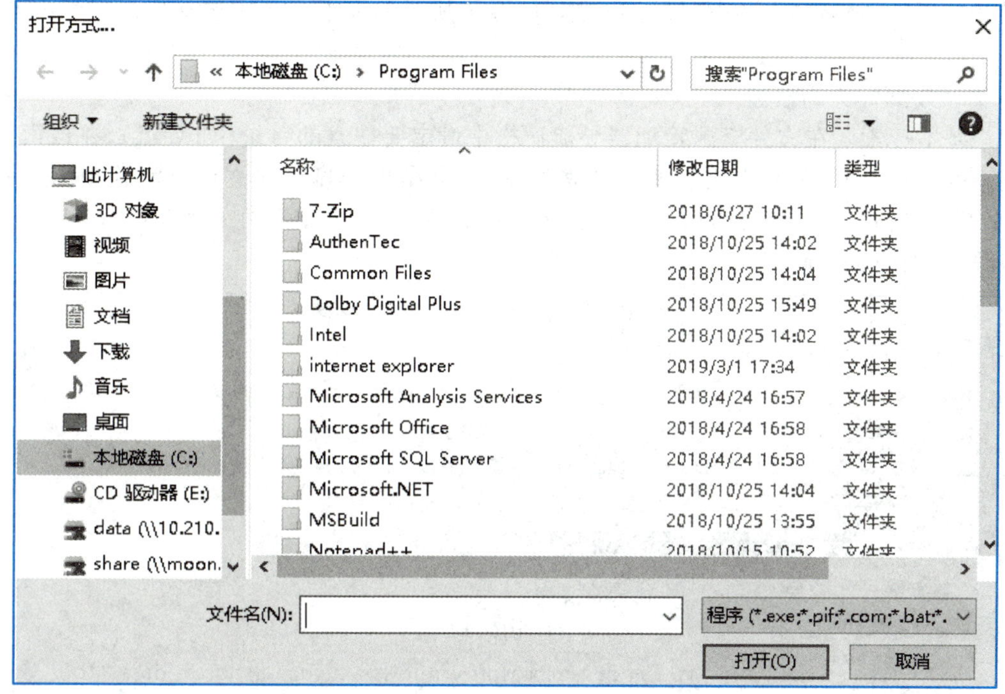

图 2-3-10　“打开方式”对话框

3. 文件或文件夹的重命名

重命名文件或文件夹的方式有两种。

(1) 从文件或文件夹的快捷菜单中选择“重命名”命令。

(2) 选定文件或文件夹，按功能键 F2，其标识名也会进入可编辑状态。但是在个别情况下，此方法可能会因安装软件功能键的冲突而失效。

4. 文件或文件夹的移动或复制

(1) 文件或文件夹的移动有以下 3 种方法。

① 利用快捷菜单。先用鼠标右击文件或文件夹图标，从弹出的快捷菜单中选择“剪切”命令，然后在目标位置的空白处再次右击鼠标，从弹出的快捷菜单中选择“粘贴”命令。

② 利用快捷键。先按 Ctrl+X 键执行剪切，再按 Ctrl+V 键执行粘贴。

③ 鼠标拖动法。若在同一驱动器内移动文件或文件夹，则直接拖动选定的文件或文件夹图标到目标文件夹的图标处，释放鼠标键即可。若移动文件或文件夹到另一驱动器的文件夹中，则需按住 Shift 键进行拖动。

(2) 文件与文件夹的复制有以下 4 种方法。

① 利用快捷菜单。与文件(文件夹)的移动①类似。

② 利用快捷键。先按快捷键 Ctrl+C 执行复制，再按 Ctrl+V 执行粘贴。

③ 鼠标拖动法。若复制文件或文件夹到另一驱动器的文件夹中，则直接拖动选定的文件或文件夹图标到目的文件夹的图标处，释放鼠标键即可。若复制文件或文件夹到同一驱动器的不同文件夹中，则拖动过程需按住 Ctrl 键。

④ 若要复制文件或文件夹到基于 USB 口的存储设备(如 U 盘)中，可以右击目标文件或文

件夹，从弹出的快捷菜单中选中“发送到”选项，再从其下一级子菜单中选择“可移动磁盘”命令即可。

5. 文件或文件夹的搜索

(1) 基本搜索。在文件资源管理器导航窗格中设定要搜索的目录(如C盘)，在搜索框中输入要搜索的内容(如prog)，单击右侧的搜索按钮，搜索结果会显示在文件资源管理器的右侧窗口中(如图2-3-11所示)，搜索内容在结果中高亮显示，单击工具栏中的“保存搜索”按钮可保存搜索结果，以便今后使用。

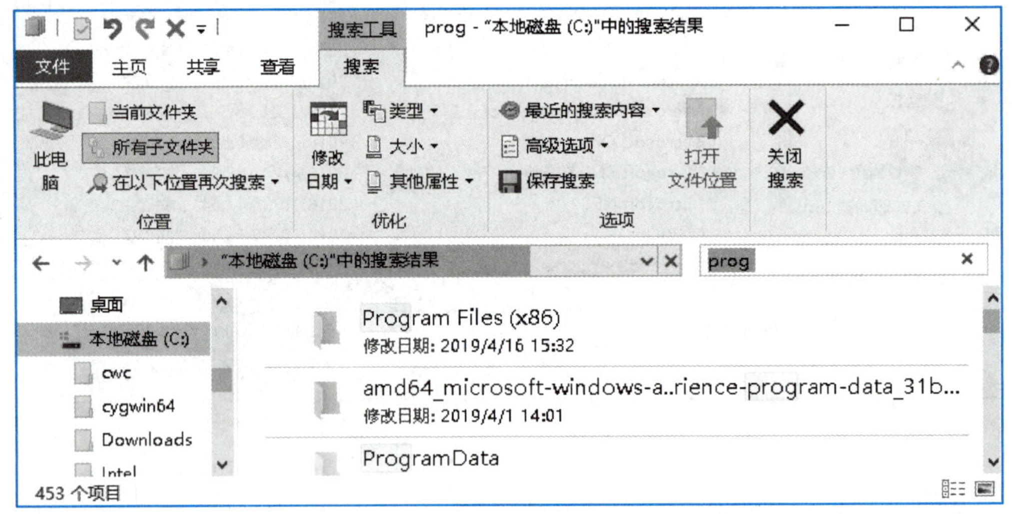

图2-3-11　搜索工具窗口

需要注意的是，对于设定目录下的文件或文件夹，如果其名称包含搜索词，则该文件会被包含到搜索结果当中。当搜索的文件和文件夹的数量较庞大时，就需要为搜索内容建立索引。在很多情况下，用户的目的是期望找到其内容包含搜索词的文件集合，为此，Windows提供了基于内容的搜索方法，启动方法是在“文件资源管理器”窗口中，选择“文件→选项”命令(如图2-3-12所示)。

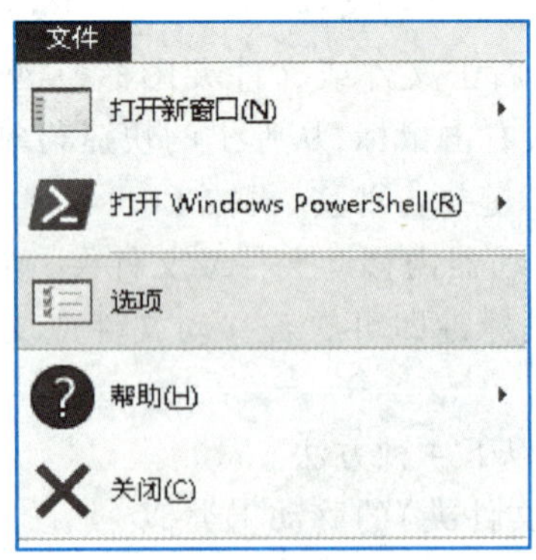

图2-3-12　文件选项卡

在弹出的如图2-3-13所示的“文件夹选项”对话框中，单击“搜索”选项卡。勾选“始终搜索文件名和内容”选项，单击“确定”按钮后，下次搜索时就会一起检查文件内容是否包含搜索内容。

该过程可能会比较耗时。

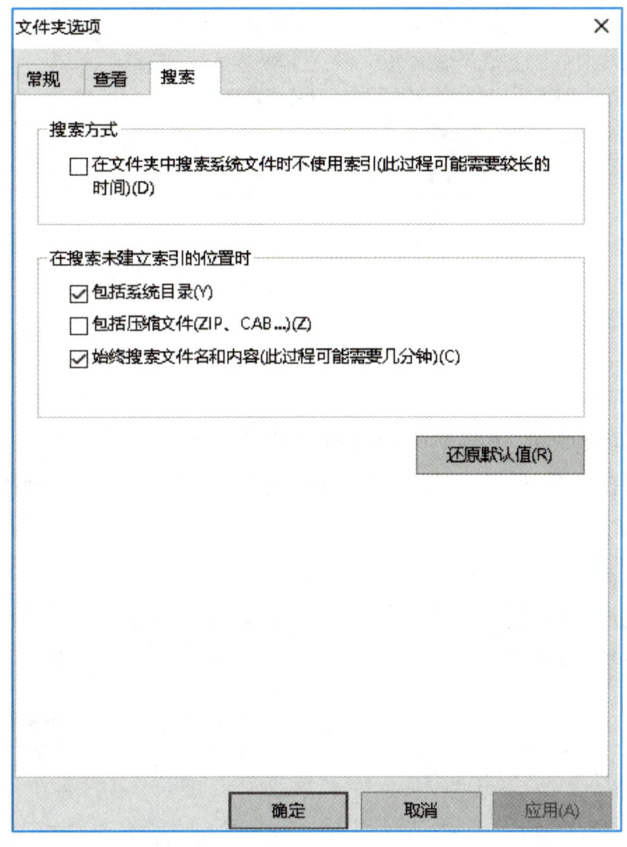

图 2-3-13　“文件夹选项”对话框

（2）筛选搜索：用户如果知道搜索文件（夹）的修改日期、大小等特征，则可以使用筛选搜索，通过设置筛选条件，提高搜索效率。启用筛选搜索的方法是：单击“文件资源管理器”窗口右上角的“搜索”选项卡，打开筛选搜索工具栏（图 2-3-14）。在“优化”选项卡中，提供了“修改日期”“类型”“大小”和“其他属性”4 项。用户可根据可确定的项目，进行相关搜索条件的设置。

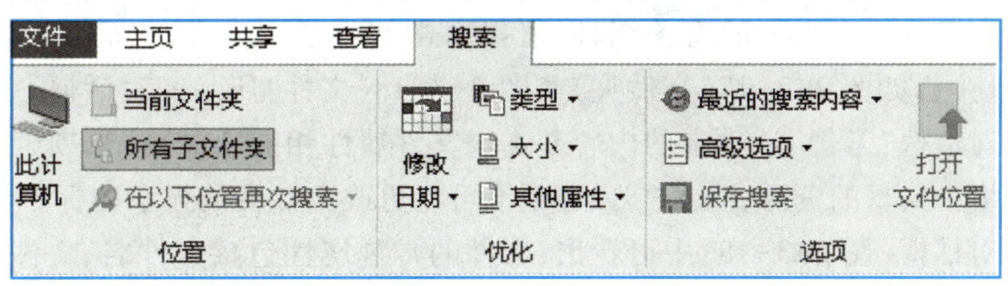

图 2-3-14　筛选搜索工具栏

（3）通配符与查找。Window 系统中的通配符有两个：星号（ * ）和问号（?）。

- 星号（ * ）：代表任意长度的字符串。例如，搜索 * ese，可以搜索到以 ese 结尾的所有单词，包括 Chinese、Japanese 等。图 2-3-15 中显示的是，搜索以字母 a 为文件名结尾的 jpeg 图片。
- 问号（?）：代表一个字符。

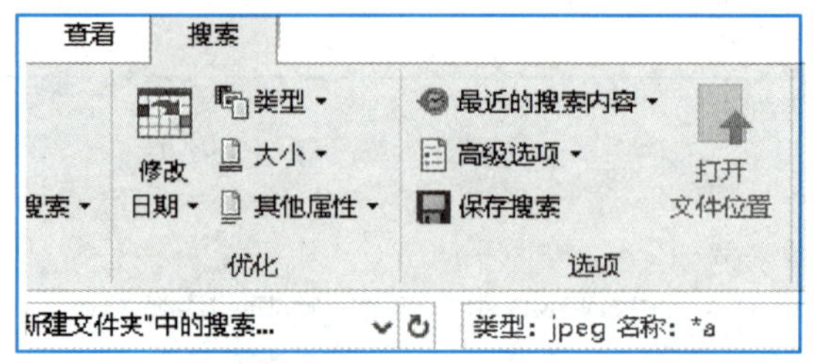

图 2-3-15　通配符搜索

6. 文件或文件夹的删除

文件或文件夹的删除有 4 种方法。

方法 1:选定目标后按 Delete 键。

方法 2:右击目标,从弹出的快捷菜单中选择“删除”命令。

方法 3:选定目标,在文件夹或文件资源管理器窗口选择“主页→删除”命令,如图 2-3-16 所示。

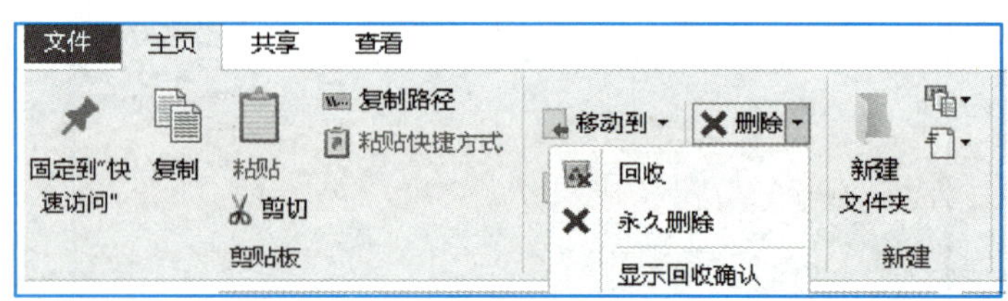

图 2-3-16　文件或文件夹的删除

方法 4:直接拖动目标到回收站中。如果在拖动的过程中同时按住了 Shift 键,则直接删除该项目,而不将其暂存到回收站中。

7. 被删除的文件或文件夹的恢复

打开回收站,右击待恢复的项目,从弹出的快捷菜单中选择“还原”命令,可以将其恢复到原位置。

8. 文件或文件夹属性的查看与设置

要了解或设定文件或文件夹的有关属性,可以右击文件或文件夹,然后从弹出的快捷菜单中选择“属性”命令,弹出如图 2-3-17(文件夹)和图 2-3-18(文件)所示的对话框。

文件夹属性对话框“常规”选项卡的内容基本与文件属性相同;“共享”选项卡可以设置该文件夹成为本地或网络上共享的资源;“自定义”选项卡可以更改文件夹的显示图标。

从文件属性对话框(图 2-3-18)中可看出,文件的常规属性包括文件名、文件类型、打开方式、位置、大小、占用空间等。

文件有只读和隐藏两种属性。

- 只读属性:设定此属性后可防止文件被修改,勾选图 2-3-17 和图 2-3-18 中的“只读”选项可设置。
- 隐藏属性:可以将文件隐藏起来,勾选图 2-3-17 和图 2-3-18 中的“隐藏”选项可设置。

除此之外,还可单击对话框中的“更改”按钮来改变文件的打开方式,如图2-3-19 所示。

图 2-3-17　“新建文件夹属性”对话框

图 2-3-18　“新建文本文档.txt 属性”对话框

图 2-3-19　“改变文件打开方式”对话框

9. 文件或文件夹快捷方式的创建

右击目标文件或文件夹，在弹出的快捷菜单中选择“创建快捷方式”命令即可。

10. 显示/隐藏文件的扩展名

文件扩展名(Filename Extension)是早期操作系统(如 VMS、CP、M、DOS 等)用来标志文件格式的一种机制。以 DOS 为例,文件扩展名紧接在文件主名后面,由一个分隔符号分隔。如“example.txt”,example 是文件主名,txt 为文件扩展名,“.”是文件主名与文件扩展名间的分隔符号。

DOS 作业系统(包括 Windows 3.x)把文件扩展名限制在 3 个字符以内。自微软推出 Windows 95 开始,文件扩展名的字数可以达到 256 个英文字符(长文件名)。表2-3-1 中列出了常见的文件扩展名。

表 2-3-1　常见文件扩展名一览

扩展名	说明	默认的应用程序
ddb	Protel 电路原理图文件	Design Explorer 99 SE
doc、docx	Word 文档	Microsoft Word 等
txt	文本文档(纯文本文件)	记事本、网络浏览器
wps	WPS 文字编辑系统文档	金山公司的 WPS 软件
xls、xlsx	Excel 电子表格	Microsoft Excel 等
ppt、pptx	PowerPoint 演示文稿	Microsoft PowerPoint 等
rar	WinRAR 压缩文件	WinRAR 等
htm、html	网络页面文件(标准通用标记语言下的一个应用 html)	网页浏览器、网页编辑器(如 W3C Amaya、Dreamweave 等)
pdf	可移植文档格式	PDF 阅读器(如 Acrobat)、PDF 编辑器
dwg	CAD 图形文件	AutoCAD 等
exe	可执行文件、可执行应用程序	Windows 视窗操作系统
jpg	普通图形文件(联合图像专家小组)	图形浏览软件、图形编辑器
png	便携式网络图形、一种可透明图片	图形浏览软件、图形编辑器
bmp	位图文件	图形浏览软件、图形编辑器
swf	Adobe Flash 影片	Adobe Flash Player 或影音播放软件

文件扩展名更重要的作用是让系统决定用什么软件来运行用户想打开的文件,例如,系统默认用 Microsoft Word 来打开扩展名为 docx 的 Word 文件。

在 Windows 中,文件常常仅以图标和主文件名来标识和区分文件的类型,而事实上,区分不同文件类型的关键在于其扩展名。若希望显示文件的扩展名,可单击文件资源管理器中的“查看选项”按钮,弹出“文件夹选项”对话框后,选择“查看”选项卡,通过勾选或取消勾选“文件扩展名”选项,即可显示或隐藏文件扩展名,如图 2-3-20 所示。

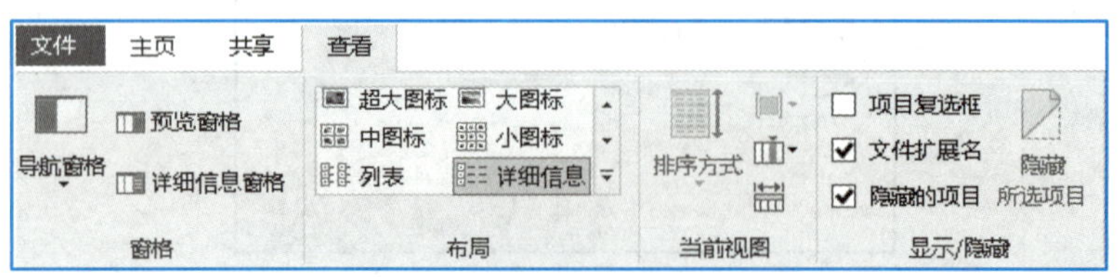

图 2-3-20　“文件扩展名工具栏设置”选项卡

由于 Windows 根据文件扩展名来判断对应打开的应用程序,因此,可以通过修改扩展名的方式，实现真实文件的隐藏。如将一个写有日记的文本文件的扩展名从 txt 修改为 exe，双击打开这个文件时，便不会自动使用记事本打开，而是直接以应用程序运行，如图 2-3-21 所示。

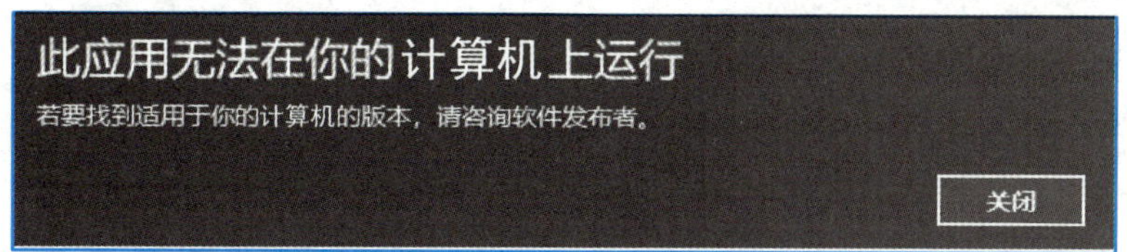

图 2-3-21　文本文件扩展名被修改后的运行结果

2.3.4　磁盘管理

在“此计算机”或“文件资源管理器”窗口中，右击目标分区，从弹出的快捷菜单中选择“属性”命令，在出现的磁盘分区属性窗口中选择“常规”选项卡（图 2-3-22），可以了解磁盘的卷标（可在此修改卷标）、类型、采用的文件系统以及该分区空间使用情况等信息。单击此选项卡中的“磁盘清理”按钮，可以启动磁盘清理程序。

磁盘属性窗口的“工具”选项卡（图 2-3-23），实际上提供了两个磁盘维护程序。选择“查错”栏中的“检查”按钮，相当于启动了“磁盘扫描程序”；选择“对驱动器进行优化和碎片整理”

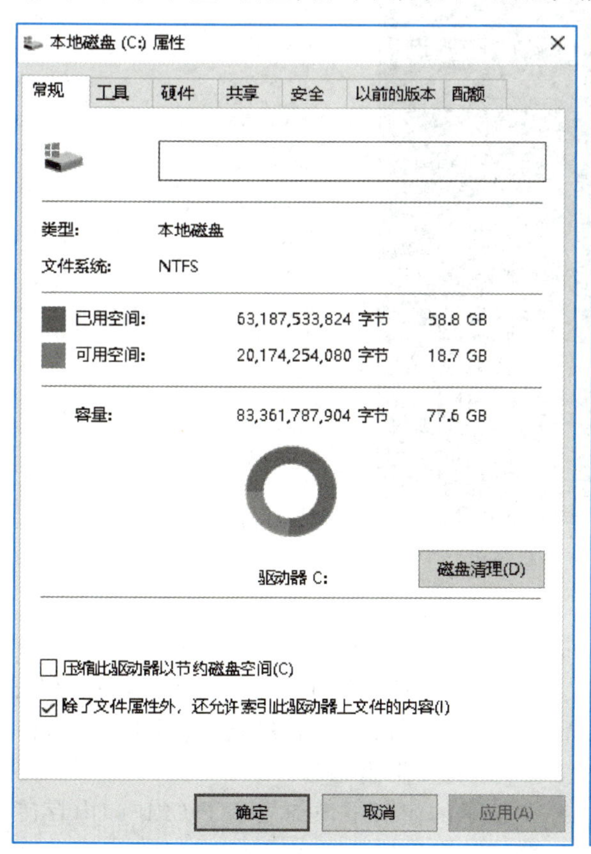

图 2-3-22　磁盘属性窗口的“常规”选项卡

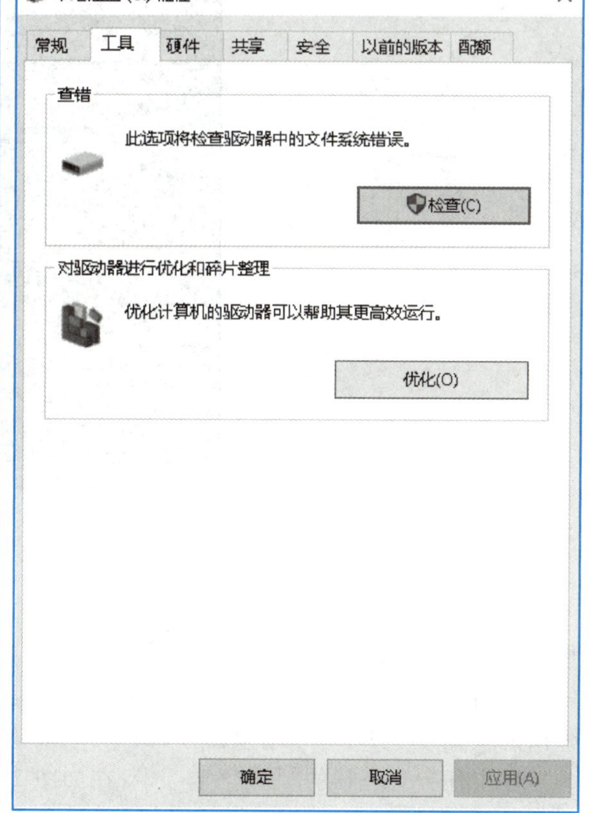

图 2-3-23　磁盘属性窗口的“工具”选项卡

栏中的“优化”按钮,相当于启动了“优化驱动器程序”。

2.4 任务管理

2.4.1 任务管理器

1. 任务管理器的作用

任务管理器可以提供正在计算机上运行的程序和进程的相关信息。用户使用任务管理器可以快速查看正在运行的程序的状态,或终止已停止响应的程序,或切换程序,或运行新的任务。用户利用任务管理器还可以查看 CPU 和内存的使用情况等。

2. 任务管理器的打开

方法 1:右击任务栏的空白处,从弹出的快捷菜单(图 2-4-1)中选择“任务管理器”选项。

方法 2:按 Ctrl+Alt+Delete 组合键,在出现的界面中选择“启动任务管理器”选项。

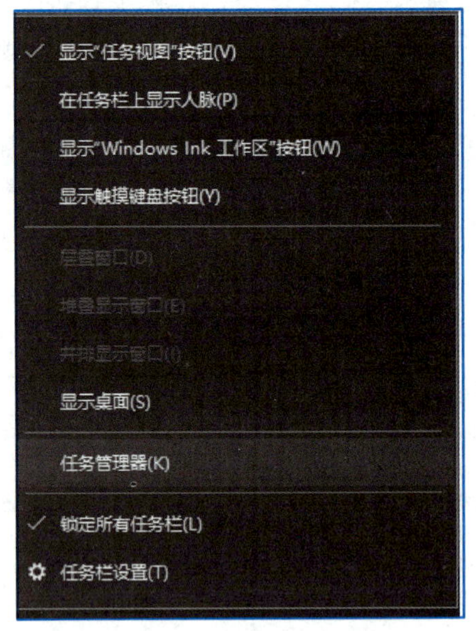

图 2-4-1 任务栏菜单

在任务管理器的“进程”选项卡(图 2-4-2)中,列出了目前正在运行的所有应用程序的名称、后台进程名和 Windows 进程名,以及各个进程和应用程序所占用的计算机资源(包括 CPU、内存、磁盘、网络等)。当某个应用程序或者进程无法响应时,可在窗口中右击其对应的名称,在弹出的快捷菜单中选择“结束任务”命令,结束该程序或进程的运行状态。

单击任务管理器的“性能”选项卡,在如图 2-4-3 所示的窗口中详细显示了 CPU 和内存使用的相关数据和图形。

任务管理器

文件(F)　选项(O)　查看(V)

进程　性能　应用历史记录　启动　用户　详细信息　服务

名称	状态	15% CPU	43% 内存	5% 磁盘	0% 网络
应用 (6)					
Google Chrome (32 ...		0.4%	91.4 MB	0 MB/秒	0 Mbps
Microsoft (R) HTML ...		4.2%	13.9 MB	2.4 MB/秒	0.1 Mbps
Microsoft Edge (12)		0.1%	252.2 MB	0 MB/秒	0 Mbps
Windows 资源管理器		1.6%	61.0 MB	0 MB/秒	0 Mbps
任务管理器		1.4%	20.1 MB	0 MB/秒	0 Mbps
远程桌面连接		0%	24.6 MB	0 MB/秒	0 Mbps
后台进程 (52)					
64-bit Synaptics Point...		0%	0.6 MB	0 MB/秒	0 Mbps
Antimalware Service ...		2.1%	129.9 MB	0.5 MB/秒	0 Mbps
Application Frame H...		0%	4.8 MB	0 MB/秒	0 Mbps
Bluetooth Radio Man...		0%	0.5 MB	0 MB/秒	0 Mbps
COM Surrogate		0%	0.9 MB	0 MB/秒	0 Mbps

简略信息(D)　结束任务(E)

图 2-4-2　任务管理器的进程选项卡

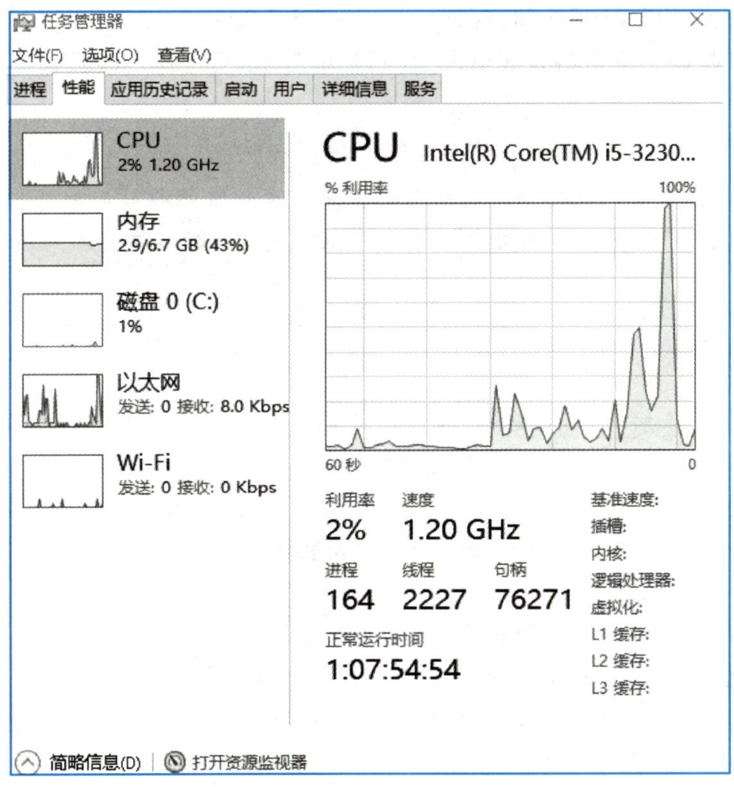

图 2-4-3　任务管理器窗口的性能选项卡

2.4.2　对应用程序的操作

1. 应用程序的启动

启动应用程序的方法包括以下 4 种。

(1) 选择“开始”菜单或其下级菜单中应用程序对应的快捷方式。

(2) 首先选中桌面、任务栏、文件夹中的应用程序图标或快捷方式，然后双击选中的对象；或右击选中的对象，在弹出的快捷菜单中选择“打开”命令；或直接在菜单栏中选择“文件→打开”命令。

(3) 选择“开始→所有应用→Windows 系统→运行”命令，打开“运行”对话框后，在“打开”后面的文本框输入要运行的程序的全名，或利用“浏览”按钮在磁盘中查找定位要运行的程序。

(4) 在任务栏的搜索框中输入要查找的程序名，在查找的结果中选中要打开的程序。

2. 应用程序之间的切换

切换应用程序的方法包括以下 3 种。

方法 1：利用任务栏活动任务区中的应用程序标题栏按钮。

方法 2：按 Alt+Tab 组合键。

方法 3：在任务管理器的“应用程序”选项卡中选定要切换的程序名，单击“切换到”按钮。

3. 关闭应用程序与结束任务

关闭应用程序是指正常结束一个程序的运行，其方法包括以下 3 种。

方法 1：按 Alt+F4 组合键。

方法 2：单击窗口的“关闭”按钮，或选择“文件退出”命令。

方法 3：双击“控制菜单”按钮，或单击“控制菜单”按钮后选择“关闭”命令。

Tips

注意：结束任务的操作通常指结束那些运行不正常的程序。为此，可以在任务管理器的“进程”选项卡中选定要结束任务的程序名，然后单击右键并选择“结束任务”按钮。

4. 安装应用程序

方法 1：自动执行安装。目前大多数软件安装光盘中附有 Autorun 功能，将安装光盘放入光驱就可自动启动安装程序，用户根据安装程序的导引即可完成安装任务。

方法 2：运行安装文件。打开安装文件所在的目录，双击安装程序的可执行文件即可。通常情况下，可执行文件的文件名为“setup.exe”或者“安装程序名.exe”。

5. 更改或删除程序

方法 1：在“开始”菜单中找到目标程序，通常情况下每个程序都会对应一个“卸载”命令，选中“卸载”命令后会出现如图 2-4-4 所示的窗口。在该窗口中，列表给出了已安装的程序，右击列表中的某一项，在弹出的快捷菜单中选择“卸载”命令，然后根据删除程序的导引就可以完成删除任务。

图 2-4-4　在"开始"菜单中快速卸载某个应用

方法 2:选择"开始→设置→应用"命令,在出现的"应用和功能"窗口(图 2-4-5)中列出了已安装的程序。右击列表中的某一项,在弹出的快捷菜单中选择"卸载"命令。

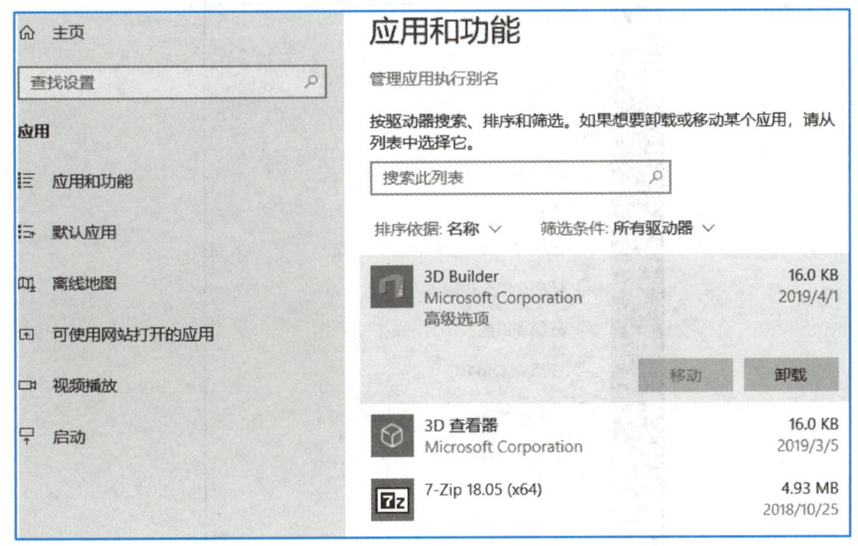

图 2-4-5　卸载"应用和功能"窗口

2.5　Windows 10 中的其他常用重要设置

微软的 Windows 10 操作系统中还有很多重要的设置。限于篇幅,本节仅介绍其中的部分设置。

2.5.1　启用系统保护/创建还原点

如果用户安装了一个病毒软件或一个有缺陷的驱动程序，导致计算机开始出现奇怪的行为，甚至无法启动时，需要将 Windows 10 进行还原。但是，在默认情况下 Windows 10 禁用了系统保护功能，用户如果想保护自己的计算机，可以按照以下步骤设置还原点。

（1）在 Windows 搜索框中搜索“还原点”，如图 2-5-1 所示。

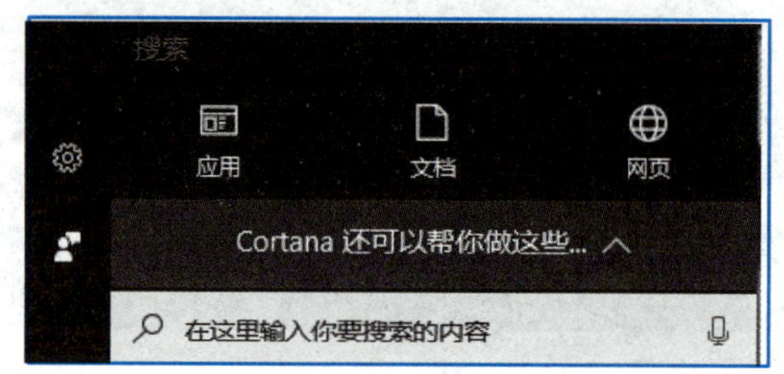

图 2-5-1　搜索框

（2）从搜索结果中选择“创建还原点”选项，如图 2-5-2 所示。

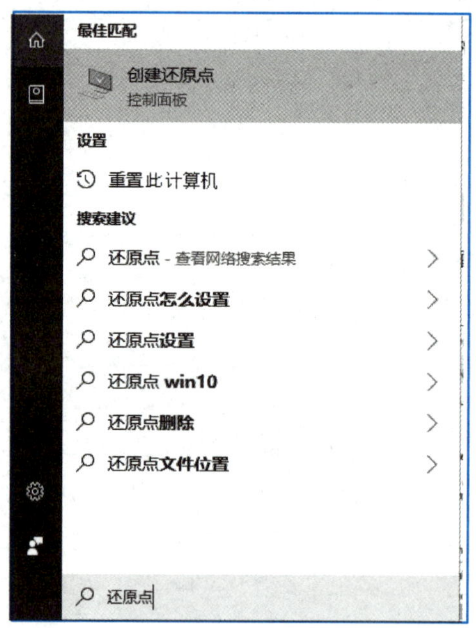

图 2-5-2　搜索结果

（3）选择系统驱动器（系统驱动器通常是 C 盘，同时其名称后有“（系统）”字样），然后单击“配置”按钮，弹出如图 2-5-3（a）所示的系统属性窗口，单击窗口中的“系统还原”按钮，弹出如图 2-5-3（b）所示的“系统保护本地磁盘”窗口，勾选还原设置中的“启用系统保护”选项，并通过移动滑块设置最大磁盘空间使用量（建议设置为 2%或 3%），然后单击“确定”按钮即可。

（4）完成步骤（1）~（3）后，系统属性窗口中的“创建”按钮将可以使用。单击该按钮，弹出

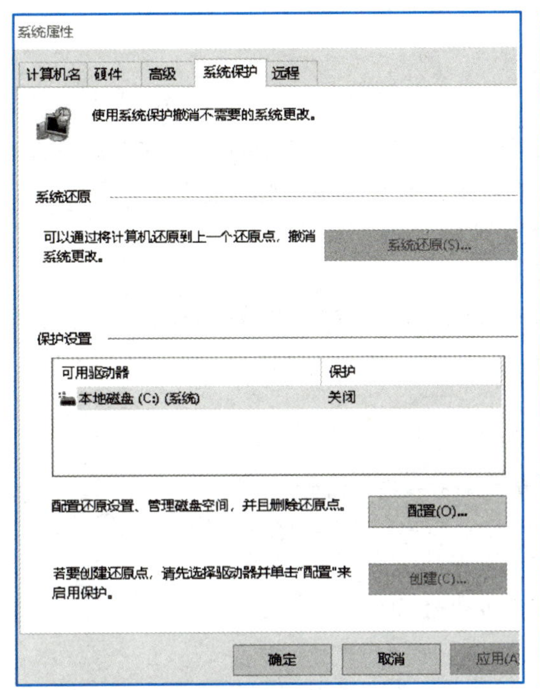

(a) “系统属性”窗口

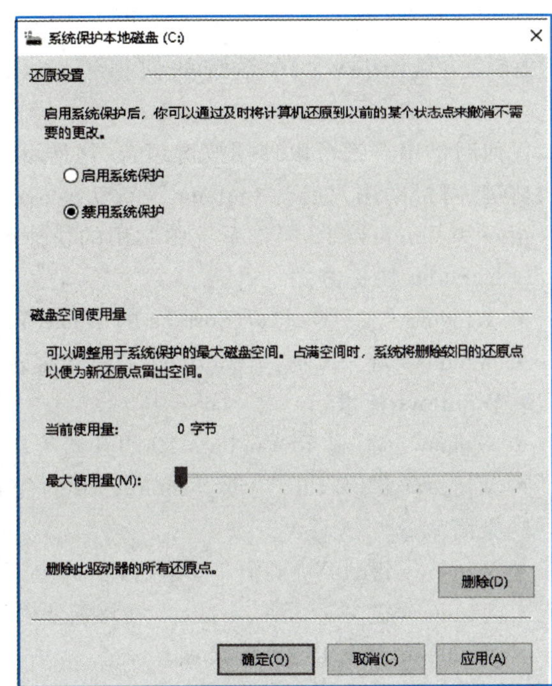

(b)“系统保护本地磁盘”窗口

图 2-5-3　创建还原点

图 2-5-4 所示的“创建还原点”对话框，在对话框中为初始还原点命名后，单击“创建”按钮，进入下一步。

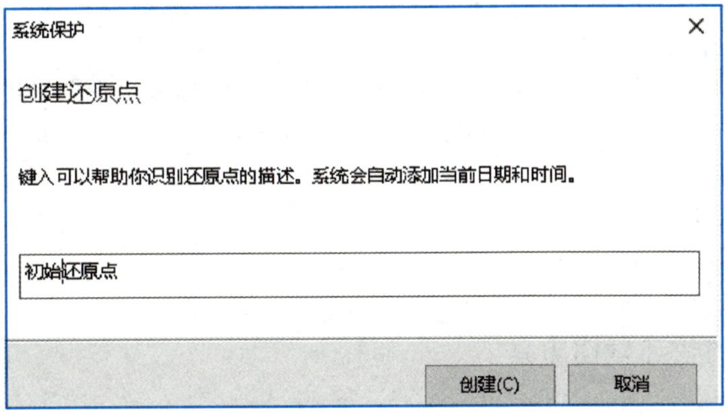

图 2-5-4　“创建还原点”对话框

（5）完成步骤（1）~（4）后，将弹出如图 2-5-5 所示的对话框，单击“关闭”按钮后，还原点创建成功。

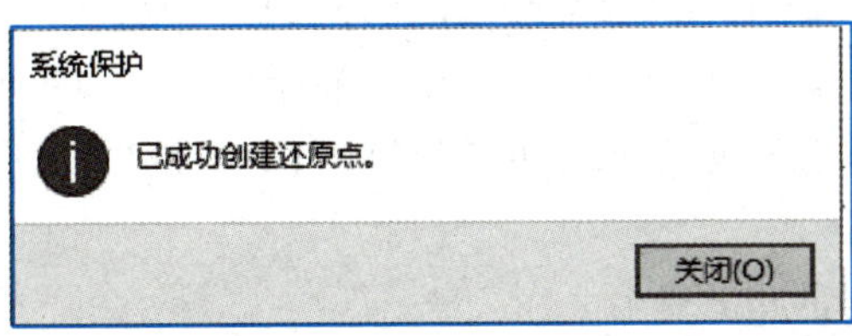

图 2-5-5　还原点创建成功

2.5.2 Windows 10 系统的快捷键

任何时候用户都可以使用按键组合,这样可以节省大量时间。Windows 10 系统有一长串键盘快捷键,可帮助用户启动 Cortana 等新功能,或在操作系统中导航,或轻松组织桌面布局。下面介绍一些 Windows 10 操作系统中常用的快捷键。

1. Cortana 快捷方式

- Windows 键 + Q:打开 Cortana 的 Home View,以便用户通过语音或键盘输入进行搜索。
- Windows 键 + C:打开 Cortana 的语音提示。

2. Windows 标准

- Windows 键:显示 Windows 10 的开始菜单。
- Windows 键 + Tab:启动 Windows 10 的任务视图。

3. 桌面命令

- Windows 键 + X :打开“开始”按钮的上下文菜单。
- Windows 键 + ←、→、↑或↓:在屏幕上移动活动窗口。
- Windows 键 + D :显示桌面。
- Windows 键 + ,:暂时显示桌面。

4. 连接和共享

- Windows 键 + H :共享内容(如果当前应用程序支持)。
- Windows 键 + K :连接到无线显示器和音频设备。
- Windows 键 + E :打开 Windows 资源管理器。

5. 传统键盘快捷键

- Windows 键+空格键:切换键盘输入语言(如果用户添加了至少两种输入法)。
- Windows 键 + 1,2,3…:打开固定到任务栏的程序。
- Windows 键 + R:运行命令。
- Alt + Tab:切换到上一个窗口。
- Alt + F4:关闭当前窗口。

2.5.3 自带的快速截图方法

屏幕截图是一种非常有用的方式。Windows 10 有多种方法可以实现屏幕截图。传统的方法是按 PrintScreen 键,然后打开画图板粘贴即可。但是此方法不够灵活,下面介绍另外一种更为灵活屏幕截图方法。

(1) 如图 2-5-6 所示,在“开始”菜单底部的“搜索栏”中输入“剪切工具”,然后在搜索结果中选择“截图工具”选项,在弹出的如图 2-5-7 所示的对话框中单击“新建”选项。

(2) 单击并拖动鼠标以选择要截取的屏幕区域,选择完成后,释放鼠标即可,如图 2-5-8 所示。

(3) 将所截图片以适当的格式保存。

图 2-5-6　“搜索工具”对话框

图 2-5-7　“截图工具”对话框

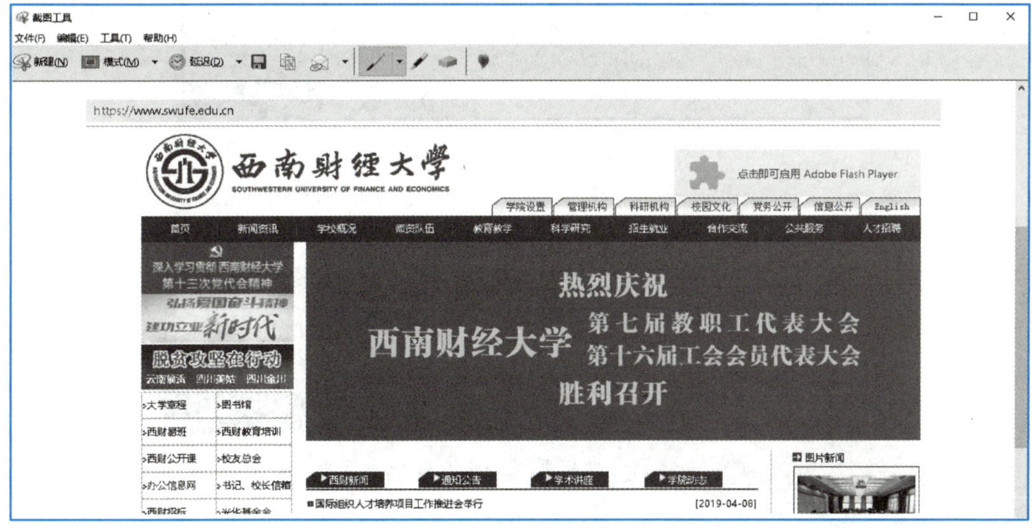

图 2-5-8　截图窗口

2.5.4 添加用户

如果多位用户共享一台计算机，那么可以通过添加用户来使得每位用户都有自己的登录方式和桌面布局等。下面介绍添加“家庭和其他人员”用户的步骤。

（1）打开“开始”菜单。

（2）单击“设置”按钮。

（3）单击“设置”菜单上的“账户”命令。

（4）选择左窗格中的“家庭和其他人员”选项，并在右窗格中单击“其他人员”下方的添加按钮 + ，如图 2-5-9 所示。

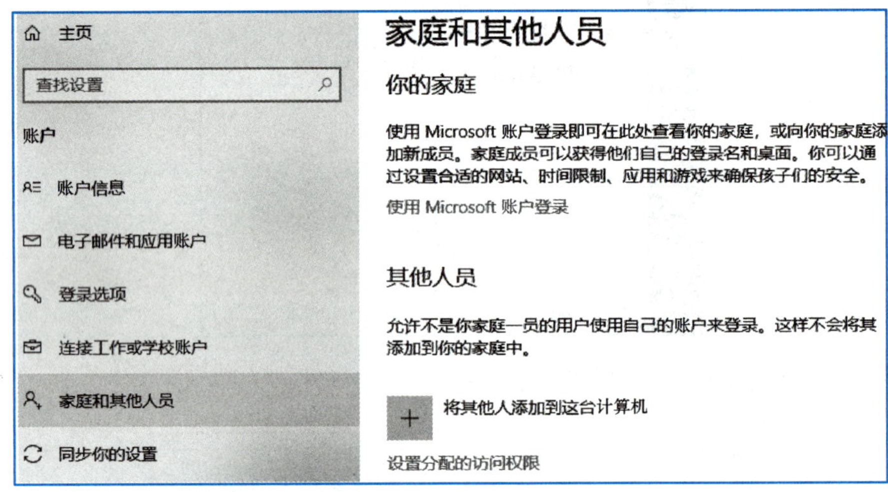

图 2-5-9 “家庭和其他人员”设置窗口

（5）在弹出的窗口中勾选“我没有这个人的登录信息”选项，然后单击“下一步”按钮，如图 2-5-10 所示。

图 2-5-10 添加人员

（6）在弹出的窗口中勾选“添加一个没有 Microsoft 账户的用户”选项，然后单击“下一步”按钮，如图2-5-11 所示。

图 2-5-11 选择非 Microsoft 账户对话框

(7) 在打开的窗口中输入账户名、密码，还可以设置找回密码的安全问题，如图 2-5-12 所示。

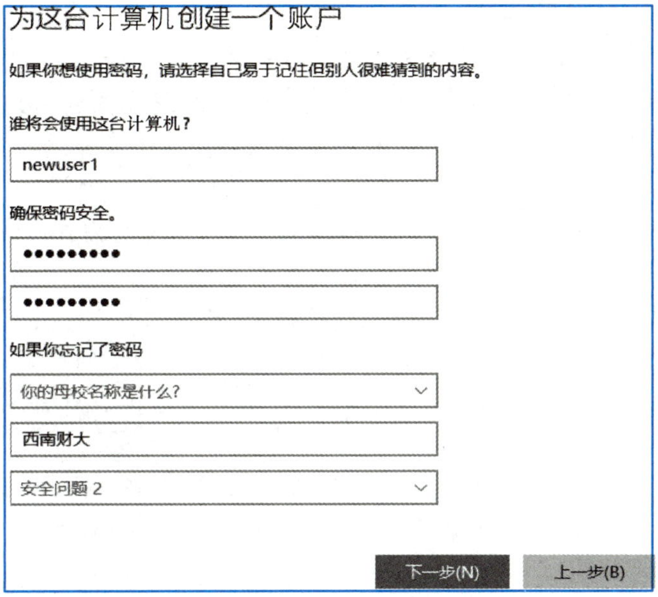
为这台计算机创建一个账户
如果你想使用密码，请选择自己易于记住但别人很难猜到的内容。
谁将会使用这台计算机？
newuser1
确保密码安全。
••••••••••
••••••••••
如果你忘记了密码
你的母校名称是什么？
西南财大
安全问题 2
下一步(N)
上一步(B)

图 2-5-12　设置账户具体信息窗口

(8) 设置好后单击“下一步”按钮，即可看到刚才建立的账户。这样就可以使用刚才建立的账户登录系统了，如图 2-5-13 所示。

将其他人添加到这台计算机
newuser1
本地账户
设置分配的访问权限

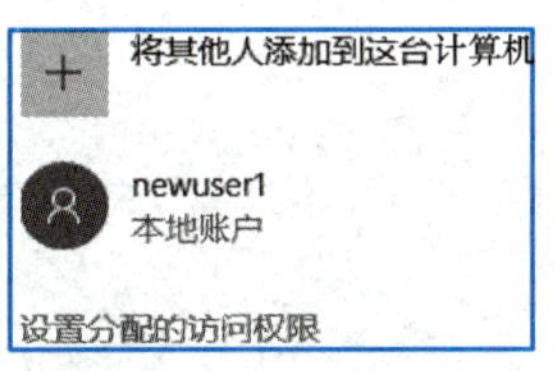

图 2-5-13　成功添加账户窗口

2.6　Mac OS 操作系统简介

2.6.1　Mac OS X 系统

Mac OS 是苹果公司为 Mac 系列电脑所开发的专属操作系统，它常被预装于 Mac 电脑之上。早期的苹果公司构建了一个封闭式体系，不但自主生产 Mac 电脑的大部分硬件，连操作系统也独立开发。封闭式的体系为苹果电脑带来了独特的优势：由于软硬件结合紧密，Mac OS 能充分发挥苹果电脑的硬件性能，并在电源管理、用户体验等方面体现出独特的优势；由于 Mac 在软硬件架构上与 Windows 有区别，疯狂肆虐的计算机病毒几乎都是针对 Windows 系统的，Mac OS 很少受到攻击。但封闭式的体系也使得苹果公司在商业上受阻，近年来，苹果公司在开放性和兼容性方面有所改善。Mac OS 实现了与 X86 指令集的结合，最新版本的 Mac OS 也能运行于普通的兼容机之上。此外，用户也可以使用苹果提供的虚拟机技术（Bootcamp）在 Mac 计算机上安装 Windows 操作系统。

图形界面系统最早由施乐公司发明，但是 Mac OS 是第一个在商业上取得成功的图形化操作系统。现代图形界面系统的基本元素，如桌面、窗口、图标、光标等，一般认为由苹果公司最早研发，最后才被业界接受为统一标准。作为耳熟能详的两款操作系统之一，Mac OS 一直以来被用于与微软的 Windows 操作系统作对比，实际两者存在显著差异。Mac OS 一直以来被定位为 Mac 系列计算机的专属操作系统，其内核和各模块的设计均以充分发挥 Mac 电脑的硬件性能为目的，而 Windows 被设计为一款兼容大部分 PC 的操作系统。当 Mac 电脑与 Mac OS 一起搭载时，整机系统将能提供良好的性能和用户体验。例如，在最新款的 Mac 电脑上搭载 Mac OS 时，其电池续航能力将达到 10 小时以上，而搭载 Windows 系统时，其续航能力仅为 4 小时左右。最新的 Mac 系统为 Mac OS X，Mac OS X 在系统可靠性、界面友好性等方面，都体现了苹果一贯的设计理念。

与其他操作系统相同，Mac OS 也提供文件管理、内存管理等功能，但是使用这些功能的方式与其他操作系统有很大区别。下面简要介绍 Mac OS 主要的功能模块。

2.6.2　个性化的 Mac 桌面

桌面是屏幕的整个背景区域，也是显示应用程序窗口、文件和文件夹的区域。Mac OS X 的桌面与 Windows 的桌面有较大不同，其组成元素如图 2-6-1 所示。

图 2-6-1　Mac OS X 桌面的组成元素

① 苹果标记( )：指桌面左上角的苹果 LOGO，可理解为 Windows 中的“开始”按钮。但是与“开始”按钮不同，Mac 不会将所有的应用均放置在这个按钮中，里面只放置了“系统偏好设置”“关机/睡眠”以及“查看 Mac 计算机”等基本操作。

② 应用程序菜单：位于桌面顶端的左侧，显示了当前正被用户使用的软件的菜单。用户可以通过点击这些菜单来控制当前活跃的软件。

③ 状态菜单：显示了 Mac 电脑当前的状态(包括日期与时间、电池状态、网络连接状况等)，也提供部分功能的快捷方式，例如，可在此快速连接无线网络、开关蓝牙等。

④ Spotlight(放大镜图标)：搜索功能，点击该图标可搜索 Mac 电脑上的任意内容。

⑤ 消息中心：可在此查看发送到本机的通知信息，包括：邮件、提醒事项、日历和第三方软件的通知等。

⑥ 桌面：用于显示应用程序的窗口。

⑦ Dock(程序坞)：类似于 Windows 中的快捷方式，用户可通过单击 Dock 上的图标，快速访问常用软件、文件和文件夹。

2.6.3 Dock

桌面底部的一栏被称为 Dock(程序坞)，如图 2-6-2 所示，它是 Mac 系统中一种重要的管理工具。Dock 存放了最常用的应用软件、文件和文件夹，使得用户可以对这些资源进行快速访问。Dock 上的图标被称为 Stack(堆栈)，Stack 对应资源的快捷方式，单击这些图标，所对应的资源会从 Dock 中以扇形或网格方式弹出。也可通过右击 Stack 图标来更改 Stack 的展示方式。

图 2-6-2　Dock

默认情况下，Dock 会显示一些系统自带的应用，如访达(Finder)、照片、浏览器等。用户也可以根据习惯对 Dock 进行个性化设置，如可对 Dock 中的项目进行重新排序，具体方法是按住鼠标左键不放，将需要调整的图标拖动到目标位置。也可添加图标，具体方法是直接将应用图标拖放至 Dock，如图 2-6-3 所示。同理，选中 Dock 中的应用图标后将其拖动到桌面的其他位置即可将其移除(并非卸载程序)，如图 2-6-4 所示。

2.6.4 Finder

Finder(访达)是位于 Dock 最左侧的第一个应用，它是 Mac OS 系统中另一个重要的管理工具，等同于 Windows 系统中的“我的计算机”和“资源管理器”。Mac 系统并不会像 Windows 系统一样将磁盘分为 C、D、E 等分区，而是将磁盘分为几个默认分类(如应用程序、下载、桌面和文档等)，用户可根据自己的需求将文档存放到对应的分类中。

使用 Finder，可以显示计算机上的文件、文件夹和应用软件，还可以快速进行复制、移动、重命名等操作。Finder 中的文件可以 4 种方式进行展示，具体为：图标、列表、分栏和封面流。其中，封面流的展示方式提供了文件的预览功能，能够提高文档的查阅效率，如图 2-6-5、图 2-6-6 和图 2-6-7 所示。

图 2-6-3　将微信添加至 Dock

图 2-6-4　将微信从 Dock 移除

图 2-6-5　Dock 中的 Finder 图标

图 2-6-6　Finder 界面(左侧显示了 Finder 的默认分类)

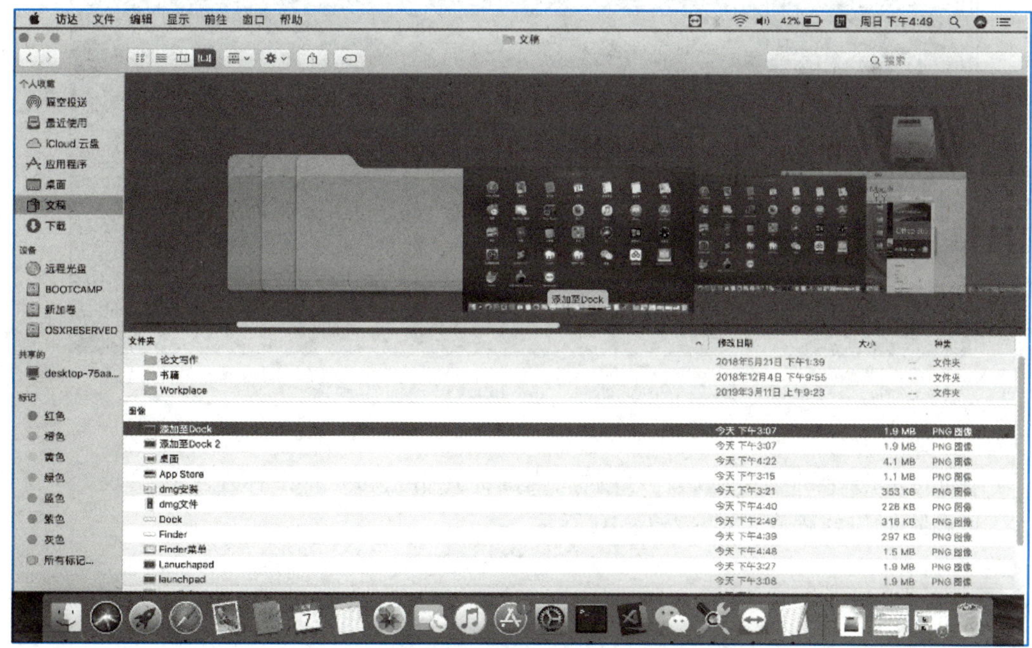

图 2-6-7　使用“封面流”的方式展示文档

2.6.5 Launchpad

Launchpad(启动台)用于管理 Mac 电脑上所有的应用程序。通过 Launchpad,用户可以查看、管理并轻松打开应用程序。默认情况下,Launchpad 包含了安装在计算机上的所有应用并按字母顺序对其排序。用户可以通过拖动图标来对 Launchpad 进行个性化设置,也可以在 Launchpad 上添加和删除应用程序。如果计算机上安装的应用过多,Launchpad 会创建多个页面来存放所有的应用。Launchpad 屏幕底部的点表示总共的 App 页面数以及当前显示选中的页面,如图 2-6-8 所示。

图 2-6-8 Dock 中的 Launchpad 图标

单击 Launchpad 中的某个程序图标,可启动应用程序,如图 2-6-9 所示。

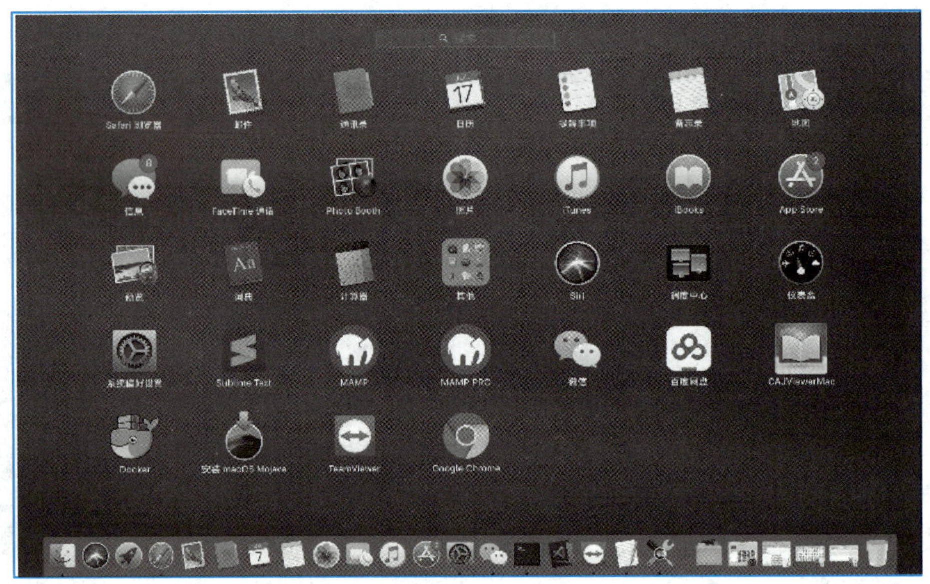

图 2-6-9 通过 Launchpad 启动应用程序

单击 Launchpad 上的某个应用程序图标,当图标开始晃动并且图标左上角出现“×”符号时,单击“×”可删除对应的程序,如图 2-6-10 所示。

2.6.6 Spotlight

Spotlight(聚焦搜索)是 Mac 系统提供的搜索功能。用户可以通过该功能搜索计算机上的应用程序、文稿、照片和其他文件,也可以进行网络查询、计算以及航班信息查询等。用户可通过两种方式调用 Spotlight:① 单击桌面右上角的放大镜图标;② 按快捷键 Command+空格。如图2-6-11。

图 2-6-10　通过 Launchpad 删除应用程序

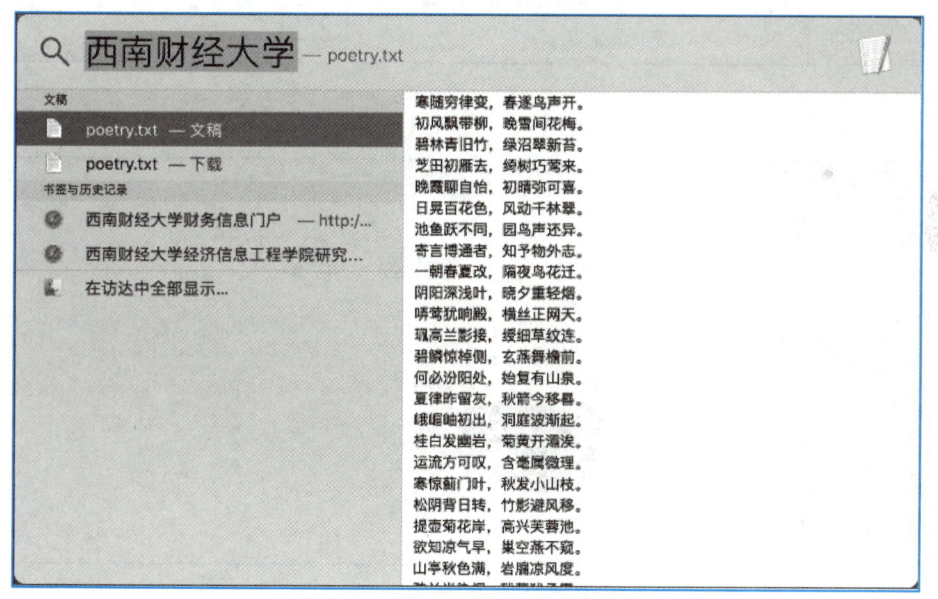

图 2-6-11　使用 Spotlight 搜索“西南财经大学”

2.6.7　应用程序安装

Mac OS 是基于 UNIX 内核的操作系统，无法与 Windows 的软件兼容，因此，所有 Windows 系统下的“exe”可执行程序在 Mac OS 下都不能使用。在 Mac OS 中，用户可以通过两种方式安装软件：① 在苹果应用商城 App Store 中进行下载安装；② 从网上下载 dmg 文件进行安装。

与 iPhone 相同，Mac 电脑也可以从 App Store 中下载软件。用户可以使用自己的 iCloud ID

登录苹果商城，如图 2-6-12 所示，然后搜索想要安装的软件，在搜索结果中选择并单击应用图标旁边的“获取”按钮，即可购买并下载软件，如图 2-6-13 所示。App Store 中的应用程序都通过了苹果官方的审核，不存在 Windows 软件中常有的捆绑销售等情况，因此系统会更加干净。通过 App Store 安装软件的过程是全自动的，不会出现不能安装等兼容性问题。

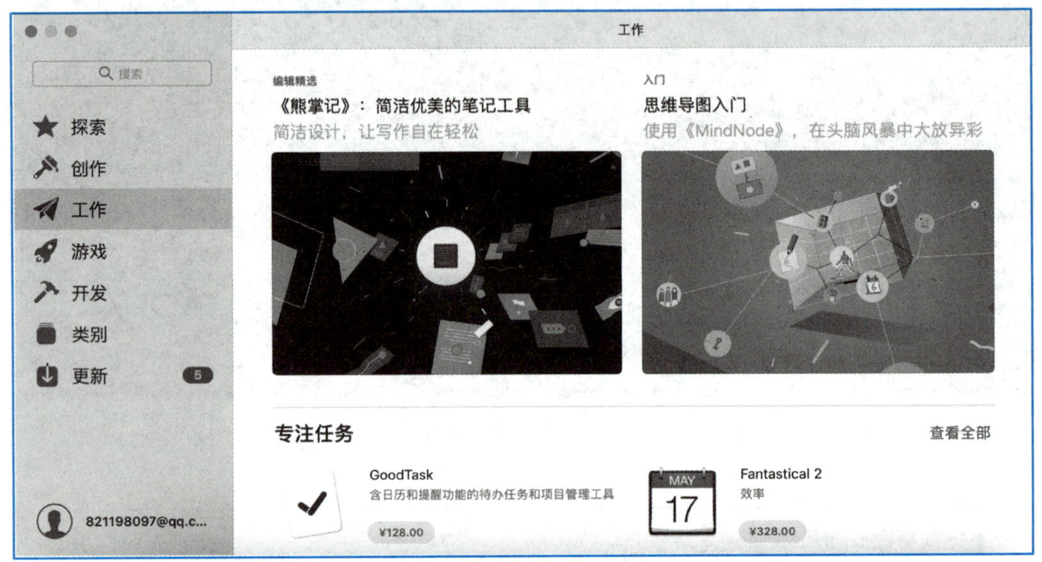

图 2-6-12　App Store 首页

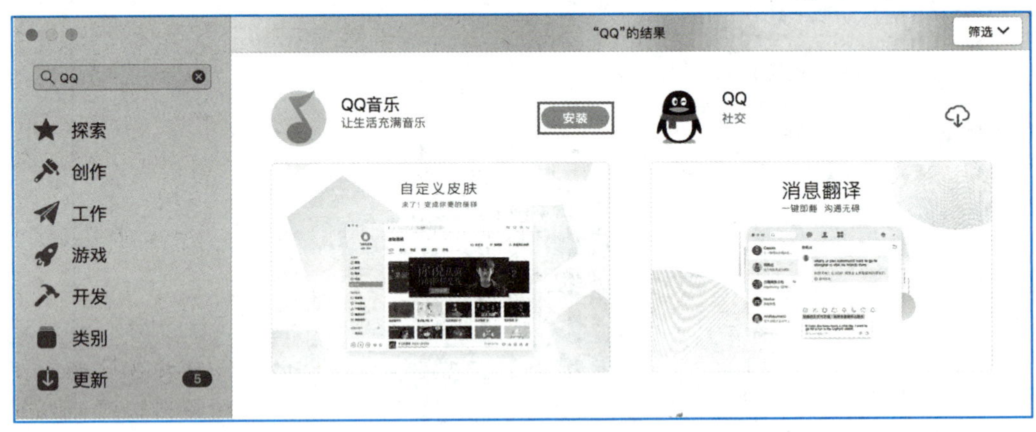

图 2-6-13　选择并安装应用程序

当 App Store 不能提供用户需要的软件时，可以通过 dmg 文件的方式进行软件安装。用户可通过百度等网站，搜索并下载所需的 dmg 文件，并将所下载的 dmg 文件拖拽到 Applications 文件夹中，即可完成安装。图 2-6-14～图 2-6-16 展示了 dmg 文件的安装过程。

2.6.8　删除应用程序

在 Mac 系统中，应用程序的卸载有 3 种方法：① 在 Launchpad 中删除应用程序图标；② 在

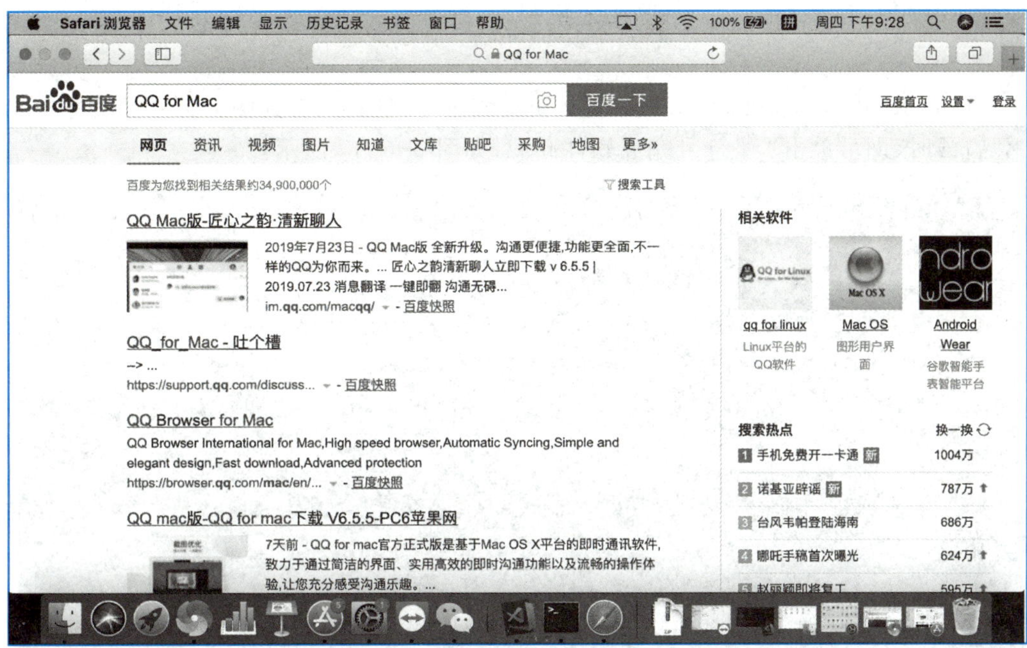

图 2-6-14 使用百度搜索“QQ for Mac”

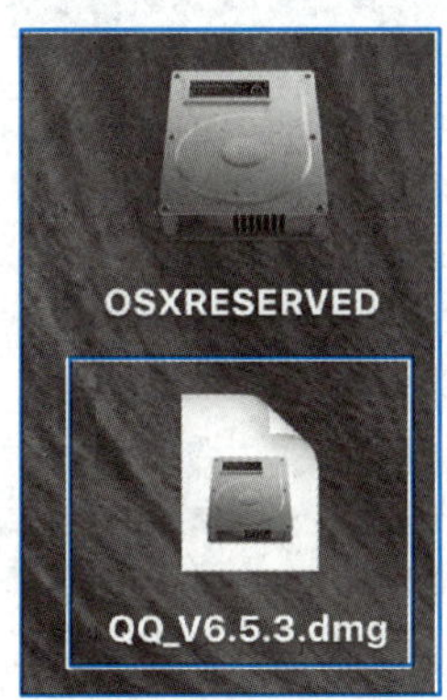

图 2-6-15 下载 QQ_V6.5.3.dmg 到本地计算机

图 2-6-16 在 Mac OS 中安装 QQ

“应用程序”文件夹中直接删除应用程序文件；③ 通过专门的清理软件卸载应用程序，如 Clean-App。

通过 Launchpad 卸载软件时，用户只需长单击应用程序图标，直到图标开始晃动并在左上角出现“×”符号时，即可单击“×”符号完成软件卸载，如图 2-6-17 所示。

图 2-6-17　通过 Launchpad 删除应用程序

用户也可以通过打开 Finder，并在“应用程序”文件夹中直接删除应用程序文件来卸载软件，如图 2-6-18 所示。

图 2-6-18　通过应用程序文件夹删除应用程序

此外,Mac 系统中也有专门的管理软件(类似于 Windows 系统中的 360 软件管家)可用于卸载软件。常用的卸载软件有 CleanApp。

第 2 章习题
及扩展资料

第 3 章　计算机网络与应用基础

学习目标

1. 了解计算机网络的产生和发展。
2. 掌握计算机网络的定义、功能、拓扑以及分类。
3. 了解计算机网络的体系结构。
4. 了解局域网与无线通信网。
5. 熟悉 IP 地址与域名。
6. 掌握互联网的基本应用。

计算机网络是计算机技术和通信技术紧密结合的产物。计算机网络技术迅速发展和互联网(Internet)的普及,使人们深刻体会到计算机网络是无处不在的。计算机网络已经对人类社会的政治、经济和文化生活产生了重大影响。

3.1　计算机网络概述

3.1.1　计算机网络的产生和发展

1. 早期的计算机网络

延伸阅读:互联网的发展

自从有了计算机,就有了计算机技术与通信技术的结合。早在 1951 年,美国麻省理工学院林肯实验室就开始为美国空军设计称为 SAGE 的半自动化地面防空系统,该系统最终于 1963 年建成,被认为是计算机和通信技术结合的先驱。

计算机通信技术应用于民用系统方面,最早的当属美国航空公司与 IBM 公司在 20 世纪 50 年代中期着手开发,于 20 世纪 60 年代初投入使用的飞机订票系统SABRE。美国通用电气公司的信息服务系统则是世界上最大的商用数据处理网络,其地理范围从美国本土延伸到欧洲、大洋洲和亚洲的日本。该系统于1968年投入运行,具有交互式处理和批处理能力。

在这一类早期的计算机通信网络中,为了提高通信线路的利用率并减轻主机的负担,已经使用了多点通信线路、终端集中器以及前端处理机等现代通信技术。这些技术对未来计算机网络的发展有着深刻的影响。

2. 现代计算机网络的发展

20世纪60年代中期出现了大型机,同时也出现了对大型机资源远程共享的需求。把小型计算机连成实验性的网络,第一次实现了由通信网络和资源网络复合构成计算机网络系统。以程控交换为特征的电信技术的发展则为这种远程通信需求提供了实现手段。现代意义上的计算机网络是从1969年美国国防部高级研究计划局(DARPA)建成的ARPAnet实验网开始的。

ARPAnet的主要特点是:资源共享、分散控制、分组交换、采用专门的通信控制处理机、分层的网络协议。这些特点被认为是现代计算机网络的一般特征。

3. 计算机网络标准化阶段

经过二十世纪六七十年代前期的发展,人们对组网的技术、方法和理论的研究日趋成熟。为了促进网络产品的开发,各大计算机公司纷纷制定自己的网络技术标准。

IBM首先于1974年推出了该公司的系统网络体系结构(System Network Architecture, SNA),并为用户提供能够互连互通的成套的通信产品;1974年,英国剑桥大学计算机研究所开发了著名的剑桥环型局域网(Cambridge Ring);1975年,DEC公司推出了自己的数字网络体系结构(Digital NetworkArchitecture, DNA);1976年,美国Xerox公司的Palo Alto研究中心推出以太网(Ethernet)。这时期网络技术标准还只是在一个公司范围内有效,遵从某种标准的、能够互连的网络通信产品,只限于同一公司生产的同构型设备。

网络通信市场这种各自为政的状况使得用户在投资方向上无所适从,也不利于多厂商之间的公平竞争。1977年,国际标准化组织(ISO)的TC97信息处理系统技术委员会SC16分技术委员会开始着手制定开放系统互连参考模型OSI/RM。作为国际标准,OSI规定了可以互连的计算机系统之间的通信协议,遵从OSI协议的网络通信产品都是所谓的“开放系统”。这种统一的、标准化产品互相竞争的策略进一步促进了网络技术的发展。

4. 微型机局域网的发展时期

20世纪70年代出现了微型计算机,这种更适合办公室和家庭使用的新机种对社会生活的各个方面都产生了深刻的影响。以太网及环网对以后局域网的发展起到了导航的作用。1972年,Xerox公司发明了以太网,以太网与微型机的结合使得微型机局域网得到了快速的发展。在一个单位内部的微型计算机和智能设备互相连接起来,提供了办公自动化的环境和信息共享的平台。1980年2月,IEEE组织了一个802委员会,开始制定局域网标准。局域网的发展道路不同于广域网,局域网厂商从一开始就按照标准化、互相兼容的方式展开竞争。用户在建设自己的局域网时选择面更宽,设备更新更快。

5. 互联网的快速发展时期

1985年,美国国家科学基金会(National Science Foundation, NSF)利用ARPAnet协议建立了用于科学研究和教育的骨干网络NSFnet。1990年,NSFnet代替ARPAnet成为美国国家骨干网,并且走出了大学和研究机构进入社会。从此,网上的电子邮件、文件下载和消息传输受到越来越多人的欢迎并被广泛使用。

1993 年,美国伊利诺斯大学国家超级计算中心成功开发了网上浏览工具 Mosaic(后来发展成 Netscape),使得各种信息都可以方便地在网上交流。浏览工具的实现引发了互联网发展和普及的高潮。上网不再是网络操作人员和科学研究人员的专利,而成为一般人进行远程通信和交流的工具。在这种形势下,美国总统克林顿于 1993 年宣布正式实施国家信息基础设施(National Information Infrastructure, NII)计划,从此在世界范围内展开了争夺信息化社会领导权和制高点的竞争。与此同时,NSF 不再向互联网注入资金,使其完全进入商业化运作。

到了 20 世纪 90 年代后期,互联网以惊人的速度高速发展,网上的主机数量、上网人数、网络的信息流量等的增长速度惊人。

6. 我国互联网的发展

我国互联网的发展始于 20 世纪 80 年代末。1986 年,北京市计算机应用技术研究所实施的国际联网项目——中国学术网(Chinese Academic Network,CANET)启动。1987 年 9 月,CANET 在北京计算机应用技术研究所内正式建成中国第一个国际互联网电子邮件节点,并于 9 月 14 日发出了中国第一封电子邮件:Across the Great Wall we can reach every corner in the world,至此揭开了中国人使用互联网的序幕。1988 年初,中国第一个 X.25 分组交换网 CNPAC 建成,当时覆盖北京、上海、广州、沈阳、西安、武汉、成都、南京、深圳等城市。

1989 年 10 月,世界银行贷款重点学科项目"中关村地区教育与科研示范网络"正式立项。该项目的主要目标是通过北京大学、清华大学和中科院 3 个单位的合作,做好主干网和 3 个院校网的建设。

20 世纪 90 年代以后,中国的互联网快速发展起来。

2019 年 2 月 28 日,中国互联网络信息中心(CNNIC)发布第 43 次《中国互联网络发展状况统计报告》。报告从互联网基础建设、互联网应用发展、政务应用发展、产业与技术发展及互联网安全等多个方面展示了 2018 年我国互联网的发展状况。截至 2018 年 12 月,我国网民规模达 8.29 亿人次,普及率达 59.6%,较 2017 年底提升 3.8%,全年新增网民 5 653 万人。我国手机网民规模达 8.17 亿人次,网民通过手机接入互联网的比例高达 98.6%。

3.1.2 计算机网络的定义与功能

1. 计算机网络的定义

通信技术和计算机技术的结合促进了计算机通信与计算机网络的发展,计算机通信与计算机网络既有密切联系,又各有侧重。计算机通信侧重于计算机之间的相互通信,涉及两者之间的数据处理和数据传输。如果计算机之间只是这一端到另一端的通信的话,可以不涉及计算机网络的概念。

而计算机网络,除了互连通信,还强调网络范围内资源的共享。这主要涉及以下的问题。首先,要把两台或两台以上的计算机相互连接起来,才有可能实现计算机之间的信息交换和资源共享。其次,通过什么来实现计算机之间的连接,除了传输介质,还需要有网络设备,比如交换机、路由器等。最后,光有硬件设备还不够,通信之前还必须要制定某些约定或者规则,参与通信的所有方都要按照事先的约定来做,这些约定和规则就是协议。

综上所述,可以把计算机网络定义为:按照网络协议,将分散的、相互独立的计算机连接起来,以实现资源共享为目标的互连系统。

网络上的计算机被称为节点。定义中强调构成网络的计算机是自主工作的,既可以连网工作,也可以脱离网络独立工作。

根据计算机网络的定义,从逻辑上或者从功能上可以把计算机网络概括为由资源子网和通信子网所组成的通信系统。

最简单的计算机网络就是两台计算机和连接它们的线路,即两个节点和一条线路。当今世界上最庞大的计算机网络是互联网,其由非常多的计算机网络通过许多“网络互连设备”互相连接而成,因此被称为“网络中的网络”。

2. 计算机网络的功能

计算机网络的出现,使计算机系统的作用范围摆脱了地理位置的限制,大大扩展了计算机系统的功能,进一步方便了用户的使用。计算机网络的主要功能可以归纳为以下 3 个方面。

(1) 系统资源共享

资源共享是网络最主要的功能,也是建立计算机网络的主要目的之一。计算机系统资源包括硬件资源、软件资源和数据资源。硬件资源包括巨型机、大中型机的 CPU 处理能力,超大型存储设备的存储能力以及特殊的外部设备等;软件资源包括各种语言处理程序、服务程序、应用程序等;数据资源包括各种数据文件、数据库等。

(2) 数据通信与处理

通过计算机网络,可以实现终端到主机、计算机到计算机之间快速可靠的双向数据传递和处理。网上用户之间能够直接地进行双向通信和数据传递。互联网上的文件传输(FTP)、电子邮件(E-mail)以及 IP 电话、远程视频会议等就是数据通信与处理功能的具体体现。

(3) 分布式处理提高了系统的可靠性

在计算机网络中,各种设备相对分散,一般都采用分布式控制。若网络中的某台机器或部分线路出现故障,可用网络中具有相同资源和功能的其他机器或线路代替,这大大提高了系统的安全可靠性。ARPAnet 就是为了提高作战时计算机指挥系统的安全性和可靠性而研制的。

3.1.3 计算机网络的拓扑与分类

1. 计算机网络的拓扑

从物理连接上讲,计算机网络由计算机系统、通信链路和网络节点组成。计算机系统用于进行各种数据处理,通信链路和网络节点提供通信功能。

计算机网络的组成元素可分为两大类:网络节点和通信链路。网络节点通过通信链路连接成的计算机网络如图 3-1-1 所示。

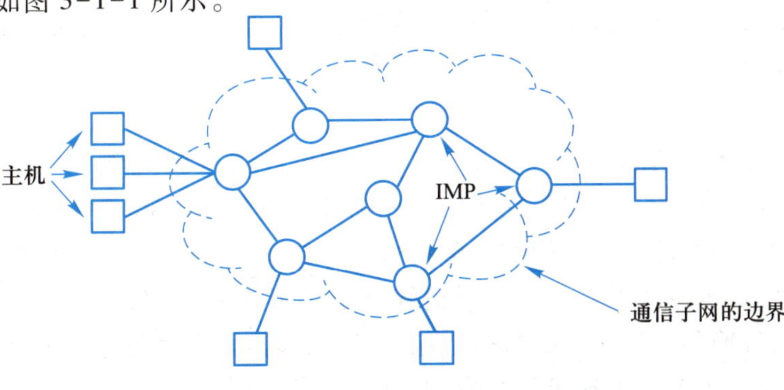

图 3-1-1 计算机网络示意图

在图 3-1-1 中,虚线框外的部分称为资源子网。资源子网中包括拥有资源的用户主机和请求资源的用户终端,它们都是端节点。虚线框内的部分叫作通信子网,其任务是在端节点之间传送由信息组成的报文,主要由转发节点和通信链路组成。按照 ARPA 网络的术语,把转发节点统称为接口信息处理机(Interface Message Processor,IMP)。

通信子网中转发节点的互连模式称为子网的拓扑结构。

图 3-1-2 中列出了 6 种常用的拓扑结构。其中,全连接型对于点对点的通信是最理想的,但由于连接数几乎是节点数的平方倍,所以实际上是行不通的。在广域网中常见的互连拓扑是树型和不规则型,而在局域网中则常用星型、环型、总线型等规则型拓扑结构。

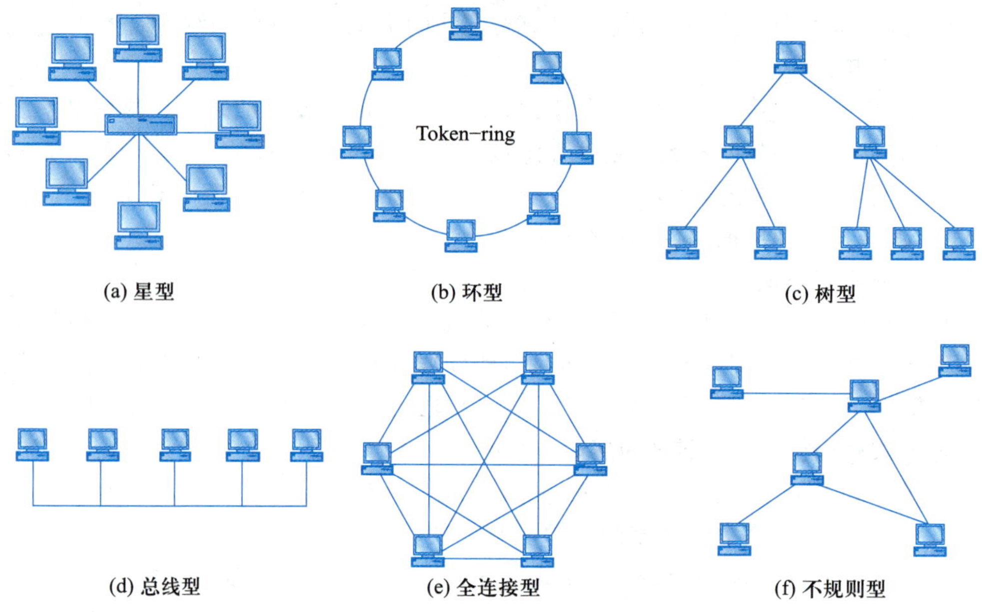

图 3-1-2 网络拓扑结构

(1) 星型拓扑

星型拓扑的网络具有结构简单、易于建网和易于管理等特点,但这种结构要耗费大量的电缆,同时中心节点的故障会直接造成整个网络的瘫痪。星型拓扑也经常应用于局域网中。星型拓扑是以中央节点为中心与各节点连接而组成的,各节点与中央节点通过点对点的方式连接,中央节点执行集中式通信控制策略,因此中央节点相当复杂,负担也重。

星型拓扑的特点:节点通过点与点的通信线路与中心节点连接;中心节点控制全网的通信,任何两节点之间的通信都要通过中心节点;结构简单,易于实现,便于管理;网络的中心节点是全网可靠性的瓶颈,中心节点的故障可能造成全网瘫运。

(2) 环型拓扑

环型结构是一种闭合的总线结构。各节点通过中继器连接到闭环上,多个设备共享一个环路。任意两个节点间都要通过环路实现通信。环中各节点的地位和作用是相同的,因此易于实现分布式控制。但在一个环路上只能实现单向通信,要进行双向通信必须使用双环。

环形拓扑的特点:节点通过点与点的通信线路连接成闭合环路,环中数据将沿一个方向逐站传送,结构简单,传输延时确定;环中每个节点与连接节点之间的通信线路都会成为网络可靠性的瓶颈;环中任何一个节点出现线路故障,都可能造成网络瘫痪。

(3) 树型拓扑

树型结构又称为层次结构,其上下分层,形如一棵根朝上的树。树型结构具有容易扩展,出现故障易于分隔的优点。其多用于军事单位、政府机构等上下界限严格的部门。但如果根节点出现故障,整个系统就不能正常工作。

树型拓扑结构可以看作星型拓扑结构的一种扩展,也被称为扩展星型拓扑结构。

(4) 总线型拓扑

总线结构使用一条开路、无源的双绞线或同轴电缆,通过接口将各节点连接在一条总线上,是一种共享通道的线路结构。它是早期局域网中应用最多的拓扑结构。总线结构连接简单,扩充或删除节点都很容易;信道的利用率高,资源共享能力较强。但是,随着网络负荷的加重,发送和接收数据的速度就迅速降低;并且若总线本身出现故障,将对整个系统的工作产生影响。

(5) 全连接型拓扑

全连接型拓扑的节点按层次进行连接,信息交换主要在上下节点之间,相邻及同层节点之间一般不进行数据交换或交换较少数据。

(6) 不规则型拓扑

不规则型拓扑结构是点到点连接的,多用于广域网,其特点是节点之间的连接是任意的、没有规律的,系统可靠性高。

2. 计算机网络的分类

按照使用方式可以把计算机网络分为校园网(Campus Network)和企业网(Enterprise Network)。前者用于学校内部的教学科研信息的交换和共享,后者用于企业管理和办公自动化。一个校园网或企业网可以由内联网(Intranet)和外联网(Extranet)组成。内联网是采用互联网技术(TCP/IP 和 BIS 结构)建立的校园网或企业网,用防火墙限制与外部的信息交换,以确保内部的信息安全。外联网是校园网或企业网的一部分,通过互联网上的安全通道与内部网进行通信。

按照网络服务的范围可以把网络分为公用网与专用网。公用网是通信公司建立和经营的网络,向社会提供有偿的通信和信息服务。专用网一般是建立在公用网上的虚拟网络,仅限于一定范围的用户之间的通信,或者对一定范围的通信设备实施特殊管理。

按照提供的服务,可以把计算机网络分为通信网和信息网。通信网提供远程连网服务,各种校园网和企业网通过远程连接形成互联网。提供互连服务的供应商叫作 ISP(Internet Service Provider)。提供 Web 信息浏览、文件下载和电子邮件传送等网络信息服务的供应商叫作 ICP(Internet Content Provider)。

依据通信距离、网络规模和覆盖范围,可将计算机网络分为如下 3 类。

(1) 局域网

局域网(Local Area Network,LAN)是将较小地理范围内的计算机系统相互连接起来构成的计算机网络,通常的覆盖范围在几千米以内。它可以小到仅在一间办公室里连接两台微型计算机,也可以大到在一栋大楼内、几栋大楼之间、整个校园、甚至工矿企业的整个厂区内连接多台大、中、小型机,微型机和数据终端设备等多种计算机系统。其网络连接多采用专用数字通信设备和传输介质,如网卡、集线器、同轴电缆、双绞线、光缆等。局域网的数据传输速率高、误码率低、可靠性高。目前主干网传输速率可以达到万兆以上,目前网卡的传输速率已达 1 000 Mbps。

(2) 城域网

城域网(Metropolitan Area Network,MAN)的覆盖范围在十几到上百千米,通常为一个城市和地区。城域网的网络连接皆可以采用局域网式的专用线路,如光缆、DDN 等,也可以使用公用通信设施,如电话线、有线电视等。

(3) 广域网

广域网(Wide Area Network,WAN)是大型、跨地域的网络系统,其覆盖范围可达全国甚至全球,如国际互联网。广域网的网络连接都是利用现有的公用通信网设备来实现,如有线、无线通信网,卫星通信网等。

3.1.4　计算机网络的体系结构

网络体系结构是从功能上来描述计算机网络结构的。通常所说的计算机网络体系结构是指在世界范围内统一协议,制定软件标准和硬件标准,并将计算机网络及其部件应该完成的功能精确定义,从而使不同的计算机能够在相同功能中进行信息对接。

1. 计算机网络组成

(1) 计算机系统和终端

计算机系统和终端提供网络服务界面。地域集中的多个独立终端可通过一个终端控制器连入网络。

(2) 通信处理机

通信处理机也称为通信控制器或前端处理机,是计算机网络中完成通信控制的专用计算机,通常由小型机、微型机或带有 CPU 的专用设备充当。在广域网中,采用专门的计算机充当通信处理机;在局域网中,由于通信控制功能比较简单,所以没有专门的通信处理机,而是在计算机中插入一个网络适配器(网卡)来控制通信。

(3) 通信线路和通信设备

通信线路是连接各计算机系统终端的物理通路。通信设备的采用与线路类型有很大关系:如果是模拟线路,线两端使用 Modem(调制解调器)连接部件;如果是有线介质,计算机和介质之间就必须使用相应的介质连接部件。

(4) 操作系统

计算机连入网络后,还需要安装操作系统软件才能实现资源共享和网络资源管理。常用的操作系统有 Windows 8、Windows 10、Windows 2012、Windows 2016、Ubuntu、Centos、FreeBSD 等。

(5) 网络协议

网络协议是在网络中进行通信时需遵守的规则,只有遵守这些规则才能实现网络通信。常见的协议有 TCP/IP、IPX/SPX、NetBEUI 等。

2. 计算机网络的性能指标

(1) 速率:表示计算机网络上的主机在数字信道上传送数据的速率,也称为数据率或比特率,单位为 b/s(比特每秒)。如 1 000 兆以太网表示速率为 1 000 Mb/s,这个速率指额定速率。

(2) 带宽:表示单位时间内,从网络中一点到另一点所能通过的“最高数据率”,单位为 b/s。

(3) 吞吐量:表示单位时间内通过某个网络(或信道、接口)的数据量。它常用于对现实世界中的网络进行测量。吞吐量的上限为额定速率。

(4) 时延:数据(或一个报文、分组、比特)从网络一端传送到另一端所需要的时间。其主要包括:

① 发送时延(传输时延):主机或路由器从发送数据帧的第一个比特起,到该帧的最后一个比特发送完毕所需的时间,其中,发送时延=数据帧长度(b)/信道带宽(b/s);

② 传播时延:电磁波信号在信道中传播一定距离需要花费的时间;其中,传播时延=信道长度(m)/电磁波在信道上的传播速率(m/s);

③ 处理时延:主机或路由器在收到分组时,对其进行处理所需的时间;

④ 排队时延:分组进入路由器后,在输入队列中排队等待处理所需的时间;

⑤ 总时延=发送时延+传播时延+处理时延+排队时延。

(5) 往返时间:从发送方发送数据开始,到发送方收到来自接收方的确认所需的时间。往返时间还包括中间节点的处理时延、排队时延、转发数据时的发送时延。

3. 层次结构

计算机网络体系结构可以定义为网络协议的层次划分与各层协议的集合,同一层中的协议根据该层所要实现的功能来确定。各对等层之间的协议功能由相应的底层提供服务完成。

层次化的网络体系的优点在于每层的功能相对独立,层与层之间通过接口来提供服务,每一层都对上层屏蔽如何实现协议的具体细节,使网络体系结构做到与具体物理实现无关。层次结构允许连接到网络的主机和终端型号、性能不一,但只要遵守相同的协议即可实现互操作。高层用户可以从具有相同功能的协议层开始进行互连,使网络成为开放式系统。这里的“开放”指按照相同协议任意两系统之间可以进行通信。因此层次结构便于系统的实现和系统的维护。

对于不同系统实体间互连互操作这样一个复杂的工程设计问题,如果不采用分层次分解处理,则会产生由于个别错误或性能修改而影响整体设计的弊端。

相邻协议层之间的接口包括两相邻协议层之间所有调用和服务的集合,服务是第一层向相邻高层提供服务,调用是相邻高层通过原语或过程调用相邻低层的服务。

对等层之间进行通信时,数据传送方式并不是由第一层发送方直接发送到第一层接收方,而是每一层都把数据和控制信息组成的报文分组传输到它的相邻低层,直到物理传输介质。接收时,每一层从它的相邻低层接收相应的分组数据,在去掉与本层有关的控制信息后,将有效数据传送给其相邻上层。

国际标准化组织 ISO(International Standards Organization)在 20 世纪 80 年代提出的开放系统互联参考模型 OSI(Open System Interconnection)将计算机网络通信协议分为七层。这个模型是一个定义异构计算机连接标准的框架结构,具有如下特点:

① 网络中异构的每个节点均有相同的层次,相同层次具有相同的功能;

② 同一节点内相邻层次之间通过接口通信;

③ 相邻层次间接口定义原语操作,由低层向高层提供服务;

④ 不同节点的相同层次之间的通信由该层次的协议管理;

⑤ 每层次完成对该层所定义的功能,并且修改本层次功能不影响其他层;

⑥ 仅在最低层直接进行数据传送;

⑦ 定义的是抽象结构,并非具体实现的描述。

在 OSI 网络体系结构中,除了物理层之外,网络中数据的实际传输方向是垂直的。数据由用户发送进程发送给应用层,向下经表示层、会话层等到达物理层,再经传输媒体传到接收端,由接收端物理层接收,向上经数据链路层等到达应用层,再由用户获取。数据在由发送进程交给应用层时,由应用层加上该层有关控制和识别信息后,再向下传送,这一过程一直重复到物理层。在接收端信息向上传递时，各层的有关控制和识别信息被逐层剥去，最后数据被送到接收进程。

现在一般在制定网络协议和标准时，都把 ISO/OSI 参考模型作为参照基准，并说明与该参照基准的对应关系。例如，在 IEEE 802 局域网 LAN 标准中，只定义了物理层和数据链路层，并且增强了数据链路层的功能。在广域网 WAN 协议中，CCITT 的 X.25 建议包含了物理层、数据链路层和网络层等 3 层协议。一般来说，网络的低层协议决定了一个网络系统的传输特性，例如，所采用的传输介质、拓扑结构及介质访问控制方法等，这些通常由硬件来实现；网络的高层协议则提供了与网络硬件结构无关的，更加完善的网络服务和应用环境，这些通常是由网络操作系统来实现。

4. 开放系统互连参考模型

所谓开放系统，是指遵从国际标准的、能够通过互连而相互作用的系统。显然，系统之间的相互作用只涉及系统的外部行为，与系统内部的结构和功能无关。因而，关于互连系统的任何标准都只是关于系统外部特性的规定。

1979 年，国际标准化组织（ISO）公布了开放系统互连参考模型（OpenSystem Interconnection/Reference Model，OSI/RM），同时，国际电报电话咨询委员会 CCITT（Consultative Committee of International Telegraph and Telephone）认可并采纳了这一国际标准的建议文本（称为 X.200）。OSI/RM 为开放系统互连提供了一种功能结构的框架，ISO 7498 文件对它做了详细的规定和描述。OSI/RM 的网络体系结构如图 3-1-3 所示，从底层到顶层依次为物理层（Physical Layer）、数据链路层（Data Link）、网络层（Network Layer）、传输层（Transport Layer）、会话层（Session Layer）、表示层（Presentation Layer）、应用层（Application Layer）。

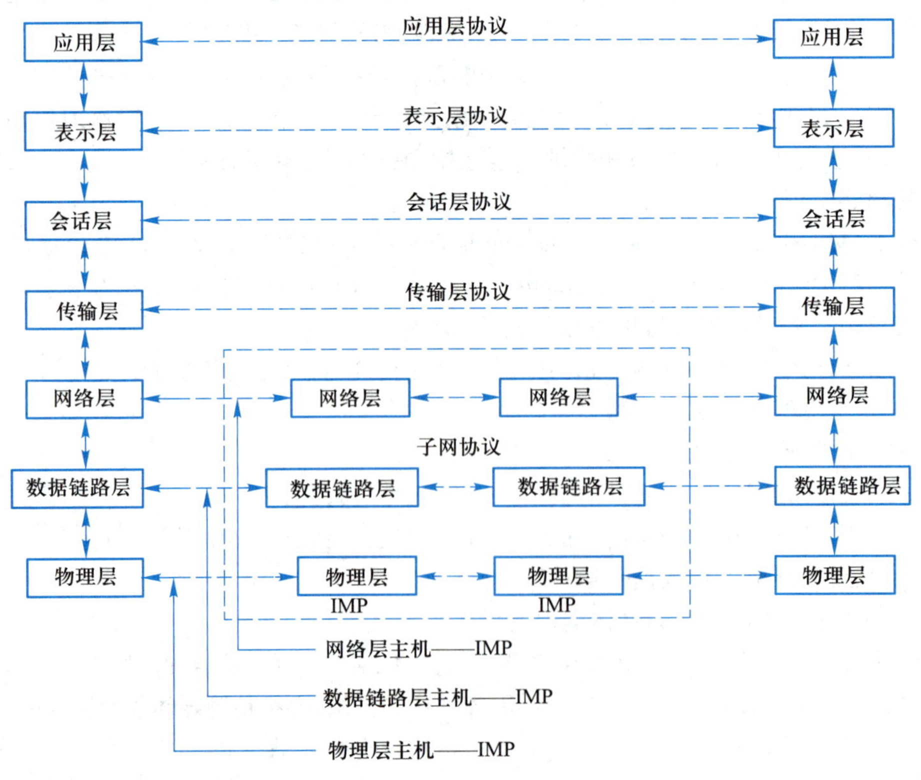

图 3-1-3　OSI/RM 的网络体系结构图

(1) 应用层

这是 OSI 的最顶层。这一层的协议直接为端用户服务,提供分布式处理环境。应用层管理开放系统的互连,包括系统的启动、维持和终止,并保存应用进程间建立连接所需的数据记录,其他层都是为支持这一层的功能而存在的。

一个应用是由一些合作的应用进程组成的,这些应用进程根据应用层协议互相通信。应用进程是数据交换的源和宿,也可以被看作是应用层的实体。应用进程可以是任何形式的操作过程,例如,手工的、计算机化的、工业的或物理的过程等。这一层协议的例子有在不同系统间传输文件的协议、电子邮件协议和远程作业输入协议等。

(2) 表示层

表示层的用途是提供一个可供应用层选择的服务的集合,使得应用层可以根据这些服务功能解释数据的含义。表示层以下各层只关心如何可靠地传输数据,而表示层关心的是所传输数据的表现方式,及其语法和语义。表示层可提供统一的数据编码、数据压缩格式和加密技术等服务。

(3) 会话层

会话层支持两个表示层实体之间的交互作用。它提供的会话服务可分为以下两类。

① 把两个表示层实体结合在一起,或者把它们分开,这称为会话管理。

② 控制两个表示层实体间的数据交换过程,如分段、同步等,这称为会话服务。通过计算机网络的会话和人们打电话不一样,更和人们当面谈话不一样。对话的管理包括决定该谁说、该谁听。长的对话(如传输一个长文件)需要分段传输,如果一段传错了,可以回到分界线的地方重新传输。所有这些功能都需要专门的协议支持。

(4) 传输层

这一层在底层服务的基础上提供一种通用的传输服务。会话层实体利用这种透明的数据传输服务而不必考虑下层通信网络的工作细节,并使数据传输能高效地进行。传输层用多路复用或分流的方式优化网络的传输效率。当会话层实体要求建立一条传输连接时,传输层要求建立一个对应的网络连接。如果要求较高的吞吐率,传输层可能为其建立多个网络连接;如果要求的传输速率不是很高,单独创建和维持一个网络连接不合算,传输层可以考虑把几个传输连接多路复用到一个网络连接上。这样的多路复用和分流对传输层以上是透明的。

传输层的服务可以提供一条无差错按顺序的端到端连接,也可以提供不保证顺序的独立报文传输,或多目标报文广播。这些服务可由会话实体根据具体情况选用。传输连接在其两端进行流量控制,以免高速主机发送的信息流“淹没”低速主机。传输层协议是真正的源端到目标端的协议,它由连接两端的传输实体处理。传输层下面的功能层协议都是通信子网中的协议。

(5) 网络层

这一层的功能属于通信子网,它通过网络连接交换传输层实体发出的数据。网络层把上层传来的数据进行分组并在通信子网的节点之间交换传送。交换过程中要解决的关键问题是选择路径,路径既可以是固定不变的,也可以是根据网络的负载情况动态变化的。另外一个要解决的问题是防止网络中出现局部的拥挤或全面的阻塞。此外,网络层还应有记账功能,以便根据通信过程中交换的分组数(或字符数、位数)收费。当传送的分组跨越一个网络的边界时,网络层应该对不同网络中分组的长度、寻址方式、通信协议进行变换,使得异构型网络能够互连互通。

（6）数据链路层

这一层的功能是建立、维持和释放网络实体之间的数据链路，这种数据链路对网络层表现为一条无差错的信道。相邻节点之间的数据交换是分帧进行的，各帧按顺序传送，并通过接收端的校验检查和应答保证可靠的传输。数据链路层对损坏、丢失和重复的帧应能进行处理，这种处理过程对网络层是透明的。相邻节点之间的数据传输也有流量控制的问题，数据链路层把流量控制和差错控制合在一起进行。对于两个节点之间传输数据帧和发回应答帧的双向通信问题要有特殊的解决办法，有时由反向传输的数据帧"捎带"应答信息来解决，这是一种极巧妙而又高效率的控制机制。

（7）物理层

物理层虽然处于最底层，却是整个开放系统的基础。物理层为设备之间的数据通信提供传输媒体及互连设备，为数据传输提供可靠的环境。这一层规定通信设备机械的、电气的、功能的和过程的特性，用于建立、维持和释放数据链路实体间的连接。具体地说，这一层的规定都与电路上传输的原始位有关，它涉及什么信号代表 1，什么信号代表 0，一位持续多少时间；传输是双向的，还是单向的；一次通信中发送方和接收方如何应答；设备之间连接件的尺寸和接头数；以及每根连线的用途等。所以该层的作用一是要保证数据能在其上正确通过，二是要提供足够的带宽，以减少信道上的拥塞，以满足点到点、一点到多点、串行或并行、半双工或全双工、同步或异步传输方式的需要。

3.1.5　计算机网络的传输介质

1. 有线传输介质

（1）同轴电缆：同轴电缆由绝缘体包围的一根中央铜线、一个网状金属屏蔽层以及一个塑料封套组成。如图 3-1-4 所示，在同轴电缆中，铜线可以传输电磁信号，网状金属屏蔽层一方面可以屏蔽噪声，另一方面可以作为接地线，绝缘层通常由陶瓷或塑料制成。

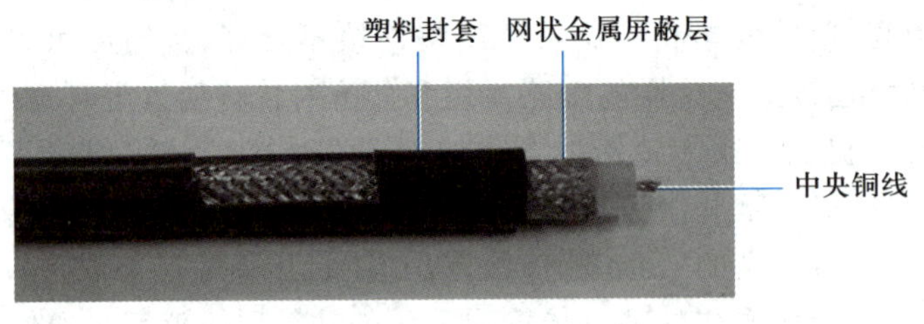

图 3-1-4　同轴电缆

（2）双绞线：双绞线（TP）电缆类似于电话线，由 4 对相互绝缘的铜线组成，每对铜线互相缠绕在一起，如图 3-1-5 所示。双绞线对中的一根电线用于传输信号，另一根用于接地并吸收干扰。

双绞线电缆的优点是价格便宜，能适应当前更快的网络传输速率，可以应用于多种不同的拓扑结构中（最常见的是应用于星型拓扑结构中），是目前应用较广的传输介质。双绞线电缆的缺点是传输距离小于 100 m。双绞线电缆按特性可分为两类：屏蔽双绞线（STP）和非屏蔽双绞线(UTP)。屏蔽双绞线电缆的外层由铝铂包裹,可以减小辐射,防止信息被窃听,但价格相对较高,安装时要比非屏蔽双绞线电缆困难。

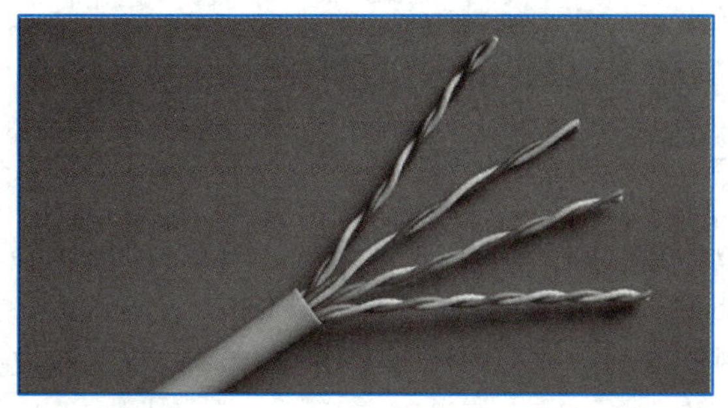

图 3-1-5　双绞线

(3) 光缆:光缆主要由光导(玻璃)纤维组成,如图 3-1-6 所示,其中心部分包括一根或多根光导纤维。用激光器或者发光二极管发出的光波可以沿光导纤维进行数据传输,在光纤的外面是一层玻璃封套,称之为包层,包层外面是一层网状的凯夫拉(Kevlar,一种高强度的聚合纤维材料),以保护内部的中心线,最后一层塑料封套覆盖在网状屏蔽物上。

光缆可分成两大类:单模光缆和多模光缆。单模光缆携带单个频率的光将数据从光缆的一端传输到另一端,通过单模光缆,数据传输的速度更快,距离也更远。相反,多模光缆可以在单根或多根光缆上同时携带几种光波,这种类型的光缆通常用于数据网络。

图 3-1-6　光缆

2. 无线传输介质

无线传输介质简称为无线(自由或无形)介质或空间介质。无线传输介质是指在两个通信设备之间不使用任何直接的物理连接线路。无线传输介质通过空间进行信号传输。当通信设备之间由于存在物理障碍而不能使用有线传输介质时,可以考虑使用无线介质。根据电磁波的频率,无线传输系统大致分为广播通信系统、地面微波通信系统、卫星微波通信系统和红外线通信系统。因此,对应的无线介质是无线电波(30 MHz~1 GHz)、微波(300 MHz~300 GHz)、红外线和激光等。

3.2 局 域 网

3.2.1 局域网概述

局域网(Local Area Network,LAN)是计算机通信网的重要组成部分。它是在一个局部地区范围内,把各种计算机、终端、外围设备等数据通信设备相互连接起来组成的计算机通信网。局域网可以通过数据通信网或专用的数据电路,与其他局域网、数据库或处理中心等相连接,构成一个大范围的信息处理系统。

由于局域网投资规模较小,网络实现简单,故新技术易于推广。局域网的特点如下。

(1) 分布范围有限。加入局域网中的计算机通常处在几千米的范围之内。

(2) 有较高的通信带宽,数据传输率高。一般为 1 Mbps 以上,最高已达万 Mbps 。

(3) 数据传输可靠,误码率低。

(4) 通常采用同轴电缆或双绞线作为传输介质,跨楼宇时使用光纤。

(5) 拓扑结构简单。大多采用总线型、星型、环型等结构,系统容易配置和管理。

(6) 网络的控制一般为分布式,避免并减少了单个节点故障对整个网络的影响。

(7) 通常网络归单一组织所拥有和使用。局域网不受任何公共网络管理机构的规定和约束,容易进行设备的更新和新技术的应用,以不断增强网络功能。

3.2.2 局域网的类型

1. 对等网络模式

对等网络(Peer-to-Peer)又称为工作组,网上各台计算机有相同的功能,没有主从之分,任意一台计算机都既可作为服务器,为网络中其他计算机提供共享资源,也可以作为普通的工作站。对等网络中没有专用的服务器,也没有专用的工作站,其是小型局域网常用的组网方式。

2. 客户机/服务器网络模式

在网络连接模式中,除对等网络以外,还有另一种形式的网络,叫客户机/服务器(Client/Server,C/S)网络。在客户机/服务器网络中,服务器是网络的核心,而客户机是网络的基础,客户机依靠服务器获得所需要的网络资源,而服务器则为客户机提供所需的网络资源。C/S 网络模式允许数据库和处理机分布在一个很大的范围内,还允许动态地安排计算机需求。但它提供的服务功能较少,并且难以确定文件的位置,使得整个网络难以管理。

3.3 无线通信网

无线通信网包括面向语音通信的移动电话系统以及面向数据传输的无线局域网和无线广

域网。随着无线通信技术的发展,计算机网络正在由固定通信系统向移动通信系统发展,传统的移动电话网也向语音和数据综合传输的移动通信网转变,两者的融合使得互联网变得无所不在,并且更加便捷和实用。

3.3.1　移动通信

全球移动通信的发展,从模拟时代到数字时代,再到如今的全 IP 时代,纵观整个历程,每个新一代移动通信系统不外乎都是为了满足上一代移动通信系统所无法达成的需求而产生的。例如,从第二代移动通信(2G)转换至第三代移动通信(3G),是为了满足人们以消费电子设备(尤其是手机)接入移动无线网络的需求,然而,3G 仅增大了移动数据连接的数量,直到 3.5G 网络时代,才进行了大规模网络布建,并在智能手机普及之后,移动无线网络接入体验才真正开始有巨幅的提升,进而出现当下流行的以 APP(应用程序)为中心的移动无线网络发展模式。

- 第一代移动通信主要是模拟通信的技术,其制定于 20 世纪 80 年代。第一代通信系统处于整个通信行业发展的初级阶段,有很多不足之处,如容量有限、制式太多、互不兼容、保密性差、通话质量不高、不能提供数据业务和不能提供自动漫游等。
- 第二代移动通信系统起源于 20 世纪 90 年代初期。有鉴于第一代移动通信系统的缺点,第二代移动通信系统采取数字调制技术,通话质量较第一代移动通信系统有大幅的提升,并具备较高的频谱利用率、保密性佳、系统容量高等优点,可提供语音、数据、传真传输以及电信增值服务。
- 第三代移动通信技术是指支持高速数据传输的蜂窝移动通信技术,可以让用户在任何时间、任何地点都能接收无线多媒体服务。与第一代和第二代数字移动通信相比,第三代移动通信是覆盖全球的多媒体移动通信,目前存在 3 种标准:CDMA2000、WCDMA、TD-SCDMA,这 3 种标准都能同时传输声音及数据信息,速率一般在数百 kbps 以上。它的主要的特点之一是可实现全球漫游,使任意时间、任意地点、任意人之间的交流成为可能。用第三代手机除了可以进行普通的寻呼和通话外,还可以上网读报纸、查信息、下载文件和图片。由于带宽的提高,第三代移动通信系统还可以传输图像,提供可视电话业务。
- 第四代移动通信。2008 年 3 月,ITU-R 提出了 4G 标准的要求,并将其命名为 IMT-Advanced 规范,规范中规定 4G 服务的峰值速度要能在高速移动的通信(如在火车和汽车上使用)中达到 100 Mbps,固定或低速移动的通信(如行人和定点上网的用户)中达到 1 Gbps,主要是提供全 IP 化网络服务(含语音与宽带数据服务)。
- 第五代移动通信技术。国际电信联盟定义的 5G 标准为 IMT-2020。该标准规定 5G 网络的速度不低于 20 Gbps,在这种速度下,用户只需花费 10 s 就能下载一部 UHD 电影;同时 5 G 网络还可以在 1 平方千米的范围内为超过 100 万台互联网设备提供超过 100 Mbps 的平均数据传输速度。

3.3.2　无线局域网

无线局域网(Wireless Local Area Networks,WLAN)是相当便利的数据传输系统,它利用射频技术,取代传统线缆组建局域网络,构成可以互相通信和实现资源共享的网络体系。相对于有线局域网,无线局域网具有以下的优点。

(1) 灵活性和移动性。在有线网络中,网络设备的安放位置受网络位置的限制,而无线局域网在无线信号覆盖区域内的任何一个位置都可以接入网络。无线局域网另一个优点在于其移动性,连接到无线局域网的用户可以移动且能同时与网络保持连接。

(2) 安装便捷。无线局域网可以免去或最大程度地减少网络布线的工作量,一般只要安装一个或多个接入点设备,就可建立覆盖整个区域的局域网络。

(3) 易于进行网络规划和调整。对于有线网络来说,办公地点或网络拓扑的改变通常意味着重新建网。重新布线是一个昂贵、费时、费力和琐碎的过程,无线局域网可以避免或减少以上情况的发生。

(4) 容易定位故障。有线网络一旦出现物理故障,尤其是由于线路连接不良而造成的网络中断,往往很难查明故障原因,而且检修线路需要付出很大的代价。无线网络则很容易定位故障,只需更换故障设备即可恢复网络连接。

(5) 易于扩展。无线局域网有多种配置方式,可以很快从只有几个用户的小型局域网扩展到上千用户的大型网络,并且能够提供节点间漫游等有线网络无法实现的特性。

由于无线局域网有以上诸多优点,因此其发展十分迅速。近几年,无线局域网已经在企业、医院、商店、工厂和学校等场合得到了广泛应用。无线局域网在能够给网络用户带来便捷和实用的同时,也存在着以下一些缺陷。

(1) 性能。无线局域网是依靠无线电波进行传输的,这些电波通过无线发射装置进行发射,而建筑物、车辆、树木和其他障碍物都可能阻碍电磁波的传输,所以会影响网络的性能。

(2) 速率。无线信道的传输速率与有线信道相比要低得多,目前只适合于个人终端和小规模网络应用。

(3) 安全性。从本质上讲,无线电波不要求建立物理的连接通道,无线信号是发散的。从理论上讲,无线电波广播范围内的任何信号都很容易被监听,从而造成通信信息泄漏。

3.4 网络互连与互联网

多个网络互连组成的范围更大的网络称为互联网(Internet)。由于各种网络使用的技术不同,所以要实现网络之间的互连互通还要解决一些新的问题。例如,各种网络可能有不同的寻址方案、不同的分组长度、不同的超时控制、不同的差错恢复方法、不同的路由选择技术以及不同的用户访问控制协议等。另外,各种网络提供的服务也可能不同,有的是面向连接的,有的是无连接的。网络互连技术就是要在不改变原来的网络体系结构的前提下,把一些异构型的网络互连成统一的通信系统,以实现更大范围的资源共享。

3.4.1 网络互连设备

组成互联网的各个网络叫做子网,用于连接子网的设备称为中间系统(Intermediate System, IS),它的主要作用是协调各个网络的工作,使得跨网络的通信得以实现。中间系统可以是一个单独的设备,也可以是一个网络。

网络互连设备的作用是连接不同的网络。网络互连设备可以根据它们工作的协议层进行分类:中继器(Repeater)工作于物理层;网桥(Bridge)和交换机(Switch)工作于数据链路层;路由器(Router)工作于网络层;而网关(Gateway)工作于网络层以上的协议层。这种根据 OSI 协议层的分类只是概念上的,在实际的网络互连产品中可能是几种功能的组合,从而可以提供更复杂的网络互连服务。

1. 中继器

中继器(Repeater)又称为转发器,所起的主要作用是对电缆上传输的数据信号进行放大和再生,其工作于 OSI 参考模型的物理层上,如图 3-4-1 所示。使用中继器可以将两段或两段以上结构相同的局域网连接起来,扩大局域网的范围。

理论上讲,可以用中继器把网络延长到任意长的传输距离,然而很多网络上都限制了在一对工作站之间加入的中继器数量。例如,在以太网中限制最多使用 4 个中继器,即最多由 5 个网段组成 。

图 3-4-1　中继器

2. 集线器

集线器(Hub)也具有网络互连的功能,它与中继器一样都工作于 OSI 参考模型的物理层。集线器可以对接收到的信号进行信号波形的整理,即整形放大,以扩大网络的传输距离,同时把所有节点集中在以它为中心的节点上。集线器如图 3-4-2 所示。

图 3-4-2　集线器

3. 网桥

网桥(Bridge)是一种工作在数据链路层的存储转发设备,其用于连接两个同类型的网络,并对网络数据的流通进行管理。网桥不但能扩展网络的距离或范围,而且可提高网络的性能、可靠性和安全性。它与中继器的不同之处在于它能够解析收发的数据,并决定是否向网络的其他段转发。网桥还可以用来互连不同物理介质的网络。例如，可以在网桥一端连接光缆，另一端连接同轴电缆，而中继器只能互连结构相同的网段。网桥如图 3-4-3 所示。

图 3-4-3　网桥

4. 路由器

路由是指把信息从信息源通过网络传递到目的地的活动，它发生在 OSI 参考模型的网络层。在路由过程中，至少经过一个中间节点。路由器(Router)是在网桥的基础上增加了路径选择功能的设备，可以在网络层实现多个网络间的互连。它主要用于实现不同拓扑结构的网络间的互连，如环型局域网和总线型局域网之间的互连。路由器不仅具有网桥的所有功能，还具有路径的选择功能，可以为不同网络之间的用户提供最佳的通信路径。用路由器连接起来的多个网络，仍然保持各自独立的实体地位不变。路由器如图 3-4-4 所示。

图 3-4-4　路由器

5. 交换机

交换机是一种用于电信号转发的网络设备。它可以为接入交换机的任意两个网络节点提供独享的电信号通路。目前交换机已经逐步取代了集线器和网桥，并增强了路由选择功能。交换和路由的主要区别就是交换发生在 OSI 参考模型的数据链路层，而路由发生在网络层。交换机和集线器的本质区别就在于交换机为两点间提供“独享通路”，而集线器上连接的所有点“共享通路”。交换机如图 3-4-5 所示。

图 3-4-5　交换机

6. 网关

网关(Gateway)是网络层以上的互连设备的总称，是最高级别的网络互连。网关用于连接不同体系结构的网络。网关不仅需要具有路由器的全部功能，而且要进行由于网络操作系统的差异而引起的不同协议之间的转换。网关能针对某一种特定的应用,实现不同网络协议之间的转换,如用于电子邮件的网关,用于远程终端仿真的网关等。网关如图 3-4-6 所示。

图 3-4-6　网关

7. 网闸

网闸(Gap)的全称是安全隔离网闸。安全隔离网闸是一种由带有多种控制功能的专用硬件在电路上切断网络之间的链路层连接,并能够在网络间进行安全适度的应用数据交换的网络安全设备。网闸如图 3-4-7 所示。

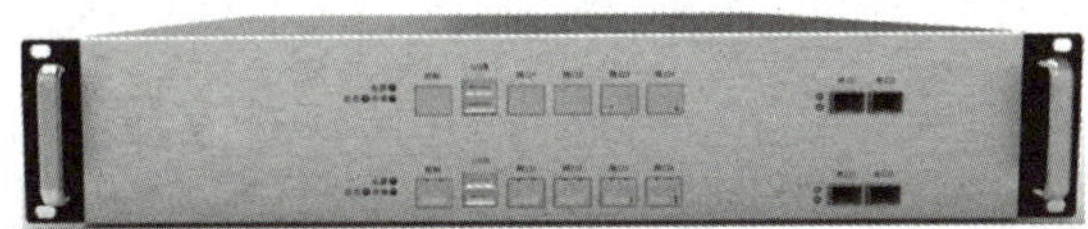

图 3-4-7　网闸

8. 防火墙

防火墙(Firewall)也称为防护墙,是由 Check Point 创立者 Gil Shwed 于 1993 年发明并引入互联网的。防火墙是位于内部网和外部网之间的屏障,它按照系统管理员预先定义好的规则来控制数据包的进出。防火墙是系统的第一道防线,其作用是防止非法用户的进入。防火墙如图 3-4-8 所示。

图 3-4-8　防火墙

3.4.2　TCP/IP 体系结构

互联网是一个由各种类型不同、规模不等、独立运行和管理的计算机网络组成的,覆盖全球的巨大的计算机互联网络,是一个开放的信息网络。互联网是通过分层结构实现的,它包含了物理网、协议、应用软件、信息四大构成要素。其中，物理网是互联网的物质基础。

互联网协议也叫 TCP/IP（Transmission Control Protocol/Internet Protocol）协议簇，在互联网使用的各种协议中，最重要和最著名的就是 TCP 和 IP 两个协议。这些协议可划分为 4 个层次，它们与 OSI 的对应关系如图 3-4-9 所示。

<table>
<tr><th colspan="2">OSI</th><th colspan="2">TCP/IP</th></tr>
<tr><td>7</td><td>应用层</td><td rowspan="3">4</td><td rowspan="3">应用层</td></tr>
<tr><td>6</td><td>表示层</td></tr>
<tr><td>5</td><td>会话层</td></tr>
<tr><td>4</td><td>传输层</td><td>3</td><td>传输层</td></tr>
<tr><td>3</td><td>网络层</td><td>2</td><td>网间层</td></tr>
<tr><td>2</td><td>数据链路层</td><td rowspan="2">1</td><td rowspan="2">网络接口层</td></tr>
<tr><td>1</td><td>物理层</td></tr>
</table>

图 3-4-9　TCP/IP 与 OSI 的对应关系

由于 ARPAnet 的设计者注重的是网络互连，允许通信子网采用已有的或将来的各种协议，所以这个层次结构中没有提供网络访问层的协议。实际上，TCP/IP 协议可以通过网络访问层连接到任何网络上。

3.4.3　IP 地址

地址是标识对象所处位置的标识符。传输中的信息带有源地址和目的地址，分别标识通信的源节点和目的节点，即信源和信宿。目的地址是传输设备为信息进行寻址的依据。

不同的物理网络技术（底层网络技术）通常具有不同的编址方式，这种差异主要表现为不同的地址结构和地址长度。在一个物理网络中，每个节点都至少有一个机器可识别的地址，该地址称为物理地址（又称为 MAC 地址）。

物理地址具有唯一性，即每个硬件出厂时候的 MAC 地址是固定不变的。MAC 地址是由硬件来实现的，工作在数据链路层。物理地址通常固化在网卡的 ROM 中。每块网卡都有一个唯一的 MAC 地址，通常用 6 个字节来表示。如“XX-XX-XX-XX-XX-XX”（十六进制），其中包含了厂商代码和产品序号。

在庞大而复杂的互联网中，不同网络终端间要进行通信和交流，那么就要给每个终端分配一个唯一的标识符，以便在网络中能够被识别和找到。网络地址就是一种标识符，用于标记设备在网络中的位置。为了保证寻址的正确性，必须确保一个网络中节点地址的唯一性。另外，不同物理网络在地址编址方式上的不统一会给寻址带来极大的不便。在进行网络互连时首先要解决的问题是物理网络地址的统一问题。

互联网是在网络级进行互连的，因此，互联网在网络层（IP 层）完成地址的统一工作。IP 层所用到的地址称为互联网地址，又称为 IP 地址，如图 3-4-10 所示。互联网采用一种全局通用的地址格式，为全网的每一个网络和每一台主机都分配一个 IP 地址，以此屏蔽物理网络地址的差异。

每一个 IP 地址在互联网上是唯一的，是运行 TCP/IP 的唯一标识。物理地址对应于实际的信号传输过程，而 IP 地址是一个逻辑意义上的地址。常见的 IP 地址分为 IPv4 与 IPv6 两大类，但是也有其他不常用的小分类。IP 网络地址采用“网络 · 主机”的形式，其中网络部分是网络的地址编码，主机部分是网络中一个主机的地址编码。

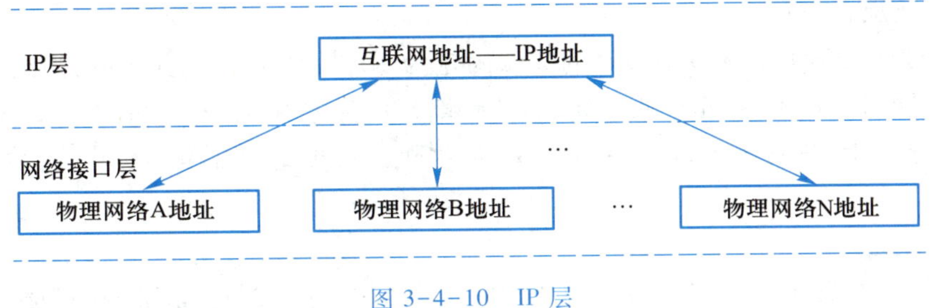

图 3-4-10　IP 层

3.4.4　IPv4 地址

IPv4(Internet Protocol Version 4)表示 IP 协议的第 4 个版本。互联网上绝大多数的通信流量都是以 IPv4 数据包的格式封装的。

IPv4 有 4 段数字，每一段均不超过 255。由于互联网的蓬勃发展，IP 位址的需求量越来越大，使得 IP 地址的发放越发严格，所有的 IPv4 地址已经于 2011 年 2 月分配完毕。

1. IP 分类

IPv4 地址的长度为 32 位(4 个字节)。IPv4 地址由网络和主机两部分组成，这取决于地址类。IP 地址编址方案将 IP 地址空间划分为 A、B、C、D、E 五大类，如图 3-4-11 所示，其中 A、B、C 是基本类，D、E 类作为多播和保留使用。IPv4 地址的总数为4 294 967 296。IPv4 地址的文本格式为 XXX.XXX.XXX.XXX，其中 0≤XXX≤255，且每个 X 都是十进制数。如 202.115.123.87 是西南财经大学邮件服务器的 IP 地址。

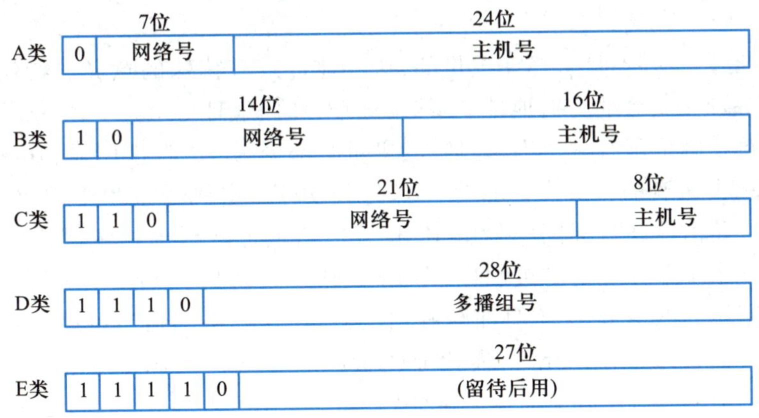

图 3-4-11　IP 地址分类

(1) A 类地址

在 A 类地址中，第 1 个字节的最高位固定为 0，另外 7 位是可变的网络号，可以标识 128 个网络(0~127)，0 一般不用，127 用作环回地址，所以共有 126 个可用的 A 类网络。A 类地址的 24 位主机号可以标识 1 677 216 台主机(2^{24} = 1 677 216)。另外，主机号全为 0 时用于表示网络地址，全为 1 时用于表示广播地址，这两个主机号不能用来标识主机，所以，每个 A 类网络最多可以容纳 1 677 214 台主机。A 类地址的第 1 个字节的取值范围为 0~127。

(2) B 类地址

在 B 类地址中,第 1 个字节中最高的 2 位固定为 10,另外 14 位是可变的网络号,可以标识 $2^{14}=16\ 384$ 个网络。16 位主机号可以标识 $2^{16}=65\ 536$ 台主机,由于主机号不能全为 0 或全为 1,所以,每个 B 类网络最多可以容纳 65 534 台主机。B 类地址的第 1 个字节的取值范围为 128~191。

(3) C 类地址

在 C 类地址中,第 1 个字节中最高的 3 位固定为 110,另外 21 位是可变的网络号,可以标识 $2^{21}=2\ 097\ 152$ 个网络。8 位的主机号可以标识 256 台主机($2^8=256$),由于主机号不能全为 0 或全为 1,所以,每个 C 类网络最多可以容纳 254 台主机。C 类地址的第 1 个字节的取值范围为 192~223。

(4) D 类地址

D 类地址用于多播(Multicasting),因此,D 类地址又称为多播地址。D 类地址的范围为 224.0.0.0~239.255.255.255,每个地址对应一个组,发往某一多播地址的数据将被该组中的所有成员接收。D 类地址不能分配给主机。D 类地址的第 1 个字节的取值范围为 224~239。

有些 D 类地址已经被分配用于特殊用途:224.0.0.0 是保留地址、224.0.0.1 是指本子网中的所有系统、224.0.0.2 是指本子网中的所有路由器、224.0.0.9 是指运行 RIPv2 路由协议的路由器、224.0.0.11 是指移动 IP 中的移动代理。另外,还有一些 D 类地址留给了网络会议:224.0.1.11 用于 IETF-1-AUDIO、224.0.1.12 用于 IETF-1-VIDEO。

(5) E 类地址

E 类地址是保留地址,可以用于实验。E 类地址的范围是 240.0.0.0~255.255.255.254,E 类地址的第 1 个字节的取值范围为 240~255。

2. 特殊 IP

在 IP 地址中有一些并不是来标注主机的,这些地址具有特殊的意义。特殊的 IP 地址包括网络地址、直接广播地址、受限广播地址、本网络地址、环回地址等。

互联网上的每个网络都有一个 IP 地址,其主机号部分为 0。直接广播(Direct Broadcast Address):向某个网络上所有的主机发送报文。TCP/IP 规定,主机号全为 1 的 IP 地址用于广播,这称为广播地址。路由器在目标网络处将 IP 直接广播地址映射为物理网络的广播地址,以太网的广播地址为 6 个字节的全 1 二进制位,即 FF : FF : FF : FF : FF : FF。直接广播要求发送方必须知道信宿网络的网络号,但有些主机在启动时,往往并不知道本网络的网络号,这时候如果想要向本网络广播,只能采用受限广播地址(Limited Broadcast Address)。受限广播地址是在本网络内部进行广播的一种广播地址。TCP/IP 规定,32 比特全为 1 的 IP 地址用于本网络内的广播。TCP/IP 规定,网络号全为 0 时表示的是本网络。本网络地址分为两种情况:本网络特定主机地址和本网络本主机地址。环回地址(Loopback Address)是用于网络软件测试以及本机进程之间通信的特殊地址,习惯上采用 127.0.0.1 作为环回地址,并将其命名为 localhost。

3. 私有 IP

私有 IP 的出现是为了解决公有 IP 不够用的情况。从 A、B、C 三类 IP 地址中分配出一部分作为私有 IP 地址,但这些 IP 地址不能被路由到互联网骨干网上,互联网路由器也会丢弃该私有地址。如果私有 IP 地址想要连至互联网,需要将私有地址转换为公有地址,这个转换过程称为网络地址转换(Network Address Translation,NAT),通常使用路由器来执行 NAT 转换。

3.4.5　下一代互联网 IPv6

1. 概述

下一代互联网(Next Generation Internet)是美国政府于 20 世纪 90 年代支持的研究计划,其目的有 3 个:开发下一代光纤技术,把现有网络的连接速率提高 100~1 000 倍;研发高级的网络服务技术,包括 QoS(Quality of Service,服务质量)、网络管理新技术和新的网络服务体系结构;演示新的网络应用,如远程医疗、远程教育、高性能全球通信等。该研究计划于 2002 年宣布基本完成。我国的下一代互联网示范工程 CNGI 项目从 2003 年开始启动,2008 年取得圆满成功。

地址空间的不足必将妨碍互联网的进一步发展。为了扩大地址空间,可以通过 IPv6 重新定义地址空间。IPv6 采用 128 位地址长度可以一劳永逸地解决地址短缺问题。IPv6 地址可分为 3 种基本类型:单点广播地址、多点广播地址和任意广播地址。

与 IPv4 相比,IPv6 地址扩展到 128 位,2^{128} 足够大,这个地址空间可能永远用不完。事实上,这个数大于阿伏伽德罗常数,足够为地球上的每个分子分配一个 IP 地址。用一个形象的说法,这样大的地址空间可以为整个地球表面上每平方米配置 7×10^{23} 个 IP 地址。

IPv6 地址采用冒号分隔的十六进制数表示,例如,2001:0000:0000:0000:0123:4567:89AB:CDEF。为了便于书写,规定了一些简化写法。首先,每个字段前面的 0 可以省去,例如,0123 可以简写为 123;其次,一个或多个全为 0 的字段 0000 可以用一对冒号代替,例如,以上地址可简写为 2001::123:4567:89AB:CDEF。另外,IPv4 地址仍然保留十进制表示法,只需要在前面加上一对冒号,就可变成 IPv6 地址,这被称为 IPv4 兼容地址(IPv4 Compatible),如::192.168.1.1。

2. 地址分类

IPv6 地址是一个或一组接口的标识符。IPv6 地址被分配到接口,而不是分配给节点。IPv6 地址有以下 3 种类型。

(1) 单播地址

单播(Unicast)地址是单个网络接口的标识符。对于有多个接口的节点,其中任何一个单播地址都可以用作该节点的标识符,但是为了满足负载平衡的需要,在 RFC 2373 中规定,只要在实现中多个接口看起来形同一个接口就允许这些接口使用同一地址。IPv6 的单播地址是用一定长度的格式前缀汇聚的地址,类似于 IPv4 中的 CIDR 地址。在单播地址中有下列两种特殊地址。

- 不确定地址:地址 0:0:0:0:0:0:0:0 被称为不确定地址,不能分配给任何节点。不确定地址可以在初始化主机时使用。
- 回环地址:地址 0:0:0:0:0:0:0:1 被称为回环地址,节点用这种地址向自身发送 IPv6 分组。这种地址不能分配给任何物理接口。

(2) 任意播地址

任意播(AnyCast)地址表示一组接口(可属于不同节点)的标识符。发往任意播地址的分组被送给该地址标识的接口之一,通常是路由距离最近的接口。IPv6 任意播地址存在下列限制:

- 任意播地址不能用作源地址,而只能作为目标地址;

- 任意播地址不能指定给 IPv6 主机,只能指定给 IPv6 路由器。

(3) 组播地址

组播(MultiCast)地址是一组接口(一般属于不同节点)的标识符,发往组播地址的分组被传送给该地址标识的所有接口。IPv6 中没有广播地址,它的功能已被组播地址所代替。

在 IPv6 地址中,任何全为 0 和全为 1 的字段都是合法的,除非是特别排除的。特别是,地址前缀可以包含 0 值字段,也可以用 0 作为终结字段。一个接口可以被赋予任何类型的多个地址(单播、任意播、组播)或地址范围。

3.4.6 域名系统

1. 概述

网络用户希望用名字来标识主机,有意义的名字可以表示主机的账号、工作性质、所属的地域或组织等,从而便于记忆和使用。互联网的域名系统(Domain Name System, DNS)就是为这种需求而开发的。

DNS 的逻辑结构是一个分层的域名树,互联网网络信息中心(Internet Network Information-Center, InterNIC)管理着域名树的根,被称为根域。根域没有名称,用英文句号“.”表示,这是域名空间的最高级别。

在 DNS 的名称中,有时在末尾附加一个“.”,就是表示根域,但经常是省略的。DNS 服务器可以自动补上结尾的句号,也可以处理结尾带句号的域名。

根域之下是顶级域(Top-Level Domains, TLD),其又被分为国家顶级域(country code Top LevelDomain, ccTLD)和通用顶级域(generic Top Level Domain, gTLD)。

2. 顶级域名

国家顶级域名包含 243 个国家和地区代码,例如,cn 代表中国、uk 代表英国等。最初的通用顶级域有 7 个,这些顶级域名原来主要供美国使用,随着互联网的发展,com、org 和 net 也开始成为全世界通用的顶级域名,这就是所谓的“国际域名”,而 edu、gov 和 mil 限于美国使用。参见表 3-4-1。

表 3-4-1 域名类型

域名	使用对象
com	商业机构等营利性组织
edu	教育机构、学术组织和国家科研中心等
gov	美国非军事性的政府机关
mil	美国的军事组织
net	网络信息中心(NIC)和网络操作中心(BIC)等
org	非营利性组织、如技术支持小组、计算机用户小组等
int	国际组织

负责互联网域名注册的服务商(Internet Corporation for Assigned Names and Numbers, ICANN)在 2000 年 11 月决定,从 2001 年开始使用新的国际顶级域名,共有 7 个,即 biz(商业机

构)、info(网络公司)、name(个人网站)、pro(医生和律师等职业人员)、aero(航空运输业专用)、coop(商业合作社专用)和 museum(博物馆专用)。其中,前 4 个是非限制性域名,后 3 个限于专门的行业使用,受有关行业组织的管理。

2008 年 6 月,ICANN 在巴黎年会上通过了个性化域名方案,允许以公司名字为结尾的域名,如 ibm、hp 和 qq 等。可以认为,这些域名的所有者在某种意义上就是一个域名注册机构。

3. 二级及其子域名

顶级域之下是二级域,这是正式注册给组织和个人的唯一名称,例如,www.swufe-online.com 中的 swufe-online 就是西南财经大学继续教育学院注册的域名。

在二级域之下,组织机构还可以划分子域,使其各个分支部门都获得一个专用的名称标识,例如,oa.swufe-online.com 中的 oa 是子域名称。划分子域的工作可以一直延续下去,直到满足组织机构的管理需要为止。但是标准规定,一个域名的长度通常不超过 63 个字符,最多不能超过 255 个字符。

DNS 命名标准还规定,域名中只能使用 ASCII 字符集的有限子集,包括 26 个英文字母(不区分大小写)和 10 个数字,以及连字符“-”,其中连字符不能作为子域名的第一个和最后一个字母。在后来的发展中,该标准对字符集有所扩大。

各个子域由地区 NIC 管理。图 3-4-12 是 CNNIC 规划的 cn 下第二级子域名和域名树系统。其中,ac 为中科院系统的机构、edu 为教育系统的院校和科研单位、go 为政府机关、co 为商业机构、or 为民间组织和协会、bj 为北京地区、sh 为上海地区、zj 为浙江地区等。

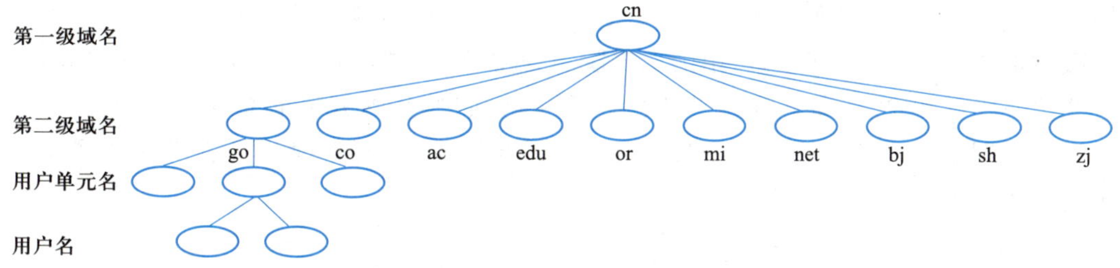

图 3-4-12　cn 域名树系统

中国互联网正式注册并运行的顶级域名是 cn。在顶级域名之下,我国的二级域名又分为类型域名和行政区域名两大类。行政区域名有 34 个,分别对应我国各省、自治区、直辖市,一般采用两个字符的汉语拼音表示。例如,bj(北京市)、sh(上海市)、sd(山东省)、hk(中国香港)等。此外,gov.cn 代表中国各级政府域名、edu.cn 代表中国教育行业域名,如 www.moe.gov.cn 是教育部网站域名、www.swufe.edu.cn 是西南财经大学网站域名等。

4. 根域名服务器

根域名服务器是架构互联网所必需的基础设施,具有极其重要的作用。根服务器主要用来管理互联网的主目录,全球的 IPv4 根服务器只有 13 台(其名称分别为“A”至“M”),1 台为主根服务器在美国,其余 12 台均为辅根服务器,其中 9 台在美国,2 台分别在英国和瑞典,1 台在日本。

在与现有 IPv4 根服务器体系架构充分兼容的基础上,中国主导的“雪人计划”于 2016 年在全球 16 个国家完成 25 台 IPv6 根服务器架设,事实上形成了 13 台原有根服务器加 25 台 IPv6 根服务器的新格局,为建立多边、民主、透明的国际互联网治理体系打下了坚实基础。中国部署了其中的 4 台,由 1 台主根服务器和 3 台辅根服务器组成,打破了中国过去没有根服务器的困境。

3.4.7　中国教育和科研计算机网

1. CERNET 简介

中国教育和科研计算机网(CERNET)是由国家投资建设,教育部负责管理,清华大学等高等学校承担建设和管理运行的全国性学术计算机互联网络。它主要面向教育和科研单位,是中国最大的公益性互联网络。

CERNET 分 4 级管理,分别是:全国网络中心,地区网络中心,地区主节点和省教育科研网、校园网。CERNET 全国网络中心设在清华大学,负责全国主干网的运行管理。地区网络中心和地区主节点分别设在清华大学、北京大学、北京邮电大学、上海交通大学、西安交通大学、华中科技大学、华南理工大学、电子科技大学、东南大学、东北大学等 10 余所高校,负责地区网的运行管理和规划建设。CERNET 省级节点设在 36 座城市的 38 所大学,分布于除中国台湾外的所有省、自治区、直辖市。

CERNET 已经有 28 条国际和地区信道,与美国、加拿大、英国、德国、日本和中国香港特区连网,总带宽可达 250 Mbps。与 CERNET 连网的大、中、小学等教育和科研单位达 1 000 多家(其中高等学校达 800 所以上),连网主机已超 120 万台,个人用户已达1 000多万。

2. CERNET 2

"中国下一代互联网示范工程 CNGI 示范网络核心网建设项目 CNGI-CERNET2/6IX"是由国家发改委批复立项,教育部主管,中国工程院组织协调,中国教育和科研计算机网 CERNET 网络中心和清华大学等 25 所高校承担建设的国家重大项目,是国务院批准、国家发改委等八部委联合组织的中国下一代互联网示范工程 CNGI 的重要组成部分,对我国下一代互联网发展具有重要示范作用。其体系结构如图 3-4-13 所示。

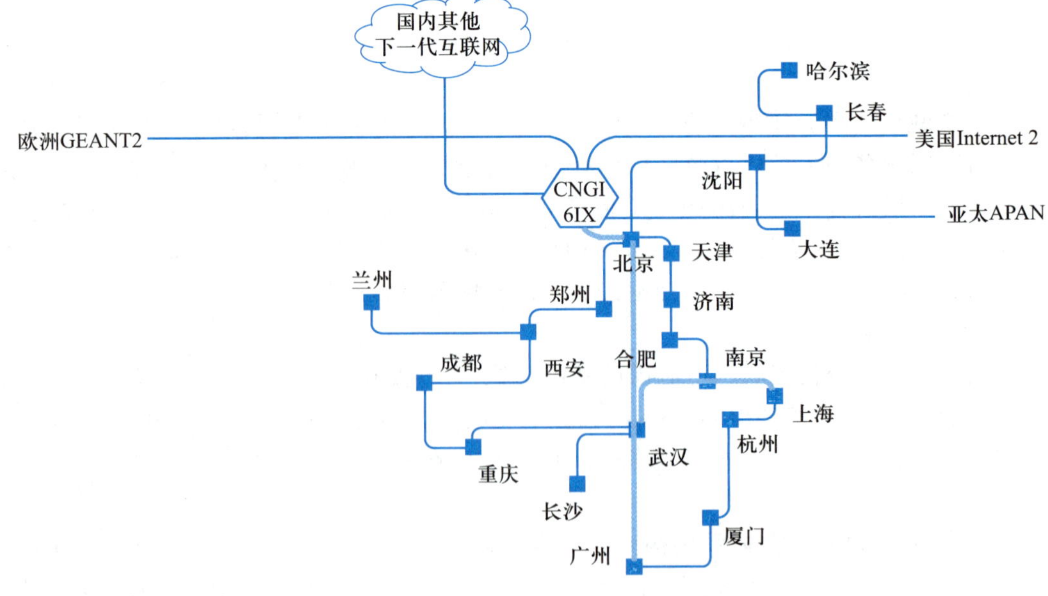

图 3-4-13　CNGI-CERNET2 主干网

CNGI-CERNET 2 主干网全面支持 IPv6 协议,以 2.5 Gbps/10 Gbps 连接了我国 20 座城市的 25 个核心节点,其中,北京-武汉-广州和武汉-南京-上海的主干网传输速率达 10 Gbps。各核心节点均具有支持用户网以 1 Gbps/2.5 Gbps/10 Gbps 速率接入的能力。北京国内/国际互联中心 CNGI-6IX 分别以 1 Gbps/2.5 Gbps/10 Gbps 速率连接了中国电信、中国联通、中国网通/中科院、中国移动和中国铁通的 CNGI 示范网络核心网,并以 1 Gbps/2.5 Gbps 速率连接美国 Internet 2、欧洲 GEANT 2 和亚太地区 APAN。

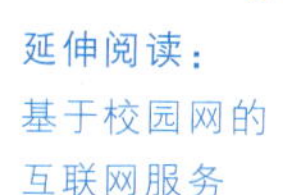

CNGI-CERNET 2 主干网自 2004 年开通运行以来,已经连接了 200 余所大学和科研单位的 IPv6 用户网,支持了我国下一代互联网科学研究、技术试验和应用示范等一大批课题,为我国参与全球范围的下一代互联网及其应用的研究提供了一个很好的开放性试验环境。

3.5 互联网的具体应用

互联网是一个世界规模的巨大的信息和服务资源。它不仅为人们提供了各种各样的便捷的通信与信息检索手段,更重要的是为人们提供了巨大的信息资源和服务资源。互联网的基本服务包括万维网(WWW)、文件传输(FTP)、远程登录(Telnet)、电子邮件、VPN、IP 电话等。通过互联网,全球的人既可以互通信息、交流思想,又可以获得各个方面的知识、经验和信息。随着互联网的高速发展,互联网应用越来越多,提供的各种服务越来越庞杂,有商业服务的应用也有公益性质服务的应用,有收费的也有免费的。

3.5.1 WWW 服务

1. WWW 介绍

WWW(Word Wide Web)被称为"万维网"或"全球信息网",简称 Web。万维网是互联网最重要的一种应用,人们通过 Web 可浏览和查询信息。人们常常把万维网和互联网混为一谈,事实并非如此,有人形象地把互联网比作纵横交错的公路网,而万维网则是成千上万在公路上行驶的汽车。Web 中有无数的多媒体文件供用户访问,人们上互联网的最主要目的是访问这些文件,这些文件是用超文本标记语言(Hyper Text Makeup Language,HTML)写成的,称为超文本文件。超文本文件是一种含有文本、图形、图像、声音、视频的多媒体文件,并能实现与其他文件的非顺序网状链接,这种链接称为超链接(Hyperlink)。Web 中信息是基于超文本传输协议(HTTP)传输的。

WWW 的超文本服务的运作机制比较复杂,但它提供给用户的使用界面是简单而统一的。无论人们访问哪一类互联网资源,只要使用 WWW 浏览器就可以以超文本的形式选择链接,轻松自由地在全世界所有连接到互联网的计算机上随意浏览、查询自己需要的信息。

下面简单介绍几个与 WWW 相关的名词。

(1) 超文本标记语言(Hyper Text Makeup Language,HTML)是一种专门用于编写超文本文件的编程语言。超文本文件由文本、格式代码以及指向其他文件的超链接组成,其扩展名通常为 html 或 htm。

(2) 网络站点(Web Site)又称为 Web 网点。一个 Web 网点就是一个 Web 服务器,负责管理由各种信息组成的超文本文件,并随时准备响应远程 Web 浏览器发来的浏览请求,为用户提供所需要的超文本文件。

(3) 网页(Web Page)又称为 Web 页,Web 服务器上的每一个超文本文件就是一个 Web 页。

(4) 主页(Home Page)又称为 Web 首页,每个 Web 服务器都有一个用于展示自己的风貌,介绍自己能够提供的信息服务,具有自己独特风格的超文本文件,该文件通常是其所在 Web 服务器的入口网页,故称为主页或首页。

(5) 统一资源定位器(Uniform Resource Locator,URL)。为了唯一地确定 WWW 上每个 Web 页面的位置,采用了一种称为统一资源定位器的 URL 地址。每个 Web 页面有一个唯一的 URL 地址,即网页地址。URL 由 3 部分组成:传输协议、主机 IP 地址或域名地址、资源所在路径和文件名,其表示形式为:

传输协议://主机 IP 地址或域名地址/资源所在路径和文件名。

例如,西南财经大学 Web 服务器中有关学校概况的网页 URL 地址为 https://www.swufe.edu.cn/1679.html,其中"https://"表示以超文本传输协议进行数据传输;"www.swufe.edu.cn"是西南财经大学 Web 服务器的主机域名;"/1679.html"是介绍学校概况的超文本文件所在的路径及其文件名。如图 3-5-1 所示是西南财经大学主页。

图 3-5-1　西南财经大学主页

2. Web 制作的基础知识

Web 制作从前端设计的角度看基本是一种采 HTML 语言为主的元素定位与重构。网页前端设计涉及 HTML 语言、CSS 样式表、UI 以及 javascript,这样设计的页面一般被称为静态页面,页面以 html 或 htm 结尾。HTML 目前主要采用的两个版本是 HTML4 和 HTML5,CSS 的最新版本是 CSS3。从实际情况来看,采用 HTML4 和 CSS2 组合依然是主流,但是 HTML5 和 CSS3 组合的网页设计也越来越流行。下面以HTML4为例进行说明。

```
<html>
<head>
<meta http-equiv="Content-Type" content="text/html; charset=utf-8" />
<title>标题部分- </title>
<meta name="keywords" content="关键字" />
<meta name="description" content="本页描述或关键字描述" />
</head>
<body>
<b>内容 </b>
</body>
</html>
```

这个文件的第一个 Tag 是<html>,这个 Tag 告诉用户的浏览器这是 HTML 文件的头。文件的最后一个 Tag 是</html>,表示 HTML 文件到此结束。

- <head>和</head>之间的内容,是 head 信息。head 信息是不显示出来的,用户在浏览器里看不到,但是这并不表示这些信息没用。例如,用户可以在 head 信息里加上一些关键词,有助于搜索引擎搜索到用户所需的网页。
- <title>和</title>之间的内容是这个文件的标题。用户可以在浏览器最顶端的标题栏看到这个标题。
- <body>和</body>之间的信息是正文。
- <b>和</b>之间的文字,用粗体表示。<b>顾名思义,就是 bold 的意思。

HTML 文件看上去和一般文本类似,但是它比一般文本多了 Tag,例如,<html>、<b>等,通过这些 Tag,可以告诉浏览器如何显示这个文件。

HTML 元素(HTML Element)用来标记文本,表示文本的内容,例如,body、p、title 就是 HTML 元素。HTML 元素用 Tag 表示,Tag 以<开始,以>结束,Tag 通常是成对出现的,如<body>和</body>,前者称为 Opening Tag,后者称为 Closing Tag。

此外,HTML 元素可以拥有属性,属性可以扩展 HTML 元素的能力。例如,用户可以使用一个 bgcolor 属性,使得页面的背景色显示为红色,例如,<body bgcolor="red">。

网页设计可以使用专门的工具来辅助我们快速设计、节约时间,如采用 Dreamweaver 软件,当然 Photoshop 也可以用来进行网页设计。

3.5.2　邮件服务

1. 电子邮件概述

电子邮件(E-mail)是在互联网上发送和接收的邮件,是目前最受欢迎的通信方式之一。

用户向互联网服务提供商申请一个电子邮件地址,再使用一个合适的电子邮件客户程序,就可以向其他电子信箱发送 E-mail,也可以接收来自他人的 E-mail。

电子邮件系统目前所采用的协议主要有以下 3 个。

(1) 用于发送电子邮件的简单邮件传输协议(Simple Mail Transfer Protocol,SMTP)。SMTP采用客户机/服务器(Client/Server)结构,主要负责通过底层的邮件系统将邮件从一台机器传至另外一台机器,其默认端口是25,SSL端口是465/994。用户启用SSL端口,可以实现数据加密。

(2) 用于接收电子邮件的邮局协议(Post Office Protocol 3,POP3)。POP3是把邮件从电子邮箱中传输到本地计算机的协议。所有的邮件系统都支持POP3协议,其默认端口是110,SSL端口是995。

(3) 用于接收电子邮件的互联网报文访问协议第4版(IMAP4),其是POP3的一种替代协议,提供了邮件检索和邮件处理的新功能,这样用户可以不用下载邮件正文就可以看到邮件的标题摘要,从邮件客户端软件就可以对服务器上的邮件和文件夹目录等进行操作。IMAP协议增强了电子邮件的灵活性,减少了垃圾邮件对本地系统的直接危害,同时相对节省了用户查看电子邮件的时间,除此之外,IMAP协议可以记忆用户在脱机状态下对邮件的操作(如移动、删除邮件等),并在下一次打开网络连接的时候会自动执行。IMAP协议默认端口是143,SSL端口是993。

2. 电子邮箱地址与账号设置

使用电子邮件的先决条件是必须要拥有一个电子邮箱(Mail Box)。电子邮箱是由互联网服务提供商为用户在其邮件服务器上建立的一个E-mail账户。E-mail账户包括用户名(User Name)和用户密码(User Password)。每一个电子邮箱都有唯一的邮箱地址,称为电子邮箱地址(E-mail Address)。

完整的电子邮箱地址由两部分组成,其格式为:用户名@电子邮件服务器域名。第一部分为邮箱用户名,第二部分为邮件服务器计算机的网络域名,两部分之间用"@"分隔。例如,西南财经大学校园网管理员的电子邮箱为webmail@swufe.edu.cn。

电子邮件信息由ASCII码文本组成,主要包括两部分。第一部分是一个头部(header),相当于信封,包括发送人、接收人的电子邮箱地址,以及内容主题、发送日期等信息。第二部分是正文(body),包括要发送的信件的具体内容。电子邮件还可在邮件本身之外携带若干个文件作为附件一起发送给收件人。

3.5.3 学术信息搜索

1. 中国知识基础设施工程

中国国家知识基础设施(Chinese National Knowledge Infrastructure,CNKI)工程是以实现全社会知识资源传播共享与增值利用为目标的信息化建设项目,由清华大学、清华同方发起,始建于1999年6月。在党和国家的领导下以及在教育部、中宣部、科技部、国家新闻出版署、国家版权局、国家计委的大力支持下,在全国学术界、教育界、出版界、图书情报界等社会各界的密切配合下,CNKI工程集团经过多年努力,采用自主开发并具有国际领先水平的数字图书馆技术,建成了世界上全文信息量规模最大的"CNKI数字图书馆",并正式启动建设"中国知识资源总库"及CNKI网格资源共享平台,通过产业化运作,为全社会知识资源高效共享提供最丰富的知识信息资源和最有效的知识传播与数字化学习平台。

CNKI工程的具体目标有4个,一是大规模集成整合知识信息资源,整体提高资源的综合和增值利用价值;二是建设知识资源互联网传播扩散与增值服务平台,为全社会提供资源共享、数字化学习、知识创新信息化条件；三是建设知识资源的深度开发利用平台，为社会各方面提供知识管理与知识服务的信息化手段；四是为知识资源生产出版部门创造互联网出版发行的市场环境与商业机制，大力促进文化出版事业、产业的现代化建设与跨越式发展。

2. 使用方法

由于 CNKI 数据库是学校购买，提供给校内师生免费使用的，因此，学校的师生可以通过校园网访问 CNKI 并下载资源。以西南财经大学为例，首先，进入西南财经大学图书馆主页，找到数据库资源，如图 3-5-2 所示；然后，打开中国知网主页，如图 3-5-3 所示。如果能够在网页右上角看到单位名称，即说明是使用校园网访问的，可以正常下载资源。

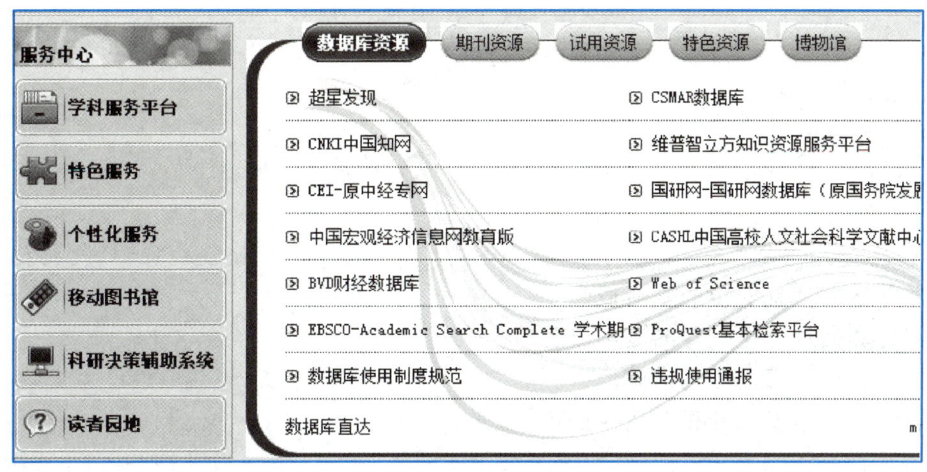

图 3-5-2　西南财经大学数据库资源

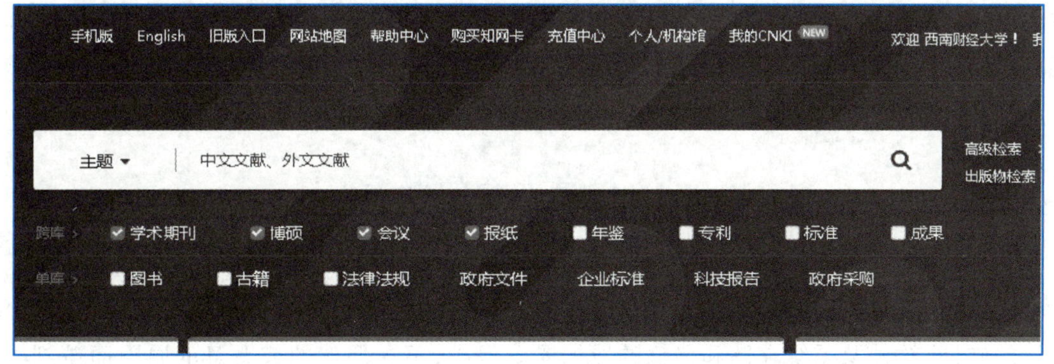

图 3-5-3　中国知网主页

至于校园网提供的其他服务，可以登录各大学的相关网站查看。在本书提供的下载资料中，包括了西南财经大学提供的上网认证、VPN 与反向代理等服务的详细情况。

第 3 章习题

第 4 章　信息安全

学习目标

1. 了解并掌握信息安全的基本概念。
2. 了解并掌握计算机病毒的基本概念。
3. 掌握计算机病毒的防范措施。
4. 了解国家信息安全的相关法律法规。

随着计算机技术与通信技术的发展和广泛应用,人类社会已经全面进入信息时代,政府部门、社会各行各业以及个人都在利用计算机和通信技术进行信息的处理和传输,信息安全问题也就日益凸显,并越来越受到人们的重视。

4.1　信息安全的概念

首先解释一下信息的概念。一般来说,信息是事物运动的状态与方式。信息安全则是指信息系统的硬件、软件及系统存储和传输的数据受到保护,不受偶然的或恶意的原因而遭到破坏、篡改、泄露,系统能连续可靠正常地运行,信息服务不中断。

4.1.1　信息安全的特性

根据信息安全的定义,信息安全具有如下主要特性。

- 机密性:保证信息不被非授权用户获取或不能了解信息的真实含义。
- 完整性:保证信息不被非授权用户篡改,即传输或存储的数据是完整的。
- 可用性:保证授权用户能够正常使用信息或数据,当信息系统遭受攻击时也能迅速恢复使用。

- 不可否认性:保证信息系统的用户不能否认其操作行为。
- 可控性:对信息系统及信息具有控制能力。

4.1.2　信息安全面临的威胁

由信息安全的特性可以看出信息安全面临的威胁就是不同的安全特性面临的破坏,如机密性、完整性、不可否认性及可用性。威胁的对象可以是数据、软件和硬件,威胁的实施者包括自然灾害、授权用户或攻击者,威胁来源可能是内部的或外部的。具体来讲,信息安全面临的威胁可以是以下几种。

- 非授权用户通过通信线路窃听获取机密数据。
- 信息被授权用户或非授权用户进行非法篡改。
- 授权用户对自己发布的信息进行否认。
- 自然灾害(如火灾、地震、水灾等)破坏信息系统的硬件,进而破坏信息和信息系统。
- 利用网络协议或操作系统等的漏洞,进行入侵破坏。
- 利用病毒等恶意程序破坏或窃取信息。
- 授权用户的误操作,如误删文件或忽视系统升级维护等。

4.1.3　信息安全评价标准

信息安全问题随计算机和网络通信技术的发展而出现,世界各国也随之制定了信息安全的评价标准和框架,从 1984 年美国发布的《可信计算机系统评估准则》(*Trusted Computer System Evaluation Criteria-TCSEC*),到后来的《信息保障技术框架》(*Information Assurance Technical Framewor-IATF*),以及我国于 1999 年 9 月 13 日发布,于 2001 年 1 月 1 日开始实施的国家信息安全标准《计算机信息系统安全保护等级划分标准》(GB 17859-1999)。

我国的信息安全标准把计算机信息系统的安全保护划分为五个等级,五个等级的安全强度由低到高,并且高一级包括低一级的安全保护。

第一级:用户自主保护级。该级实施的是自主访问控制,允许用户规定或控制客体(如进程、文件、设备)的共享,能阻止非授权用户读取敏感信息。

第二级:系统审计保护级。该级较第一级具有更强的保护能力,具有访问审计跟踪记录能力,记录与系统安全相关的信息,当系统发生安全问题时,可以审计记录,分析安全事故。

第三级:安全标记保护级。该级在提供系统审计保护级的所有功能基础上,对访问者及客体实施强制访问控制。

第四级:结构化保护级。该级将第三级的自主和强制访问控制扩展到所有主体和客体。

第五级:访问验证保护级。该级在第四级的所有功能基础上,提供访问监视器,访问监视器能仲裁主体对客体的全部访问。

鉴于大学计算机基础知识和作为用户的特性,同时结合我国的国家信息安全标准《计算机信息系统安全保护等级划分标准》五级保护的第一级要求,本节重点介绍计算机病毒定义、特征及防范、信息安全相关法规与使用计算机网络道德规范。

4.2　计算机病毒

4.2.1　计算机病毒的定义

在《中华人民共和国计算机信息系统安全保护条例》中对计算机病毒（Computer Virus）的定义是：编制或者在计算机程序中插入的破坏计算机功能或者破坏数据，影响计算机使用并且能够自我复制的一组计算机指令或者程序代码。简单地说，计算机病毒就是一段可执行代码，一个人为的特制程序，与生物病毒一样能够进行自我复制并感染和破坏其他程序，具有与生物病毒类似的特性。

4.2.2　计算机病毒的特征

计算机病毒会占用系统资源，降低计算机的性能，修改甚至删除数据，对系统造成不同程度的破坏，干扰系统的正常运行，具有隐蔽性、潜伏性、传染性、激发性、破坏性等特征。

- 隐蔽性：病毒是一段编制精巧的可执行程序，通常隐藏在引导程序、可执行文件或数据文件中，具有很强的隐蔽性。
- 潜伏性：系统感染病毒后一般不立即发作，要满足特定的条件时才会被触发运行，进行复制传染和破坏。
- 传染性：这是病毒的最基本特征。计算机病毒与生物病毒类似，有繁殖再生能力。计算机病毒通过各种渠道，如文件复制、网络传输、文件执行等方式传染到另外的计算机。
- 激发性：很多病毒传染到系统后并不会立即发作，而是在满足特定条件后才被激发。激发条件可能是日期时间或特定字符或病毒内置计数器达到一定次数等，例如，CIH 病毒就是在每年的 4 月 26 日发作。
- 破坏性：计算机系统感染病毒后会对系统造成不同程度的危害，影响计算机的正常运行。例如，占用系统资源、影响计算机运行速度、删除文件或数据、格式化磁盘甚至破坏计算机系统硬件等。

4.2.3　计算机病毒的类型

计算机病毒种类繁多，破坏程度不一，但主要按照以下不同方式进行分类：按破坏程度分为良性病毒和恶性病毒，良性病毒不对系统产生破坏，只占用系统的存储空间或 CPU 资源，影响系统的性能；恶性病毒可以破坏计算机的文件或数据，甚至计算机的硬件。按病毒感染的方法分为引导型病毒、文件型病毒、混合型病毒和网络病毒。按病毒入侵的途径分为源码病毒、入侵病毒、外壳病毒和操作系统病毒，其中操作系统病毒最为常见且危害也较大。

4.2.4 计算机病毒的防范

计算机病毒影响了人们的正常工作,人们应养成良好的计算机使用习惯,提高对计算机病毒的防范意识,防患于未然,降低和避免计算机病毒带来的危害。计算机病毒的主要防范措施有如下几种。

① 定期备份重要的系统文件、数据文件,如果计算机文件遭到破坏,可用备份文件进行恢复。

② 对外来的软件、存储介质,如U盘、移动硬盘等进行病毒检测,确认安全后方可使用。

③ 不打开来历不明的电子邮件的附件,不浏览不太了解的网站,不要执行从互联网上下载的未经杀毒软件检测的文件。

④ 经常运行系统更新,安装操作系统的补丁程序。很多病毒利用系统漏洞或应用软件的弱点来进行传播,应及时安装操作系统漏洞的补丁。

⑤ 安装实时专业的杀毒软件,定期运行杀毒软件查杀病毒,及时升级病毒库以便查杀最新的病毒。

⑥ 安装防火墙软件,设置访问规则,过滤不安全的网站和病毒木马。

⑦ 使用正版软件,慎装插件。

4.3 我国网络信息安全的相关法规

网络是继报刊、广播、电视三大传统媒体之后新兴的第四媒体,与传统媒体相比存在许多优势,例如,传播形式丰富、灵活、开放,超文本链接提供海量的信息资讯,传播效率高效、不受时间空间限制,传播过程双向互动,公众也可以参与。其丰富开放的传播形式,超链接的访问方式和双向互动的过程为公众提供便利高效的同时,也为不法分子提供了可乘之机,但网络不是法外之地,作为计算机和网络的用户,也应遵守国家的相关法律法规和道德规范。

4.3.1 网络信息安全的相关法规

网络信息安全除了依靠信息安全技术支撑外,还需要相关的法律法规来保障。信息安全技术只能被动地应用于解决某一方面的问题,不能全面保障网络安全,而依靠法律的规范性、全面性、强制性、威严性才能保障用户的合法权益和国家安全。

世界各国都先后出台了网络信息安全方面的法律,其中美国于1987年就颁布了《计算机安全法》,德国制定了《信息和通信服务规范法》,日本于2000年开始实施《反黑客法》,俄罗斯于1995年通过了《联邦信息、信息和和信息保护法》。

我国也非常重视网络信息的立法工作,为保障网络安全以及维护国家主权,我国先后颁布并实施了一系列相关的法规和条例,如《中华人民共和国网络安全法》由全国人民代表大会常务委员会于2016年11月7日发布,并于2017年6月1日施行。《互联网信息服务管理办法》于

2000 年 9 月 25 日公布施行。《计算机信息网络国际联网安全保护管理办法》于 1997 年 12 月 30 日实施。计算机用户在使用网络和计算机时,应遵守国家相关法律规定。

4.3.2　网络道德规范

加强法律建设的同时也应重视依靠网络道德来规范计算机用户的行为,净化网络空间,建设社会主义精神文明,促进互联网的健康发展。

参考计算机从业人员遵守的职业道德规范和《计算机信息网络国际联网安全保护管理办法》对人们使用计算机和网络的行为约束,作为计算机用户在使用网络时应该注意以下几点。

- 不要使用计算机去危害他人。
- 不要蓄意损害他人的计算机系统及资源。
- 未经许可不得使用或窥探他人的计算机资源。
- 不要制造、故意使用和传播病毒程序。
- 不要利用计算机网络传播危害国家主权、政权、社会主义制度的信息。
- 不要利用计算机网络传播或捏造谣言,扰乱社会秩序。
- 不要利用计算机网络宣扬封建迷信、色情、暴力犯罪信息。
- 自觉维护计算机系统的安全运行。

4.4　应用案例——利用防火墙防范病毒和木马

防火墙是一个由多个部件组成的集合或者系统,它被设置在两个网络之间,具有以下特性:所有的从内部到外部或者从外部到内部的通信都必须经过它;只有被访问策略授权的通信才允许通过;系统本身具有高可靠性。基于防火墙的上述特性,可以利用防火墙来防范病毒和木马,下面就以 Windows 防火墙为例介绍安全操作。

【案例 1】　利用 Windows 防火墙防范 WannaCry 勒索病毒

勒索病毒利用了 Windows 操作系统的已知漏洞,通过扫描开放 445 文件共享端口的计算机,在这些计算机中执行勒索程序并实施攻击。如果计算机对外开放了 445 端口,将会存在被局域网内其他计算机感染的可能性,但如果关闭 TCP 445 端口,即可极大降低被感染的风险。下面就利用 Windows 系统防火墙来配置规则以防范 WannaCry 勒索病毒。

(1) 通过“开始”菜单启动“Windows Defender 安全中心”,在主界面选择“防火墙和网络保护”选项,如图 4-4-1 所示。

(2) 在弹出的窗口中选择“高级设置”选项,如图 4-4-2 所示,然后在弹出的“允许此应用对你的设备进行修改”窗口中选择“是”选项。

(3) 在“高级安全 Windows Defender 防火墙”窗口左侧一栏中选择“入站规则”选项,在右侧一栏中选择“新建规则”选项。然后在弹出的“新建入站规则向导”窗口中选择“协议和端口”选项,然后勾选“此规则应用于 TCP 还是 UDP”下的“TCP”单选按钮,最后勾选“特定本地端口”单选按钮,在右边编辑框中输入 445,单击“下一步”按钮,如图4-4-3所示。

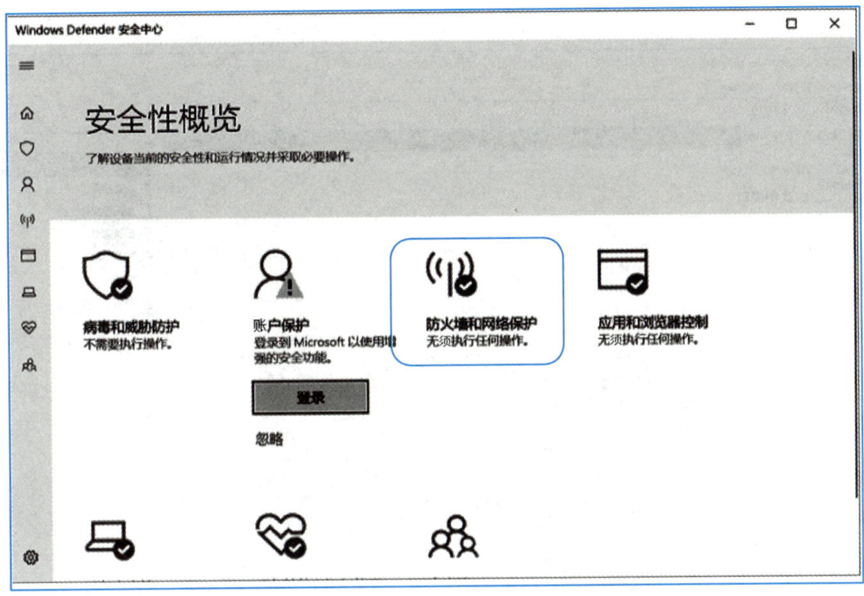

图 4-4-1　“Windows Defender 安全中心”主界面

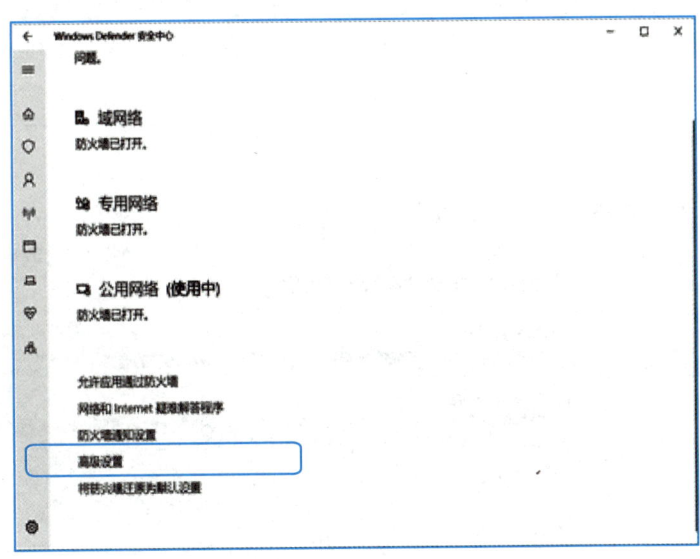

图 4-4-2　选择“高级设置”选项

（4）在“操作”窗口中勾选“阻止连接”单选按钮（如图 4-4-4 所示）。然后在“配置文件”窗口中选择默认选项，单击“下一步”按钮（如图 4-4-5 所示）。

（5）在“名称”窗口中，可以输入任意名称，如“WannaCry”，输入后单击“完成”按钮即可完成防火墙对勒索病毒的防范配置。如图 4-4-6 所示。

【案例 2】　利用 Windows 防火墙防范冰河木马

冰河木马可以实现对远程计算机的控制，能记录各种口令信息，获取系统信息，并对远程计算机文件进行复制、删除等操作。冰河木马使用的是 UDP 协议，默认端口为 7626，读者可以参考案例 1 的防火墙配置方法来防范冰河木马。

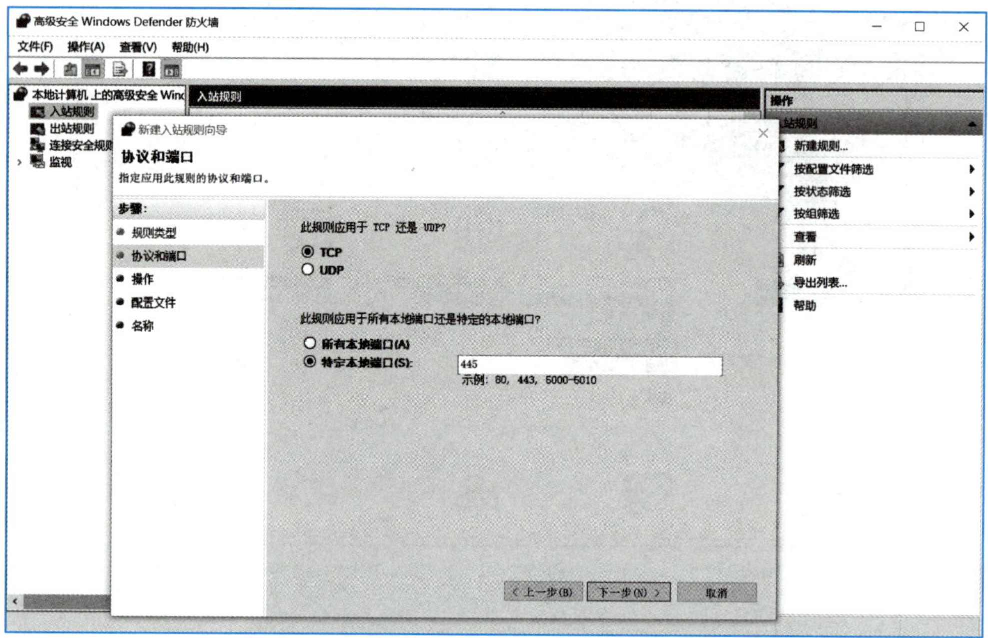

图 4-4-3　设置协议和端口

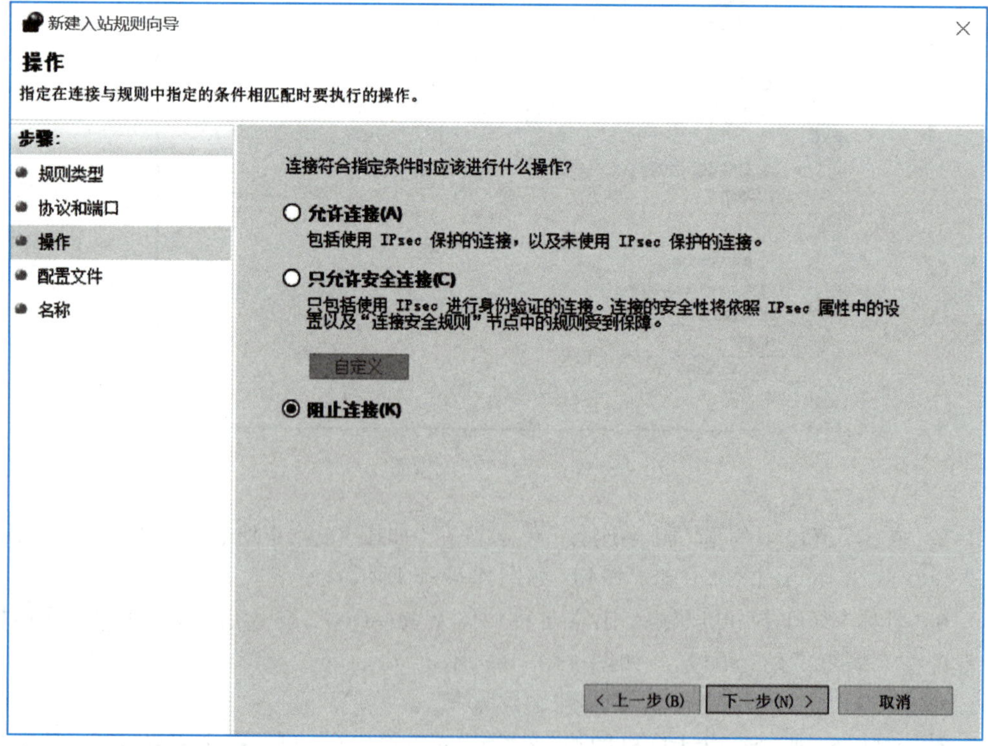

图 4-4-4　"操作"窗口

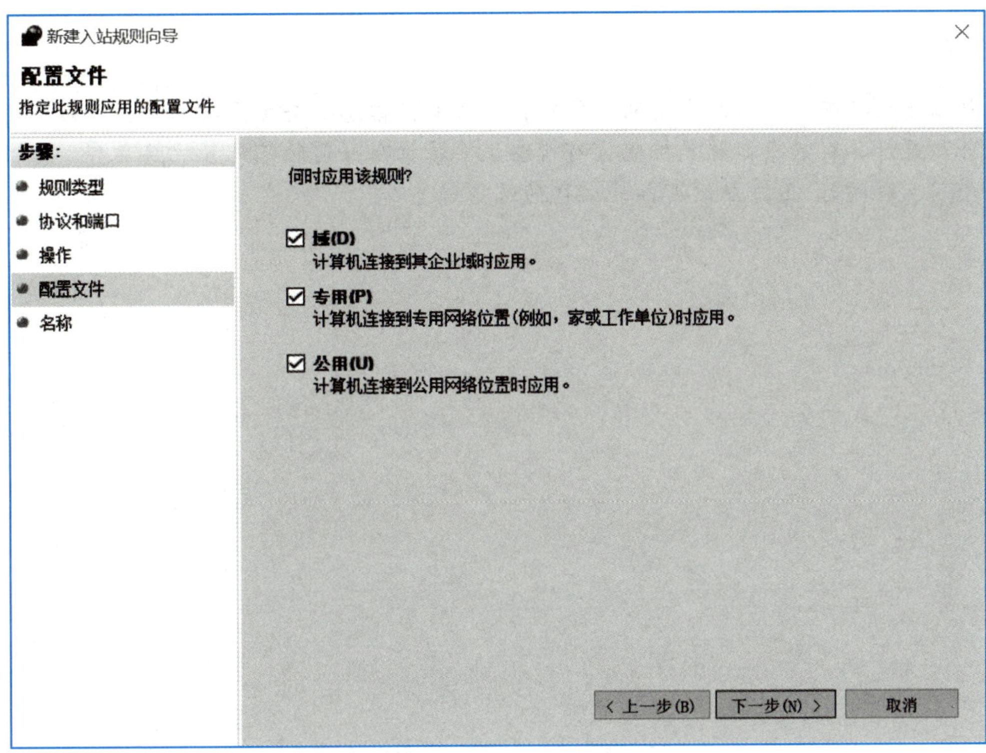

图 4-4-5　“配置文件”窗口

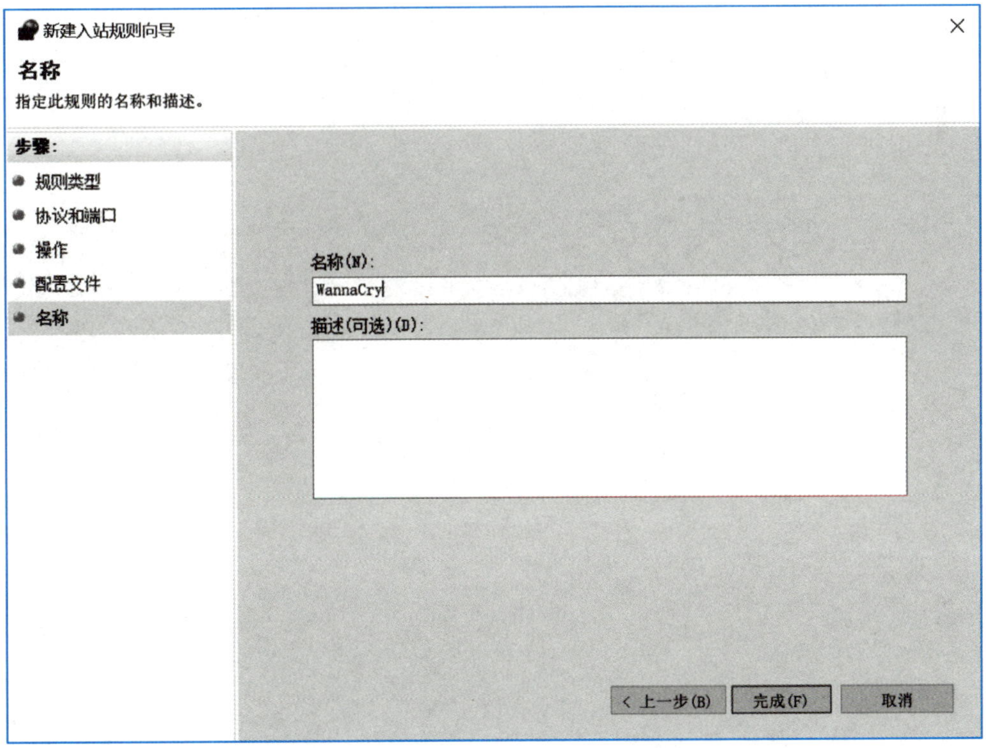

新建入站规则向导
名称
指定此规则的名称和描述。
步骤:
规则类型
协议和端口
操作
配置文件
名称
名称(N):
WannaCry
描述(可选)(D):
< 上一步(B)
完成(F)
取消

图 4-4-6　“名称”窗口

— 课后思考 —

1. 什么是信息安全？信息安全的主要特征有哪些？信息安全主要面临哪些威胁？
2. 什么是计算机病毒？计算机病毒有哪些主要特征？如何防范计算机病毒？
3. 使用互联网时，用户应该具备什么样的道德规范？

下篇　计算机数据处理

第 5 章　文字编辑软件

学习目标

1. 熟悉和掌握 Word 2016 的界面环境和基本操作方法。
2. 熟悉和了解 Word 2016 主要菜单下的主要命令及布局。
3. 掌握查找和替换的基本步骤,能够进行特殊的查找和替换。
4. 掌握邮件合并的基本步骤,能够进行更复杂的文件合并操作。
5. 熟悉和掌握长文档的编辑排版,主要包括目录的生成,页码、页眉、页脚的编辑,脚注和尾注的插入,修订和批阅状态的切换。
6. 能够对 Word 文档和 PDF 文档进行转换。

5.1　Word 2016 概述

Microsoft Office 2016 是微软公司的一个办公软件集合,其包括 Word、Excel、PowerPoint 等组件和服务。Microsoft Office Word 是微软公司的一个流行的文字处理应用程序,也是 Office 套件的核心程序。Word 为用户提供了用于创建和编辑文档的工具,功能强大、高效、方便、美观。利用 Word 能够便捷地对文档进行编辑排版,能实现多种非文本对象的插入和编辑,能对长文档进行处理和对文档进行合并,对文档的操作视图、页面设置也有多样的选择。

Word 2016 与之前 Word 的版本相比,有了一些变化和改进。例如,增加了多窗口显示的功能,避免了来回切换文档。在插入菜单增加了屏幕截图功能,可以直接截取计算机图片并导入到 Word 文档中。还提供了实时编辑、调节阅读模式等功能,与 Windows 10 结合使用体验更佳。

5.1.1　Word 2016 的启动和窗口

1. Word 2016 的启动

Word 2016 的启动有以下 3 种方法。

方法 1:启动“开始”菜单并单击“Word 2016”选项(如图 5-1-1 所示),即可启动进入如图 5-1-2所示的 Word 2016 初始界面。然后选择需要打开的文件,可以选择左侧列表中最近使用过的文档,也可打开初始界面中的其他文档,还可创建不同模板类型的新文档,选择完成后便进入 Word 2016 的应用程序窗口。

方法 2:如果桌面有 Word 2016 的快捷方式图标,双击图标也可以直接启动 Word。

方法 3:还可以直接打开已有的 Word 文档,直接进入应用程序窗口,在文档窗口打开并编辑该文档。

2. Word 2016 的窗口组成

Word 2016 的程序窗口从上到下依次为标题栏、菜单栏、工具面板、工作区、状态栏,如图 5-1-3 所示。

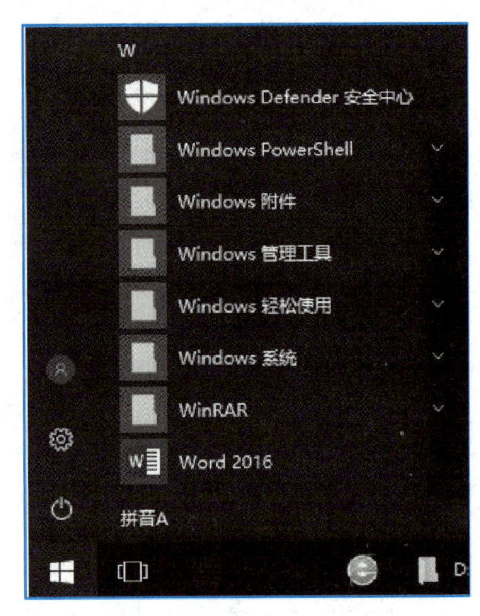

图 5-1-1　“开始”菜单

方法 1:标题栏:显示应用程序名称以及当前文档名称,两端有保存、取消、还原、窗口大小切换按钮和关闭按钮。

方法 2:菜单栏:分门别类地将 Word 2016 提供的功能组织在 9 个选项卡(主菜单)下。

方法 3:工具面板:也称为功能区。展示当前选项卡(菜单)下的相关命令,又以分组的方式把不同类型的命令以图标按钮和下拉菜单的形式排列在不同面板中,便于用户查看和操作。

方法 4:工作区:显示当前文档的操作区域,可以在此进行文档的各类编辑操作,工作区的区域构成也会随当前操作的变化而变化,可能会在左侧或右侧出现和当前操作相关的功能区。

方法 5:状态栏:显示当前文档的页面号、页数、字数信息、视图切换按钮、显示比例滚动条等状态信息。

5.1.2　Word 2016 的菜单和功能

Word 2016 的菜单栏位于窗口顶部,包含了用户使用 Word 程序时需要的所有功能。Word 2016 有“文件”“开始”“插入”“设计”“布局”“引用”“邮件”“审阅”“视图”9 个主菜单选项卡,每个菜单选项卡的相关功能以工具按钮和下拉菜单的形式分门别类地组织在下面各类工具面板上。以下是各选项卡功能和工具面板的简要介绍。

实验素材:
Word 2016
基础练习

1. “文件”选项卡

“文件”选项卡下的功能包括对文件进行新建、打开、保存、打印、关闭等

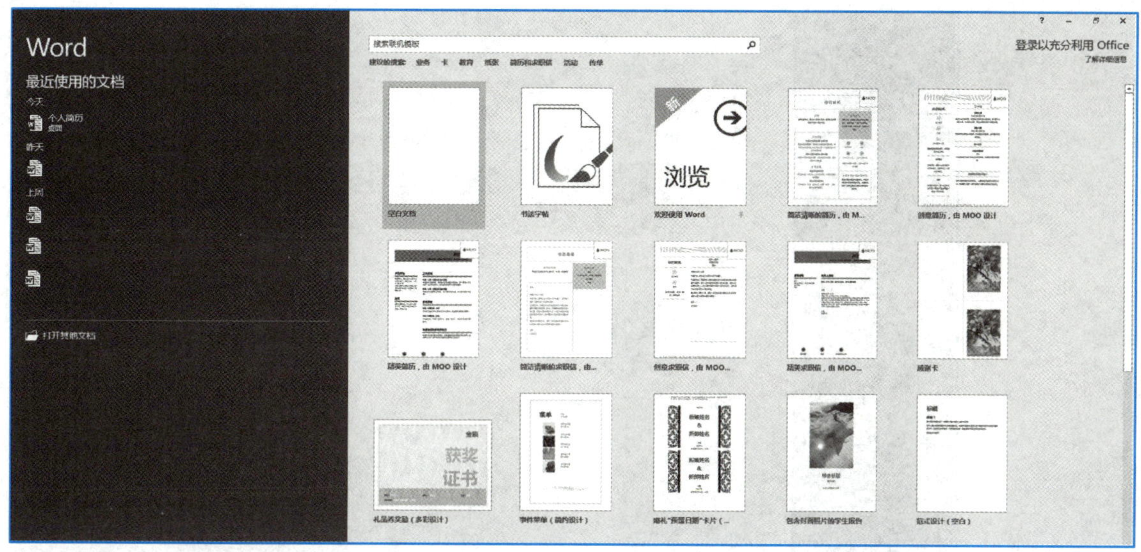

图 5-1-2　Word 2016 的初始界面

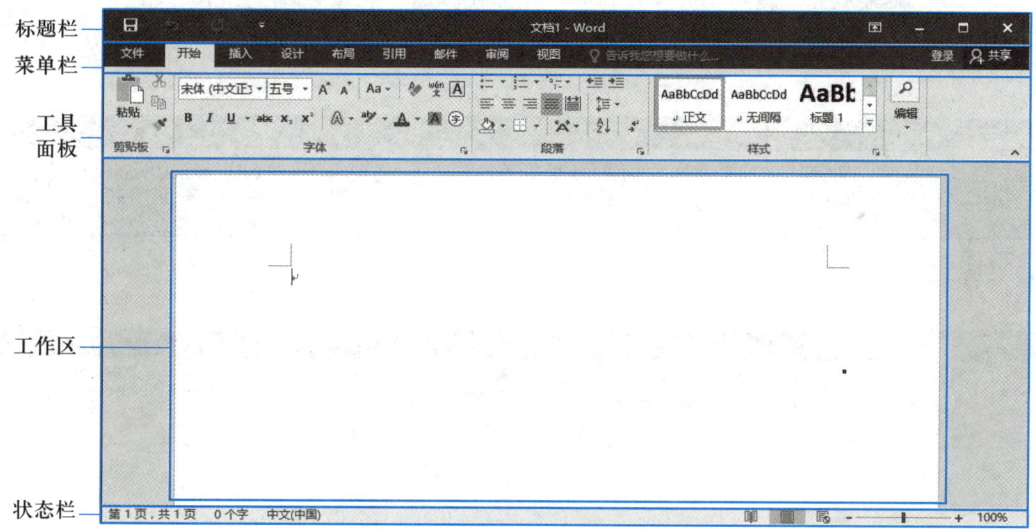

图 5-1-3　Word 2016 的窗口组成

操作，还能对 Word 的选项进行设置，如图 5-1-4 所示。

2. “开始”选项卡

“开始”选项卡包括剪贴板、字体、段落、样式和编辑 5 组面板，用于对 Word 文档进行文字和段落的基本编辑和格式排版，是最常用的选项卡，对文本的基本编辑和排版操作经常在这里进行，如图 5-1-5 所示。

3. “插入”选项卡

“插入”选项卡包括页面、表格、插图、加载项、媒体、链接、批注、页眉和页脚、文本和符号 10 组面板，主要用于在 Word 文档中插入各种其他对象，常用的有插入表格、图片、形状、图标等，如图 5-1-6 所示。

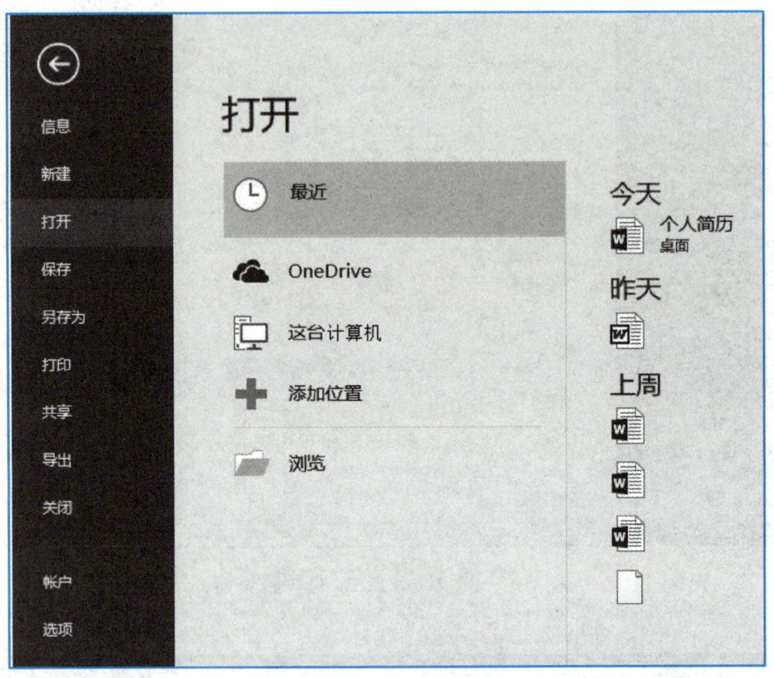

图 5-1-4　“文件”选项卡

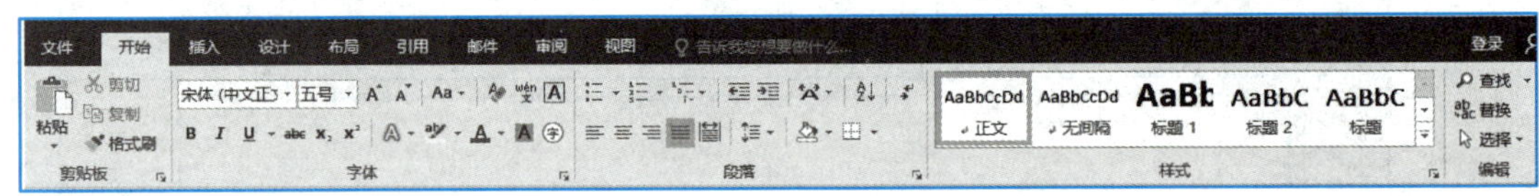

图 5-1-5　“开始”选项卡

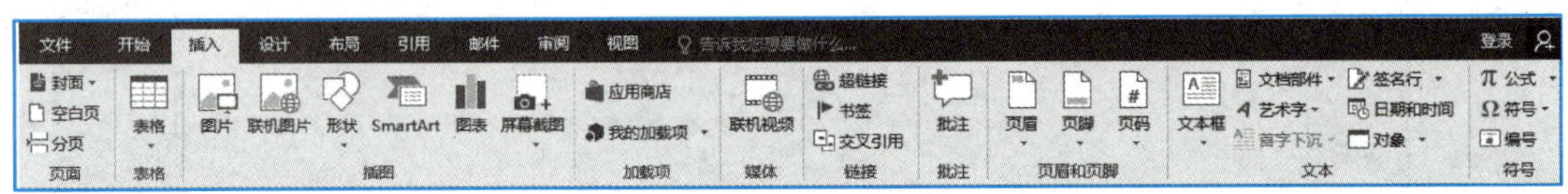

图 5-1-6　“插入”选项卡

4. “设计”选项卡

“设计”选项卡包括文档格式和页面背景两组面板，主要用于文档格式以及背景格式的整体设置，如图 5-1-7 所示。

图 5-1-7　“设计”选项卡

5. “布局”选项卡

“布局”选项卡包括页面设置、稿纸、段落和排列 4 组面板，用于设置 Word 文档的页面格式，如图 5-1-8 所示。

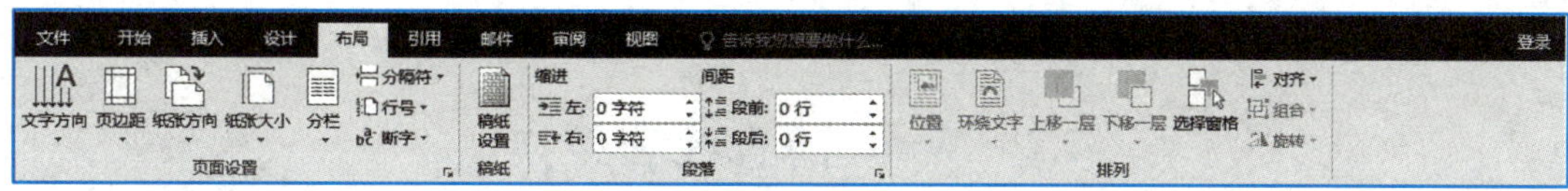

图 5-1-8　“布局”选项卡

6. “引用”选项卡

“引用”选项卡包括目录、脚注、引文与书目、题注、索引和引文目录 6 组面板，用于 Word 长文档的编辑和排版，如图 5-1-9 所示。

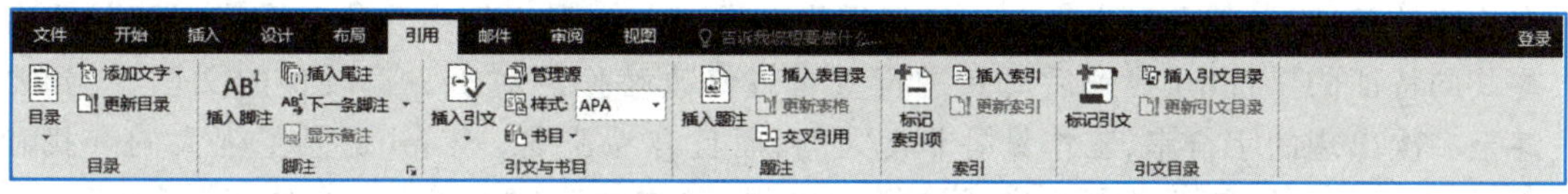

图 5-1-9　“引用”选项卡

7. “邮件”选项卡

“邮件”选项卡包括创建、开始邮件合并、编写和插入域、预览结果和完成 5 组面板，用于在 Word 文档中进行邮件合并，如图 5-1-10 所示。

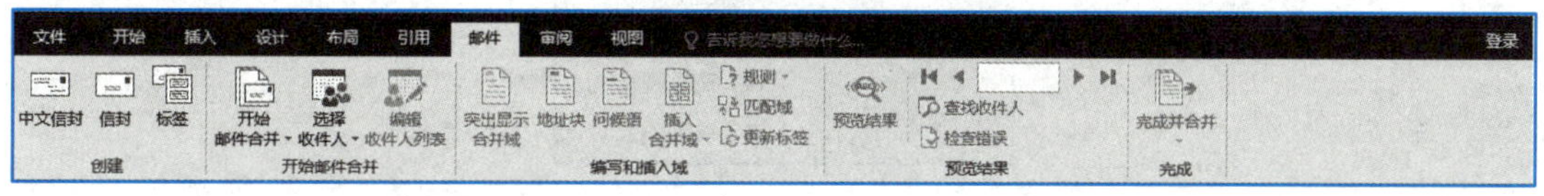

图 5-1-10　“邮件”选项卡

8. “审阅”选项卡

“审阅”选项卡包括校对、见解、语言、中文简繁转换、批注、修订、更改、比较和保护 9 组面板，主要用于对 Word 文档进行校对和修订等操作，适用于多人协同处理 Word 文档，如图 5-1-11所示。

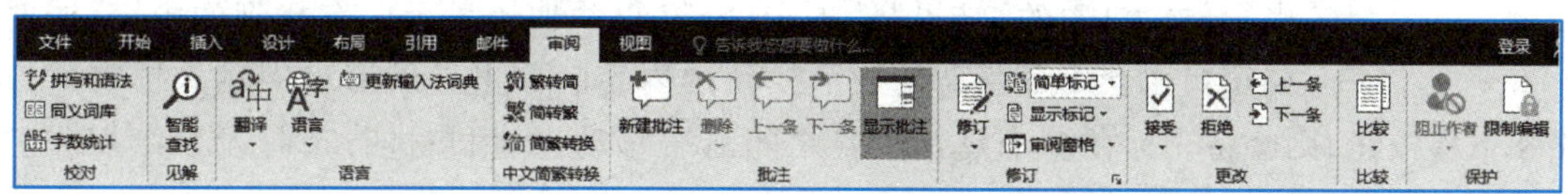

图 5-1-11　“审阅”选项卡

9. “视图”选项卡

“视图”选项卡包括视图、显示、显示比例、窗口和宏 5 组面板，用于帮助用户设置 Word 操作窗口的视图类型，如图 5-1-12 所示。

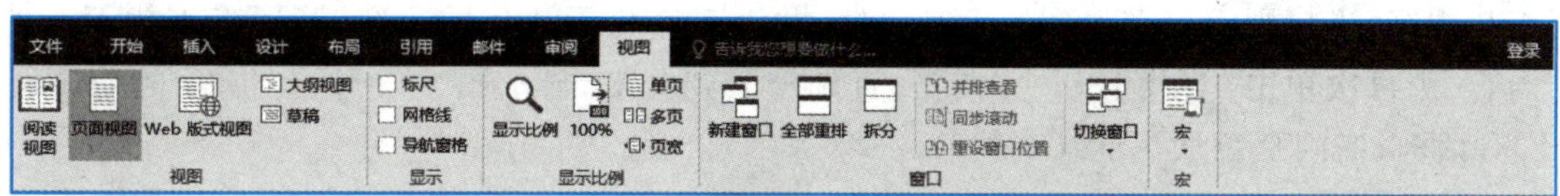

图 5-1-12　“视图”选项卡

5.2　Word 的查找和替换

5.2.1　查找和替换的基本操作

1. “查找”和“替换”命令

在文字处理中，经常会对文本有这样的操作请求，例如，在文档中寻找某个字、词、句或者具有某些共同特征的字符串，找到后对其进行查看或修改替换。对于一篇较长的文档，找到要求寻找甚至多次出现的字符串，工作量是非常大的，而且容易遗漏。Word 提供了强大的查找和替换功能，能够高效快捷地帮助用户完成这样的操作。“查找”和“替换”命令位于“开始”选项卡下的“编辑”面板中，如图 5-2-1 所示。

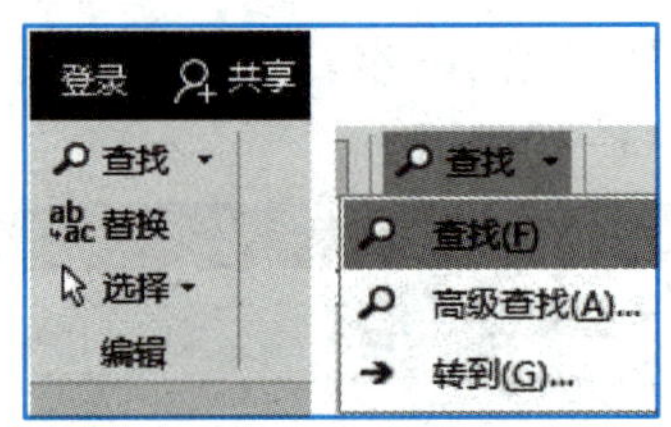

图 5-2-1　“编辑”面板中的“查找”和“替换”命令

2. 在导航窗口中进行查找

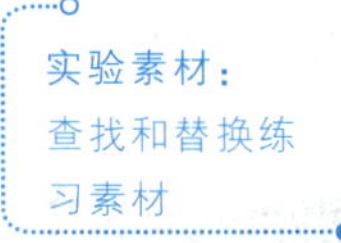

执行图 5-2-1 中的“查找”命令后，Word 窗口工作区的左侧会出现一个导航窗口。在导航窗口的输入框中输入查找内容，下面会显示查找结果。单击导航窗口中的“结果”选项卡，会缩小并加粗显示所有找到的内容，同时文档窗口也会用黄色高亮显示找到的内容。单击导航窗口中输入框右下方的上移和下移按钮，则会将光标在多个找到内容之间前后移动，供用户进行选择及后续操作。关闭导航窗口则退出查找状态，导航窗口的好处是能比较直观、全局地查看查找结果。

3. “查找和替换”对话框

执行图 5-2-1 中的“高级查找”命令后，会出现如图 5-2-3(a)所示的“查找和替换”对话框，选择该对话框中的“查找”选项卡并在“查找内容”输入框中输入查找内容(如孔明)，单击“查找下一处”按钮，就会从当前光标处开始往文档末尾方向进行查找，如图 5-2-2 所示。如果找到查找内容，光标则定位在找到的字符串处，并以灰底显示找到的内容；若还需查找下一处相同的内容，则再次单击“查找下一处”按钮，直到搜索到文末，显示图 5-2-3(b)所示的“Microsoft Word”对话框，询问是否从头继续查找。

4. “替换”选项卡

如果需要将找到的内容替换成其他内容，则单击“查找和替换”对话框中的“替换”选项卡(如图 5-2-4 所示)。在“替换为”输入框中输入需要替换的内容(如诸葛亮)，进一步可以根据需要选择底部的“替换”“全部替换”“查找下一处”按钮：“替换”表示只替换目前找到并定位的内容；“全部替换”表示将所有查找到的内容进行统一替换；“查找下一处”则往下继续搜索定位，如果找到，再根据需要决定是否替换。

> **Tips**
>
> 注意：查找的范围默认为从光标当前位置开始往后查找，直到文档末尾，并出现“是否继续从头搜索”的提示。如果要从文档开头查找，就将光标定位在文档最开头，或者按 Ctrl+A 组合键选中全文；如果只在局部范围内查找，则可以选中指定的区域。

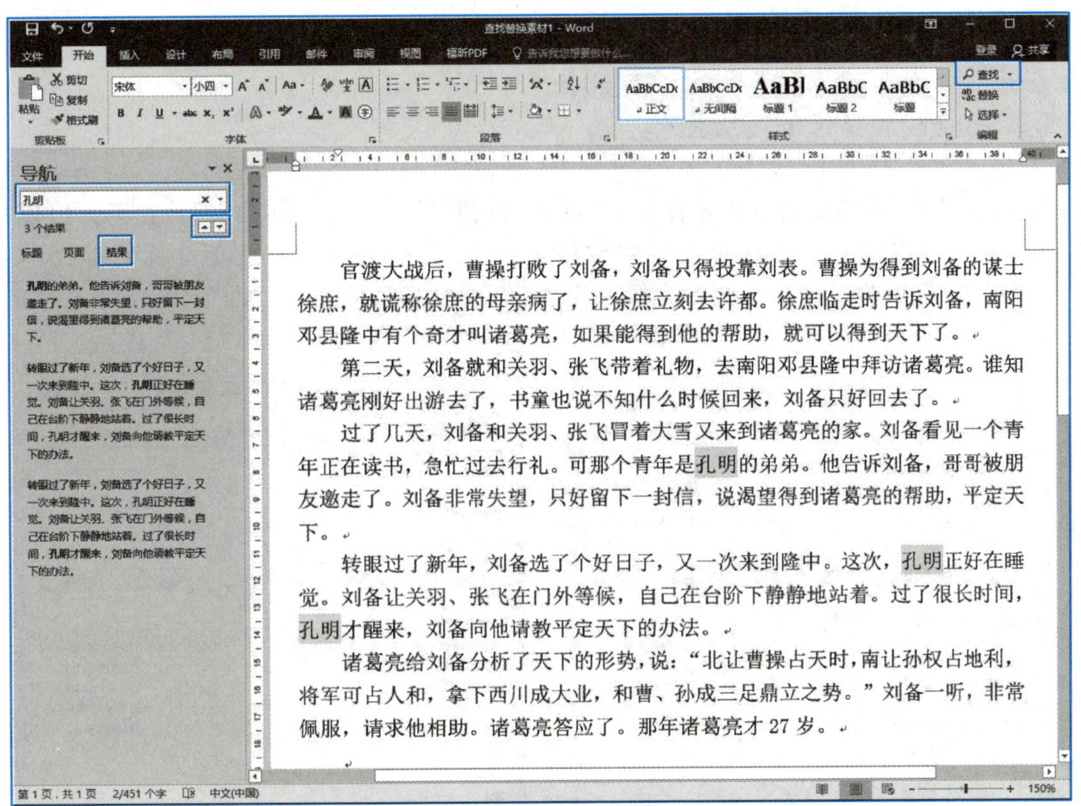

图 5-2-2　在导航窗口中进行查找

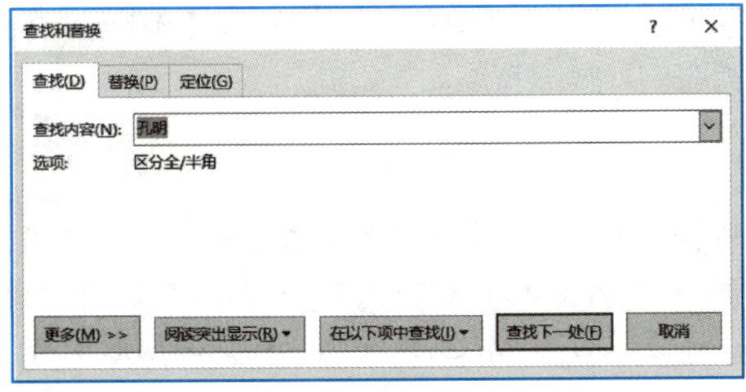

(a)“查找”选项卡

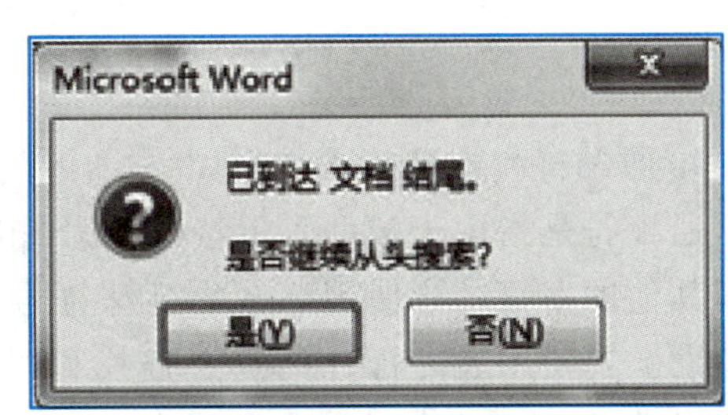

(b)“是否继续从头搜索”提示

图 5-2-3　“查找和替换”对话框

图 5-2-4　“替换”选项卡

5.2.2　查找和替换的高级操作

“查找和替换”对话框的左下方有一个“更多”按钮，单击后对话框扩大，并在下方出现“搜索选项”，用户可以对查找条件进行更细致的定义，以便进行更丰富或更准确的查找(如图5-2-5所示)。常用的查找和替换的高级操作包括：通配符和特殊符号的使用、部分数字的隐藏、空白符号和空行的删除、图片的替换和删除、全角/半角引号的替换等。

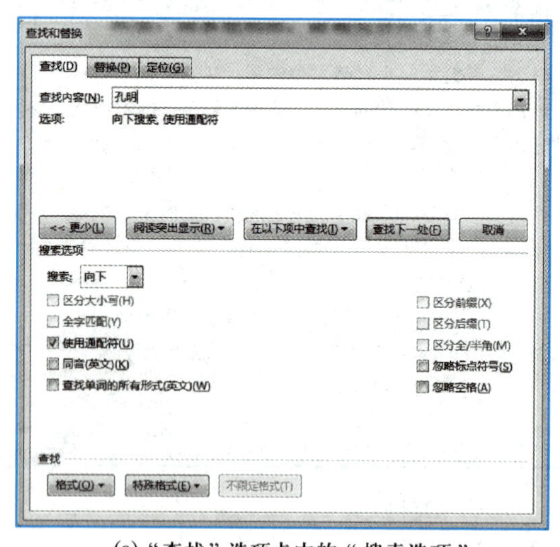

(a) “查找”选项卡中的“搜索选项”

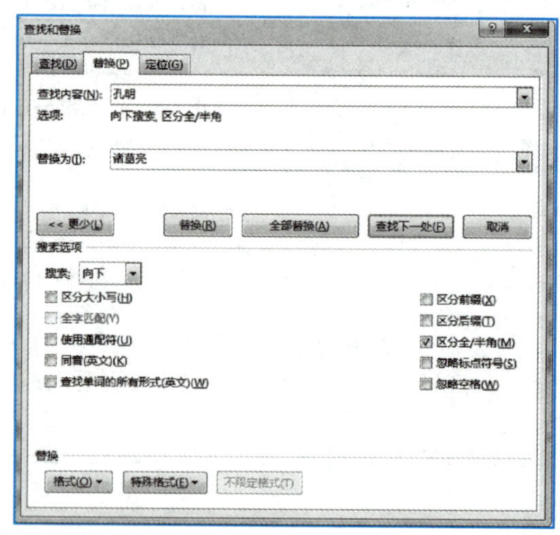

(b) “替换”选项卡下的“搜索选项”

图 5-2-5　查找和替换的高级操作

1. 通配符和特殊符号的使用

通配符是指用于辅助表示特殊符号和特殊查找替换要求的符号，有指定的符号和格式，需要和其他的字符结合使用。一些特殊符号的表示、特殊查找和替换内容的表达，都需要通配符的帮助。要使用通配符，需要在“查找和替换”对话框的“搜索选项”栏中勾选“使用通配符”选项。表 5-2-1 列出部分常用的通配符。

表 5-2-1　部分常用通配符一览

通配符	含义	示例
?	表示任意一个字符	例如,"d? g"表示查找以 d 开头以 g 结尾、中间包含一个任意字符的字符串,如"dig""dog"。
*	表示任意长度和组成的字符串	例如,"d * y"表示查找以 d 开头以 y 结尾中间包含 0 个到多个任意字符的字符串,如"day""daily""dainty"。
<	指定单词的开头	例如,<(re)表示查找以 re 开头的单词,如"replace""reek",但不包含"are"。
>	指定单词的结尾	例如,>(er)查找以 er 结尾的单词,如"deer""driver",但不包含"butterfly "。
[-]	指定包含的字符或字符范围	例如,s[ie]t 表示查找"sit"或"set";[0-9]表示包含数字 0~9 中的一个即可。
[! -]	指定不包含的字符或字符范围	例如,s[! a-e]t 表示查找字符串的第 2 个字符不能包含字母 a 到 e 之间的字符;[! 0-9]表示不能包含数字 0~9。
{n,m}	对花括号之前的字符重复 *n*~*m* 次,其中 *m* 可以缺省	例如,10{1,3}表示重复花括号前的字符"0"1~3 次,即查找"10""100""1000";[0-9]{6}表示由 0~9 组成的 6 位数。
( )	表示分组,括号里面的内容为一组	([0-9]{6})([0-9]{8})([0-9]{4})表示把一组数字分为 3 组,第 1 组是前 6 个数字,第 2 组是中间 8 个数字,第 3 组是后面 4 个数字。
\数字 n	n 代表第 n 组,往往对应几个分组	上例中数字串被分组 3 组,\1 表示对第 1 组的引用,\2 表示对第 2 组的引用,\3 表示对第 3 组的引用,一般用于替换内容中,顺序则反映各组内容的位置关系。

表 5-2-2 是以符号"^"开头,和其他符号结合,表示要查找和替换的特殊字符。

注意:要使用特殊字符时,要先取消勾选"搜索选项"中的"使用通配符"选项。

表 5-2-2　特殊字符表一览

含通配符代码	表示符号	含通配符代码	表示符号
^13 或^P	段落标记硬回车符	^l	段落标记软回车符
^12	分页符或分节符	^m	手动分页符或分节符
^9 或^t	制表符	^g	仅限于查找嵌入图片
^c	仅限于替换为剪贴板内容	^&	"查找内容"输入框的内容
^+	长画线	^=	短画线

以上特殊符号以及其他一些特殊符号的查找和替换，也可以在查找和替换对话框的“特殊格式”按钮菜单中进行选择，如图 5-2-6 所示。左边为“查找”选项卡的特殊字符，右边为“替换”选项卡的特殊字符。

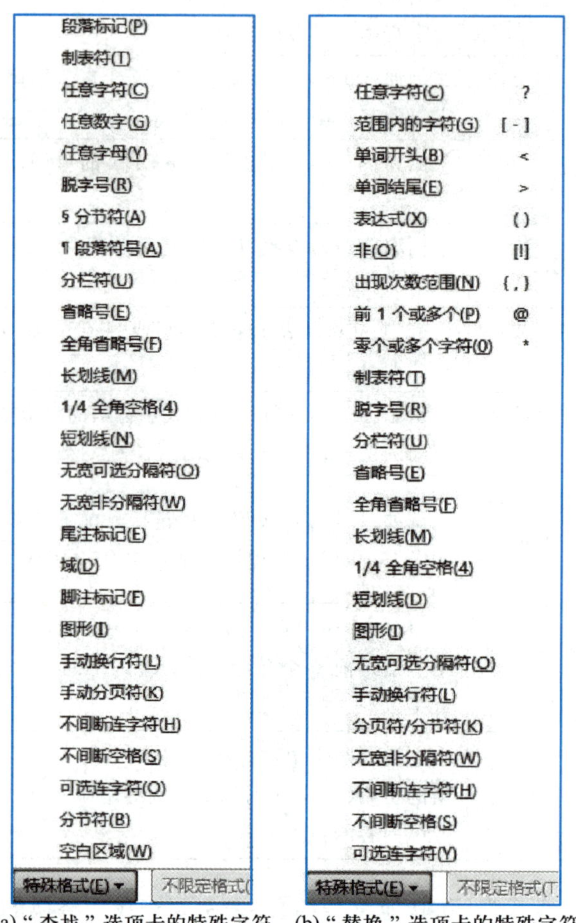

(a)“查找”选项卡的特殊字符　(b)“替换”选项卡的特殊字符

图 5-2-6　“特殊格式”菜单

2. 部分数字的隐藏

在文档中有时会出现一些数字串，如身份证号、手机号、电话号码、学号、银行账号，这些号码大都具有统一的长度和构成特征，为了保护用户的隐私，需要把其中的部分数字隐藏起来。可以通过查找和替换功能的通配符分组完成批量数字的隐藏。

例如，有以下一组身份证号，需要把其中第 7 位到第 14 位的出生日期隐藏起来，显示为 8 个 * 号，如图 5-2-7 所示。

出生日期前面的 6 位数字用分组通配符“([0-9]{6})”表示，出生日期的 8 位数字用分组通配符“([0-9]{8})”表示，出生日期后面的 4 位数字用分组通配符“([0-9]{4})”表示。在“查找和替换”对话框中，输入查找内容为“([0-9]{6})([0-9]{8})([0-9]{4})”，表示数字串被分为 3 组，可以分别用\1、\2、\3 代表，因此替换为“\1 * * * * * * * * \3”时，表示替换串的前后分别是原字符串的第 1 组和第 3 组，而第 2 组被替换为 8 个 * 号。对话框内容如图

5-2-8所示，全部替换后完成上述功能。

520125197907167551	520125********7551
510110195512176250	510110********6250
510102196510255826	510102********5826
510115195810287715	510115********7715
510103196707165650	510103********5650
510105198112166015	510105********6015
510105198505225815	510105********5815

图 5-2-7　身份证号中出生日期的隐藏

图 5-2-8　分组查找和替换

3. 删除空白符号和空行

有时 Word 文档中会出现一些空白符号、空行或空段落，逐一删除效率很低，可以使用“查找和替换”功能进行批量删除。先单击“开始”选项卡中“段落”面板的“显示/隐藏段落标记”按钮，将一些隐性符号显示出来。常见的空白符号和段落符号如图 5-2-9 所示。

空白符号包括制表符、全角和半角空格。若要删除空白符号，则需在“查找和替换”对话框中“替换”选项卡下的“查找内容”中填入相应的特殊符号，如查找制表符输入“^t”、查找空格输入“^32”、查找空白区域（包含制表符和空格）输入“^w”，同时“替换为”后的输入框什么也不输入，设置完成后，单击“全部替换”按钮，则所有查找到的空白符号会消失。特别地，如果要查找所有的半角和全角空格，则除了在“查找内容”后的输入框中输入“^32”，还要取消勾选“搜索选项”中的“区分全/半角”。

图 5-2-9　常见的空白符号和段落符号

空白段落包括硬回车符和软回车符，空白段落一般至少出现连续的两个硬回车符。删除空白段落与删除空白符号的操作类似，但略有不同，具体为：若查找的内容为“^13{2,}”，其中“^13”表示硬回车符，“^13{2,}”表示硬回车符出现 2 次及以上，同时勾选“使用通配符”选项，这样可以找到连续 2 个及以上的空行，然后在“替换为”输入框中输入“^p”或“^13”，单击“全部替换”按钮后即可将多余的空行删除。

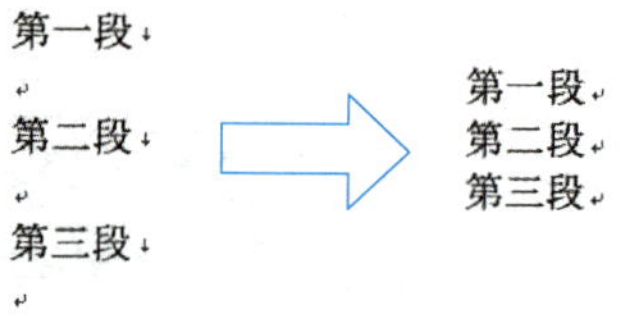

第一段
第二段
第三段

第一段
第二段
第三段

图 5-2-10　去除文本中的空行

如果空白段落出现图 5-2-10 箭头左侧所示的文本，要去掉其中的软回车符，使其成为图 5-2-10 箭头右侧的文本，则查找的内容为“[^13^l]{2,}”，表示查找含 2 个及以上的硬回车符或软回车符，替换的内容为“^p”。

4. 图片的替换和删除

（1）图片的替换：有时需要在文档中的多处插入一张相同的图片或图标，逐一操作效率太低，可以借助查找和替换进行批量操作。例如，要在图 5-2-11(a) 中每个数字处显示一个问号图标取代数字，操作如下。

① 勾选“使用通配符”选项；② 将图标插入到文档中，调整好图标大小，再按Ctrl+X 组合键将图标剪切到剪贴板；③ 选中要替换图标的文本范围，打开“查找和替换”对话框，输入查找内容为“[1-3]”（表示查找 1 到 3 范围内的数字），输入替换为内容为“^c”（表示替换内容来自剪贴板当前的内容，即被剪切的图片），如图 5-2-11(b) 所示；④ 单击“全部替换”按钮后 3 个问号图标就出现在原来 1、2、3 的位置了，如图5-2-11(a)所示。

（2）图片的删除：如果要删除指定范围内出现的图片，先要选中需要删除图片的文本范围，打开“查找和替换”对话框，取消勾选“使用通配符”选项；输入查找内容为“^g”（表示查找图片），“替换为”后的输入框空，设置完成后，单击“全部替换”按钮，则查找范围内所有图片都被删除了。

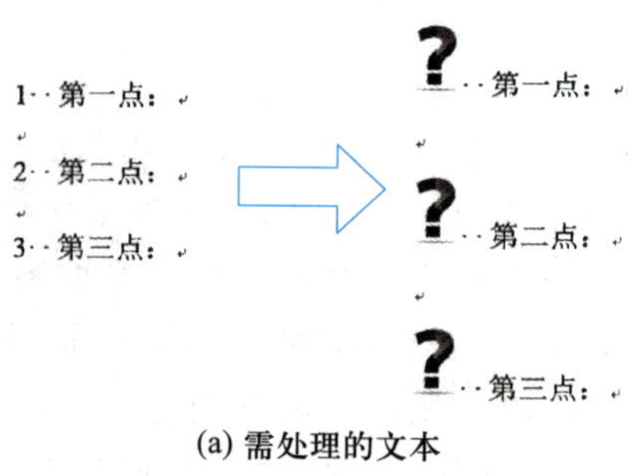

(a) 需处理的文本

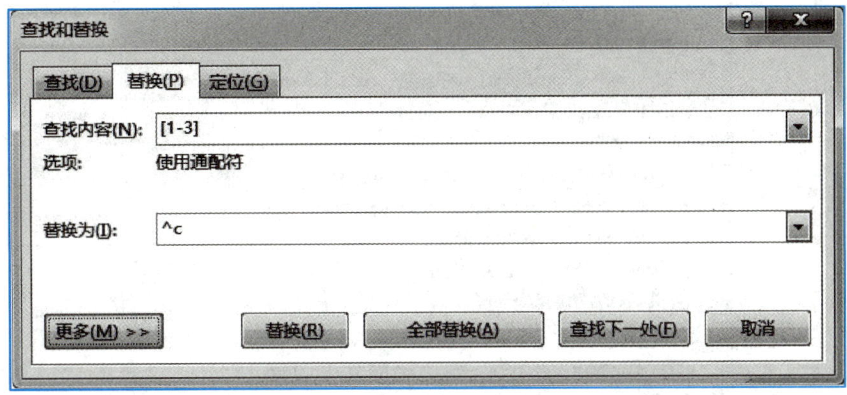

(b)“查找和替换”对话框

图 5-2-11　图片的替换

5. 全角/半角引号的替换

在文档的编辑过程中，可能出现一些中文和英文标点符号混用的情况，需要统一时，则需要找到英文标点符号转换成中文标点符号，或者是相反。

例如，将文中英文的双引号替换为中文的双引号。首先要通过“文件”选项卡的“选项”命令打开“Word 选项”对话框，选择“校对”选项后单击“自动更正选项”按钮，如图 5-2-12(a)所示。在打开的“自动更正”对话框的“键入时自动套用格式”选项卡中，取消勾选“直引号替换为弯引号”，如图 5-2-12(b)所示。

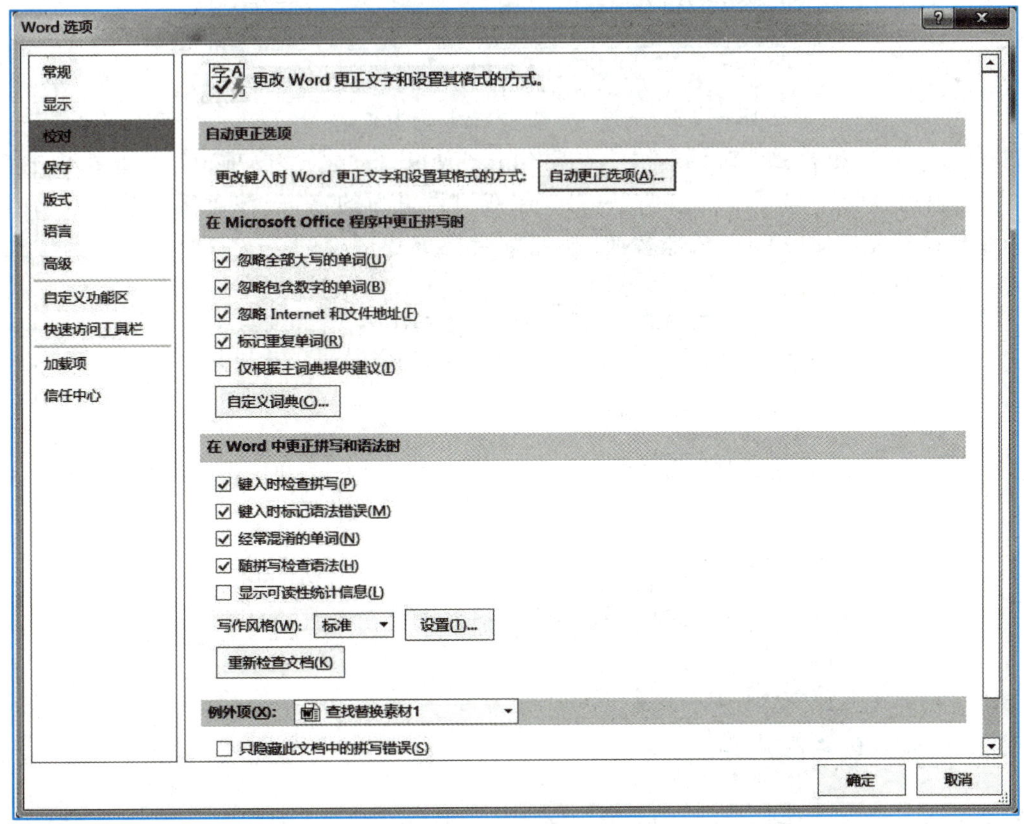

(a)“Word选项”对话框

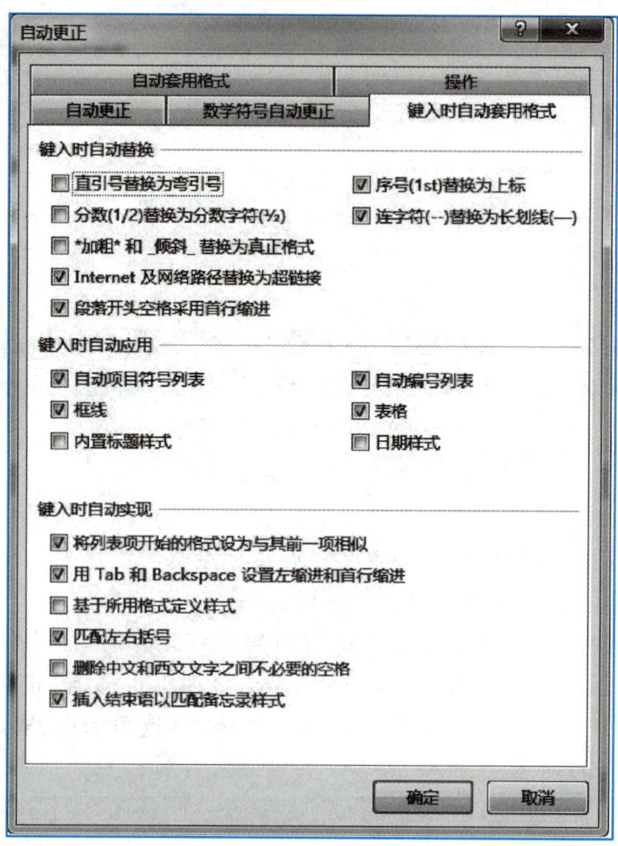

(b)“自动更正”对话框

图 5-2-12 将英文双引号替换为中文双引号 1

其次,在“查找和替换”对话框中,先要勾选“使用通配符”选项,输入查找内容为“"(＊)"”,替换内容为““\1””,输入的是一对外层双引号里面的字符(注意区分英文双引号和中文双引号),设置完成后,单击“全部替换”按钮则会把查找区域的英文双引号替换为中文双引号,如图 5-2-13 所示。

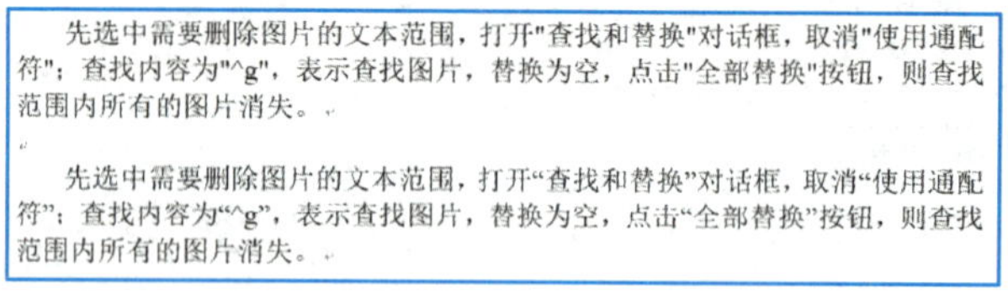

先选中需要删除图片的文本范围,打开"查找和替换"对话框,取消"使用通配符";查找内容为"^g",表示查找图片,替换为空,点击"全部替换"按钮,则查找范围内所有的图片消失。

先选中需要删除图片的文本范围,打开“查找和替换”对话框,取消“使用通配符”;查找内容为“^g”,表示查找图片,替换为空,点击“全部替换”按钮,则查找范围内所有的图片消失。

图 5-2-13 将英文双引号替换为中文双引号 2

5.3 Word 的邮件合并

5.3.1 邮件合并和应用

有些文件具有统一的内容和格式,但是其中的数据来源于不同对象,如录取通知书、请柬、学生成绩单、工资条等。如图 5-3-1(a)所示是学校的录取通知书，除了学生姓名、录取学院、录取编号不同，其他的内容和格式完全一致。而图 5-3-1(b)是录取的学生名单，其中包含录取通知书所需的 3 项信息。

实验素材：
邮件合并练习

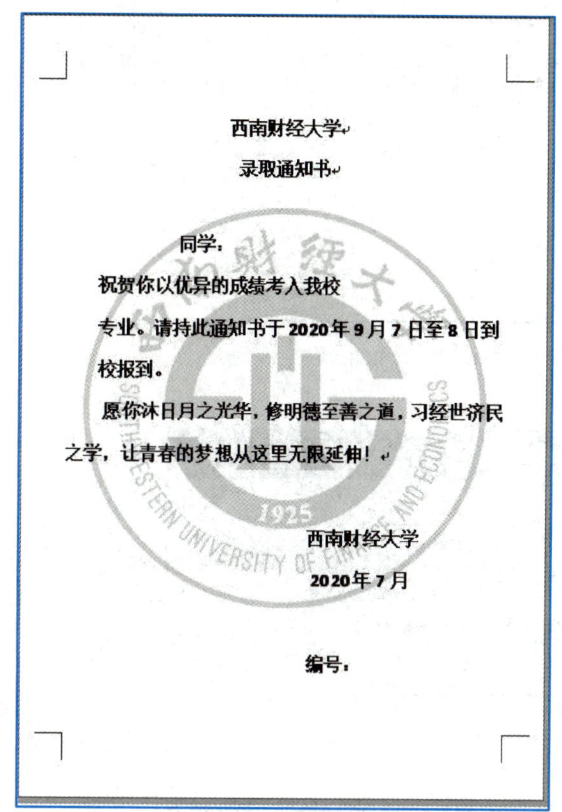

西南财经大学

录取通知书

同学：

祝贺你以优异的成绩考入我校

专业。请持此通知书于 2020 年 9 月 7 日至 8 日到

校报到。

愿你沐日月之光华，修明德至善之道，习经世济民之学，让青春的梦想从这里无限延伸！

西南财经大学

2020 年 7 月

编号：

(a) 录取通知书

姓名	学院	编号
张杨	金融学院	191059
刘一南	公共管理学院	190256
王芳菲	经济信息工程学院	193901
李展	统计学院	192588

(b) 录取名单

图 5-3-1　录取通知书和录取名单

图 5-3-1(b)中只罗列了 4 位学生的信息，而一个学校的录取人数往往是几千人，如果手动将数据和格式文档结合起来，费时费力，还容易出错。利用 Word 的邮件合并功能可以轻松地把文件内容和大量数据高效地合并起来。

5.3.2　邮件合并步骤

(1) 打开作为合并模板的主文档，如图 5-3-1(a)所示的录取通知书。

(2) 单击“邮件”选项卡的“开始邮件合并”选项，在下拉菜单中选择主文档的类型，此处选择“信函”类型，如图 5-3-2 所示。

(3) 单击“邮件”选项卡的“选择收件人”选项，在下拉菜单中选择“使用现有列表”命令，如图 5-3-3 所示，然后在出现的对话框中选择数据源文件，此处选择“录取名单”文件，部分内容如图 5-3-1(b)所示。

(4) 单击“邮件”选项卡的“插入合并域”选项，在下拉菜单中会出现数据源文件表格中的列标题名：“姓名”“学院”和“编号”，如图 5-3-4 所示。

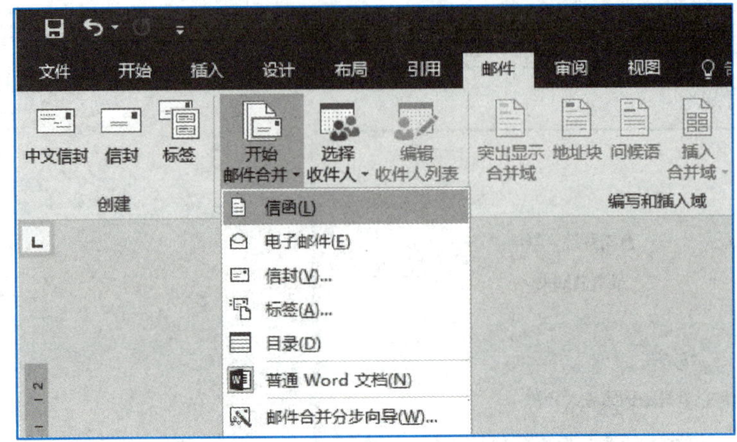

图 5-3-2　邮件合并第 1 步

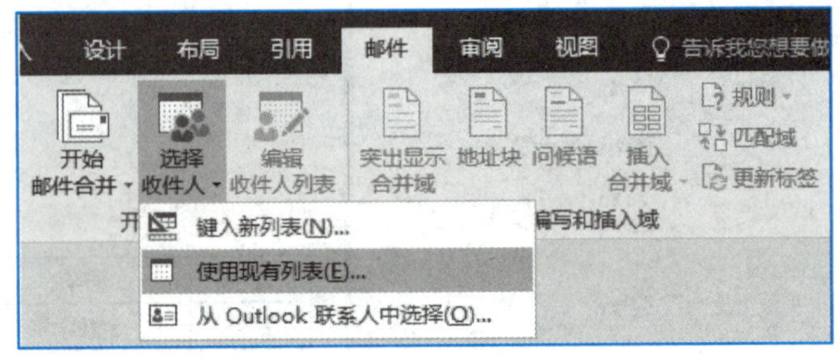

图 5-3-3　邮件合并第 2 步

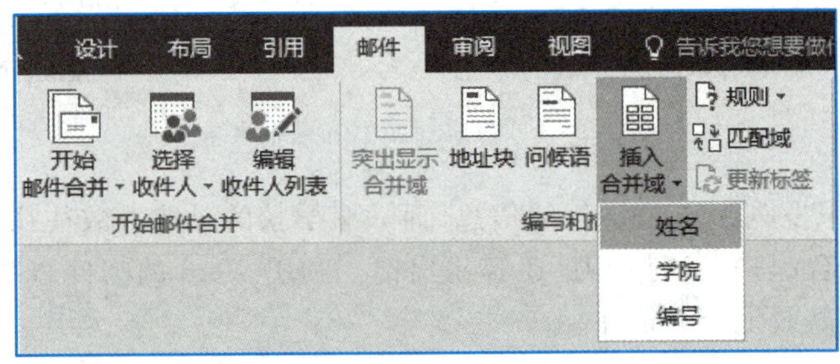

图 5-3-4　邮件合并第 3 步

将光标定位在主文档需要合并数据的位置，例如，将光标定位在字符“同学”的前面，然后在“插入合并域”列表中选择“姓名”，则会在“同学”前面出现字符《姓名》，这表示以后会在此处合并学生的姓名。接下来分别将“学院”和“编号”两个合并域插入到主文档的相应位置，插入后的结果如图 5-3-5 所示。

（5）单击“邮件”选项卡的“完成并合并”选项，在下拉菜单中选择“编辑单个文档”命令，如图 5-3-6 所示，在出现的对话框中可以选择合并的数据范围，此处选择“全部”选项，如图5-3-7 所示，单击“确定”按钮后就会自动开始合并表格与主文档的数据，合并完成后，会将合并的结果保存到一个名为“信函 1”的新 Word 文件中。此例会将 4 位学生的数据合并到主文档中，并生成 4 位学生的录取通知书，如图 5-3-8 所示。

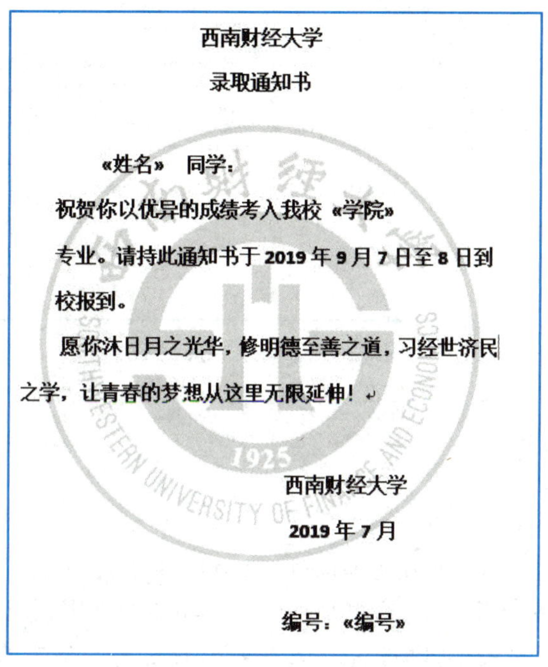

西南财经大学

录取通知书

«姓名»　同学：

祝贺你以优异的成绩考入我校 «学院»

专业。请持此通知书于 2019 年 9 月 7 日至 8 日到

校报到。

愿你沐日月之光华，修明德至善之道，习经世济民之学，让青春的梦想从这里无限延伸！

西南财经大学

2019 年 7 月

编号：«编号»

图 5-3-5　插入合并域后的结果

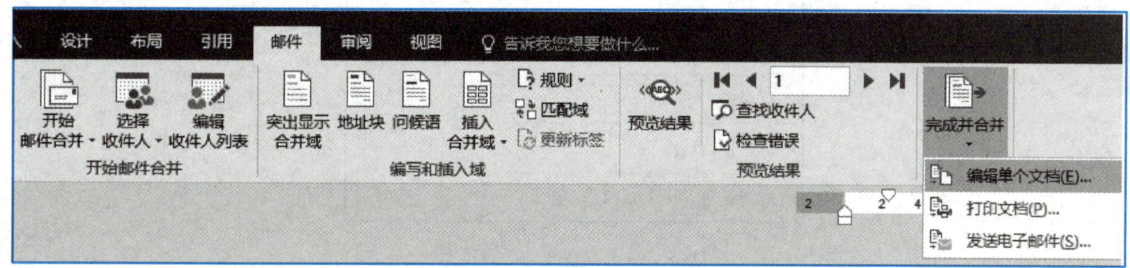

图 5-3-6　邮件合并第 4 步

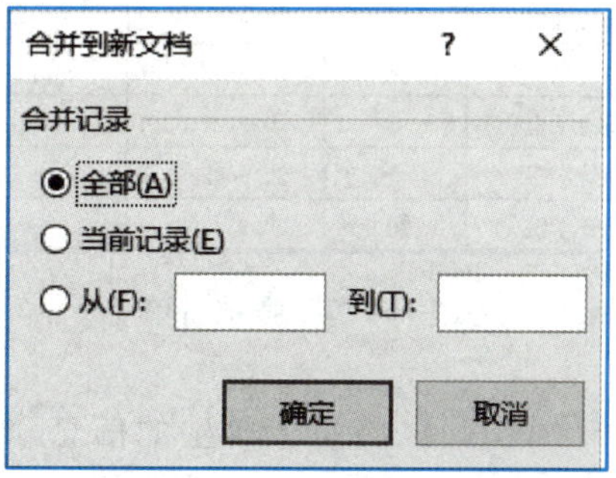

合并到新文档

合并记录

全部(A)

当前记录(E)

从(F):　　到(T):

确定　取消

图 5-3-7　选择合并范围

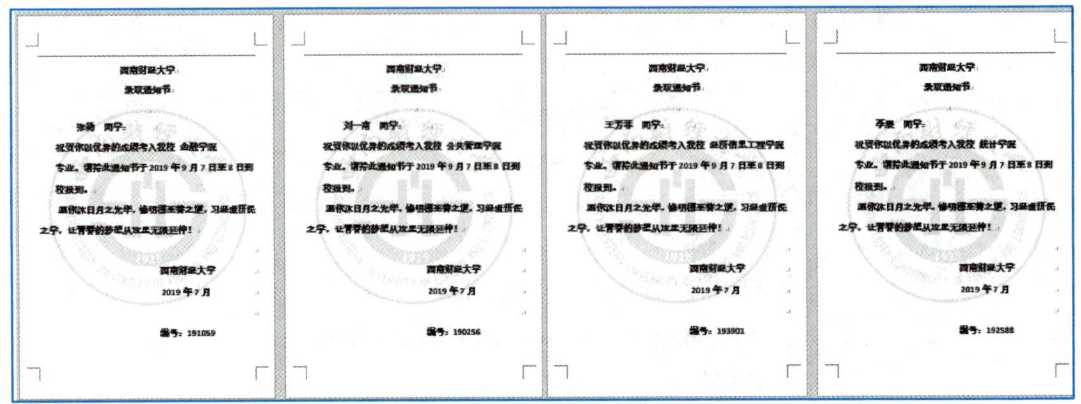

图 5-3-8　邮件合并的结果

5.3.3　邮件合并案例

1. 图片的合并

在制作诸如准考证、参会证、出入证等证件时，会出现个人照片，需要把个人照片或相关图片、信息与证件的内容格式合并起来，这也是邮件合并功能的常用领域。例如，图 5-3-9 是准考证的格式，图 5-3-10 是考试名单，邮件合并文件夹中有这 5 个学生的照片文件，如图 5-3-11 所示。

<table>
<tr><th colspan="3">准考证</th></tr>
<tr><td>姓名</td><td></td><td rowspan="4"></td></tr>
<tr><td>学院</td><td></td></tr>
<tr><td>性别</td><td></td></tr>
<tr><td>准考证号</td><td></td></tr>
</table>

图 5-3-9　准考证的格式

姓名	学院	性别	准考证号	照片格式	照片名
张杨	金融学院	男	2019237156	.jpg	张杨.jpg
刘一南	公共管理学院	男	2019982012	.jpg	刘一南.jpg
王芳菲	经济信息工程学院	女	2019124538	.jpg	王芳菲.jpg
李展	统计学院	女	2019662281	.jpg	李展.jpg
周志远	会计学院	男	2019348931	.jpg	周志远.jpg

图 5-3-10　考试名单

现在要生成这 5 位学生的 5 份准考证，将每个学生的信息和照片准确地合并到各自的准考证中的操作步骤如下。

（1）将“准考证”文件、“考试名单”文件和 5 位学生的照片文件提前存储在“邮件合并照片”文件夹中，打开“准考证.docx”文件为主文档。

图 5-3-11　学生的照片文件

（2）在“考试名单”表格中增加两列，并填入列名“学生姓名”“.jpg”，这样可以方便地将姓名和照片格式进行字符串连接生成照片文件名。

（3）选择“邮件→开始邮件合并→信函”选项，选择“选择收件人→使用现有列表”选项、选择“考试名单.xlsx”文件；将光标分别定位在各空表格，选择“插入合并域”中相应条目，包括“姓名”“学院”“性别”“准考证号”。

（4）将光标定位在照片表格中，在“插入”选项卡中选择“文档部件”选项，在下拉菜单中找到“域”命令并单击，弹出如图 5-3-12 所示的对话框，在域名中选择“IncludePicture”选项，在文件名处输入照片所在的绝对路径，在路径末尾输入一个反斜杠“\”。例如，本例图片所在的路径为“F:\Word\邮件合并照片\”，也可从图片的快捷菜单中打开属性对话框，并复制其路径，设置完成后，单击“确定”按钮。

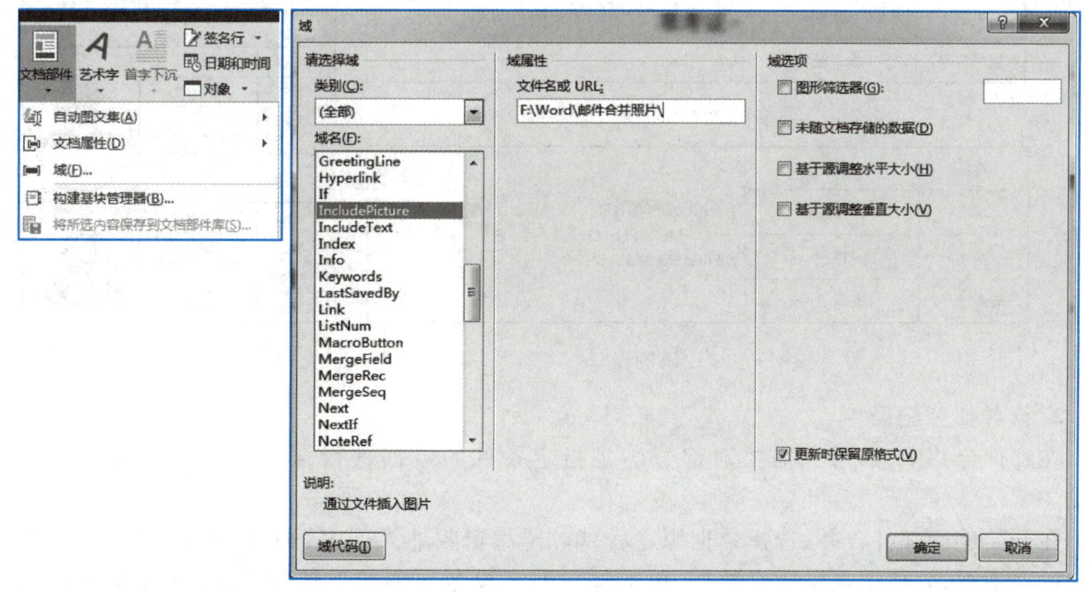

图 5-3-12　插入图片域

照片格中会出现一个空的图片框，如图 5-3-13(a)所示，单击图片，按 Shift+F9 组合键后会显示域代码，如图 5-3-13(b)所示；将光标定位在域代码"F:\\Word\\邮件合并照片\\"中的右引号之前，插入合并域中的“照片名”，照片格中会再次出现图片框，可以调整一下图片框至适宜大小后，再按 Shift+F9 组合键，域代码显示为图 5-3-13(c)所示。

（5）单击“邮件”选项卡的“完成并合并”选项，在下拉菜单中选择“编辑单个文档”命令，在弹出的对话框中选中“全部”选项，然后单击“确定”按钮后就会开始合并表格、照片与主文档的数据，合并完成后，生成的新文件中会出现 5 张准考证。但是照片处仍然是图片框，这时按 Ctrl+A 组合键选中全文，再按功能键 F9，5 张照片就会分别出现在 5 张准考证中，如图 5-3-14 所示，保存该文档即可完成准考证的批量制作。

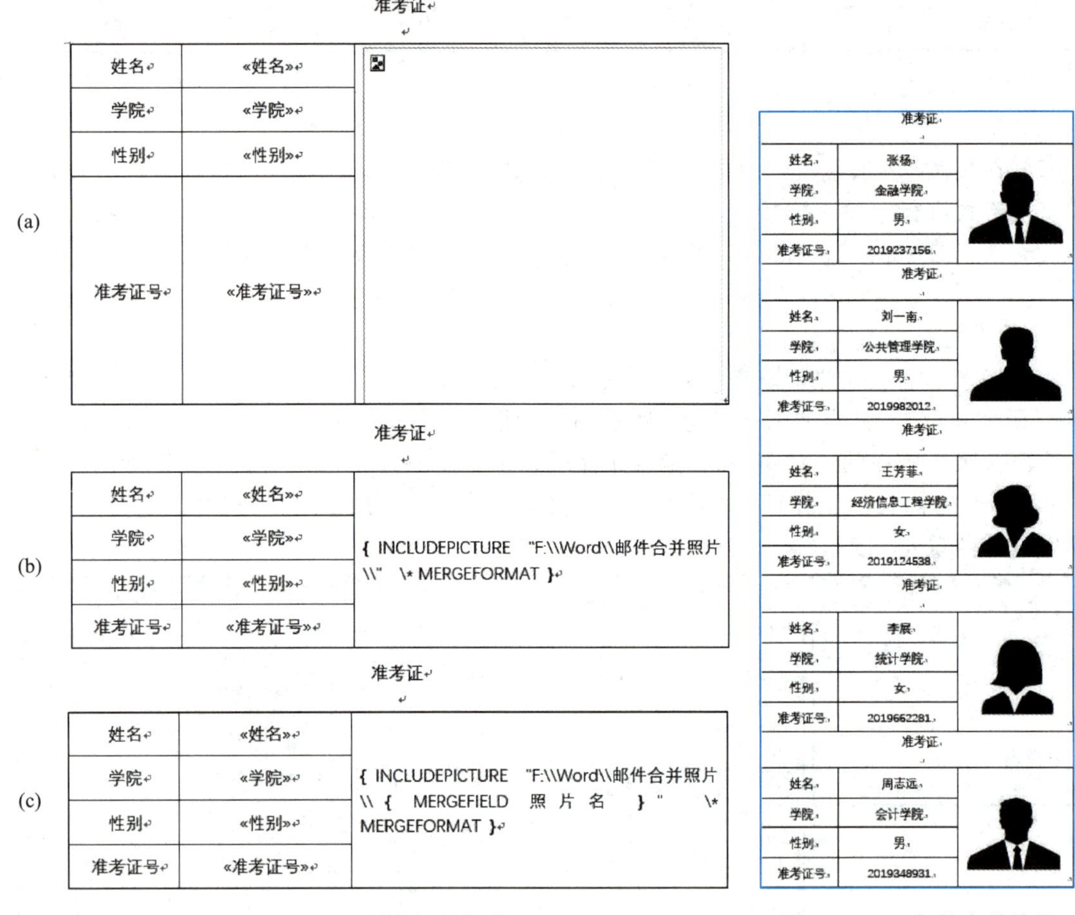

图 5-3-13　域代码的操作　　　　图 5-3-14　邮件合并结果

2. 合并部分记录

在邮件合并中，如果只需要对部分满足指定条件的数据进行合并，可以通过筛选条件来完成。

在开始进行邮件合并、选择数据源之后，单击“编辑收件人列表”命令，弹出如图5-3-15(a)所示的对话框，表格中显示所有数据，单击每一列字段名右侧的下拉按钮，会出现筛选菜单，用户可以根据需要，选择某一列数据进行筛选。例如，如果只想合并女生的数据，则选择“性别”字段筛选菜单里的“女”，筛选的结果如图 5-3-15(b)所示。接下来合并的是仅限于这 4 个女生的数据。

如果需要进行更复杂的条件筛选，可以单击任一字段下拉菜单中的“高级”选项，则会弹出如图 5-3-16 所示的“筛选和排序”对话框。如果设置的筛选条件是总分大于 400 分且小于或等

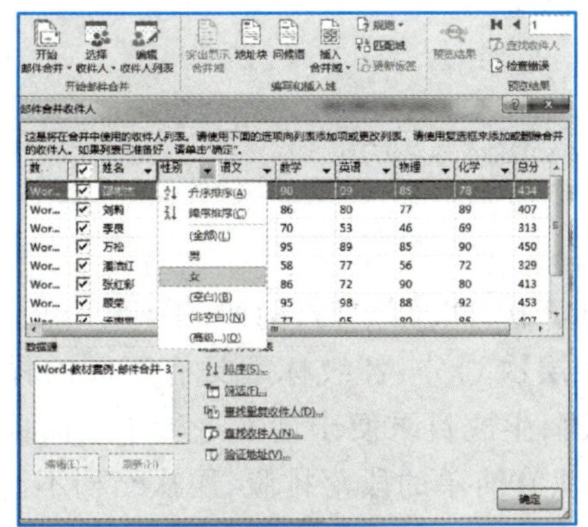
(a) 显示所有数据

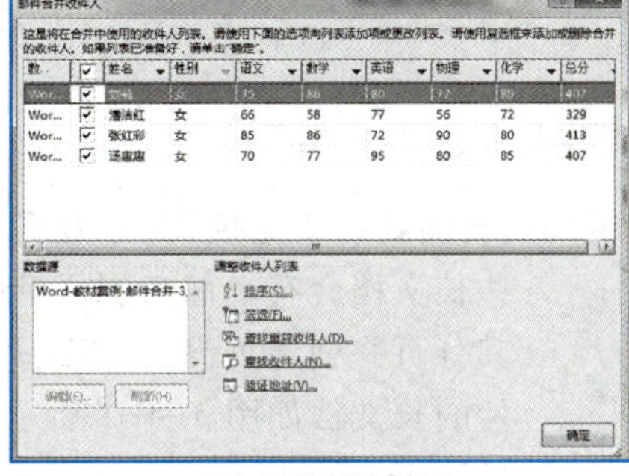
(b) 显示筛选结果

图 5-3-15　简单的条件筛选

于 450 分的数据，则可按照图示在对话框中进行设置，单击“确定”按钮后，筛选的结果如图 5-3-17所示，接下来合并的数据仅限于这些筛选后的数据。用户不仅可以进行不同字段条件的逻辑运算组合，还可以对数据的排列顺序进行设置。

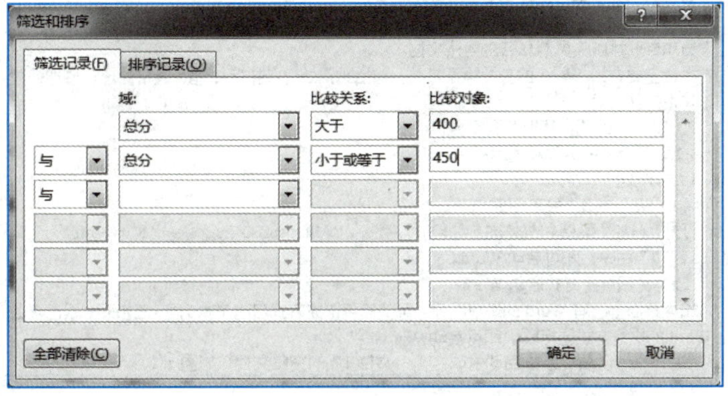

图 5-3-16　“筛选和排序”对话框

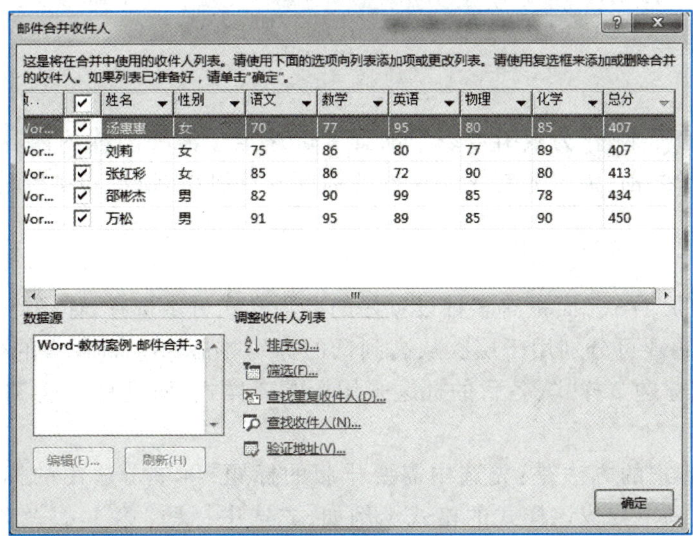

图 5-3-17　筛选后的结果

5.4　Word 的长文档编辑

在处理文件时，会遇到一些比较长、分为不同章节层次的文档，例如，书籍、论文、报告等，这些长文档会有类似章、节、目的层次划分，各级标题具有不同的样式，需要为其分页并创建页码、页眉或页脚，生成目录便于读者进行索引阅读。例如，原始的长文档如图 5-4-1 所示，只有简单的段落排版，层次结构不清晰，不便于导读。

实验素材：长文档练习

针对图 5-4-1 所示长文档进行编辑，要求为各章、节、目生成作为索引的目录，如图 5-4-2 所示；为每一级章、节、目标题设置不同的样式，如图 5-4-3 所示。

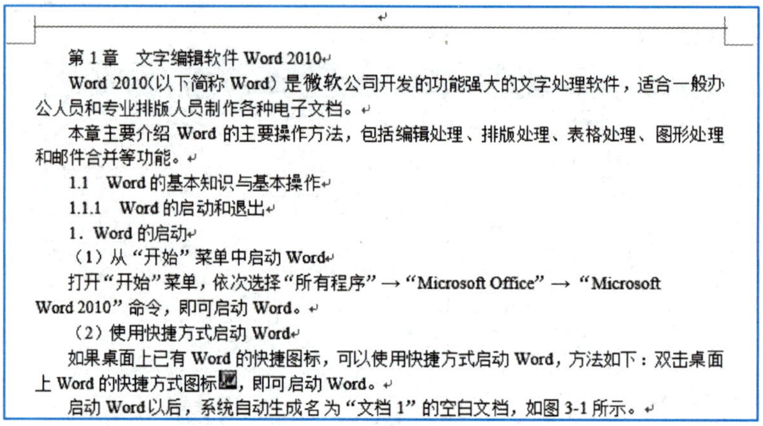

第 1 章　文字编辑软件 Word 2010

Word 2010(以下简称 Word）是微软公司开发的功能强大的文字处理软件，适合一般办公人员和专业排版人员制作各种电子文档。

本章主要介绍 Word 的主要操作方法，包括编辑处理、排版处理、表格处理、图形处理和邮件合并等功能。

1.1　Word 的基本知识与基本操作

1.1.1　Word 的启动和退出

1．Word 的启动

（1）从“开始”菜单中启动 Word

打开“开始”菜单，依次选择“所有程序”→“Microsoft Office”→“Microsoft Word 2010”命令，即可启动 Word。

（2）使用快捷方式启动 Word

如果桌面上已有 Word 的快捷图标，可以使用快捷方式启动 Word，方法如下：双击桌面上 Word 的快捷方式图标，即可启动 Word。

启动 Word 以后，系统自动生成名为“文档 1”的空白文档，如图 3-1 所示。

图 5-4-1　原始的长文档

5.4.1　目录的生成

目录是长文档的提纲，作为索引可以帮助读者迅速定位需要阅读的内容，是长文档不可或缺的部分。创建目录之前，需要先对不同层次的标题进行组织、编辑和排版，再根据各级标题样式生成目录。

1. 排版目录样式

“开始”选项卡的“样式”面板有多种设置好的标题样式可供选择，如图 5-4-4 所示，其中的标题 1、标题 2 和标题 3 可分别用于层次从高到低的标题排版，例如，各章的标题采用标题 1 样式，各节的标题采用标题 2 样式，各目的标题采用标题 3 样式，而且具有这 3 种样式的标题可以自动生成到目录中。

使用上述标题样式的方法是：先选中需要排版的标题，再单击适用的标题样式，设置完成后，选中标题的格式马上变成该样式的格式。例如，先选中标题“第 1 章　文字编辑软件 Word 2010”，再单击“标题 1”样式按钮，则该标题立即呈现如图5-4-5所示的格式。

接下来，依次把各章、节、目的标题设置为对应的标题样式，完成后，该文档会呈现图 5-4-6 所示的效果。

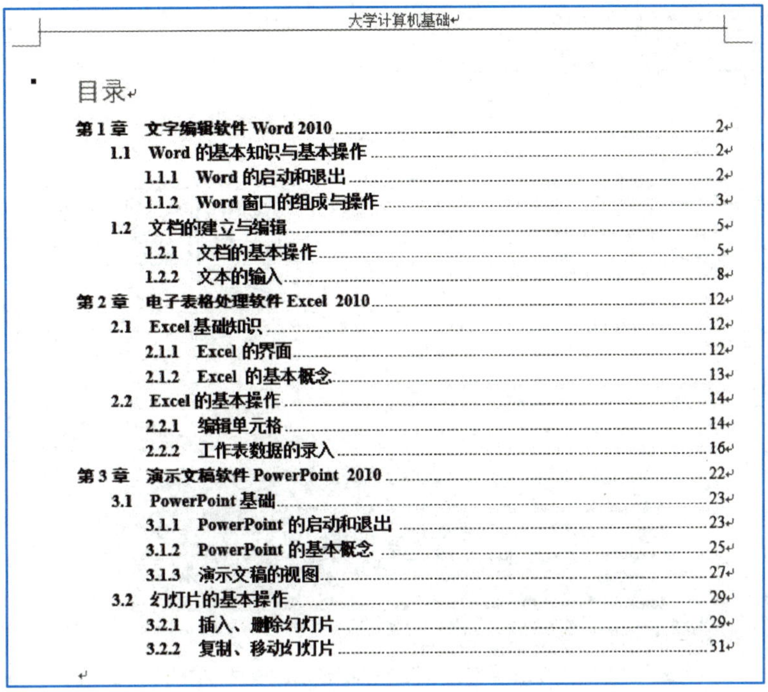
大学计算机基础

目录

第 1 章　文字编辑软件 Word 2010 2
1.1　Word 的基本知识与基本操作 2
1.1.1　Word 的启动和退出 2
1.1.2　Word 窗口的组成与操作 3
1.2　文档的建立与编辑 5
1.2.1　文档的基本操作 5
1.2.2　文本的输入 8
第 2 章　电子表格处理软件 Excel 2010 12
2.1　Excel 基础知识 12
2.1.1　Excel 的界面 12
2.1.2　Excel 的基本概念 13
2.2　Excel 的基本操作 14
2.2.1　编辑单元格 14
2.2.2　工作表数据的录入 16
第 3 章　演示文稿软件 PowerPoint 2010 22
3.1　PowerPoint 基础 23
3.1.1　PowerPoint 的启动和退出 23
3.1.2　PowerPoint 的基本概念 25
3.1.3　演示文稿的视图 27
3.2　幻灯片的基本操作 29
3.2.1　插入、删除幻灯片 29
3.2.2　复制、移动幻灯片 31

图 5-4-2　生成的目录

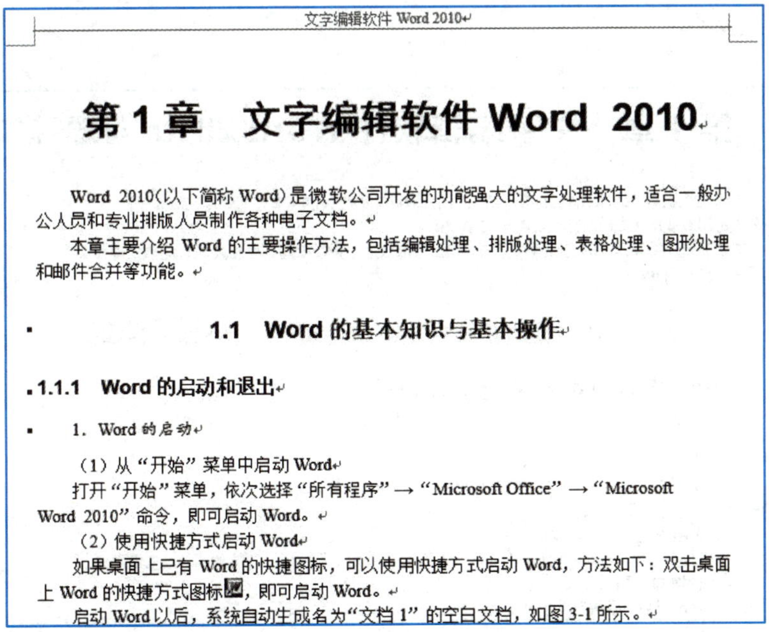
文字编辑软件 Word 2010

第 1 章　文字编辑软件 Word 2010

Word 2010（以下简称 Word）是微软公司开发的功能强大的文字处理软件，适合一般办公人员和专业排版人员制作各种电子文档。

本章主要介绍 Word 的主要操作方法，包括编辑处理、排版处理、表格处理、图形处理和邮件合并等功能。

1.1　Word 的基本知识与基本操作

1.1.1　Word 的启动和退出

1．Word 的启动

（1）从“开始”菜单中启动 Word

打开“开始”菜单，依次选择“所有程序”→“Microsoft Office”→“Microsoft Word 2010”命令，即可启动 Word。

（2）使用快捷方式启动 Word

如果桌面上已有 Word 的快捷图标，可以使用快捷方式启动 Word，方法如下：双击桌面上 Word 的快捷方式图标，即可启动 Word。

启动 Word 以后，系统自动生成名为“文档 1”的空白文档，如图 3-1 所示。

图 5-4-3　各级标题的样式

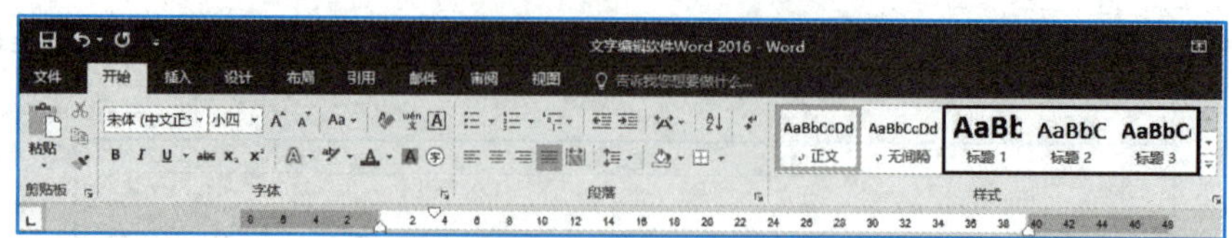

文件
开始
插入
设计
布局
引用
邮件
审阅
视图
粘贴
剪贴板
字体
段落
样式
AaBbCcDd
正文
AaBbCcDd
无间隔
AaBb
标题 1
AaBbC
标题 2
AaBbC
标题 3

图 5-4-4　标题样式

AaBbC
标题
AaBl
标题 1
AaBbC
标题 2
段落
第 1 章　文字编辑软件 Word 2010
Word 2010(以下简称 Word）是微软公司开发的功能强大的文字处理软件，适合一般办公人员和专业排版人员制作各种电子文档。
本章主要介绍 Word 的主要操作方法，包括编辑处理、排版处理、表格处理、图形处理和邮件合并等功能。
1.1　Word 的基本知识与基本操作
1.1.1　Word 的启动和退出

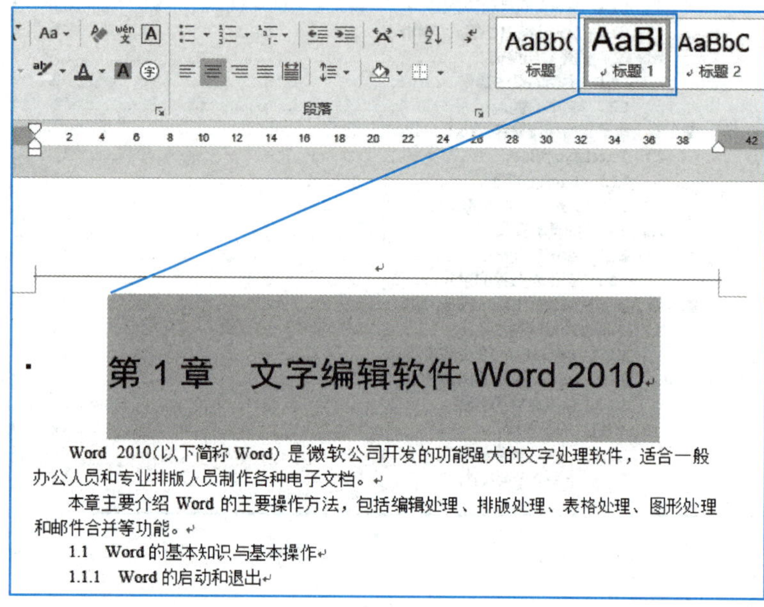

图 5-4-5　章标题的设置

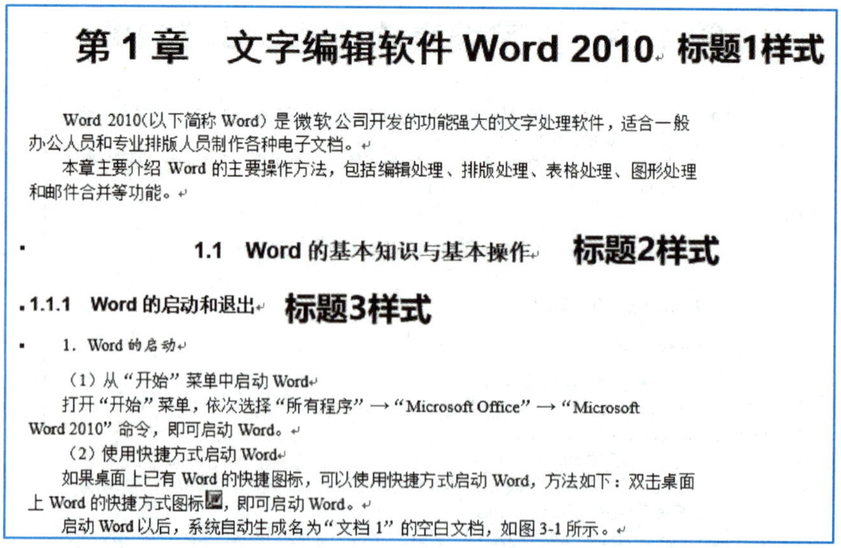

第 1 章　文字编辑软件 Word 2010
标题1样式
Word 2010(以下简称 Word）是微软公司开发的功能强大的文字处理软件，适合一般办公人员和专业排版人员制作各种电子文档。
本章主要介绍 Word 的主要操作方法，包括编辑处理、排版处理、表格处理、图形处理和邮件合并等功能。
1.1　Word 的基本知识与基本操作
标题2样式
1.1.1　Word 的启动和退出
标题3样式
1. Word 的启动
（1）从“开始”菜单中启动 Word
打开“开始”菜单，依次选择“所有程序”→“Microsoft Office”→“Microsoft Word 2010”命令，即可启动 Word。
（2）使用快捷方式启动 Word
如果桌面上已有 Word 的快捷图标，可以使用快捷方式启动 Word，方法如下：双击桌面上 Word 的快捷方式图标，即可启动 Word。
启动 Word 以后，系统自动生成名为“文档 1”的空白文档，如图 3-1 所示。

图 5-4-6　各级标题的设置

2. 自动生成目录

以上各级标题的格式设置完成后，就可以自动生成目录，其步骤如下。

（1）在第一页前插入一个空白页。

（2）单击“引用”选项卡最左侧的“目录”选项，在下拉列表框中选择“自动目录 1”选项，如图 5-4-7(a)所示，各级标题就会按不同层次、以分级缩进的方式展示在目录中，如图 5-4-7(b)所示。

3. 利用目录快速定位

当读者需要阅读某部分内容时，如何快速定位呢？可以通过在目录中找到对应的条目后，在按 Ctrl 键的同时，用鼠标单击该条目，则会自动跳转到文档的这部分内容，以帮助读者快速定位并阅读。若需要返回文档开始目录处，可以按组合键 Ctrl+Home。

4. 更新目录

如果在文档的编辑过程中，某些目录对应内容的页码发生改变，或者目录标题发生变化，则需要调整目录。具体操作是：将光标定位在目录区域，单击鼠标右键，在弹出的快捷菜单中选择“更新域”命令，如图 5-4-8(a)所示，然后会弹出图5-4-8(b)所示的对话框，在对话框中勾选“更新整个目录”选项，然后单击“确定”按钮，则目录的内容和页码会因后面内容的变化而变化。

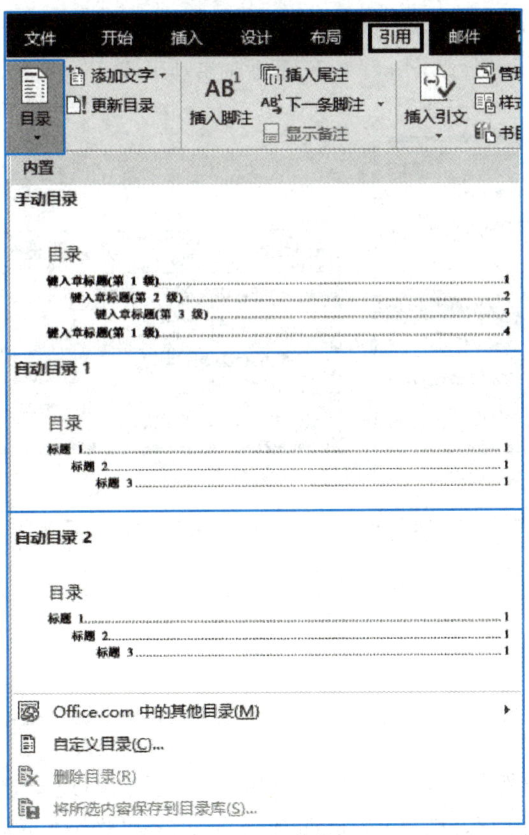

(a) 目录类型

目录

第 1 章　文字编辑软件 Word 2010 2
　1.1　Word 的基本知识与基本操作 2
　　1.1.1　Word 的启动和退出 2
　　1.1.2　Word 窗口的组成与操作 3
　1.2　文档的建立与编辑 5
　　1.2.1　文档的基本操作 5
　　1.2.2　文本的输入 8
第 2 章　电子表格处理软件 Excel 2010 12
　2.1　Excel 基础知识 12
　　2.1.1　Excel 的界面 12
　　2.1.2　Excel 的基本概念 13
　2.2　Excel 的基本操作 14
　　2.2.1　编辑单元格 14
　　2.2.2　工作表数据的录入 16
第 3 章　演示文稿软件 PowerPoint 2010 22
　3.1　PowerPoint 基础 23
　　3.1.1　PowerPoint 的启动和退出 23
　　3.1.2　PowerPoint 的基本概念 25
　　3.1.3　演示文稿的视图 27
　3.2　幻灯片的基本操作 29
　　3.2.1　插入、删除幻灯片 29
　　3.2.2　复制、移动幻灯片 31

(b) 生成的目录

图 5-4-7　目录的自动生成

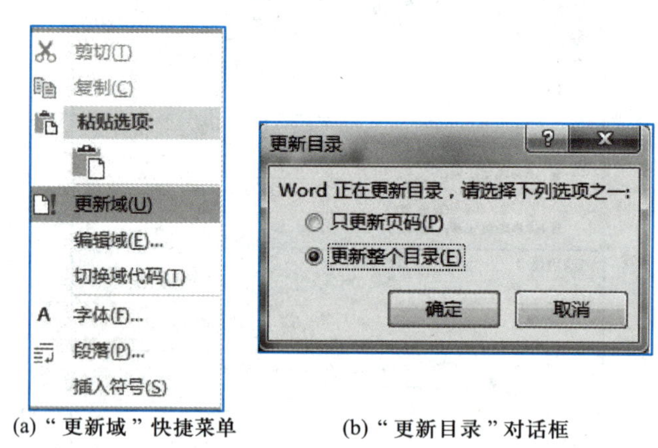

(a)“更新域”快捷菜单　　(b)“更新目录”对话框

图 5-4-8　目录的更新

5.4.2　页眉和页脚

长文档页数比较多，自然每页都需要显示页码，有的长文档还要求在每页显示文档名称、该页所在章的名称或者其他相关信息，位于页面顶部的文字被称为“页眉”，位于页面底部的文字被称为“页脚”。对“页眉”“页脚”的相关操作在“插入”选项卡的“页眉和页脚”面板中进行，如图 5-4-9 所示。

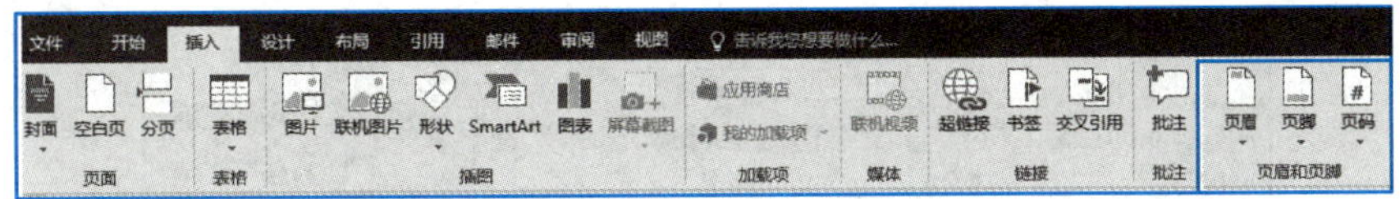

图 5-4-9 “页眉和页脚”面板

1. 插入页码

选择“页眉和页脚”面板中的“页码”选项，在下拉菜单中选择页码的位置，如图5-4-10所示，每页相应位置就会出现依次编号的页码。

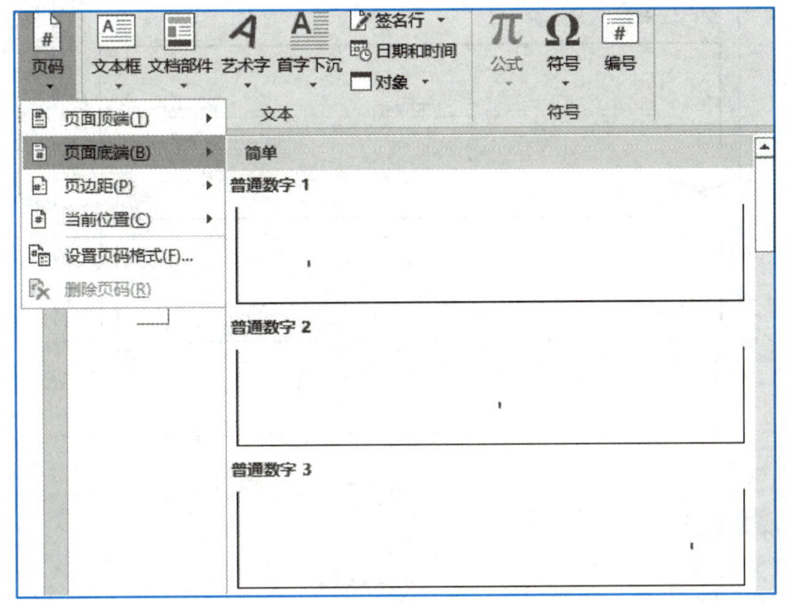

图 5-4-10 插入页码

2. 插入页眉和页脚

选择“页眉和页脚”面板中的“页眉”按钮，在下拉菜单中选择页眉的位置和格式，如图5-4-11所示，则进入页眉编辑状态。

在页眉编辑区中输入页眉的内容，如图 5-4-12 所示，输入“大学计算机基础”，则每页的页眉都会出现相同的内容。

如果需要奇数页和偶数页的页眉内容不同，需要在“页眉和页脚工具”选项卡中勾选“奇偶页不同”选项。如图 5-4-13(a)所示，在奇数页保持页眉内容“大学计算机基础”，在偶数页页眉显示每章的标题，如输入“第 1 章 文字编辑软件 Word 2010”，如图 5-4-13(b)所示，则后面的奇数页和偶数页的页眉将依次变化。

但是后面第 2 章、第 3 章的偶数页页眉也是第 1 章的页眉，需要进行区分。处理的方法是：先将光标定位到第 1 章的末尾，选择“布局”选项卡中的“分隔符”选项，在下拉菜单中选择“分节符”中的“连续”分节符，如图 5-4-14(a)所示，则章与章之间会插入一个隐形的分节符，以便于进行不同节的格式设置和编辑。

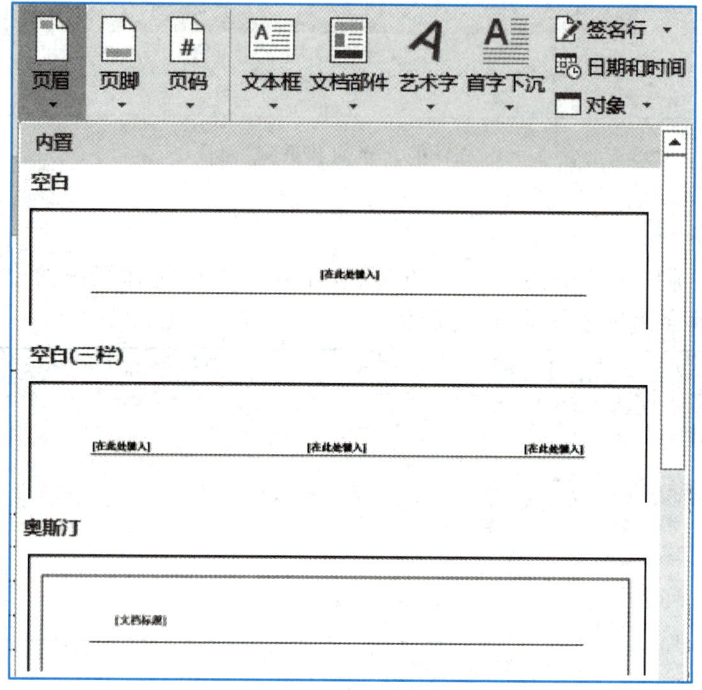

图 5-4-11　插入页眉

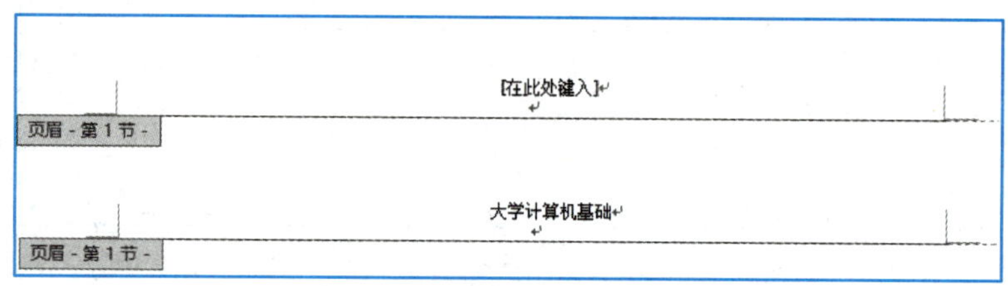

图 5-4-12　页眉的编辑

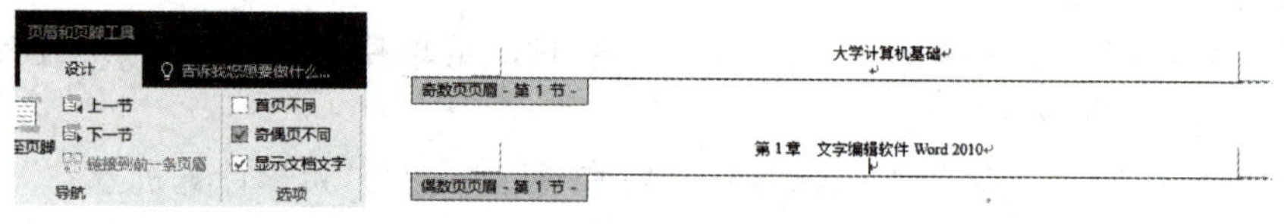

(a)“页眉和页脚”选项卡　　(b) 分别设置奇偶页的页眉

图 5-4-13　给奇偶页页眉设置不同内容

Tips

注意：如果分节符的插入导致前后的页码不连续，可以进入“页码格式”对话框，勾选“页码编号”为“续前节”选项，如图 5-4-14(b)所示。

双击页眉区使第 2 章偶数页页眉进入编辑状态，在“页眉和页脚工具”选项卡中取消勾选“链接到前一条页眉”选项，如图 5-4-15(a)所示，在页眉的右下方“与上一节相同”的提示信息

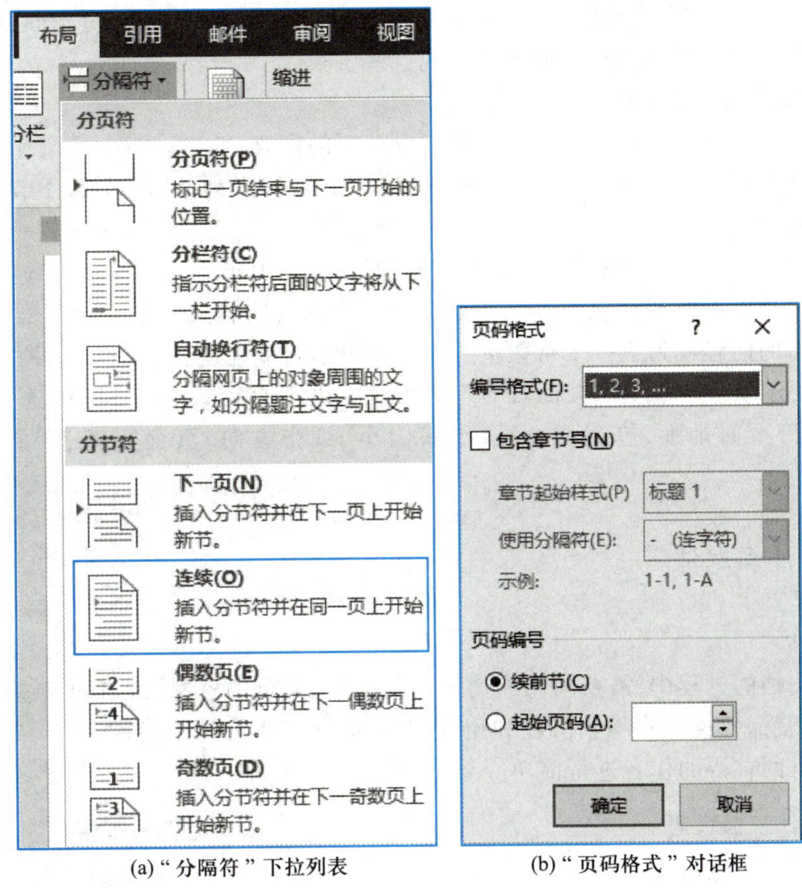

(a)“分隔符”下拉列表　　(b)“页码格式”对话框

图 5-4-14　插入分节符和设置页码格式

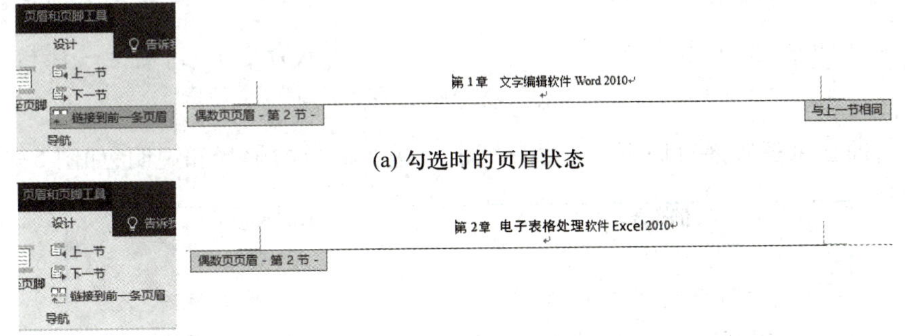

(a) 勾选时的页眉状态

(b) 取消勾选后的页眉状态

图 5-4-15　偶数页眉的设置

则会消失，此时就可以在第 2 章的偶数页眉中输入“第 2 章　电子表格处理软件 Excel 2010”，变化如图5-4-15(b)所示。第 2 章及其以后的偶数页眉都会变化成该内容，但是之前第 1 章的偶数页眉不会发生变化。第 3 章偶数页眉的处理方法同于第 2 章。

通过以上的操作，文档中每页的底部中间会出现依次编号的页码，每页的顶部，奇数页页眉显示内容“大学计算机基础”，偶数页页眉显示所在章的章名，以便读者阅读。

3. 关于分节符

在进行 Word 文档排版时，往往不同部分的文档会要求有一些不同的排版内容和格式，例如，本节中例举的文档，针对偶数页，其页眉内容有不同的要求，甚至针对不同部分，其页面方向、排版等也要求不同。通过分节，就可以实现这些要求。

插入“分节符”的一般步骤如下。

（1）单击鼠标左键将光标定位在需要插入分节符的位置。

（2）选择“布局”选项卡中的“分隔符”选项，在下拉列表中选择分节符类型，如图5-4-14(a)所示。

（3）分节符类型有：“下一页”，表示分节符之后的内容从新的一页开始；“连续”，表示新节与前一节同处一页而不换页；“偶数页”，表示分节符后面的内容成为下一个偶数页；“奇数页”，表示分节符后面的内容成为下一个奇数页。分节符显示为双虚线。

（4）插入“分节符”后，在“页面设置”对话框中进行页面设置，就可以选择只对本节还是整个文档进行页面排版，包括页边距、纸张大小、纸张方向、页面边框、页眉和页脚、分栏等的设置。

5.4.3　脚注和尾注

1. 插入脚注

在撰写长文档的过程中，需要引用或摘录一些书籍、文章的资料，或者对某些字、词、句进行注释说明，这时就需要插入和编辑脚注和尾注。例如，文章中有以下两首古诗，需要在同一页面以脚注的形式对两首诗的作者进行简单介绍。

静夜思	登鹳雀楼
李白	王之涣
床前明月光，疑是地上霜。	白日依山尽，黄河入海流。
举头望明月，低头思故乡。	欲穷千里目，更上一层楼。

插入脚注，即在每页底部对该页中某些字、词、句进行简单的解释和说明，如图5-4-16所示。

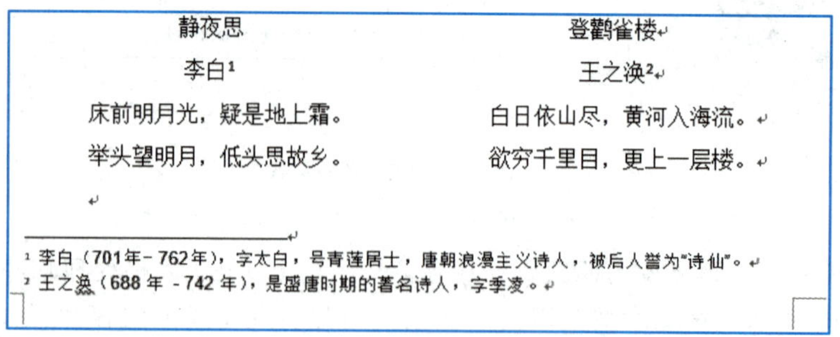

图5-4-16　插入的脚注

插入脚注的方法是：先选中需要注释的字、词、句，如选中“李白”，或者把光标定位在“白”字后面；选择“引用”选项卡，单击“插入脚注”选项，如图5-4-17所示，在注释文字的右上角会出现脚注的标号，一般从“1”开始，并按添加顺序依次递增；同时，该页的下方会出现一条横线，横线下出现新添加的脚注标号，在标号后面输入脚注的注释文字即可。

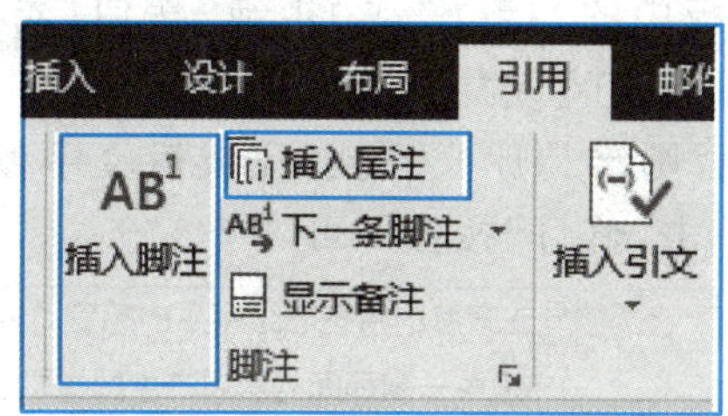

图 5-4-17　“插入脚注”和“插入尾注”选项

2. 插入尾注

插入尾注，即在整个文档的末尾对文章中的部分内容进行注释说明，和插入脚注的步骤类似，如图 5-4-17 所示，所不同的是尾注的插入位置不在同一页而是在文档的末尾。

5.4.4　修订与批注

在长文档编辑完成后，可能需要由作者以外的人进行审阅和修改。但是如何保留审阅和修改的痕迹，同时又可以由作者决定是否采纳和接受修改意见。这就需要修订和批注功能来完成。

1. 修订

用户选择“审阅”选项卡下的“修订”面板，然后单击“修订”按钮，选择下拉菜单中的“修订”命令，即可进入修订状态，此时“修订”命令的底色呈灰色显示，如图 5-4-18 所示。

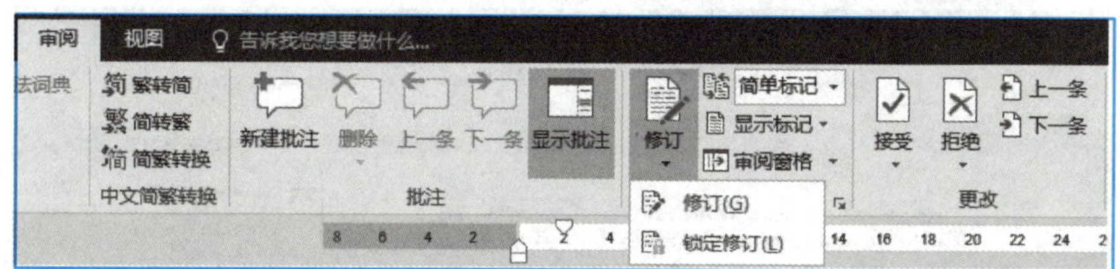

图 5-4-18　修订状态的切换

在修订状态下，用户对文字的添加、删除、修改，均会以红色文字加线条的方式呈现，如图 5-4-19所示，可以清楚地显示修改的痕迹。

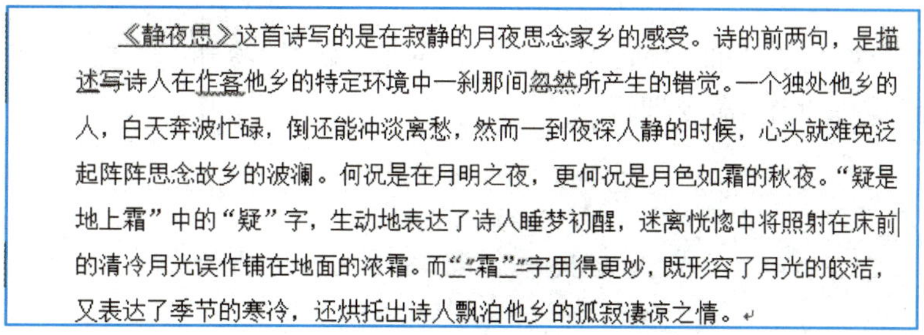

《静夜思》这首诗写的是在寂静的月夜思念家乡的感受。诗的前两句，是描述写诗人在作客他乡的特定环境中一刹那间忽然所产生的错觉。一个独处他乡的人，白天奔波忙碌，倒还能冲淡离愁，然而一到夜深人静的时候，心头就难免泛起阵阵思念故乡的波澜。何况是在月明之夜，更何况是月色如霜的秋夜。“疑是地上霜”中的“疑”字，生动地表达了诗人睡梦初醒，迷离恍惚中将照射在床前的清冷月光误作铺在地面的浓霜。而“霜”字用得更妙，既形容了月光的皎洁，又表达了季节的寒冷，还烘托出诗人飘泊他乡的孤寂凄凉之情。

图 5-4-19　修订记录的显示

对于以上的修订意见，作者可以选择接受或不接受，方法是：单击鼠标左键，将光标停留在修订所在处，单击“修订”面板中的“接受”或“拒绝”按钮；或者单击鼠标右键，在弹出的快捷菜单中选择“接受插入/删除/修订”或“拒绝插入/删除/修订”命令，如图 5-4-20 所示。若用户接受则按修订意见修改，否则维持原文不变，完成后文字颜色均恢复、相关线条均消失。若要退出修订状态，只需再次单击“修订”按钮即可。

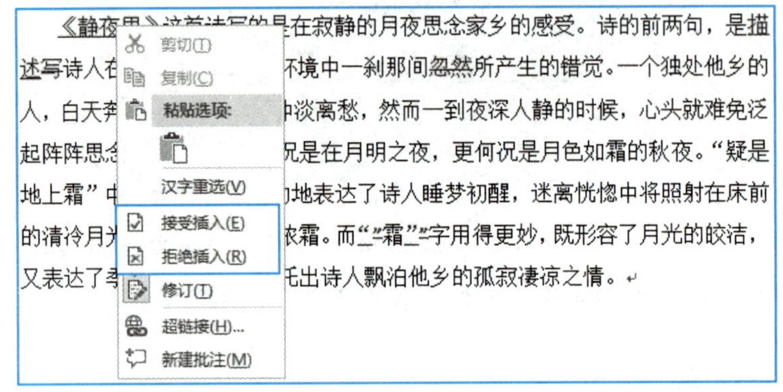

图 5-4-20　修订的接受和拒绝（以插入内容为例）

2. 批注

作者或修改者试图对文章某处的背景、读后感、修改意见进行标注时，可以通过添加批注来进行。用户选择“审阅”选项卡，并选中需要建立批注的字、词、句，单击“批注”面板中的“新建批注”按钮，被选中内容就会以浅红底色强调，并在右侧通过红色虚线引出一个批注编辑框，用户在框内输入批注的内容即可，如图 5-4-21 所示。

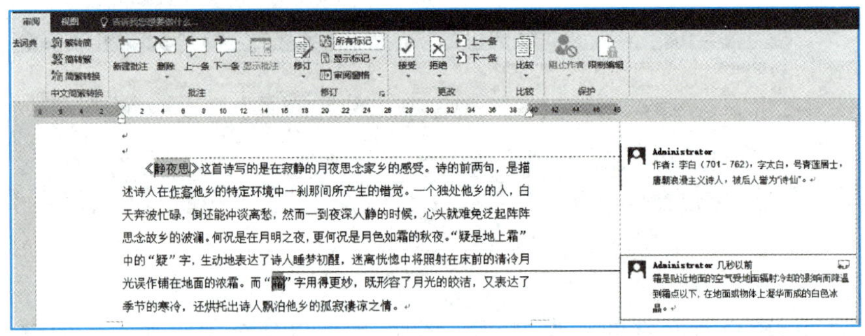

5-4-21　插入批注

若需要删除批注，先选中批注框，再单击面板上的“删除”按钮，或者右击批注框，在弹出的快捷菜单中选择“删除批注”命令即可。

5.5　Word 文件与 PDF 文件的转换

PDF(Portable Document Format)被称为“便携式文档格式”，是由 Adobe 公司开发的用以与应用程序、操作系统和硬件无关的方式进行文件交换的文件格式。PDF 文件以 PostScript 语言图像模型为基础，打印时可以较好地保证颜色和打印效果。用 PDF 制作的电子书具有纸质书的质感和效果。

PDF 文件是可移植文档格式，由于便于在不同的操作系统中使用而成为在互联网上进行文档传输的理想文档格式，如今越来越多的电子图书、产品说明、网络资料、电子邮件等使用 PDF 文件。

PDF 文件常用的阅读工具有 Adobe Acrobat Reader、Foxit Reader、See9 PDF Reader 等，编辑转换工具有 Adobe Acrobat 等。

Microsoft Office 2007 及之后版本的 Word 都具有制作 PDF 文件的功能，可以在 Word 文档和 PDF 文档之间进行转换。

5.5.1　Word 转换成 PDF

1. 打开 Word 文档，选择“文件”菜单中的“另存为”命令（如图 5-5-1 所示），执行完后会弹出“另存为”对话框。

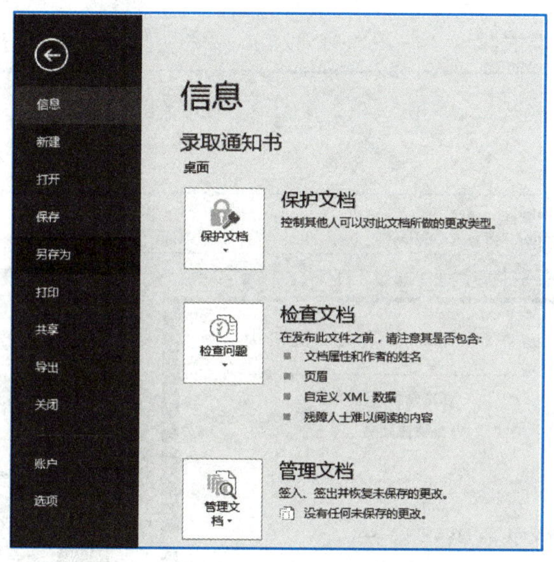

图 5-5-1　文件的另存为

2. 在“另存为”对话框中，选择“保存类型”为“PDF”，然后选择 PDF 文件的保存路径并输入 PDF 文件名称，最后单击“保存”按钮，该文件即被转换为 PDF 文件，如图 5-5-2 所示。

3. 完成 PDF 文件的转换后，用 PDF 阅读工具即可打开生成的 PDF 文件，如图5-5-3所示。

4. 用户也可以选择“文件”菜单中的“导出”命令，并在右侧的面板中选择“创建 PDF/XPS 文档”选项，最后单击“创建 PDF/XPS”按钮，即可生成 PDF 文件，如图5-5-4所示。

5.5.2　PDF 转换成 Word

1. 右击需要转换的 PDF 文件，在弹出的快捷菜单中选择“打开方式”选项，在打开方式列表中选择“Word 2016”命令，如图 5-5-5 所示。

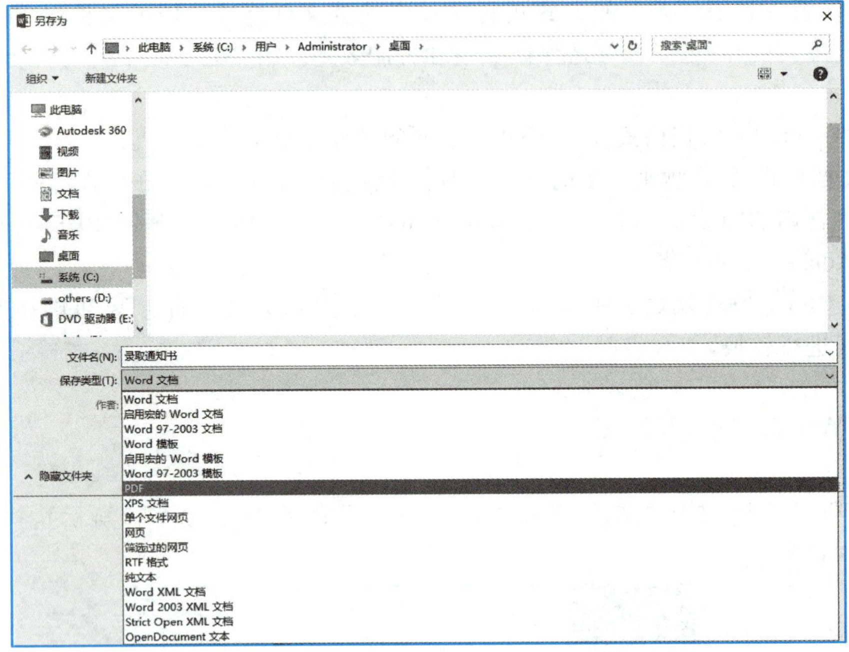

图 5-5-2　“另存为”对话框

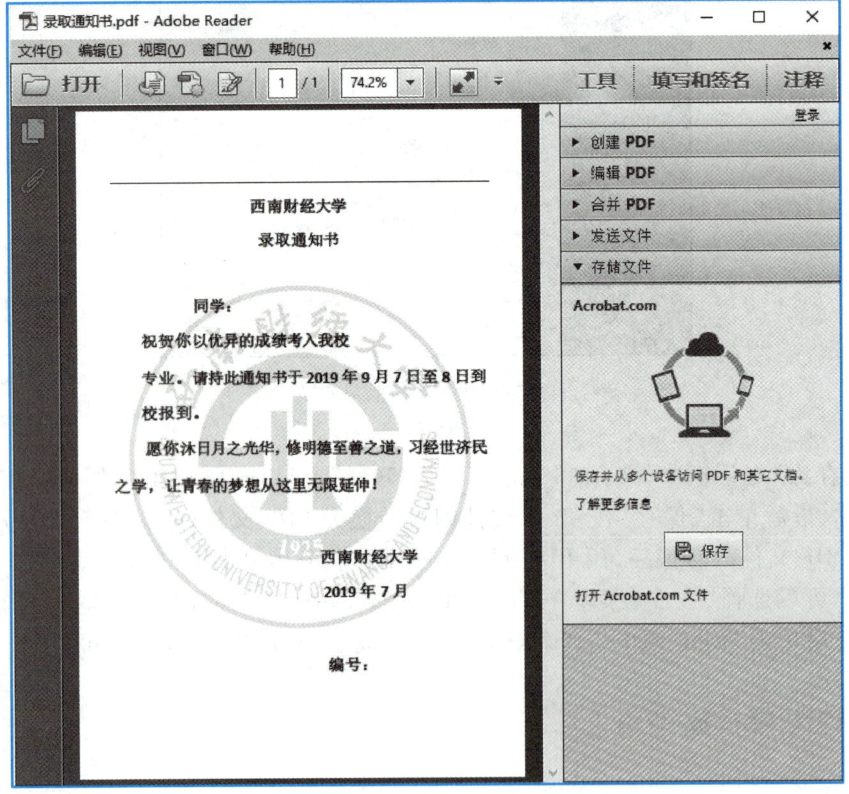

图 5-5-3　PDF 文件阅读窗口

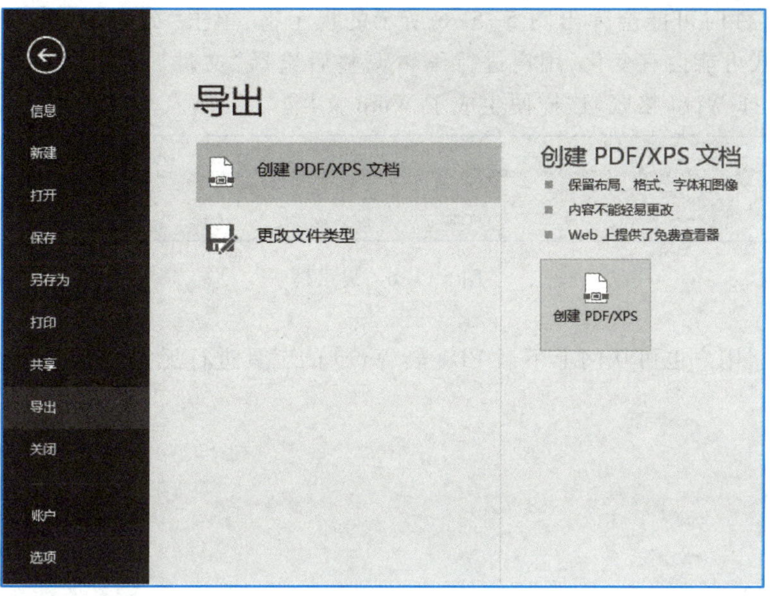

图 5-5-4　PDF 文件的导出

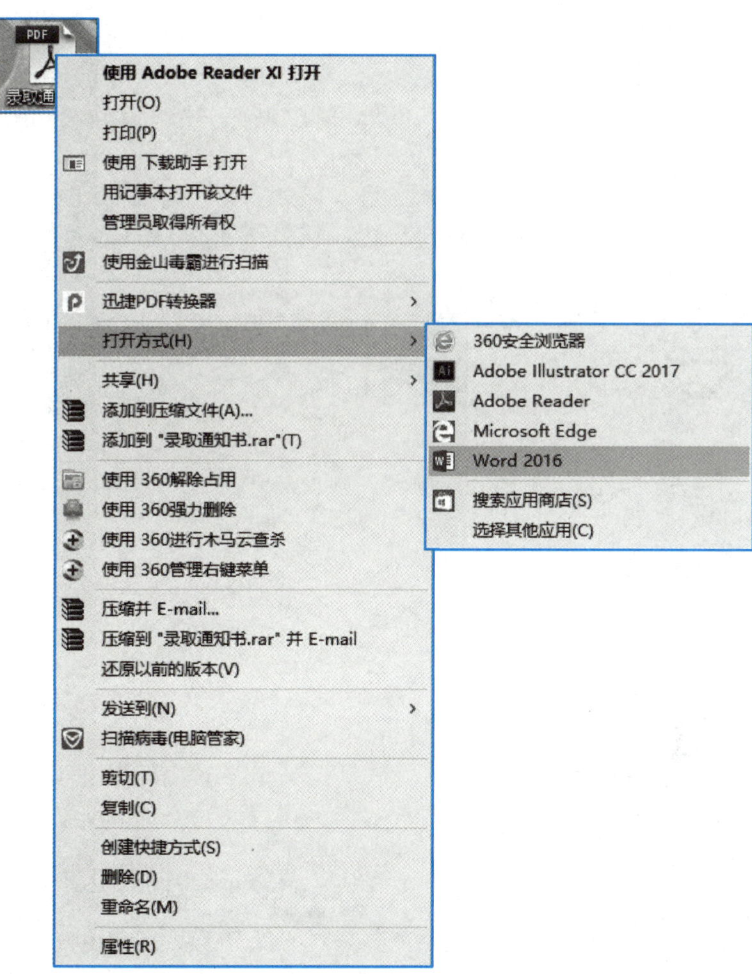

图 5-5-5　选择 PDF 文件的打开方式

2. 在打开文件时可能会弹出图 5-5-6 所示的提示框,单击“确定”按钮即可用 Word 打开 PDF 文件,但格式可能会有变化,用户进行编辑调整后选择“文件”菜单的“另存为”命令,在保存类型列表中选择 Word 格式,这样便生成了 Word 文档。

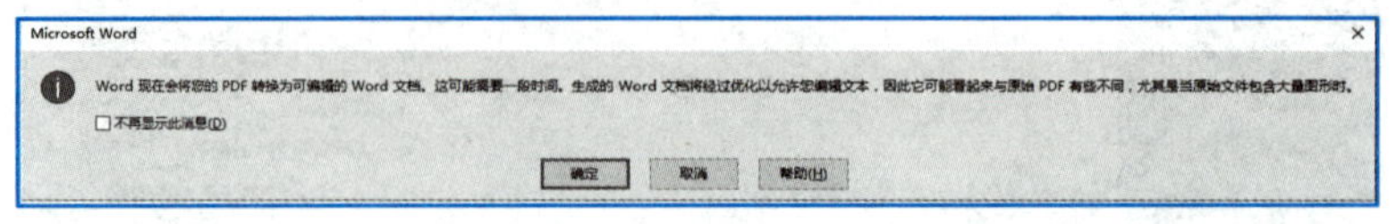

图 5-5-6　提示框

3. 除此之外,用户也可从网上下载 PDF 转 Word 的工具进行无损转换。

第 6 章　电子表格

实验素材：
Excel 2016 课件

学习目标

1. 熟悉 Excel 2016 的主界面。
2. 熟悉 Excel 中关于数据的基本概念，掌握数据录入和显示的方法。
3. 能够熟练地使用 Excel 的公式与主要函数。
4. 掌握 Excel 中的主要数据分析方法。
5. 掌握 Excel 中主要图表类型的制作方法。
6. 掌握一些主要的 Excel 快捷键。

6.1　Excel 基础

6.1.1　电子表格软件的产生和发展

在商务活动中，财务数据的计算和分析是一项重要工作。在电子表格软件出现之前，这样的计算大多是通过计算器来实现的，如果计算步骤中的数据改变了，又不得不重新进行计算。

1978 年，在哈佛商学院学习 MBA 课程的丹・布瑞克林（Dan Bricklin）（图 6-1-1 所示）需要经常进行商务案例分析，因此萌生了设计一款用于财务数据计算的软件的想法。经过不懈的努力，他与创业伙伴鲍勃・弗兰克斯顿（Bob Frankston）（图 6-1-1 所示）于 1979 年推出了基于 Apple 电脑的电子表格计算软件 VisiCalc（意为“看得见的计算”）。

图 6-1-1　弗兰克斯顿（左）和布瑞克林（右）

VisiCalc 在进行财务数据计算时有鲜明的特点：这是一种交互式的计算，用户输入数据并确定计算方式，计算机输出计算结果；这是一种看得见的计算，计算步骤中需要的数据和计算结果，均保留在屏幕上；这是一种网格化的计算，数据被置于网格中，与人们在商务活动中记录和分析商务数据的习惯类似，而且网格中的数据变化之后，与之相关的计算结果也会自动改变。

VisiCalc 在商业上取得的巨大成功，为计算机进入普通商务应用领域奠定了很好的基础。1999 年，哈佛商学院的教室墙上被钉了一块纪念铭牌（图 6-1-2 所示），其称 VisiCalc 为信息时代的最初杀手级应用，从此改变了计算机在商务领域的应用。

图 6-1-2　哈佛商学院教室中的纪念铭牌

继 VisiCalc 之后，另外一款成功销售的电子表格软件是 Lotus 公司开发的 Lotus 1-2-3。它基于 IBM 公司的 PC，在 MS-DOS 操作系统下运行，而且集网格计算、数据库和绘图三大功能于一体。

微软公司于 20 世纪 80 年代初期就开始了电子表格软件的研发，并于 1985 年推出了第一款电子表格软件 Excel，然后于 1987 年推出了第一款适用于 Windows 系统的 Excel。而作为商业竞争的对手 Lotus 公司却迟迟未能研发出适用于 Windows 系统的电子表格软件。到了 1988 年，Excel 的销量远远超过了 Lotus 1-2-3，此后，经过多个版本的升级，微软的 Excel 奠定了其在电子表格软件中的绝对优势地位。如今，Microsoft Excel 已经成为数据处理领域基础而又重要的软件工具，是电子表格软件行业的事实标准。

本教材将介绍的电子表格软件版本是微软公司推出的 Microsoft Excel 2016。

6.1.2　Excel 2016 的主要功能

概括起来，Excel 2016 的功能主要包括以下 6 个部分。

1. 数据记录与整理

Excel 能够以表格的方式来记录数据。通过填充等功能，提高了数据录入的效率；通过对录入数据进行限制，可以减少录入数据时的错误；而通过整理，既可以对数据进行清洗，又便于用户阅读和使用。

2. 数据计算

通过公式和内置的函数，Excel 可以实现大多数的常规计算。Excel 还能求解规划问题，即求解在什么样的情况下，规划的目标能够实现。

3. 数据分析

在数据时代,通过对数据的分析来获得信息是一项重要的工作。从排序、筛选、分类汇总到数据透视、统计分析,Excel 提供了多种多样的数据分析工具,使用户能够方便地洞察到数据背后隐藏的信息。

4. 数据可视化

Excel 的图表功能,能够帮助用户基于数据快速地创建各式各样的图表,从而使得数据变得形象生动,实现数据的可视化。

5. 数据共享

一方面,Excel 可以与 Office 中的 Word、PowerPoint 等软件共享数据;另一方面,通过云和网络,不同的 Excel 用户之间,也可以共享数据、协同工作。

6. 用户定制数据解决方案

通过宏和内置的 VBA 编程语言等,用户可以使用 Excel 来开发定制适合自己特定需要的数据解决方案,从而实现数据的自动化管理。

6.1.3 Excel 2016 的主界面

启动 Excel 2016 之后,选择“空白工作簿”选项,或者按快捷组合键 Ctrl+N,就进入了 Excel 2016 的主界面,如图 6-1-3 所示。

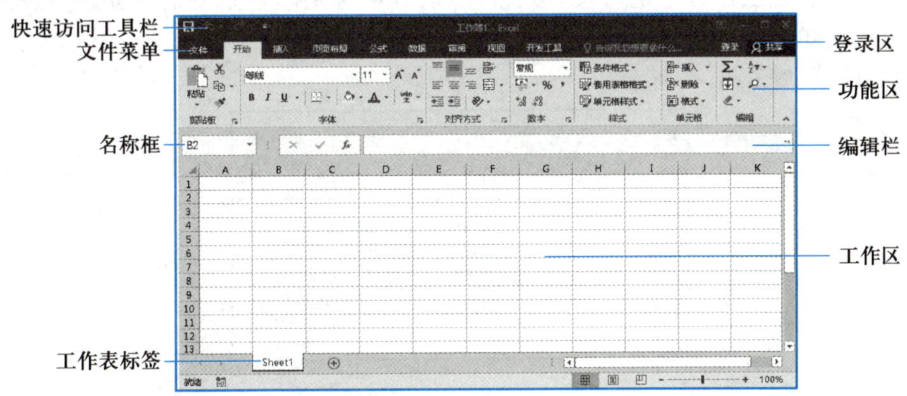

图 6-1-3 Excel 2016 的主界面

1. 工作区

主界面中间的部分就是工作区,Excel 对于数据的记录、计算、分析等功能均在该区域中实现。工作区由网格构成,每一个网格被称为一个单元格。

在默认状态下,单元格之间用浅色的网格线区分。网格线的作用仅仅是区分单元格,在打印时并不会出现。如果想取消网格线,可以在“视图”选项卡中取消勾选“网格线”前的复选框即可,如图 6-1-4 所示。

2. 名称框

用鼠标左键单击工作区中的任意一个单元格,则名称框会显示该单元格的地址或名称。关于名称,将在后面的 6.3.3 节中介绍。

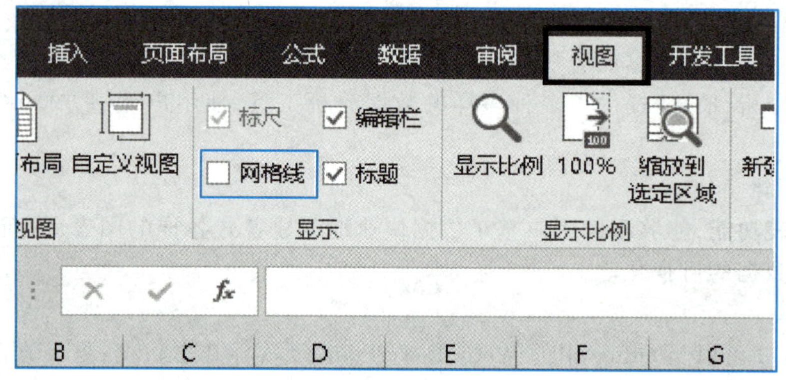

图 6-1-4　网格线设置

单元格地址由字母和数字两部分构成。字母用来标记列，在工作区任意选定一个单元格，按快捷组合键 Ctrl+→，可以看到在 Excel 2016 中最大的字母编号是 XFD。数字用来标记行，按快捷组合键 Ctrl+↓，可以看见最大的数字编号是 1 048 576。这意味着，Excel 2016 最大可以处理上百万行的数据。不过，Excel 2016 在处理百万行量级的数据时，速度有可能达不到用户的要求。

Excel 的地址在输入时不区分大小写，显示时均显示为大写字母。

按下鼠标左键，在工作区选定一块单元格区域，其中背景颜色未变的单元格，被称为活动单元格（或称为当前单元格），意为正在被使用的单元格。在名称框中显示的正是单元格区域中活动单元格的地址，如图 6-1-5 所示。

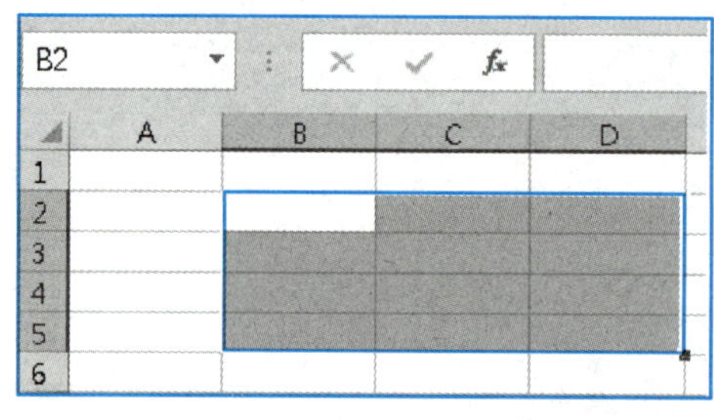

图 6-1-5　活动单元格

3. 编辑栏

用鼠标左键单击单元格，在编辑栏中将显示单元格中数据的来源信息。如果其中的数据是直接录入的，编辑栏直接显示数据；如果其中的数据是公式的计算结果，在编辑栏将显示公式（图 6-1-6 所示）。

用鼠标左键双击单元格，就进入了单元格的编辑状态。这时，在单元格和编辑栏中都可以进行数据编辑。但是，在一些情况下，如编辑的公式中要引用另一张工作表的单元格时，在编辑栏中进行编辑的优势就体现出来了。

4. 功能区

功能区包括“开始”“插入”等多个选项卡，每个选项卡下面的功能又分为若干组，每组功能由若干个功能按钮组成。

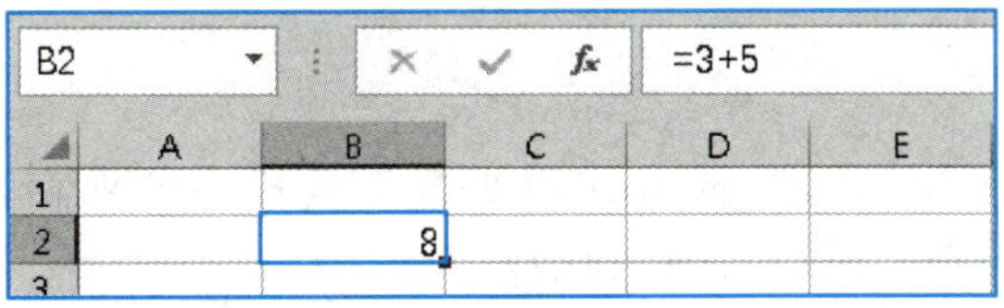

图 6-1-6　编辑栏显示公式

和 Word 一样，用鼠标左键单击功能区分组右下角的小箭头，会弹出对话框。同时，如果工作区需要更大的显示空间，可以将功能区折叠起来。方法为：右击功能区的空白区域，然后选择“折叠功能区”选项；或者按快捷组合键 Ctrl+F1；或者左击功能区最右端的“^”按钮。

使用“文件”菜单下的“选项”命令，用户可以根据自己的需求来对功能区中的选项和按钮进行自定义。

5. 快速访问工具栏

和 Word 一样，快速访问工具栏中的工具可以根据情况来进行自定义。

6. 登录区

如果用户注册了微软账号，那么登录之后，可以将 Excel 文件保存到云端，实现在线编辑，还可以与其他用户协同工作。

7. 工作表标签

Excel 2016 默认状态下只有一张工作表（Sheet），这张工作表默认的名称为“Sheet1”。用鼠标左键单击工作表标签区域的⊕符号，可以增加工作表的数量。这样就可以把有联系却又需要区别的数据，记录在不同的工作表中，如一家公司不同月份的财务数据。

用鼠标右键单击工作表标签，在弹出的快捷菜单中可以对工作表标签进行编辑，如图6-1-7所示。

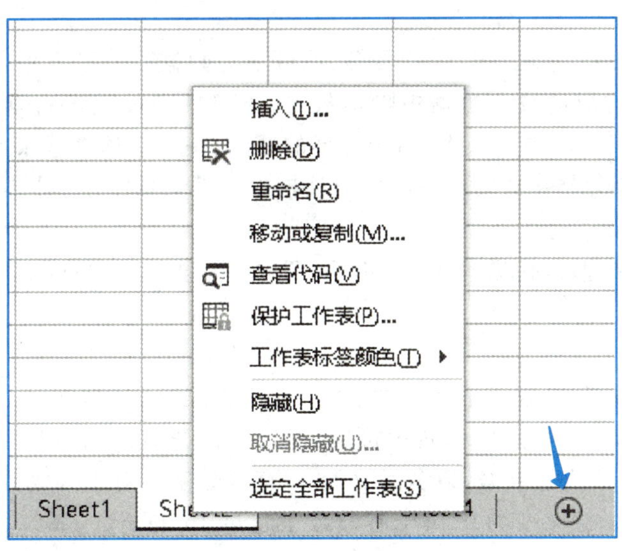

图 6-1-7　工作表标签的快捷菜单

选择工作表标签，按住鼠标左键不放，可以移动工作表标签之间的相对位置，如把 Sheet2 放在 Sheet1 之前。

8. 文件菜单

选择文件菜单中的“保存”选项，或者使用快捷工具栏中的保存按钮，或者按快捷组合键 Ctrl+s，都可以将编辑之后的 Excel 文件进行保存。

一个包含了若干张工作表的 Excel 文件被称为一个工作簿(book)文件。在 Excel 97-2003 版中，工作簿文件的扩展名为 xls。在 Excel 2007 之后(含 2007 版)，工作簿文件的扩展名为 xlsx。除工作簿文件之外，Excel 文件还包括启用宏的工作簿文件、模板文件等。

在保存文件时，使用保存选项中的“常规选项”命令，可以对 Excel 文件设置打开权限和编辑权限密码，如图 6-1-8 所示。

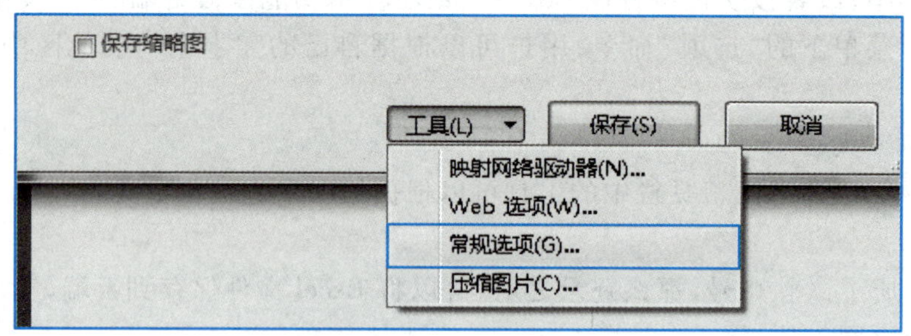

图 6-1-8　保存选项中的常规选项

使用文件菜单中的“选项”子菜单，用户可以根据需要，更改默认状态下 Excel 的各种设置。

6.1.4　数据与数据类型

1. 数据

单元格中显示的数字、字母、汉字、符号等，均可视为数据。为了方便叙述，本章中所说的数字特指由阿拉伯数字构成的数。数据中除了数字，还包括字母、汉字，以及标点符号等各种符号。需要指出的是，在 Excel 中文版中，由于翻译的原因，一些对话框或菜单中，并没有区分数据和数字，例如，在设置单元格格式时，Excel 的对话框中就默认数字中包括了文本、日期等。

2. 数据类型

Excel 处理的数据类型包括数值型、文本型、日期型、逻辑型和日期时间型。下面介绍前 4 类数据类型。

(1) 数值型

数值型数据一般直接用数字表示。但除了一般的数字，一些带有特殊符号的数字也被 Excel 理解为数值，例如，百分号(%)、货币符号(¥)、千位分隔符(,)、科学记数符号(E)。

Excel 2016 记录的数值型数据，最多保留 15 位有效数字。对于有效数字超过 15 位的整数，系统自动将 15 位以后的数字变为 0；对于有效数字超过 15 的小数，系统自动将第 15 位有效数字之后的小数截去。

(2) 文本型

任何符号，包括字母、汉字、数字、标点符号，甚至空格等，都可以被视为文本型数据。Excel 2016 的单元格中最多可以显示 1 024 个字符。一些全部由数字构成的长数据，如 18 位数字的身份证号码，由于 Excel 只能记录 15 位有效数字的数值型数据，所以必须以文本型数据来记录。

（3）日期型

在 Excel 中，日期以一种特殊的“序列值”的方式来进行记录，序列值的范围为 1～2 958 465。也就是说，在 Excel 中，日期型数据实际上被记录为一个整数，只是其显示格式被改成了日期。

在 Windows 系统中，Excel 使用的是 1900 日期系统，即把 1900 年 1 月 1 日作为序列值的基准日 1，这之后的日期均以其距离基础日的天数作为这天的序列值。例如，1900 年 1 月 15 日的序列值为 15，2019 年 10 月 1 日的序列值为 43 739。最大的序列值 2 958 465 对应的是 9999 年 12 月 31 日。

在苹果操作系统中，Excel 使用的是 1904 日期系统，即把 1904 年 1 月 1 日作为序列值的基准日 1。

与日期型数据类似的是日期时间型数据，其显示格式中既有日期又有时间。日期时间型数据实际上被记录为一个含小数部分的数。

（4）逻辑型

逻辑型数据只有 TRUE（真）和 FALSE（假）两个取值，主要被用于与判断相关的计算当中。关于逻辑型数据，将在 6.3.5 节和 6.5 节中进一步介绍。

6.2　数据的录入与显示

Excel 可以采取录入、导入等方式来获得数据，并且把获得的数据记录下来。同时，Excel 还可以通过设置格式等方式，使数据按照一定的方式显示，从而方便用户阅读。

6.2.1　基本操作

1. 录入数据

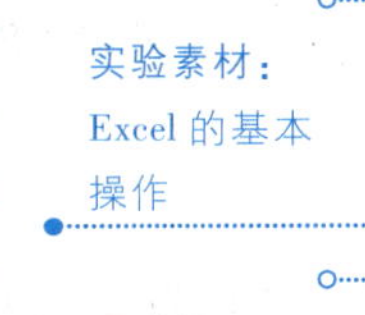

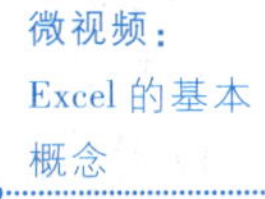

选定工作区中的一个单元格，即可通过键盘直接输入数据。在活动单元格中录入数据完毕之后，按 Enter 键，或者单击编辑栏左侧被激活的符号√，即可确认输入的内容。这两种确认操作的区别是，按 Enter 键确认输入，下面的单元格会自动成为活动单元格；单击编辑栏左侧的√确认，活动单元格不变。按 Tab 键也可以确认录入的内容，只是活动单元格变为右侧的单元格。按 Esc 键或者单击编辑栏左侧的符号×，则取消输入的内容。

如果需要在一个单元格中输入两行内容，则需要在换行处按组合键 Alt+Enter。

如果需要在若干个单元格中输入相同的内容，例如，在“专业”这一列都输入“会计”，则可以先选定这些单元格，然后在活动单元格中输入数据之后，不按 Enter 键，而是按组合键 Ctrl+Enter 来实现。

如果输入的数据长度比较大，单元格的宽度不够，则可以将光标移动到该列最上端字母编号的分隔线处，当鼠标光标变成带箭头的十字叉时，按住鼠标左键不放，通过拖动来调整单元格宽度（即列宽）；或者双击鼠标左键，该列的宽度将被自动调整以适应数据长度（图 6-2-1 所示）。当然，也可以待数据录入结束后，最后再来统一调整单元格的宽度。单元格高度即行高的调整与此类似。

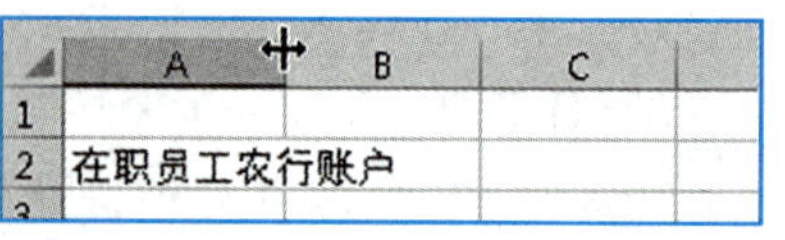

图 6-2-1　单元格宽度调整

2. 设置单元格格式

在默认状态下，单元格的格式为“常规”类型，常规单元格格式不包括任何特定的数字格式。这是一种智能化的特殊格式，Excel 将根据用户的录入内容，来自动判断数据的类型。

如果在单元格中录入数据之前，希望确定数据的记录格式，或者在录入数据之后，需要调整数据的显示格式，就需要设置单元格格式。操作步骤为：右击选定的单元格；在弹出的快捷菜单中选择“设置单元格格式”选项，如图 6-2-2(a)所示；在弹出的对话框中进行相应设置，如图 6-2-2(b)所示。按快捷组合键 Ctrl+1 也可以弹出“设置单元格格式”对话框。

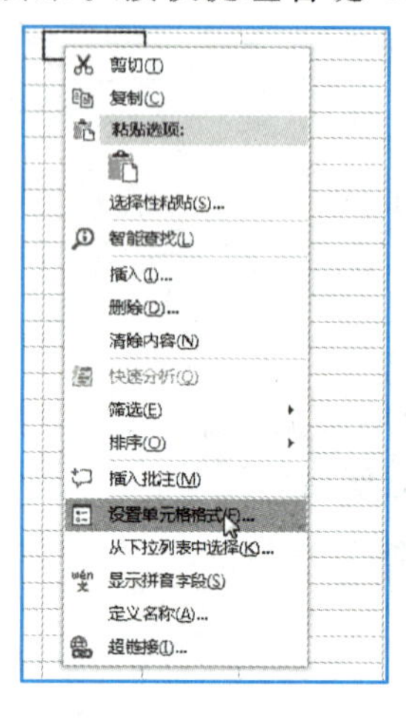

(a) 设置单元格格式快捷菜单

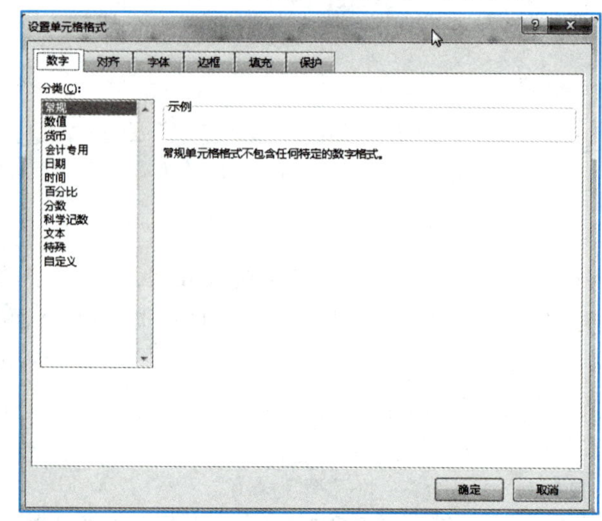

(b)“设置单元格格式”对话框

图 6-2-2　通过快捷菜单设置单元格格式

在“设置单元格格式”对话框（图 6-2-2(b)）中：“数字”主要是设置单元格中数据的记录类型及显示格式，具体将在 6.2.2 节中进行讨论；“对齐”“字体”“边框”和“填充”都是基础又比较简单的设置，与 Word 中的设置类似；“边框”提供了丰富的线条形状和颜色，可用来设置被打印的单元格边框；“填充”可用于设置单元格的填充色；“保护”用于设置对单元格中数据的保护，具体将在 6.2.7 节中进行讨论。

在很多情况下，需要设置格式的不止一个单元格。用户按住鼠标左键拖动，可以在工作区选定一个区域，同时按住 Ctrl 键，则可以选定非连续的区域；在工作区上侧的字母编号栏，可以一次选定一列或者多列单元格；在工作区左侧的数字编号栏，可以一次选定一行或者多行单元格；用鼠标左键单击工作区的左上角，可以一次选定整个工作表。

“字体”“对齐方式”“数字”等基本格式，也可以通过功能区“开始”选项卡下面的功能组按钮，快捷地进行设置，如图 6-2-3 所示。

图 6-2-3 所示的“对齐方式”面板中的“合并后居中”功能按钮常常被用于制作标题等。操作方式是先选定连续的单元格，然后单击“合并后居中”按钮，这样多个单元格就被合并成为了一个单元格，输入的数据将显示在合并后单元格的正中间。

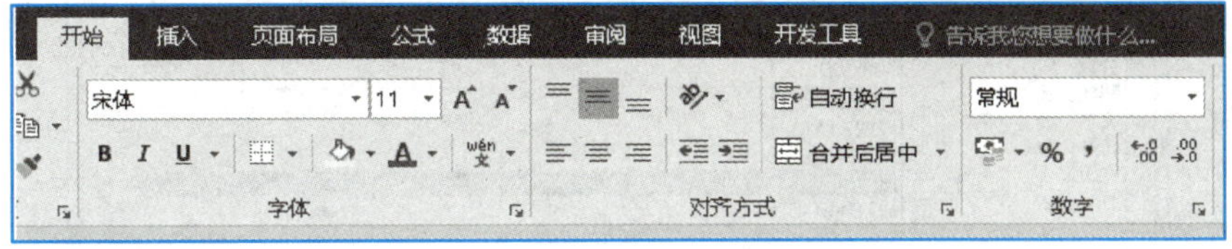

图 6-2-3　通过功能区设置单元格基本格式

6.2.2　各类型数据的录入与显示

鉴于逻辑型数据相对比较简单，日期时间型数据使用较少，下面只介绍数值型、文本型和日期型这 3 类数据在录入与显示时要注意的一些问题。

1. 数值型与文本型数据

当输入一个数值型数据时，对位于整数部分最左侧且非个位的零，以及小数部分最右侧的零，Excel 都会自动将其省略。

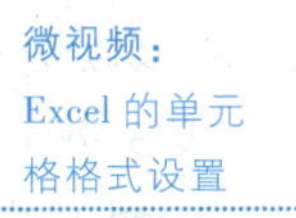

通过设置单元格格式，可以规定数字的显示格式，如保留的小数位数、是否使用千位分隔符、负数的表示方法等。在 Excel 中，括号、红色也可以代替负数前面的负号(图 6-2-4)。当数字的小数部分超过了设置的小数位数时，Excel 将作四舍五入处理，但改变的仅仅是显示格式，记录的数值依然是录入时的值。

在“设置单元格格式”对话框中(图 6-2-2(b))，“数字”选项卡下的“货币”“会计专用”“百分比”“分数”“科学记数”等内容，同样用于设置数值型数据的显示格式，以满足各种各样场景的需要。

对于整数部分超过 11 位的数字，Excel 将自动转换为科学记数法来进行显示。例如，输入的是 123 456 789 012，显示的将是 1.234 57E+11，即 1.234 57乘以 10 的 11 次方。对于特别小的小数，Excel 也会自动将其转换为科学记数法来显示。科学记数法中小数位数的设置，可以通过“设置单元格格式”对话框中的“数字→科学记数”命令来实现。

录入分数时，要在整数和分数之间加上一位空格键。例如，输入 0 1/3 显示为1/3；输入 2 1/3 显示为 2 1/3，表示 2 又 1/3。

Excel 2016 的单元格中最多可以显示 1 024 个字符。当录入包含了数字、字母或汉字的字符串时，Excel 自动将其识别为文本型数据。

在默认状态下，单元格中的数值型数据自动右齐，而文本型数据自动左齐。

文本型数据中可以全部是数字。由于对于数值型数据，Excel 将自动截掉整数部分最左边

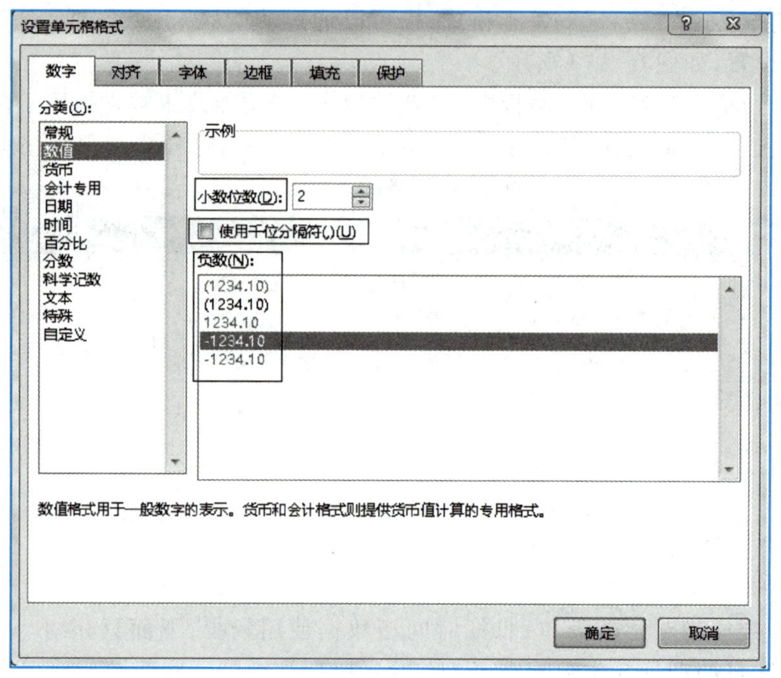

图 6-2-4　设置数值型数据的显示格式

非个位的零，而且只能保留 15 位有效数字，因此对于以 0 开头的数字编号、18 位身份证号码等数字，应该以文本型数据来记录。设置方法包括：① 输入一个英文单引号“'”之后，再输入数字；② 事先将单元格的数字格式设置为文本。

对于以文本方式存储的数字，在单元格的左上角，会出现一个绿色的小三角形，警示该单元格中的数字是以文本方式存储的，如图 6-2-5 所示。按鼠标左键打开该警示信息边上的！号，可以将该数字转换为数值型数字，也可以忽略警示信息。

图 6-2-5　警示信息

2. 日期型数据

录入日期的顺序为年-月-日，年、月、日之间的分隔符可以是“/”或“-”。录入时，如果省略年，将被 Excel 默认为系统当前的年份；如果省略日，将被默认为当月的第一天。录入时，如果录入的日期超过了 Excel 支持的日期范围，其将被视为文本型数据，如 1789/1/12 将被视为文本型数据而非日期型数据。

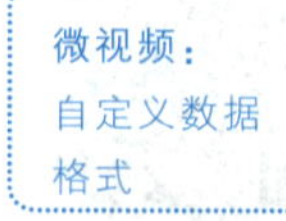

Excel 有多种多样的日期显示格式，如果不满意默认显示格式，可以重新设置。方法为：① 直接在“开始”选项卡下的“数字”面板中设置日期为短日期（如 2019/10/1）或者是长日期（如 2019 年 10 月 1 日），如图 6-2-6(a)所示；② 通过“设置单元格格式”对话框，可以设置更为丰富的显示格式，如图6-2-6(b)所示。

如 6.1.4 节所述，对于日期型数据，Excel 存储的实际上是其对应的序列值。因此，如果录入的是日期，显示的却是一个整数，那就需要调整显示格式。

3. 自定义数据格式

对于单元格中的数据，如果 Excel 已有的数据格式满足不了需求，则用户

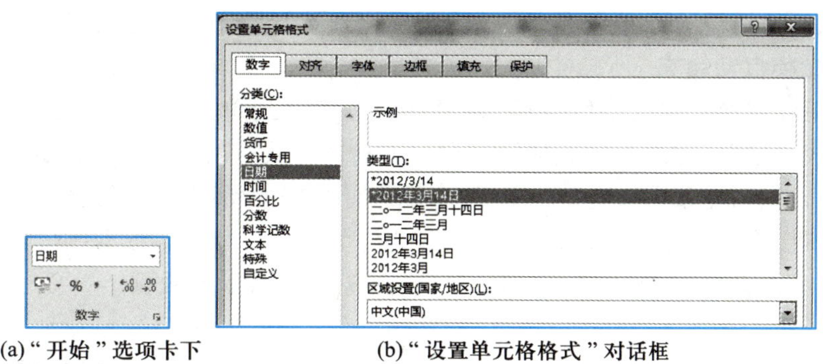

(a)“开始”选项卡下的“数字”面板　　(b)“设置单元格格式”对话框

图 6-2-6　设置日期显示格式的两种方法

可以以该单元格现有的格式为基础，自定义数据格式。下面举例说明。

（1）希望将日期 2019/1/1 显示为 2019-01-01，则可以在图 6-2-7 所示对话框的“自定义”选项下的“类型”编辑栏中输入“yyyy-mm-dd”。

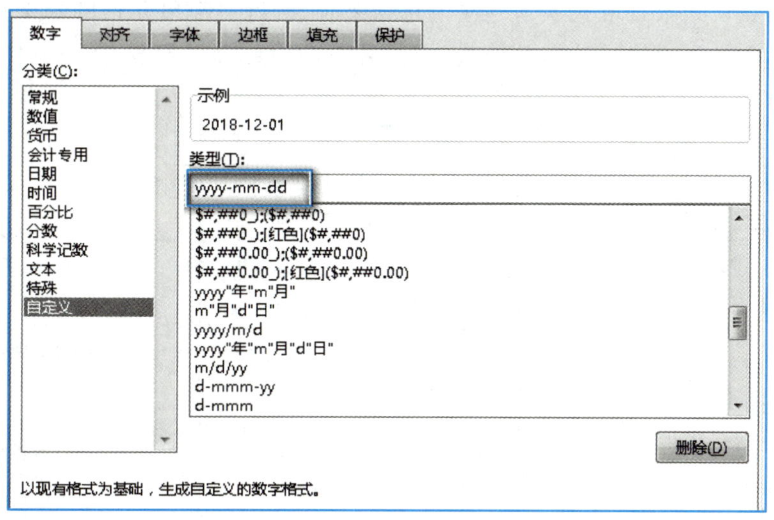

图 6-2-7　自定义数据格式

（2）对于一个长度超过 11 位的整数，如果不希望以科学记数法来显示，则可以在自定义中的编辑栏中输入 0。

（3）录入一列学号，这些学号统一为 8 位数，前 5 位均为 61903，只有后面的 3 位不同。这种情况下，为了提高录入效率，可以先选定这一列的单元格，然后在自定义中的编辑栏中输入 61903000，这样在录入这些学号时就可以只输入后面的位数了。如果在自定义编辑栏输入的是 61903###，那么输入 001 时，编辑栏中显示的是 619031，最后 3 位中前面的 0 将不会保留。

6.2.3　数据填充

在录入一些有规律的数据时，为了提高录入效率，Excel 提供了填充方式，具体包括使用填充柄自动填充、按快捷键 Ctrl+E 智能填充、使用功能区按钮填充和自定义序列填充。

1. 使用填充柄自动填充

选定一个单元格或者单元格区域后,将鼠标光标移动到单元格或者单元格区域的右下角,光标形状会变成十字形,这就是填充柄。使用填充柄的方式有两种:① 按住鼠标左键不放,向下或向右拖动,也可以向左或向上拖动;② 在相邻列有数据的情况下,当光标形状变成“+”形状时,双击鼠标左键,但这种方式只能向下填充。

【例 6.1】　使用填充柄自动填充的方式生成图 6-2-8 所示的数据。

生成 A 列和 B 列数据的操作步骤是:① 在 A1 单元格中键入 X1,在 A2 单元格中键入 X2(尽管只有一个单元格中有数据也可以用填充柄填充,但是最好在连续的两个单元格中输入数据,这样 Excel 就知道了填充的规律);② 按住鼠标左键选定 A1 和 A2 单元格,将光标移动到 A1:A2区域的右下角,当光标变为“+”形状时,按住鼠标左键向下拖动,直到 A6 单元格,即可完成 A3:A6 单元格的填充;③ 在 B1 单元格中键入 Y2,在 B2 单元格中键入 Y4;④ 选中 B1 和 B2 单元格,当光标变为“+”形状时,既可以向下拖动,也可以直接双击鼠标左键完成填充。

上述操作的默认结果是填充序列。在填充结束时,最后一个单元格的右下角会出现自动填充选项符号(图 6-2-8 所示),单击该符号,可打开自动填充方式列表,可见其中包括多种方式,每种方式的特点如下。

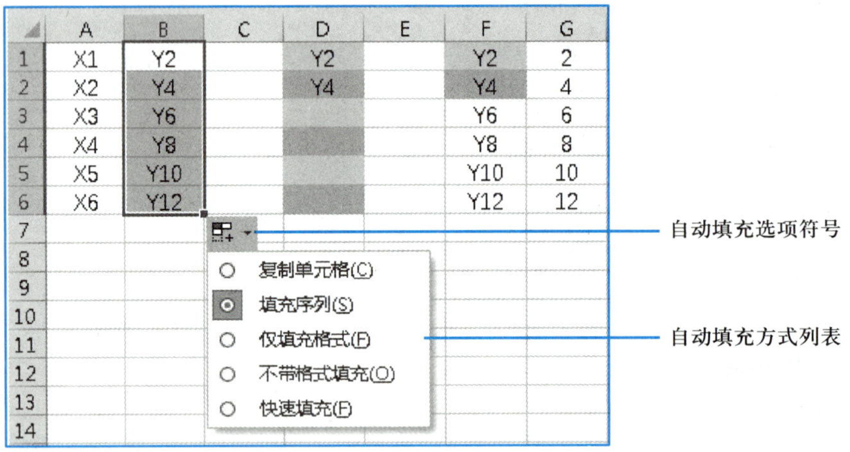

	A	B	C	D	E	F	G
1	X1	Y2		Y2		Y2	2
2	X2	Y4		Y4		Y4	4
3	X3	Y6				Y6	6
4	X4	Y8				Y8	8
5	X5	Y10				Y10	10
6	X6	Y12				Y12	12

图 6-2-8　使用填充柄自动填充数据

- 复制单元格:在上例中,若选择该选项,B 列的填充结果将是重复出现 Y2、Y4。
- 仅填充格式:假如单元格设置了填充色等格式,那么选择该选项后,填充结果如图 6-2-8 中的 D 列所示。
- 不带格式填充:只填充数据内容,而不填充格式,填充结果如图 6-2-8 中的 F 列所示。
- 快速填充:这是继 Excel 2013 后新增的一项智能化功能。在图 6-2-8 中,若希望将 F 列中的数字取出来,则可以在紧邻 F 列的 G1 单元格中,先输入一个数 2,然后将鼠标光标移动到 G1 单元格的右下角,“+”形状出现后,按住鼠标左键直接往下拖或者双击鼠标左键,最后在列表中选择“快速填充”选项,即可将 F 列中的全部数字截取出来,如图 6-2-8 中的 G 列所示。

2. 按快捷键 Ctrl+E 智能填充

上述的智能化的“快速填充”功能,也可以通过按快捷键 Ctrl+E 来实现。

再以图 6-2-8 中的数据为例，该智能填充的操作步骤为：在 G1 单元格中输入 2 之后，选定 G2 单元格，按下 Ctrl+E 键，即可实现智能化的快速填充。

3. 使用功能区按钮填充

功能区按钮位于“开始”选项卡的编辑面板中，单击按钮，即可弹出如图 6-2-9 所示的填充功能按钮列表，使用该功能按钮，可以将数据和格式填充到周围的单元格中。与填充柄填充不同，在使用其中的“向上”“向下”“向左”和“向右”4 个按钮填充时，需要先选定单元格区域。

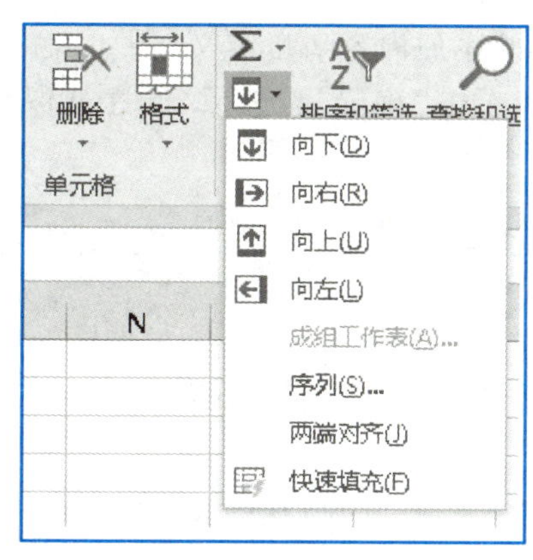

图 6-2-9　填充功能按钮列表

该功能按钮中的“序列”功能，可以用于快速生成大批量的序列数据。例如，需要生成 M00001～M10000 一万个编号。如果使用填充柄的话，由于相邻列没有数据，因此只能靠拖动鼠标完成，拖动上万的数据是比较麻烦的；比较高效的方法是：如图 6-2-10 所示，首先在 D1 单元格输入 1，然后选择填充功能按钮中的“序列”选项，在弹出的对话框中按图 6-2-10 所示设置，即可在 D 列生成 1～10 000 的数字，最后，在 E1 和 E2 单元格中分别输入 M0001、M0002，选定这两个单元格，将鼠标光标移动到右下角，出现“+”形状后双击鼠标左键，即可快速生成 10 000 个编号。

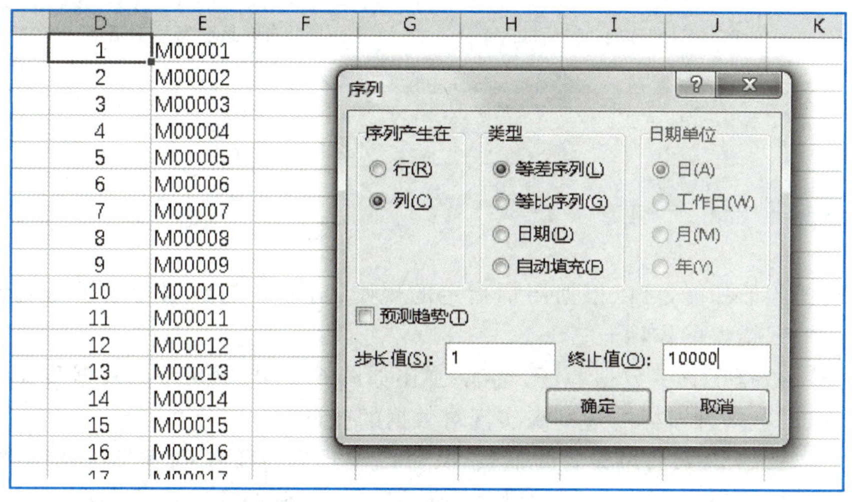

图 6-2-10　快速生成大批量序列数据

4. 自定义序列填充

自定义序列填充用于用户高效输入特定的序列。例如，用户需要经常输入由“职工号”“姓名”“性别”“部门”和“基本工资”构成的序列，而 Excel 没有内置这样的序列，于是可以通过自定义序列来提高数据的输入效率。

选择“文件→选项”命令，打开“Excel 选项”对话框（如图 6-2-11(a)所示），在“高级→常规”选项卡中，单击“编辑自定义列表”按钮，即弹出“自定义序列”对话框（如图6-2-11(b)所示），“自定义序列”对话框的左侧列出了内置的已经定义好的序列，这些序列是可以直接使用的，如在单元格中输入“甲”，然后使用填充柄拖动即可出现“乙、丙、丁……”。

若内置的序列无法满足用户需求，用户可选择“新序列”选项，在右侧的编辑框中输入需要的序列内容来自定义，例如，输入“职工号，姓名，性别，部门，工资”，即可定义一个新的序列，单击“确定”按钮后，新序列保存到内置的序列中，以后需要的时候就可以通过填充柄来填充了。

Tips

注意：在编辑栏中输入新序列时，文本之间的分隔符号是英文逗号(半角)而非中文逗号(全角)。

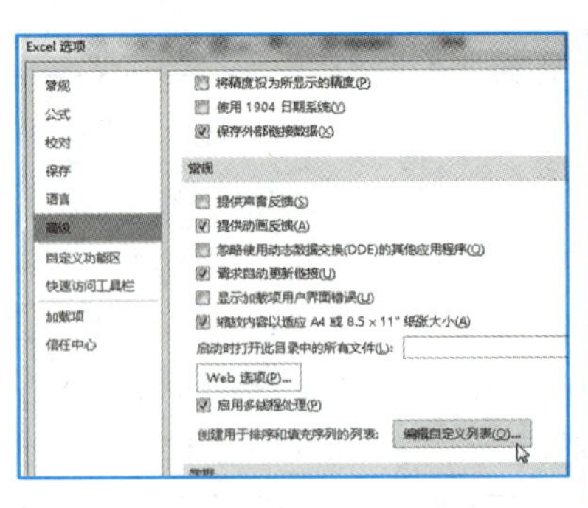

(a)“Excel选项”对话框

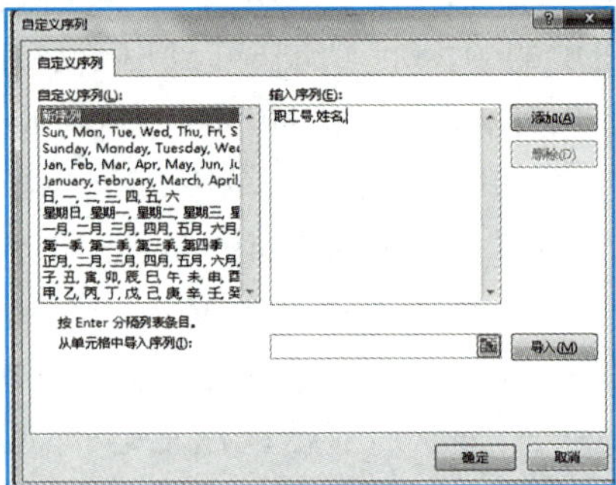

(b)“自定义序列”对话框

图 6-2-11　自定义序列

6.2.4　数据验证

Excel 的数据验证功能，可以根据用户指定的规则，对输入的数据自动进行验证，起到限制输入内容、减少输入错误的作用。

选择“数据→数据工具→数据验证”选项，弹出如图 6-2-12 所示的“数据验证”对话框。使用该对话框可以设置多种多样的规则来实现对数据的验证。

例如，在图 6-2-13 中，通过设置验证条件，可以实现通过下拉列表来选择性别。操作步骤为：选定 B2:B8 单元格区域，然后选择“数据→数据工具→数据验证”选项；在弹出的对话框中，选择“设置→允许→序列”选项；在“来源”编辑栏中输入“男，女”(注意分隔符是英文逗号)。

设置好后，当 B2:B8 区域中的单元格成为活动单元格时，其右侧就会出现下拉箭头，用户可以通过选择来实现录入。

“数据验证”对话框中的“验证条件→允许→整数”选项，可以实现限制整数的输入范围，一旦超出设置的范围就会弹出出错警告。通过设置对话框中的“出错警告”，可以自定义输入出错时的警告信息。

在学习了公式和函数之后，用户可以使用“数据验证”对话框中的“验证条件→允许→自定义”选项，结合公式和函数来实现更为多样化的数据验证。

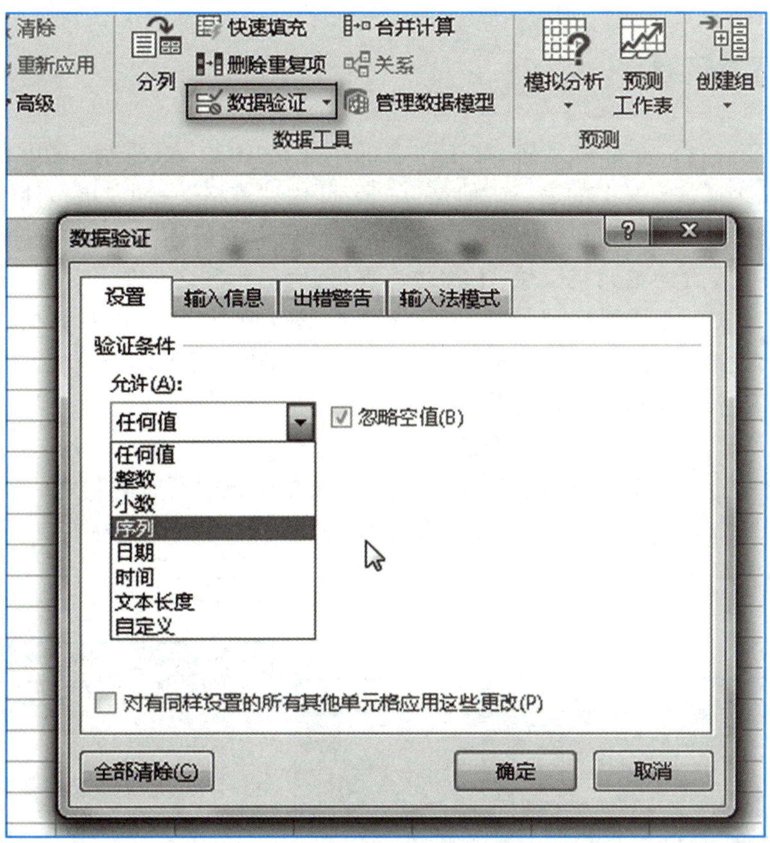

图 6-2-12 “数据验证”对话框

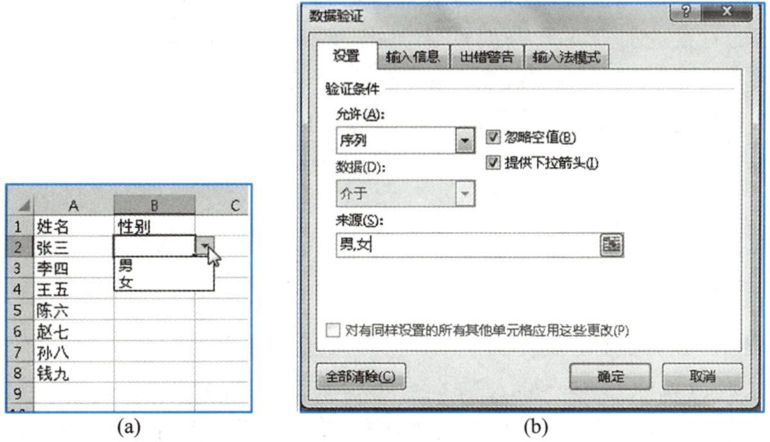

图 6-2-13 通过下拉列表选择录入数据

6.2.5　单元格区域

工作表是指工作区的全部单元格，在工作表的单元格中输入数据后，集中在一起的数据及网格，就构成了一个通常意义上的表格。但是，在 Excel 中，“表格”一词专指一种进行了特别设置的单元格区域（参见 6.2.6 节）。所以，本书后面的内容对于没有进行过表格设置的单元格区域，不称之为表格，而仍然称之为单元格区域，对于包含了数据的单元格区域，则可以称之为数据区域，用户可以对数据区域进行一些设置，以方便对数据进行阅读、编辑、计算和分析等。

微视频：
调整行高和列宽

1. 行和列的操作

（1）列宽和行高的设置

如图 6-2-14 所示，在选定了数据区域中所有的列之后，将鼠标光标移动到字母编号栏的最右侧，当光标形状变为带箭头的“+”形状时，双击鼠标左键，即可将数据区域中所有的列自动调整到合适的列宽。

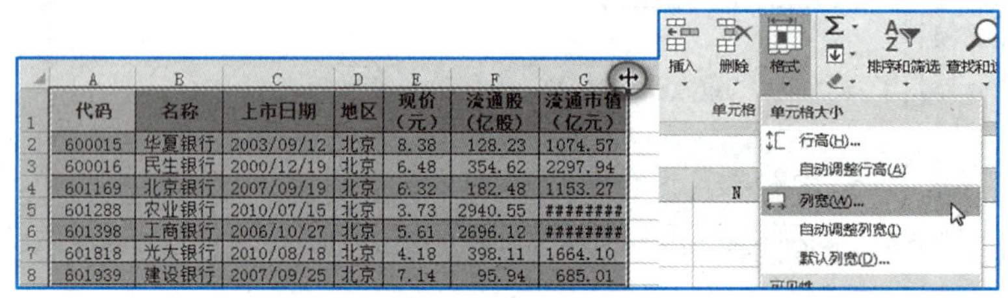

代码	名称	上市日期	地区	现价（元）	流通股（亿股）	流通市值（亿元）
600015	华夏银行	2003/09/12	北京	8.38	128.23	1074.57
600016	民生银行	2000/12/19	北京	6.48	354.62	2297.94
601169	北京银行	2007/09/19	北京	6.32	182.48	1153.27
601288	农业银行	2010/07/15	北京	3.73	2940.55	########
601398	工商银行	2006/10/27	北京	5.61	2696.12	########
601818	光大银行	2010/08/18	北京	4.18	398.11	1664.10
601939	建设银行	2007/09/25	北京	7.14	95.94	685.01

图 6-2-14　单元格列宽的设置

也可以选择“开始→单元格→格式”选项来自定义列宽。自定义列宽时，输入数字的单位是“字符”，1 个字符的宽度为打开工作簿时默认使用的字符字号的宽度，所以，对于 A123456 这样的字符串，在其大小为默认字号的情况下，列宽至少要设置为 7。

类似地，可以设置行高。自定义行高时，输入数字的单位为“磅（Point）”。

注意：图 6-2-14 中的######符号表示单元格的宽度不够。

（2）行列的插入、删除、移动

- 选定一行，右击鼠标，选择“插入”命令，可以在该行的上侧插入一个空白行。选定连续的两行，右击鼠标，选择“插入”命令，可以在这两行的上侧插入两个空白行。依此类推，可以在选定行的上侧插入等量的空白行。

类似地，用户也可以插入空白列，插入的列位于选定列的左侧。

- 选定若干行或者列，右击鼠标，选择“删除”命令，即可实现整行或整列的删除。

注意：按 Delete 键是删除单元格中的数据，而不是将单元格整体删掉。

- 选定一列，按 Ctrl+X 键剪切后，再选定一列，然后右击鼠标选择“插入剪切的单元格”命令，即可将剪切的列移动到选定列的左侧。行的移动与此类似。

(3) 行列的隐藏

选定要隐藏的行或者列，右击鼠标，选择“隐藏”命令，即可实现行列的隐藏。

若要取消隐藏，则先选定包含了隐藏记号（图 6-2-15 所示）的多行或多列，然后右击鼠标选择“取消隐藏”命令。或者，将鼠标移动到隐藏记号处，当鼠标变成图6-2-15所示的形状时，双击鼠标左键。

1	代码	名称	上市日期	地区	现价（元）
2	601398	工商银行	2006-10-27	北京	5.61
5	601169	北京银行	2007-09-19	北京	6.32
6	600016	民生银行	2000-12-19	北京	6.48
7	601818	光大银行	2010-08-18	北京	4.18

图 6-2-15　隐藏了行的单元格区域

2. 条件格式

使用条件格式，可以将满足一定规则的数据用颜色突出显示。使用该项功能时，首先选定单元格区域，然后建立规则，最后设置突出显示的格式。

以图 6-2-16(a) 中的数据区域为例，希望将“流通市值”前 10% 的数据突出显示。操作步骤为：① 选定所有记录了流通市值的单元格。因数据量较大，用鼠标选定比较麻烦，这时可以使用快捷键操作，如选定 G2 单元格，然后按 Ctrl+Shift+↓ 组合键，即可将该列记录了数据的单元格全部选中。② 使用“开始→样式→条件格式”功能选项，在“项目选取规则”下拉列表中选择“前 10%”选项（如图 6-2-16(a) 所示），即设置好了规则。③ 在弹出的“前 10%”对话框中，进行格式的设置（如图 6-2-16(b) 所示）。按步骤完成这 3 个设置之后，满足条件的单元格将被突出显示。

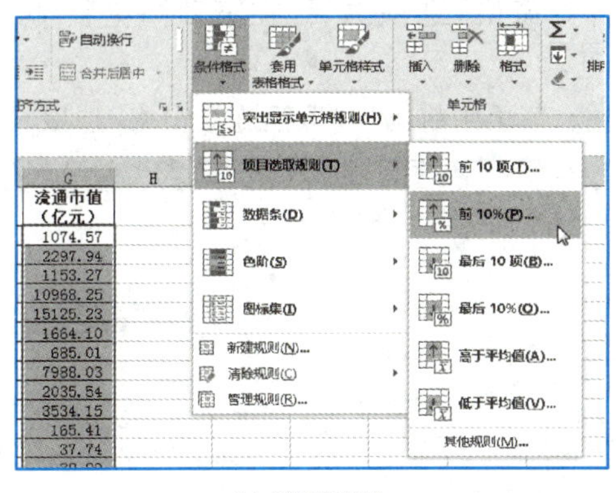

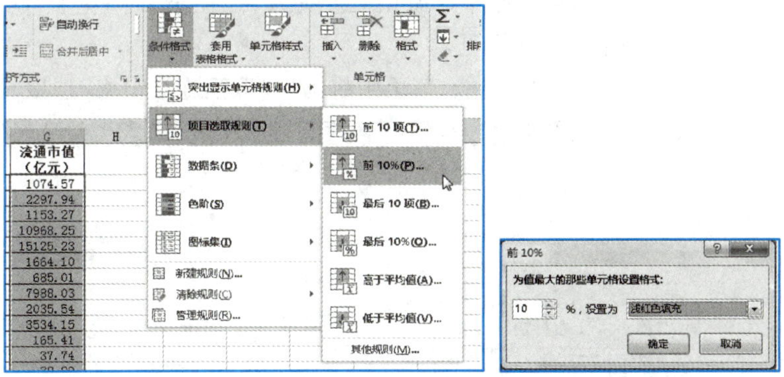

(a) 设置规则

前 10%
为值最大的那些单元格设置格式：
10　%，设置为　浅红色填充
确定　取消

(b) 设置格式

图 6-2-16　条件格式设置

Tips

注意：选择“条件格式→新建规则”命令，在弹出的“新建格式规则”对话框中，如图 6-2-17 所示，可以建立多种多样的规则，例如，使用公式来设置规则。

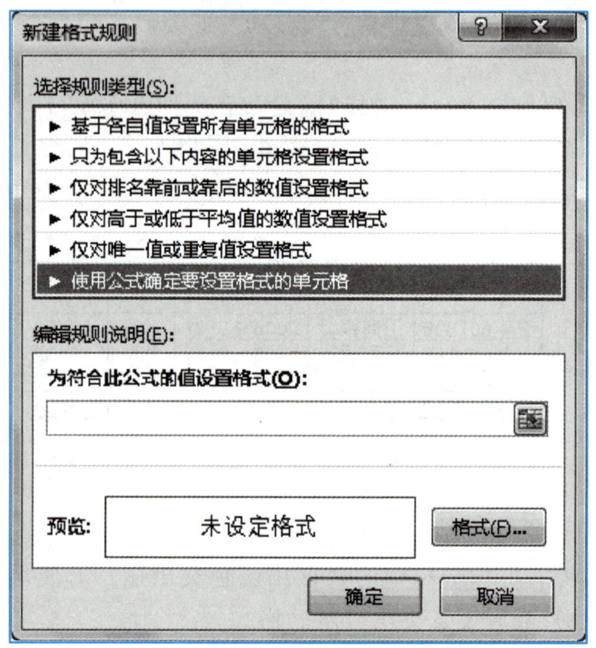

图 6-2-17　“新建格式规则”对话框

3. 冻结窗格

冻结窗格可以冻结数据区域的某一部分，使得在滚动浏览数据区域的其余部分时，该部分保持可见，该功能在阅读数据量大的数据区域时很有用。

如图 6-2-18 所示，“冻结窗格”功能选项位于“视图→窗口”功能组中。如果先将 C2 单元格选定为活动单元格，那么选择了“冻结拆分窗格”选项之后，在滚动浏览整个工作表时，C2 单元格上面的行和左侧的列，将始终保持可见。

窗格冻结之后，再次选择“冻结窗格”功能，菜单中将出现“取消冻结窗格”选项，用来取消冻结。

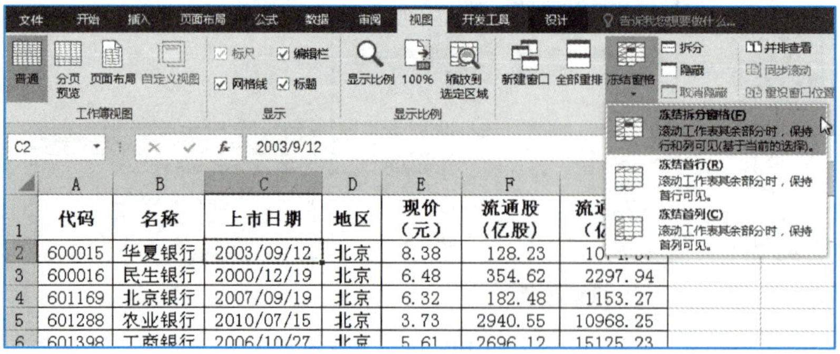

代码	名称	上市日期	地区	现价（元）	流通股（亿股）	流通[illegible]
600015	华夏银行	2003/09/12	北京	8.38	128.23	[illegible]
600016	民生银行	2000/12/19	北京	6.48	354.62	2297.94
601169	北京银行	2007/09/19	北京	6.32	182.48	1153.27
601288	农业银行	2010/07/15	北京	3.73	2940.55	10968.25
601398	工商银行	2006/10/27	北京	5.61	2696.12	15125.23

图 6-2-18　冻结窗格

6.2.6　表格

1. 数据列表

数据列表是工作表中集中记录数据的特殊单元格区域，该区域具有以下特征：① 不含合并单元格，即所有行具有相同数量的列；② 若有列标题，则列标题在该区域的第一行；③ 没有专门的行标题；④ 同一列数据，除列标题外，数据类型相同。在图 6-2-19 中，A1 : F10 区域即为一数据列表，“代码”“名称”等为列标题，列标题所在的行为标题行。数据列表与关系数据库中的表类似，借用数据库中的名称，其中的一列数据被称为一个字段，“代码”“名称”等列标题为字段名称，字段名称下面的每一行数据，被称为一条记录。

在 Excel 中，尽管不是数据列表才能创建表格，但是在下面可以见到，创建了表格的单元格区域，与数据列表类似。数据列表是记录数据的一种重要方式。

在数据区域中选定任意单元格，然后按快捷键 Ctrl+A，可以选定整个数据列表。

2. 表格的创建

在 Excel 中，表格有时候也被称为表。这并非一般意义上的表格，而是进行了专门设置的单元格区域。使用数据列表来创建表格有以下两种方式。

方法 1：使用快捷键 Ctrl+T 创建表格：如图 6-2-19 所示，首先选定数据区域中的任意单元格，然后按快捷键 Ctrl+T，即弹出“创建表”对话框。在对话框中，可以重新选择表数据的来源，还可以选择在创建的表格中是否将第一行作为列数据的标题。选择完成后，单击“确定”按钮，即创建了表格，如图 6-2-20 所示。

	A	B	C	D	E	F
1	代码	名称	上市日期	现价（元）	流通股（亿股）	流通市值（亿元）
2	601398	工商银行	2006-10-27	5.61	2696.12	15125.23
3	601988	中国银行	2006-07-05	3.79	2107.66	7988.03
4	601998	中信银行	2007-04-27	6.38	319.05	2035.54
5	601169	北京银行	2007-09-19	6.32	182.48	1153.27
6	600016	民生银行	2000-12-19	6.48	354.62	2297.94
7	601818	光大银行	2010-08-18	4.18	398.11	1664.10
8	600015	华夏银行	2003-09-12	8.38	128.23	1074.57
9	601288	农业银行	2010-07-15	3.73	2940.55	10968.25
10	601939	建设银行	2007-09-25	7.14	95.94	685.01

图 6-2-19　使用快捷键 Ctrl+T 创建表格

方法 2：套用表格格式：套用表格格式创建表格的操作步骤是：① 选定要套用表格格式的单元格区域，如果是整个数据列表，则将数据列表中的任意单元格选定为活动单元格即可；② 在“开始→样式”功能区中选择“套用表格格式”选项；③ 在表格样式列表中选择需要的表格格式。操作完成之后，原来的单元格区域在添加了填充色的同时，还变成了“表格”。

3. 表格的应用

创建表格之后，选定其中的任意单元格，功能区将出现一个新的功能选项“表格工具→设计”选项卡，如图 6-2-21 所示。

在“表格样式选项”面板组中，可以对“标题行”、列标题边上的“筛选按钮”等进行选择或者取消。若选择了“汇总行”，则会在表格的最后添加汇总行。默认情况下，只在最后一个单元格中显示汇总数据，其他单元格则为空白。打开汇总行空白单元格右侧的下拉列表，可以方便地对各列数据进行各种统计。如图 6-2-22 所示。

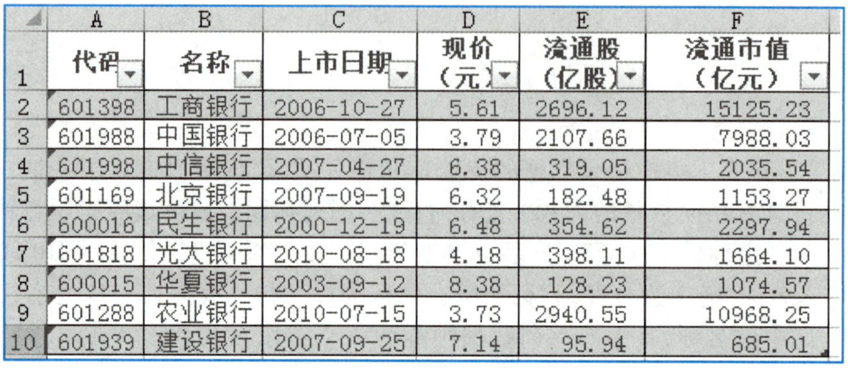

	A	B	C	D	E	F
1	代码	名称	上市日期	现价（元）	流通股（亿股）	流通市值（亿元）
2	601398	工商银行	2006-10-27	5.61	2696.12	15125.23
3	601988	中国银行	2006-07-05	3.79	2107.66	7988.03
4	601998	中信银行	2007-04-27	6.38	319.05	2035.54
5	601169	北京银行	2007-09-19	6.32	182.48	1153.27
6	600016	民生银行	2000-12-19	6.48	354.62	2297.94
7	601818	光大银行	2010-08-18	4.18	398.11	1664.10
8	600015	华夏银行	2003-09-12	8.38	128.23	1074.57
9	601288	农业银行	2010-07-15	3.73	2940.55	10968.25
10	601939	建设银行	2007-09-25	7.14	95.94	685.01

图 6-2-20 创建完成的表格

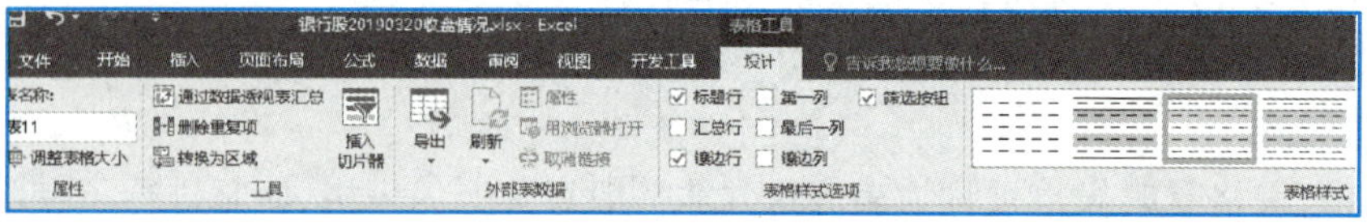

图 6-2-21 “表格工具→设计”选项卡

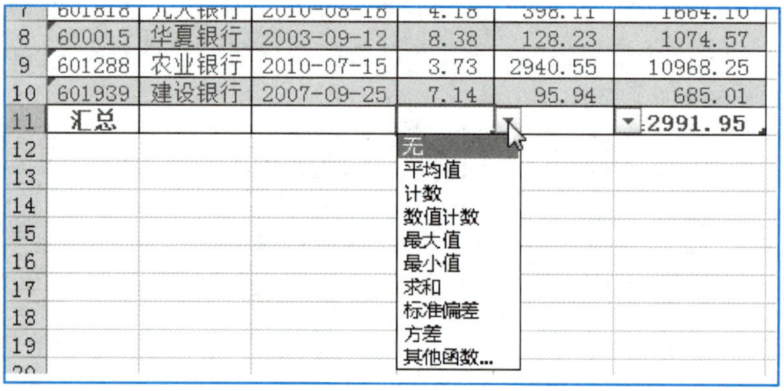

图 6-2-22 表格中的汇总行

选定表格中的单元格或单元格区域，右击鼠标，将弹出图 6-2-23(a)所示的快捷菜单，该菜单与普通单元格区域的快捷菜单(如图 6-2-23(b)所示)是有区别的，例如，在表格单元格快捷菜单的“删除”下拉列表中只有“表列”和“表行”命令，而不能删除单独的单元格。

若要将表格转换为普通单元格区域，可以在单元格快捷菜单中选择“表格→转换为区域”选项，或者在功能区选择“设计→工具→转换为区域”命令。

6.2.7 数据编辑

用户可以通过选定单元格来直接编辑单元格中数据的内容和格式，但是，在数据量较大的情况下，如果用户希望进行批量编辑，或者希望快速定位需要进行编辑的单元格，那就可以使用“查找和替换”“定位”等工具来提高效率。Excel 将这些工具归纳到了“开始→编辑→查找和选

(a) 表格单元格快捷菜单　　(b) 普通区域单元格快捷菜单

图 6-2-23　快捷菜单

择”功能区中，如图6-2-24所示。

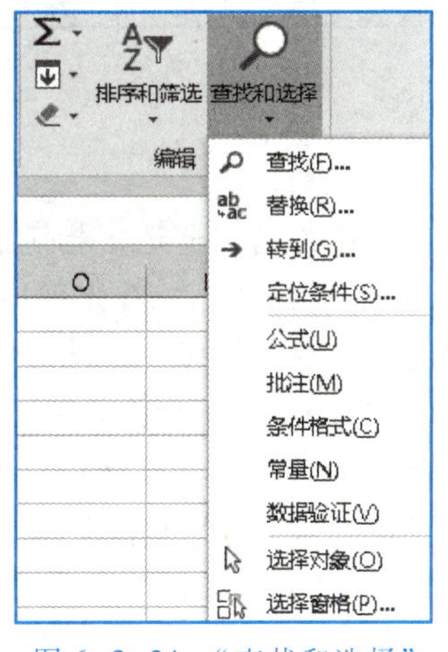

图 6-2-24　“查找和选择”功能选项

1. 查找和替换

调用查找和替换除了可以使用功能选项外，也可以使用快捷键。用户按 Ctrl+F 组合键，弹出“查找和替换”对话框，当前对话框的选项卡为“查找”；用户按 Ctrl+H 组合键，也会弹出“查找和替换”对话框，但当前对话框的选项卡为“替换”，如图 6-2-25 所示。

用户可以在一个选定的单元格区域中进行查找和替换。如果没有选定查找区域，则工作表中的查找区域为 A1 单元格到最后一个记录了数据的单元格。

- 查找内容：可以是空值，表示查寻的是查找区域中的空单元格；可以是某种格式，如某种填充色，格式可以在单元格中选择。
- 替换为：可以是空值，表示删除。
- 范围：既可以在当前工作表中查找和替换，也可以在整个工作簿中查找和替换。
- 单元格匹配：若勾选了该选项前的复选框，则表示需要单元格中数据的全部内容与查找内容匹配，而不只是数据中的某个部分与查找内容匹配，例如，在图 6-2-26 中，需要将 0 分的成绩删除。如果不勾选“单元格匹配”前的复选框，那么 80、90 中的 0 也会被删除掉。

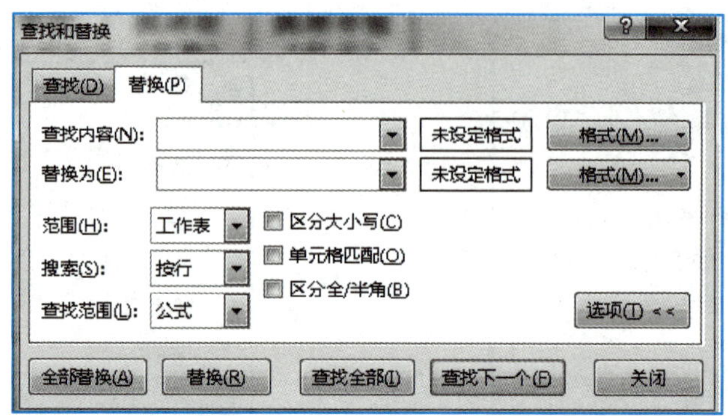

图 6-2-25 “查找和替换”对话框

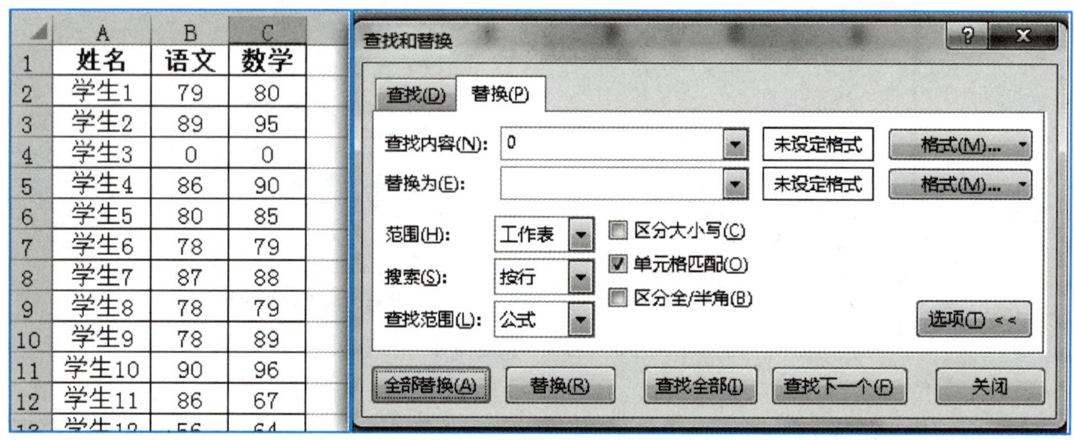

图 6-2-26 单元格匹配的应用

2. 定位

定位是指快速选定指定的单元格。定位的快捷键为 Ctrl+G 或 F5。

按下快捷键后，首先弹出的是“定位”对话框，如图 6-2-27(a)所示，在“引用位置”中输入要定位的单元格或单元格区域地址，如 E20∶F30，输入完成后，单击“确定”按钮即可。选定 E20∶F30 单元格区域，其中 E20 被指定为活动单元格。如果“引用位置”是非连续的单元格，则需要在输入的单元格地址之间加上英文逗号；如果要定位一整列，例如 B 列，则输入 B∶B；如果要定位一整行，比如第 5 行，则输入 5∶5。

在“定位”列表栏显示的是曾经定位过的地址，使用的是绝对地址(参见后面的 6.3.3 节)。

如果不选择“定位条件”，则定位操作也可以不使用对话框，直接在工作区左上侧的“名称框”中输入需要定位的单元格或单元格区域地址即可。如果选择了“定位条件”，则会弹出图 6-2-27(b)所示的对话框，其中包含了丰富的定位功能。

【例 6.2】 在图 6-2-28 左侧的数据列表中，因为停牌，有股票的价格为符号--，要求将--所在的行删除。

操作步骤：① 按鼠标选定 D2∶E2 区域，按下 Ctrl+Shift+↓组合键，将所有的价格全部选中；② 按下 Ctrl+G 组合键，单击“定位条件”按钮，在弹出的对话框中，选中“常量”和“文本”(因为“--”是文本而其他价格是数值)，单击“确定”按钮，即定位了所选区域中包含“--”符号的所有单

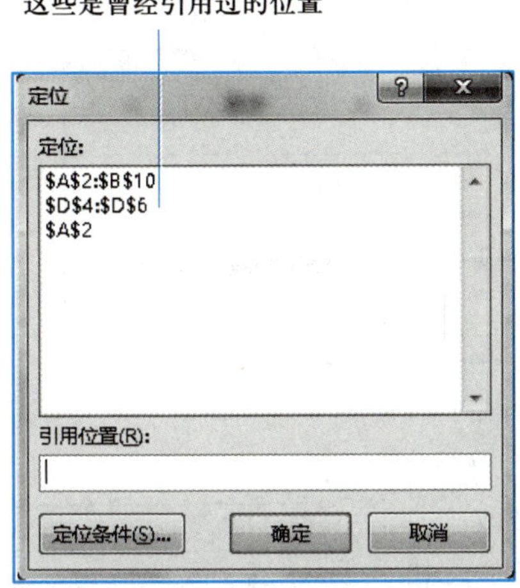

(a)“定位”对话框

定位条件

选择

◉ 批注(C)　◎ 行内容差异单元格(W)
◎ 常量(O)　◎ 列内容差异单元格(M)
◎ 公式(F)　◎ 引用单元格(P)
☑ 数字(U)　◎ 从属单元格(D)
☑ 文本(X)　◉ 直属(I)
☑ 逻辑值(G)　◎ 所有级别(L)
☑ 错误(E)　◎ 最后一个单元格(S)
◎ 空值(K)　◎ 可见单元格(Y)
◎ 当前区域(R)　◎ 条件格式(T)
◎ 当前数组(A)　◎ 数据验证(V)
◎ 对象(B)　◉ 全部(L)
◎ 相同(E)

确定　取消

(b)“定位条件”对话框

图 6-2-27　定位

元格;③ 按鼠标右键单击其中一个定位到的单元格,在弹出的对话框中选择“删除→整行”命令。

【例 6.3】　在图 6-2-28 左侧的数据列表中,将与“现价一”不相等的“现价二”突出显示。

操作步骤:① 选定“现价一”和“现价二”所有的价格数据;② 在弹出的“定位条件”对话框中,选中“行内容差异单元格”选项;③ 用鼠标右键单击其中一个定位到的单元格,设置单元格格式,例如,选择填充的颜色。

	A	B	C	D	E
1	代码	名称	地区	现价一	现价二
2	600015	华夏银行	北京	8.38	8.38
3	600016	民生银行	北京	6.48	6.58
4	601169	北京银行	北京	--	--
5	601288	农业银行	北京	3.73	3.73
6	601398	工商银行	北京	--	--
7	601818	光大银行	北京	4.18	4.18
8	601939	建设银行	北京	7.14	7.24
9	601988	中国银行	北京	3.79	3.79
10	601998	中信银行	北京	--	--
11	601166	兴业银行	福建	18.55	18.55
12	601997	贵阳银行	贵州	13.35	13.35
13	002936	郑州银行	河南	6.29	6.29
14	601577	长沙银行	湖南	11.37	11.36
15	002807	江阴银行	江苏	6.59	6.59

操作结果 →

	A	B	C	D	E
1	代码	名称	地区	现价一	现价二
2	600015	华夏银行	北京	8.38	8.38
3	600016	民生银行	北京	6.48	6.58
4	601288	农业银行	北京	3.73	3.73
5	601818	光大银行	北京	4.18	4.18
6	601939	建设银行	北京	7.14	7.24
7	601988	中国银行	北京	3.79	3.79
8	601166	兴业银行	福建	18.55	18.55
9	601997	贵阳银行	贵州	13.35	13.35
10	002936	郑州银行	河南	6.29	6.29
11	601577	长沙银行	湖南	11.37	11.36
12	002807	江阴银行	江苏	6.59	6.59
13	002839	张家港行	江苏	7.14	7.14
14	600908	无锡银行	江苏	6.76	6.76
15	600919	江苏银行	江苏	7.16	7.16

图 6-2-28　例 1 和例 2 的操作结果

在学习了后面章节中的公式等内容之后,可以进一步掌握“定位条件”对话框中与公式相关的功能。

6.2.8　数据保护

1. 锁定和隐藏单元格

选定需要保护的单元格,右击鼠标,选择“设置单元格格式”选项,在弹出的对话框中选择

"保护"选项卡，如图 6-2-29 所示。对话框中有"锁定"和"隐藏"两个选项，默认状态下，单元格的保护格式为锁定和非隐藏。

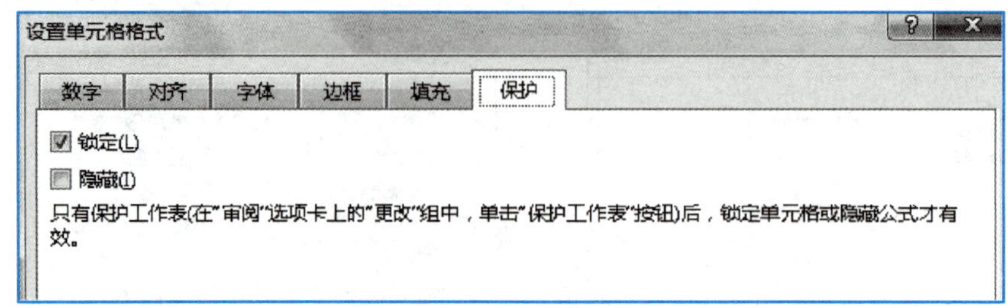

图 6-2-29　"设置单元格格式"对话框

- "锁定"选项：表示不允许单元格中的数据被修改。
- "隐藏"选项：不是把单元格藏起来，而是选定单元格时，其中的内容不在编辑栏中显示。这样，如果单元格中的值是由公式生成的，用户将看不到公式而只能看到公式的运算结果。

用户选择了"锁定"和"隐藏"选项后，其功能并不会马上生效。只有在"审阅→更改"功能组中，单击"保护工作表"按钮之后，"锁定"和"隐藏"功能才会生效。

2. 保护工作表

"保护工作表"对话框如图 6-2-30 所示，在其中可以设置取消工作表保护时需要的密码。默认状态下，系统允许用户在保护生效之后，选定锁定和没有锁定的单元格，如果取消勾选"选定锁定单元格"和"选定未锁定的单元格"前的复选框，则不允许用户选定。

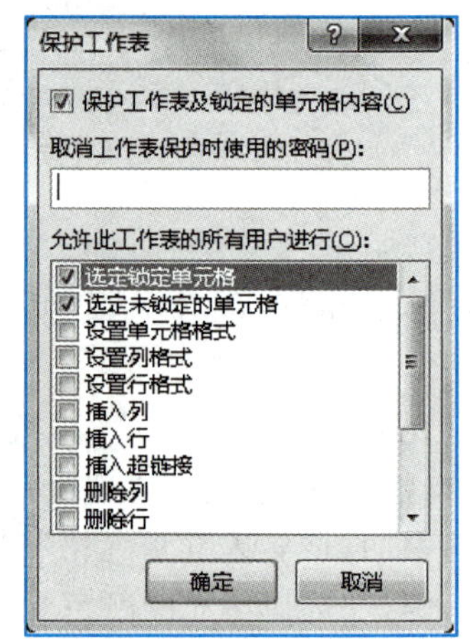

图 6-2-30　"保护工作表"对话框

在默认状态下，单元格的格式为锁定，因此，如果用户希望在保护生效后，工作表中指定区域的单元格可以被编辑而其余单元格不能被编辑，那么就需要先选定可以编辑的区域，解除锁定，然后再启动"保护工作表"。

6.2.9　综合练习——学生信息表设置

1. 练习要求

根据下载的综合练习素材，如图 6-2-31 所示，在左侧的数据区域中，将数据添加完整，并设置格式，生成右侧所示的数据区域。要求"学号""姓名和专业"均使用填充方式录入，"性别"使用下拉列表来选择，"出生日期"的显示格式为"yyyy/mm/dd"，"电话"只需要输入后 4 位；将数据列表转为表格；为整个表格添加一个标题；不同专业之间，用空白行隔开。

实验素材：练习 1_数据录入与显示格式

2. 操作要点

（1）使用功能区的"数据→数据验证"选项来实现"性别"通过下拉列表选择。

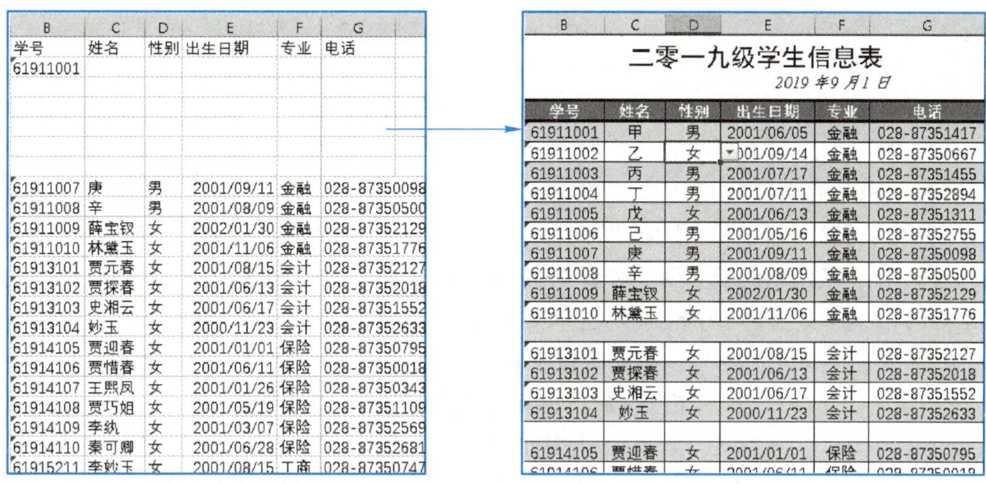

图 6-2-31　综合练习

（2）“出生日期”显示格式的设置可以在“设置单元格格式”对话框中，使用“数字→自定义”选项来完成，将显示格式自定义为“yyyy/mm/dd”。

（3）“电话”的设置与“出生日期”的设置类似，只需将格式自定义为“028-87350000”即可。

（4）补充完数据之后，选择所有的列，调整列宽。

（5）按组合键 Ctrl+T，将数据列表转换为表格，并选择适当的表格样式，或者，直接套用表格格式。

（6）在第一行的上方插入一行，合并单元格后，输入表格的标题“二零一九级学生信息表 2019 年 9 月 1 日”。由于标题是两行，可以按 Alt+Enter 组合键来实现换行。

（7）在专业之间插入空白行的方法：如图 6-2-32 所示，① 将 F 列的“专业”数据复制（使用快捷键 Ctrl+Shift+↓来快速选定），然后下移一行，粘贴到 H 列；② 选定除 F2 单元格之外的所有“专业”数据，然后按 Ctrl+G 定位，在弹出的“定位条件”对话框中选择“行内容差异单元格”选项；③ 用鼠标右击任一定位的单元格，在弹出的菜单中选择“插入→整行”命令；④ 删除临时添加的 H 列数据。

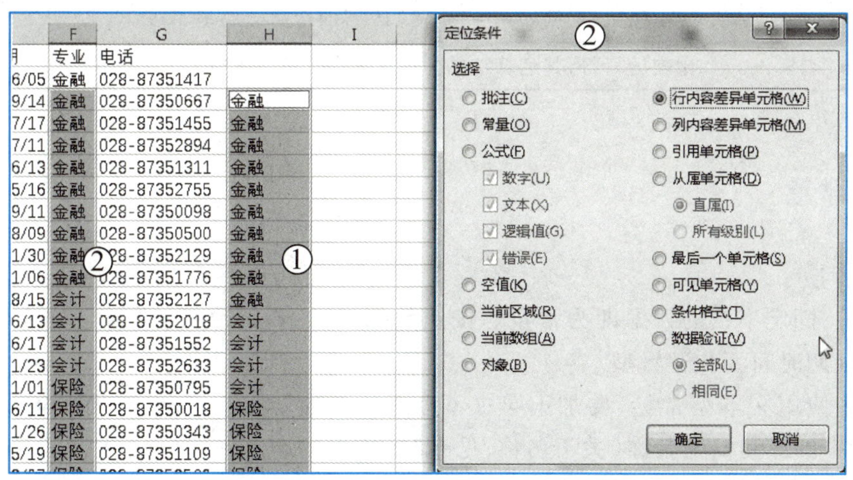

图 6-2-32　在专业之间插入空白行的步骤

6.3　Excel 公式

在 Excel 中，公式是指以等号“=”为引导，按照一定的顺序将运算符、常量、单元格引用、名称、函数、英文括号等元素组合起来，对数据进行计算的表达式。在单元格中输入公式之后，如果该单元格的格式不是文本型的，那么在单元格中将显示公式的计算结果。例如，在单元格中输入=(2+3) * 4 之后按 Enter 键，在单元格中将显示计算结果 20。除了在单元格中，条件格式、数据验证等功能中也可以使用公式。

实验素材：
练习 2_公式与函数

函数是 Excel 公式中非常重要的组成部分，而且函数数量较多，本书将在 6.4 节中进行详细介绍。本节先介绍公式中的其他组成元素。

6.3.1　运算符

运算符用于连接常量、单元格引用、名称和函数。Excel 运算符的含义，以及在没有使用括号情况下的运算顺序如表 6-3-1 所示。

表 6-3-1　Excel 中运算符的含义及运算顺序

符号	说明
:　单个空格　,	引用运算符，常用于函数中，如=SUM(A1:A6,B2:B5)
-	负号
%	百分号
^	乘幂，例如，“=2^3”的运算结果是 8
* 和/	乘号和除号
+和-	加号和减号
&	文本连接符，例如，“="M"&"19"”的运算结果是 M19
=、<>、<=、>=、<、>	比较运算符，其运算结果为逻辑值 TRUE 或 FALSE

6.3.2　常量

1. 常量类型

在公式中，固定不变的数据即为常量。按照数据类型，Excel 中的常量可分为数值型、文本型、日期型、日期时间型和逻辑型。

在公式中使用文本型常量，要加上英文双引号。例如，“="a"&"b"”若被写成“=a&b”，Excel 将视其中的 a 和 b 为名称(关于名称，见 6.3.3 节)。

在公式中使用日期型常量，也要加上英文双引号。例如，“="2019/10/10"”若被写成“=

2019/10/10”,则“/”将被视为除号,其运算结果是 20.19。

2. 不同类型数据之间的运算

在很多程序设计语言中,规定彼此要进行运算的数据必须是相同类型,否则必须先进行转换。在 Excel 中,这种类型转换经常是自动进行的。

在 Excel 中,日期型数据是一种特殊的序列值,但其实质是数值,所以日期型数据可以与数值型数据直接进行运算。例如,“="2019/1/10"+10”的运算结果是 2019/1/20。

文本型数据与数值型数据之间进行 & 运算时,数值型数据被自动转换为文本型数据。

文本型数据与数值型数据之间进行算术运算时,Excel 会根据情况自动进行转换。文本型数字,会被自动转换为数值型数字,例如,“="3"+5”的运算结果是数值 8。文本型文本,不能与数值之间进行算术运算,例如,“="a"+5”的运算结果是单元格中显示“值错误”信息“#VALUE!”。

文本型数字与文本型数字之间,可以做算术运算,Excel 自动将文本型数字转换为数值型数字。例如,“="4"+"5"”的运算结果是数值型数字 9,而“="4"&"5"”的运算结果是文本型数字 45。

6.3.3 单元格引用和名称

在 Excel 的公式中,单元格引用和名称充当了变量的角色。例如,在公式“=A3+B5”中,一旦单元格 A3 和 B5 中的数据发生改变,运算结果就会自动改变。

1. 单元格引用

单元格引用包括相对引用、绝对引用和混合引用,分别对应于相对地址、绝对地址和混合地址。A3、B5 这样的地址称为相对地址;$A$3、$B$5 这样的地址称为绝对地址;A$3、$B5 这样的地址称为混合地址。在公式中引用了相对地址叫相对引用,引用了绝对地址叫绝对引用,引用了混合地址叫混合引用。

如图 6-3-1 所示,在引用单元格时,单元格地址可以通过鼠标选定相应单元格或单元格区域来自动获取,也可以手动录入,其中单元格地址的大小写等效。绝对地址中的 $ 符号,可以手动添加,也可以先输入相对地址,再用鼠标选中单元格引用部分,最后按 F4 键实现地址类型的切换。引用另外一张工作表中的单元格时,要加上工作表的名称,例如,=A1+Sheet2!B1。

	A	B	C	D	E
1	代码	名称	现价（元）	流通股（亿股）	流通市值（亿元）
2	600015	华夏银行	8.38	128.23	=C2*D2
3	600016	民生银行	6.48	354.62	
4	601169	北京银行	6.32	182.48	
5	601288	农业银行	3.73	2940.55	
6	601398	工商银行	5.61	2696.12	
7	601818	光大银行	4.18	398.11	
8	601939	建设银行	7.14	95.94	
9	601988	中国银行	[illegible]	[illegible]	

图 6-3-1　单元格引用

2. 公式的填充与复制

Excel 将引用单元格分为多种类型,可以满足不同情况下公式的填充与复制。

在图 6-3-1 中,在 E2 单元格中输入“=C2＊D2”,然后向下填充(使用填充柄或者先选定要填充的单元格区域,输入公式后按快捷键 Ctrl+Enter)。在 E3 单元格中,公式变为“=C3 * D3”,引用的单元格改变了。

对于相对引用:向下填充时,其中相对地址中的数字将顺序递增 1;向右填充时,其中相对地址中的字母将顺序递增。Excel 2016 也允许向上和向左填充,同时公式中的相对地址将顺序递减。如图 6-3-1 所示,计算流通市值时,相对地址的这种改变,使得快速填充的公式正好能够满足计算的需要,提高了效率。

但有些情况下,在填充时不希望引用的单元格发生变化。例如,在图 6-3-2 中,F 列要计算不同银行与民生银行间的流通市值之差。在 F2 单元格中输入公式“=E2-E3”,如果直接填充到 F3 单元格,公式将变为“=E3-E4”,得不到想要的结果,所以,作为减数的单元格地址不能改变,要使用绝对地址或混合地址,即 F2 单元格中输入的公式应该为“=E2-$E$3”或“=E2-E$3”。

	A	B	C	D	E	F
1	代码	名称	现价（元）	流通股（亿股）	流通市值（亿元）	与民生银行差值（亿元）
2	600015	华夏银行	8.38	128.23	1074.57	=E2-E$3
3	600016	民生银行	6.48	354.62	2297.94	
4	601169	北京银行	6.32	182.48	1153.27	
5	601288	农业银行	3.73	2940.55	10968.25	
6	601398	工商银行	5.61	2696.12	15125.23	
7	601818	光大银行	4.18	398.11	1664.10	
8	601939	建设银行	7.14	95.94	685.01	

图 6-3-2 混合引用

复制含有引用单元格的公式时,单元格地址有可能发生变化,变化规律与填充时相同。例如,将 A1 单元格中的公式“=B1+C2”复制到 D2 单元格,由于是相对引用,因此字母将在字母表中顺移 3 个位置,数字将递增 1,所以,D2 单元格中的公式为“=E2+F3”。

3. 名称

在 Excel 中,可以为单元格或者单元格区域建立名称,并在公式中直接引用。操作方法是:先选定单元格区域,然后在“名称框”中设置名称,例如,在图 6-3-3 中,先选定 E3 单元格,然后在“名称框”中输入 MSB 后按 Enter 键,就将 E3 单元格的名称设置成了 MSB。这样,在 F2 单元格中,就可以将公式输入为“=E2-MSB”,然后直接向下填充。

MSB　　=C3*D3

	A	B	C	D	E	F
1	代码	名称	现价（元）	流通股（亿股）	流通市值（亿元）	与民生银行差值（亿元）
2	600015	华夏银行	8.38	128.23	1074.57	
3	600016	民生银行	6.48	354.62	2297.94	
4	601169	北京银行	6.32	182.48	1153.27	
5	601288	农业银行	3.73	2940.55	10968.25	

图 6-3-3 新建名称

若要编辑或删除已经建立的“名称”,可以在功能区的“公式”选项卡下选择“名称管理器”选项,然后在弹出的“名称管理器”对话框中进行相应操作,如图 6-3-4 所示。

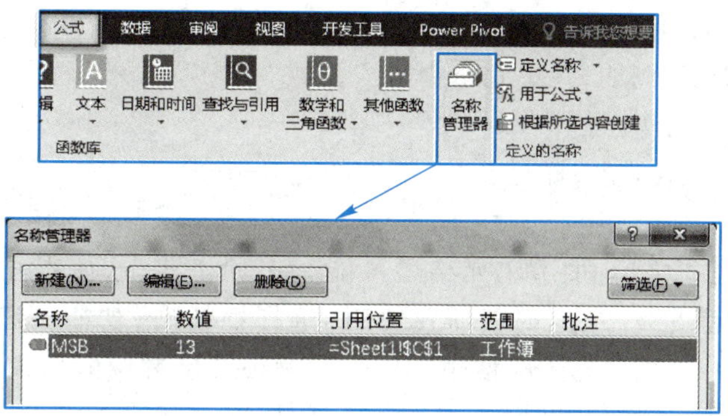

图 6-3-4 编辑/删除名称的步骤

6.3.4 公式保护与选择性粘贴

1. 公式保护

使用 6.2.7 节介绍的“锁定”和“隐藏”功能,可以实现对公式的保护。在保护公式之前,要先知道哪些单元格使用了公式。在表格较大的情况下,可以使用 6.2.6 小节中介绍的“定位条件”来帮助用户确定哪些单元格使用了公式,如图 6-3-5 所示,其中,“公式”下面有 4 个复选框,表示公式运算结果的不同类型,全选这 4 个复选框,表示只要单元格中显示的结果是公式生成的,就被定位。

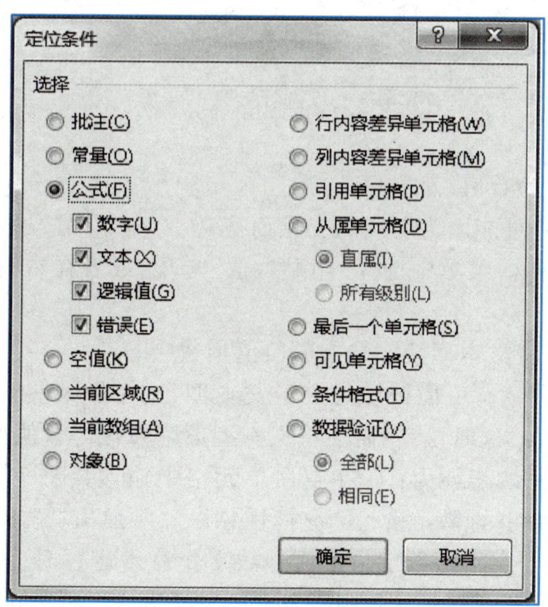

图 6-3-5 公式的定位

图 6-3-5 中的“错误”选项表示公式的运算结果是错误的。常见的错误有如下几种。

① #DIV/0!:“被零除”错误。

② #NAME?:“无效名称”错误,即公式中使用的文本没有定义。

③ #VALUE!:值错误,例如,在单元格中输入公式“ ="a"+"b" ”就会出现值错误,因为文本型数据"a"和"b"之间不能作+运算。

关于 Excel 中的错误值信息,详见 6.4.1 节中的表 6-4-1。

2. 选择性粘贴

在单元格中使用公式之后,加上单元格还可能有多种格式,这使得复制之后的内容变得丰富,直接粘贴不一定能满足需要,这时就需要使用“选择性粘贴”功能。选定单元格之后右击鼠标,在弹出的快捷菜单中选择“选择性粘贴”选项,或者在“开始→剪贴板”功能组中选择“粘贴→选择性粘贴”选项,都可以弹出图 6-3-6 所示的对话框。

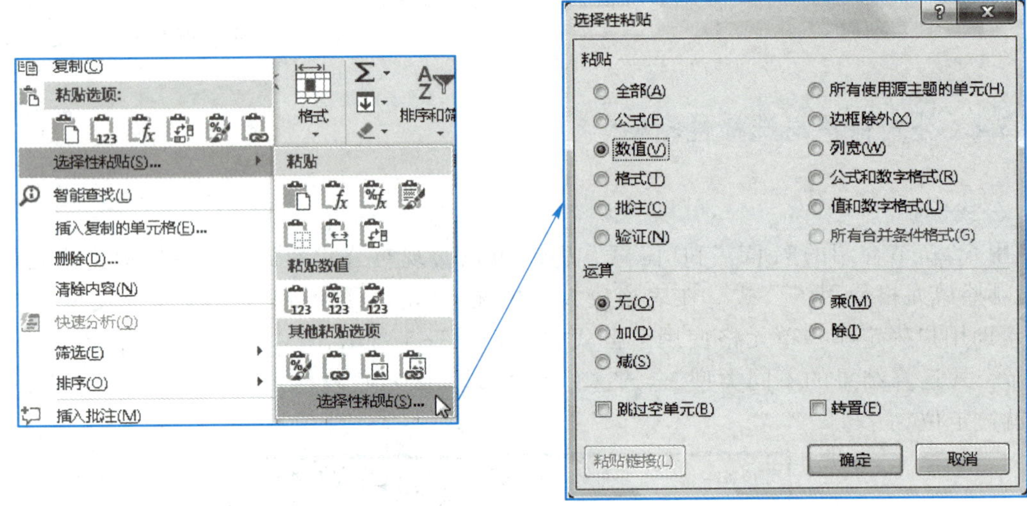

图 6-3-6　选择性粘贴步骤

(1) 选择性粘贴内容为数值

由公式生成的数据,有可能因为引用的变化而变化。如果不需要这种变化而只需要运算结果,则可以在图 6-3-6 左侧的菜单中选择“粘贴数值”选项,或者在右侧的对话框中选中“数值”选项。

(2) 通过选择性粘贴将文本型数字转换成数值型数字

在数据区域中,个别数字有可能被设置成了文本型,这在做某些计算时(例如,使用求和函数 SUM),可能会出现错误。这时候,就需要将文本型数字转化为数值型数字。转化的方法有多种,使用“选择性粘贴”方法的步骤为:① 在空白单元格中输入数字 1,然后复制;② 使用“定位条件”选定包含了文本型数字的单元格;③ 选择性粘贴;④ 弹出“选择性粘贴”对话框之后,在“运算”下面选择“乘”,由于文本型数字与数值型数字作算术运算时,文本型数字会被自动转化为数值型数字,此操作即实现了转换;⑤ 删除空白处的数字 1。如图 6-3-7 所示。

6.3.5　数组公式

在 Excel 中,数组是指按一行、一列或者多行多列排列的一组数据的集合。按照一行或一列

	A	B	C	D	E
1	代码	名称	现价（元）		
2	600015	华夏银行	8.38		
3	600016	民生银行	6.48		
4	601169	北京银行	6.32		
5	601288	农业银行	3.73		1
6	601398	工商银行	5.61		
7	601818	光大银行	4.18		
8	601939	建设银行	7.14		
9	601988	中国银行	3.79		

图 6-3-7　文本型数字转数值型数字

排列的数组，称为一维数组；按照多行多列排列的数组，称为多维数组。本教材介绍一维数组。

1. 数组公式基础

数组可以在单元格中通过公式直接输入。如图 6-3-8 所示，先选定区域 C1∶F1，再输入“＝{3,5,2,1}”，最后按下组合键 Ctrl+Shift+Enter 后，即可生成横向的一维数组。同样，先选定纵向的连续单元格，再输入“＝{3;5;2;1}”，可以生成纵向的一维数组。纵向数组数字之间用分号而不是逗号隔开。

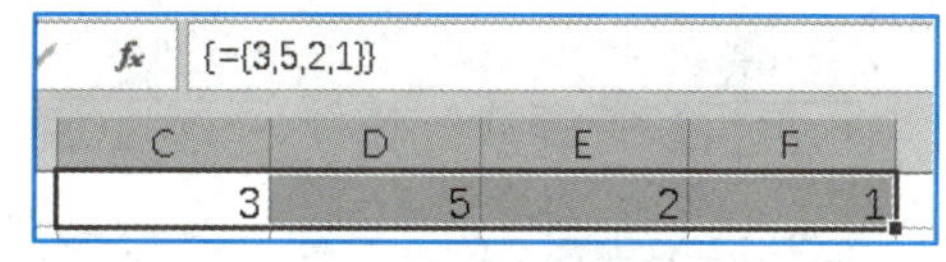

图 6-3-8　一维数组

使用了数组的公式被称为数组公式。与普通公式不同的是，用户输入数组公式的时候，必须按组合键 Ctrl+Shift+Enter 来完成编辑。选定使用了数组公式的单元格，编辑栏显示的公式用花括号{ }括起来，{ }是数组公式的标志。如果数组是由数组公式生成的，那么编辑时不能只修改数组中单独一个单元格的数据。

2. 数组计算

数据区域中的一列或者一行数据，可以视为一个一维数组。数组之间可以进行运算。如图 6-3-9 所示，数组运算的结果可以是一组数，也可以是单个数。

D	E	F	G
现价（元）	流通股（亿股）	流通市值（亿元）	
5.61	2696.12	=D2:D10*E2:E10	
3.79	2107.66		
6.38	319.05		
6.32	182.48		
6.48	354.62		
4.18	398.11		
8.38	128.23		
3.73	2940.55		
7.14	95.94		

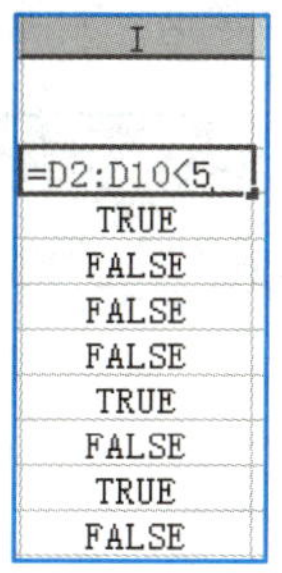

总计	=SUM(D2:D10*E2:E10)

图 6-3-9　数组计算

当运算结果是一组数的时候，输入公式之前需要先选择填充运算结果的单元格区域，例如，图 6-3-9 中 F 列的 F2∶F10，I 列的 I2∶I10，在分别按下 Ctrl+Shift+Enter 组合键完成计算之后，在 F 列将生成每只股票的流通市值，在 I 列则是判断现价是否小于 5 元。

图 6-3-9 中计算总计的公式中使用的 SUM 是函数（详见 6.4 节），用来计算一组数值型数

据的和,其计算结果是一个数。

3. 分步计算公式的各个部分

对于一些复杂的公式,如引入了数组计算之后的公式,分步计算公式的各个部分,可以帮助用户理解公式,并检查公式是否正确。

例如,对图 6-3-9 中的数据使用公式“=SUM((D2:D10<5)*1)”,再按 Ctrl+Shift+Enter 后的结果是 3,为什么会有这样的结果呢?

如图 6-3-10,首先双击单元格调出公式,用鼠标左键选择 D2:D10<5,按下 F9 键后,该步骤的计算结果就显示出来了,其是一组逻辑值。类似地,如果选择的是公式中的(D2:D10<5)*1,按下 F9 键之后,显示结果是一组 0 和 1 构成的数组。可见,该公式最后实际上是对一组 0 和 1 构成的数组求和,满足小于 5 条件的,结果是 TRUE,否则为 FALSE。而 Excel 规定,逻辑型数据和数值型数据之间进行算术运算时,将 TRUE 自动转换为 1,FALSE 自动转换为 0,因此,在乘以 1 之后,满足条件的结果为 1,不满足的结果为 0,SUM 最后就统计出了总计有多少个是满足条件的。

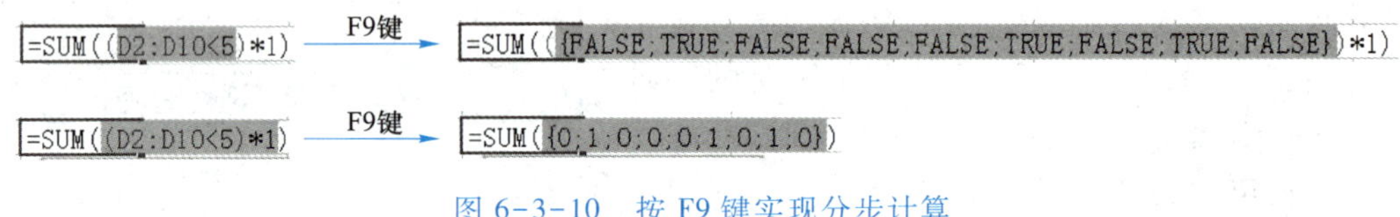

图 6-3-10　按 F9 键实现分步计算

用户也可以选定使用了公式的单元格,然后调用功能区的“公式→公式审核→公式求值”选项,实现公式的分步计算,如图 6-3-11 所示,在“公式求值”对话框中,反复单击“求值”按钮,即可获得每一个步骤的计算结果。

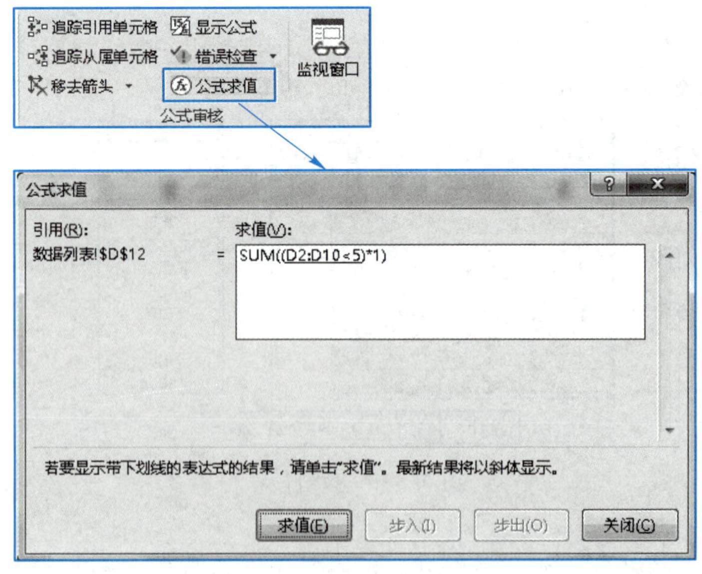

图 6-3-11　使用“公式求值”选项实现分步计算

6.4 函 数

6.4.1 函数概述

1. 函数的概念和特点

Excel 函数是预先定义并按照特定的顺序和结构来计算、分析数据处理任务的功能模块。Excel 中每个函数都有特定的功能和用途,它们具有唯一且不区分大小写的函数名称。

2. 函数的结构

函数的基本格式如下:

函数名(参数 1,参数 2,…,参数 n)

其中,函数名决定了函数的功能和用途。参数是一些可以变化的量,可以是常量、单元格引用、名称和其他函数的结果等。使用一个函数的结果作为另一个函数的参数的情况称为函数的嵌套。

3. 必需参数和可选参数

一些函数可以仅使用其部分参数,例如,SUM 函数可支持 255 个参数,除了第 1 个参数为必需参数不能省略,其他参数都可以省略。可选参数就是可以省略的参数,在函数语法中,可选参数一般用一对方括号“[ ]”括起来,当函数有多个可选参数时,可从右向左依次省略参数。另外,当函数中有些参数可以省略时,就在前一个参数的后面写上两个逗号,用于保留该参数的位置,以便继续输入其后的参数。

4. 常用函数类型

Excel 中的函数可分为 12 种类型:文本函数、数学和三角函数、信息函数、日期函数、逻辑函数、统计函数、查找和引用函数、财务函数、工程函数、多维数据集函数、兼容性函数和 Web 函数等。

在 Excel 2016 中内置的函数有数百个,但这些函数并不需要全部学习,掌握使用频率较高的几十个函数以及将这些函数进行嵌套使用,就可以应对工作中大多数任务了。

5. 函数的输入方式

输入函数的方式有两种:在“插入函数”对话框中输入,或者在单元格或编辑栏中手动输入。

(1) 打开“插入函数”对话框的方法有 4 种。

方法 1:单击“公式”选项卡上的插入函数按钮。

方法 2:在“公式”选项卡下的“函数库”面板组中,单击函数类别下拉按钮,在扩展菜单底部选择“插入函数”选项。

方法 3:单击“编辑栏”左侧的插入函数按钮 f_x。

方法 4:按 Shift+F3 组合键。

(2) 如果知道函数的全名或部分名称,可以在单元格或编辑栏中手动输入函数。Excel 的“公式记忆式键入”功能能够根据用户输入公式时的关键字,在屏幕上显示备选的函数和已定义的名称列表,帮助用户快速完成公式。

6. 公式的常见错误

在使用公式时,可能因某种原因无法得到正确的结果,单元格会返回错误值,常见的错误值及其含义如表 6-4-1 所示。

表 6-4-1 常见错误值及其含义

常见错误值	含义
#####	列宽不能完整地显示数字,或者使用了负数表示日期或时间
#VALUE!	使用的参数类型错误
#DIV/0!	数字被 0 除
#NAME?	公式中使用了未定义的文本名称
#N/A	通常情况下,查询函数找不到可用结果时的返回错误
#REF!	被引用的单元格区域或被引用的工作表被删除
#NUM!	公式或函数中使用无效数字值,如"=SMALL(A1:A5,7)"中只有 5 个数却要返回第 7 个最小值
#NULL!	公式或函数中的区域运算符或单元格引用不正确,如计算 A1:A5 和 B1:B5 两个区域的和,写成了"=SUM(A1:A5 B1:B5)"

6.4.2 数学函数

掌握和利用 Excel 数学计算类的基础应用技巧,可以在工作表中快速完成数学计算。本节将介绍几种常用的数学函数。

1. MOD( )函数

【功能】返回两数相除的余数,结果的符号与除数相同。

【语法】MOD(number,divisor)

【参数】number 为计算余数的被除数;divisor 为除数;这两个参数均为必需参数。

注意:如果 divisor 为 0,则 MOD 返回错误值"#DIV/0!"。

例举的 MOD( )函数的计算结果如表 6-4-2 所示。

表 6-4-2 例举的 MOD( )函数的计算结果

公式	说明	计算结果
=MOD(3,2)	计算 3/2 的余数	1
=MOD(-3,2)	计算-3/2 的余数,符号与除数相同	1
=MOD(3,-2)	计算 3/-2 的余数,符号与除数相同	-1
=MOD(-3,-2)	计算-3/-2 的余数,符号与除数相同	-1

2. ABS( )函数

【功能】返回数字的绝对值。

【语法】ABS(number)

【参数】number 为需要计算其绝对值的实数,此参数为必需参数。

例如,公式“=ABS(-2)”的返回值为 2;如果 A1=-4,则公式“=ABS(A1)”的返回值为 4。

3. SQRT( )函数

【功能】返回正数的平方根。

【语法】SQRT(number)

【参数】number 为要计算其平方根的数字。

注意:如果 number 为负值,则 SQRT 返回错误值“#NUM!”。

例如,公式“=SQRT(16)”的返回值为 4;如果 A1=4,则公式“=SQRT(A1)”的返回值为 2;如果 A2=-16,为避免错误消息,则使用公式“=SQRT(ABS(A2))”,其返回值为 4。

4. RAND( )函数

【功能】随机数函数,用于返回一个大于或等于 0 且小于 1 的平均分布的随机小数。

【语法】RAND( )

【参数】该函数没有参数。

注意:① 该函数每次在计算时都会返回一个新的随机小数;② 若要生成 a 与 b 之间的随机实数,则使用公式“=RAND( ) * (b-a)+a”。

例如,返回一个大于或等于 0 且小于 100 的随机数,可以使用公式“=RAND( ) * 100”。

5. RANDBETWEEN( )函数

【功能】返回位于两个指定数之间的一个随机整数。

【语法】RANDBETWEEN(bottom, top)

【参数】bottom 表示所产生随机数的下限,此参数为必需参数;top 表示所产生随机数的上限,此参数为必需参数。

注意:该函数每次计算时都会返回一个新的随机整数。

例如,公式“=RANDBETWEEN(1,100)”将产生一个大于或等于 1 小于或等于 100 的随机整数。

读者可以自行尝试一下“=RANDBETWEEN(-1,1)”的运行结果。

6.4.3 统计函数

Excel 提供了丰富的统计函数,其处理数据的功能十分强大,可以完成诸多统计计算,在工作中有很多应用。本节将分别对基础统计函数、条件统计函数和其他常用统计函数进行介绍。表 6-4-3 中列出了常用的 7 个基础统计函数及其功能。

表 6-4-3 基础统计函数及其功能(7 个)

函数	语法	功能
SUM()	SUM(n1,[n2],…)	返回其参数的和
AVERAGE()	AVERAGE(n1,[n2],…)	返回其参数的平均值
COUNT()	COUNT(v1,[v2],…)	计算参数列表中数字的个数
COUNTA()	COUNTA(v1,[v2],…)	计算参数列表中非空单元格的个数
MAX()	MAX(n1,[n2],…)	返回参数列表中的最大值
MIN()	MIN(n1,[n2],…)	返回参数列表中的最小值
RANK()	RANK(n,r)	返回数字 n 在数字列表 r 中的排位

1. SUM( )函数

【功能】返回参数中所有数字之和。

【语法】SUM(number1, [number2], ...)

【参数】number1:必需参数,要计算的第 1 个数字、单元格引用或单元格区域;number2, ...:可选参数,要计算的其他数字、单元格引用或单元格区域。

Tips

注意:① SUM( )函数最多可包含 255 个参数;② 参数可以是数字或者是包含数字的名称、数组、单元格引用、单元格区域;③ 直接键入的逻辑值和代表数字的文本会被计算在内,TRUE 代表 1,FALSE 代表 0;④ 单元格引用中的空白单元格、逻辑值或文本将被忽略。

例如,公式“=SUM(2,"2",True)”的返回值为 5,其中文本被转化为数字,逻辑值 True 被转化为 1;如果 A1=2,A2="2",A3=True,则公式“=SUM(A1,A2,A3)”的返回值为 2,因为单元格引用或单元格区域参数包含文本、逻辑值或空单元格,这些值将被忽略。

在 Excel 2016 中,在一行或者一列数据后面的单元格中使用快捷组合键 Alt+=,可以快速插入 SUM( )函数。

2. AVERAGE( )函数

【功能】返回参数中所有数字的平均值(算术平均值)。

【语法】AVERAGE(number1, [number2], ...)

【参数】number1:必需参数,要计算平均值的第 1 个数字、单元格引用或单元格区域;number2, ...:可选参数,要计算平均值的其他数字、单元格引用或单元格区域。

Tips

注意：① AVERAGE( )函数最多可包含 255 个参数；② 参数可以是数字或者是包含数字的名称、数组、单元格引用、单元格区域；③ 直接键入的逻辑值和代表数字的文本会被计算在内，TRUE 代表 1，FALSE 代表 0；④ 单元格引用中的空白单元格、逻辑值或文本将被忽略，但包含零值的单元格将被计算在内。

表 6-4-4 是例举的 AVERAGE( )函数的用法。

表 6-4-4　AVERAGE( )函数用法举例

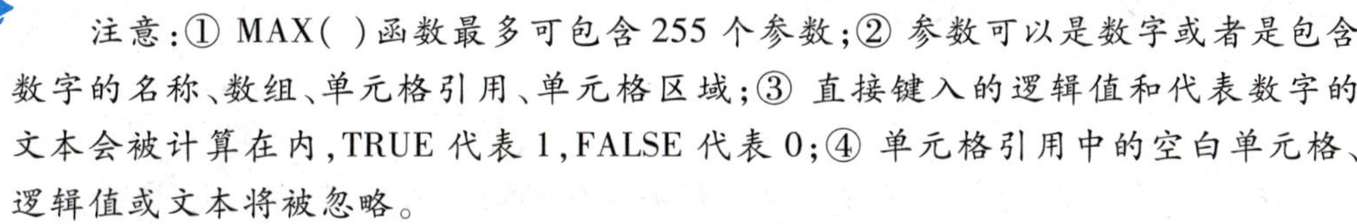

公式	计算过程	结果
=AVERAGE("2",3,True)	(2+3+1)/3	2
如果 A1=2,A2="2",A3=True,计算 AVERAGE(A1,A2,A3)	2/1	2
如果 A1=2,A2=a,A3=True,计算 AVERAGE(A1,A2,A3)	2/1	2
如果 A1=2,A2=0,A3=True,计算 AVERAGE(A1,A2,A3)	(2+0)/2	1

3. MAX( )函数

【功能】返回一组值中的最大值。

【语法】MAX(number1, [number2], …)

【参数】number1：必需参数；number2, …：可选参数。

Tips

注意：① MAX( )函数最多可包含 255 个参数；② 参数可以是数字或者是包含数字的名称、数组、单元格引用、单元格区域；③ 直接键入的逻辑值和代表数字的文本会被计算在内，TRUE 代表 1，FALSE 代表 0；④ 单元格引用中的空白单元格、逻辑值或文本将被忽略。

例如，A1=20，A2=33，A3=5，公式“=MAX(A1:A3)”的返回值为 33，公式“=MAX(A1:A3,50)”的返回值为 50。

4. MIN( )函数

【功能】返回一组值中的最小值。

【语法】MIN(number1, [number2], …)

【参数】number1：必需参数；number2, …：可选参数。

Tips

注意：① MIN( )函数最多可包含 255 个参数；② 参数可以是数字或者是包含数字的名称、数组、单元格引用、单元格区域；③ 直接键入的逻辑值和代表数字的文本会被计算在内，TRUE 代表 1，FALSE 代表 0；④ 单元格引用中的空白单元格、逻辑值或文本将被忽略。

例如,A1=20,A2=33,A3=5,公式"=MIN(A1:A3)"的返回值为5,公式"=MIN(A1:A3,2)"的返回值为2。

5. COUNT( )函数

【功能】计算参数列表中数值型数据的个数。

【语法】COUNT(value1, [value2], …)

【参数】value1:必需参数,要计算其中数字的个数的第1项、单元格引用或区域;value2, …:可选参数,要计算其中数字的个数的其他项、单元格引用或区域。

注意:① COUNT( )函数最多可包含255个参数;② 如果参数为数字、日期或者直接键入的文本型数字(如"1"),将被统计在内;③ 直接键入的逻辑值则将被计算在内,TRUE代表1,FALSE代表0;④ 单元格引用中的空白单元格、逻辑值或文本将被忽略。

例如,A1="2019-3-20",A2=19,A3=True,A4="a",则公式"=COUNT (A1:A4,"2")"的返回值为3,因为日期型数据被计算在内,直接输入的"2"也被计算在内。

6. COUNTA( )函数

【功能】计算单元格区域中非空单元格的个数。

【语法】COUNTA(value1, [value2], …)

【参数】value1:必需参数,表示要计数的值的第一个参数;value2, …:可选参数,表示要计数的值的其他参数,最多可包含255个参数。

注意:COUNTA( )函数可对包含任何类型信息的单元格进行计数,这些信息包括错误值和空文本(""),但COUNTA( )函数不会对空单元格进行计数。

7. RANK( )函数

【功能】返回一个数字在列表中的排位。

【语法】RANK(number,ref,[order])

【参数】Number:必需参数,要找到其排位的数字;Ref:必需参数,数字列表数组或对数字列表的引用,Ref中的非数字值会被忽略;Order:可选参数,用于指定数字排位方式,如果为0(零)或省略,则按降序排列,如果不为0,则按升序排列。

注意:Rank( )函数给重复数相同的排位,但重复数的存在将影响后续数值的排位。例如,在按升序排序的整数列表中,如果数字10出现两次,且其排位为5,则11的排位为7(没有排位为6的数值)。

例如,公式"=rank(A1,A1:A10,1)"表示A1单元格内的数值在A1:A10数值中按升序排列在第几位。

8. COUNTIF( )函数

【功能】用于统计满足某个条件的单元格的数量。

【语法】COUNTIF(range,criteria)

【参数】range:必需参数,需要统计的一个或多个单元格区域;criteria:必需参数,表示统计的条件。

Tips

注意:任何文本条件或任何含有逻辑或数学符号的条件都必须使用英文双引号括起来。如果条件为数字,则无须使用双引号。

例如,公式"=COUNTIF(A2:A5,"London")"表示统计A2:A5区域中值为London的单元格的个数,公式"=COUNTIF(A1:A10,">100")"表示统计A1:A10区域中大于100的数值的个数。

9. SUMIF( )函数

【功能】对区域中符合指定条件的值求和。

【语法】SUMIF(range, criteria, [sum_range])

【参数】range:必需参数,根据条件进行计算的单元格的区域;criteria:必需参数,用于确定对单元格求和的条件,其形式可以为数字、表达式、单元格引用、文本或函数,例如,条件可以表示为32、">32"、B5、"32"、"苹果" 或 TODAY( );sum_range:可选参数,表示需要求和的实际单元格,当且仅当第1个参数(判断区域)和第3个参数(求和区域)完全重合时,此参数方可以省略。

Tips

注意:可以在criteria参数中使用通配符,包括问号?和星号*,其中问号用于匹配任意单个字符;星号用于匹配任意一串字符。

例如,假设A列为产值,B列为销售数量,则"=sumif(A1:A10,">50000")"表示计算产值大于50 000的产品的产值和;"=sumif(A1:A10,">50000",B1:B10)"表示计算产值大于50 000的产品的销售数量之和。

10. SUMIFS( )函数

【功能】多区域中满足多个条件的单元格求和。

【语法】SUMIFS(sum_range, criteria_range1, criteria1, [criteria_range2, criteria2], …)

【参数】sum_range:必需参数,指需要求和的单元格区域;criteria_range1:必需参数,指计算关联条件的第1个区域;criteria1:criteria_range1区域的条件,如可以将条件输入为32、">32"、B4、"苹果" 或 "32";criteria_range2, criteria2:表示附加的区域及其关联条件,最多允许127个区域/条件对。

例如,"=SUMIFS(A2:A9,B2:B9,"A*",C2:C9,"卢宁")"表示将A2:A9区域中同时符合条件1和条件2的单元格值求和,其中条件1是B2:B9区域中A开头的字符,条件2是C2:

C9 区域中姓名是“卢宁”的。

11. AVERAGEIF( )函数

【功能】返回某个区域内满足给定条件的所有单元格的平均值(算术平均值)。

【语法】AVERAGEIF(range, criteria, [average_range])

【参数】range:必需参数,要计算平均值的一个或多个单元格,其中包含数字或包含数字的名称、数组或引用;criteria:必需参数,形式为数字、表达式、单元格引用或文本的条件,用来定义将计算平均值的单元格;average_range:可选参数,表示计算平均值的实际单元格组,当且仅当第 1 个参数(判断区域)和第 3 个参数(求和区域)完全重合时,此参数方可以省略。

注意:如果 average_range 中的单元格为空单元格,AVERAGEIF( )函数将忽略它。

例如,假设 A 列为产值,B 列为销售数量,“=AVERAGEIF(A2:A5,">250000",B2:B5)”表示计算产值大于 250 000 的产品的销售数量平均值。

12. AVERAGEIFS( )函数

【功能】返回满足多个条件的所有单元格的平均值(算术平均值)。

【语法】AVERAGEIFS(average_range, criteria_range1, criteria1, [criteria_range2, criteria2], …)

【参数】average_range:必需参数,表示要计算平均值的一个或多个单元格,其中包含数字或包含数字的名称、数组或引用;criteria_range1:必需参数,计算关联条件的第一个区域;criteria1:criteria_range1 区域的条件;criteria_range2, criteria2:表示附加的区域及其关联条件,最多允许 127 个区域/条件对。

例如,假设 B 列为学生第 1 次测试的成绩,则“=AVERAGEIFS(B2:B5, B2:B5, ">70", B2:B5, "<90")”用于计算所有学生第 1 次测验成绩在 70~90 分之间的分数的平均值。

13. FREQUENCY( )函数

【功能】计算数值在某个区域内的出现频率。

【语法】FREQUENCY(data_array, bins_array)

【参数】data_array:必需参数,表示要对其频率进行计数的一组数值或对这组数值的引用,如果 data_array 中不包含任何数值,则 FREQUENCY( )函数将返回一个零数组;bins_array:必需参数,表示要将 data_array 中的值插入的间隔数组或对间隔的引用,如果 bins_array 中不包含任何数值,则 FREQUENCY( )函数将返回 data_array 中的元素个数。

注意:使用 FREQUENCY( )函数可以在分数区域内计算测验分数的个数。由于FREQUENCY( )函数返回一个数组,所以它必须以数组公式的形式输入,即按 Ctrl + Shift + Enter 组合键,如图 6-4-1 所示。

	A	B	C	D	E	F
1	分数	分数段	分数段说明	人数	公式	
2	79	69	0-69分	1	选中D2:D5,在公式栏中输入 =frequency(A2:A7,B2:B4) 按下Ctrl + Shift + Enter,则同时返回D2:D5四个值	
3	85	79	70-79分	2		
4	60	89	80-89分	1		
5	93		90-100分	2		
6	72					
7	90					
8						

图 6-4-1　FREQUENCY( )函数的使用

6.4.4　文本函数

1. 用 LEN( )函数计算字符串长度

【功能】LEN( )函数用于返回文本字符串中的字符数。

【语法】LEN(text)

【参数】text 是必需参数,表示要查找其长度的文本,其中空格将作为字符进行计数。

例如,LEN("Hello world!")的值为 12。

2. 用 LEFT( )、RIGHT( )和 MID( )函数提取字符串

(1) LEFT( )函数

【功能】从文本字符串的第 1 个字符开始返回指定个数的字符。

【语法】LEFT(text, [num_chars])

【参数】text 是必需参数,包含要提取字符的文本字符串;num_chars 是可选参数,指定要由 LEFT( )函数提取的字符的数量,若省略,则默认值为 1。

例如,LEFT("swufe",2)的返回值为 sw。

(2) RIGHT( )函数

【功能】从字符串的末尾返回指定数字的字符。

【语法】RIGHT(text, [num_chars])

【参数】text 是必需参数,包含要提取字符的文本字符串;num_chars 是可选参数,指由 RIGHT( )函数提取的字符的数量,该参数的默认值为 1。

例如,RIGHT("swufe",2)的返回值为 fe。

(3) MID( )函数

【功能】从字符串的任一位置上返回指定数量的字符。

【语法】MID(text, start_num, num_chars)

【参数】Text:必需参数,包含要提取字符的文本字符串。start_num:必需参数,指定文本中要提取的第 1 个字符的位置。num_chars:必需参数,指定提取字符的数量。

例如,MID("swufe",2,2)的返回值为 wu。

【例 6.4】　比较 LEFT( )、RIGHT( )、MID( )函数的用法。

【解析过程】　如图 6-4-2 所示,MID( )函数可以提取字符串中任意子串,其包括了 LEFT( )和 RIGHT( )两个函数的功能。

3. 用 REPLACE( )函数替换字符串

【功能】将字符串中的部分或全部内容替换成新的字符串。

	A	B	C
1	西南财经大学		
2			
3	公式	结果	
4	=LEFT(A1,2)	西南	
5	=RIGHT(A1,2)	大学	
6	=MID(A1,3,2)	财经	
7			
8			

图 6-4-2 函数 LEFT( )、RIGHT( )和 MID( )的比较

【语法】REPLACE(old_text, start_num, num_chars, new_text)

【参数】old_text:必需参数,需要被替换的文本;start_num:必需参数,需要被替换的起始字符位置;num_chars:必需参数,从 start_num 开始需要被替换的字符数;new_text:必需参数,用于替换 old_text 中字符的新字符串。

例如,“REPLACE("西南财经大学",3,2,"交通")”的返回值为“西南交通大学”。

4. 用 FIND( )函数查找字符串

【功能】用于在第 2 个文本串中定位第 1 个文本串,并返回第 1 个文本串的起始位置。

【语法】FIND(find_text, within_text, [start_num])

【参数】find_text 必需参数,要查找的文本;within_text 必需参数,包含要查找文本的源文本;start_num 可选参数,表示从指定位置开始查找,该参数的默认值为 1。

例如,“FIND("c","character")”的返回值为 1,因为从文本的第 1 个字符开始查找,“c”第 1 次出现的位置就是 1,结果返回 1;“FIND("c","character",2)”的返回值为 6,因为从文本的第 2 个字符开始向右查找,“c”第 1 次出现的位置是 6,结果返回 6。

5. 用 TEXT( )函数将数值转换为指定数字格式的文本

【功能】将数值转换成指定数字格式的文本。

【语法】TEXT(value,format_text)

【参数】value 必需参数,需要格式化的值,可以是数值、文本或逻辑值;format_text 必需参数,指定的格式代码。

例如,“TEXT("2019/4/15","yyyy 年 mm 月 dd 日")”的返回值为“2019 年 4 月 15 日”;“TEXT("2019/4/15","MM/DD/YYYY")”的返回值为“04/15/2019”;“TEXT("2019 年 4 月 15 日","mm/dd/yy")”的返回值为“04/15/19”。

6.4.5 逻辑函数

1. 逻辑函数 AND( )、OR( )和 NOT( )

使用逻辑函数可以对单个或多个表达式进行逻辑计算,然后返回一个逻辑值。AND( )函数、OR( )函数和 NOT( )函数分别对应“与”“或”“非”3 种逻辑关系。

(1) AND( )函数

【功能】当所有参数的逻辑值为真时,函数返回 TRUE;否则返回假(FALSE)。

【语法】AND(logical1,[logical2],…)

【参数】logical1、logical2 等是逻辑值或要检验的条件,这些参数的值为 TRUE 或 FALSE。

例如,AND(1=2,2=2,3=3)的返回值为 FALSE,因为第 1 个参数的值为 FALSE。AND(TRUE,50<100) 的返回值为 TRUE,因为所有参数的值都为 TRUE。

(2) OR( )函数

【功能】当任一参数值为逻辑真时,函数返回 TRUE;否则返回假(FALSE)。

【语法】OR(logical1,[logical2],…)

【参数】logical1、logical2 等是逻辑值或要检验的条件,这些参数的值为 TRUE 或 FALSE。

例如,OR(1=2,2=2,3=3)的返回值为 TRUE,因为第 2 个参数和第 3 个参数的值为 TRUE。OR(FALSE,50>100)的返回值为 FALSE,因为所有参数的值都为 FALSE。

(3) NOT( )函数

【功能】对其参数值求反。

【语法】NOT (logical)

【参数】logical 是逻辑值或要检验的条件,参数的值为 TRUE 或 FALSE。

例如,NOT(2=2)的返回值为 FALSE,因为参数的值为 TRUE,求反后为 FALSE。NOT(FALSE) 的返回值为 TRUE。

2. 使用 IF( )函数进行条件判断

【功能】根据条件进行判断,如果条件为真,该函数将返回一个值;如果条件为假,函数将返回另一个值。

【语法】IF(logical_test, value_if_true, [value_if_false])

【参数】logical_test:必需参数,要测试的条件;value_if_true:必需参数,logical_test 的结果为 TRUE 时,函数返回的值;value_if_false:可选参数,logical_test 的结果为 FALSE 时,函数返回的值,该参数如省略,则返回逻辑值 FALSE。

例如,有公式“=IF(A2>B2,"超出预算","正常")”,如果单元格 A2>B2,则函数返回“超出预算”,否则函数返回“正常”。

6.4.6 日期时间函数

1. 基本日期函数有 TODAY( )、NOW( )、YEAR( )、MONTH( )和 DAY( ),它们的说明和用例如表 6-4-5 所示

表 6-4-5 基本日期函数的说明和用例

函数名	说明	用例
TODAY( )	返回当前日期	=TODAY( )
NOW( )	返回当前的日期和时间	=NOW( )
YEAR(d)	返回日期 d 对应的年份	=YEAR(TODAY( ))表示返回值为当前年份
MONTH(d)	返回日期 d 对应的月份	=MONTH(TODAY())表示返回值为当前月份
DAY(d)	返回日期 d 对应的日	=DAY(TODAY())表示返回值为当前日

2. 用 DATE( )函数返回指定日期

【功能】将 3 个整数值合并为 1 个日期。

【语法】DATE(year,month,day)

【参数】year 必需参数,year 参数的值是一个表示年的数字;month 必需参数,month 参数的值是一个表示月的数字;day 必需参数,day 参数的值是一个表示日的数字。

例如,公式"=DATE(2019,3,1)"的返回值是 2019/3/1。

3. 用 DATEDIF( )来计算日期

【功能】计算两个日期之间的天数、月或年数。

【语法】DATEDIF(start_date,end_date,type)

【参数】start_date:必需参数,用于表示时间段的第 1 个(即起始)日期。end_date:必需参数,用于表示时间段的最后 1 个(即结束)日期。type:必需参数,要返回的信息类型:"Y"表示返回年数;"M"表示返回月份数;"D"表示返回天数。此参数要使用双引号,既可大写也可小写。

例如,=DATEDIF("2000-01-01",TODAY(),"d")返回从 2000 年 1 月 1 日到今天的天数。

Tips

注意:DATEDIF( )在 Excel 中属于隐藏函数。尽管可以调用,但是使用时不会出现提示信息。

4. 用 NETWORKDAYS( )函数来计算工作天数

【语法】NETWORKDAYS(start_date, end_date, [holidays])

【功能】返回参数 start_date 和 end_date 之间完整的工作日数值。工作日不包括周末和专门指定的假期。可以使用函数 NETWORKDAYS( ),根据某一特定时期内雇员的工作天数,计算其应计的报酬。

【参数】start_date:必需参数,表示开始日期;end_date:必需参数,表示终止日期;holidays:可选参数,不在工作日历中的一个或多个日期所构成的可选区域。

例如,如图 6-4-3 所示,求图示项目的工作日天数。

fx =NETWORKDAYS(A1,A2,A3:A5)

	A	B
1	2019/9/1	项目开始日期
2	2020/3/30	项目结束日期
3	2019/10/1	假日
4	2020/1/1	假日
5	2020/2/10	假日
6	148	工作日天数

图 6-4-3　求工作日天数

5. 星期函数 WEEKDAY( )

【功能】返回某个日期是一周中的第几天。

【语法】WEEKDAY(serial_number,[return_type])

【参数】serial_number:必需参数,要查找的那一天的日期;return_type:可选参数,从星期日=1 到星期六=7,使用 1(默认);从星期一=1 到星期日=7,用 2;从星期一=0 到星期日=6 时,使用 3;其他约定。

例如，=WEEKDAY("2019/4/16",2)的返回值是 2，因为参数使用 2，表示从星期一=1 到星期日=7，而 2019/4/16 是星期二，所以返回 2。

6.4.7 查找与引用函数

查找与引用函数是 Excel 中较常用的函数，可以在指定的单元格区域中完成查找的相关任务。

1. 返回行号和列号的函数 ROW( )和 COLUMN( )

(1) ROW( )函数

【功能】返回引用的行号。

【语法】ROW([refrence])

【参数】reference 为需要得到其行号的单元格或单元格区域，为可选参数，如省略，则返回 ROW( )所在单元格的行号。

例如，=ROW(A3)的返回值为 3。

(2) COLUMN( )函数

【功能】返回引用的列号。

【语法】COLUMN ([refrence])

【参数】reference 为需要得到其列号的单元格或单元格区域，为可选参数，如省略，则返回 COLUMN( )所在单元格的列号。

例如，=COLUMN(D3)的返回值为 4。

2. INDEX( )函数

【功能】通过指定相应的行列号，返回它们交叉处单元格的值或引用。

【语法】(1) 数组形式：INDEX(array, row_num, [column_num])

(2) 引用形式：INDEX(reference, row_num, [column_num], [area_num])

【参数】array 必需，表示单元格区域或数组常量。如果 array 只包含一行或一列，则可只指定 row_num 或 column_num；如果数组有多行和多列，且 row_num 或 column_num 设为 0，则函数 INDEX( )返回 array 中的整列或整行，且返回值也为数组。row_num 必需，用于指定 array 中的相对行值。column_num 可选，用于指定 array 中的相对列值。reference 必需，表示对一个或多个单元格区域的引用。如果为引用输入一个不连续的区域，必须将其用括号括起来。

area_num 可选。在 reference 中选择 row_num 和 column_num 交叉的区域。

【例 6.5】 (1) 当参数 array 只有一列时，如图 6-4-4(a)所示，在 C2 单元格中输入公式=index(A2:A7,3)，返回结果为“光大银行”，即 A2:A7 单元格区域中的第 3 个元素。

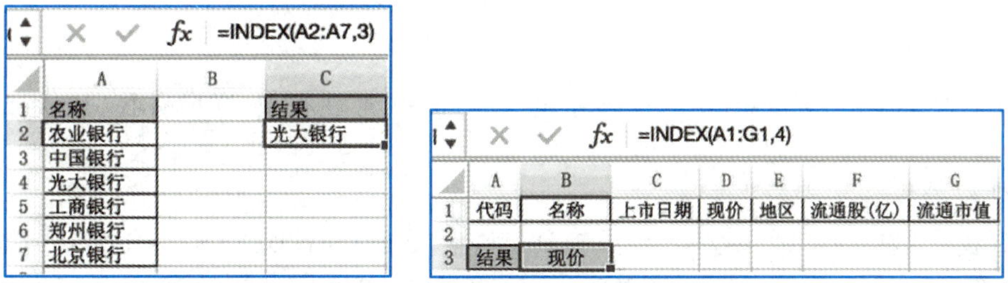

=INDEX(A2:A7,3)

	A	B	C
1	名称		结果
2	农业银行		光大银行
3	中国银行		
4	光大银行		
5	工商银行		
6	郑州银行		
7	北京银行		

(a) 参数array只有一列

=INDEX(A1:G1,4)

	A	B	C	D	E	F	G
1	代码	名称	上市日期	现价	地区	流通股(亿)	流通市值
2							
3	结果	现价					

(b) 参数array只有一行

图 6-4-4 单行单列的 INDEX( )应用

（2）当参数 array 只有一行时如图 6-4-4(b)所示，在 B3 单元格中输入公式=index(A1：G1,4)，返回结果为"现价"，即 A1：G1 单元格区域中的第 4 个元素。

（3）当参数 array 为多行多列时，需要同时指定 row_num 和 column_num 以返回结果，如图 6-4-5所示。

在 F26 单元格输入公式：=INDEX(A25：D32,1,2)，返回区域 A25：D32 中的第 1 行第 2 列的值，即"浦发银行"。

在 F27 单元格输入公式：=INDEX(A25：D32,6,4)，返回区域 A25：D32 中的第 6 行第 4 列的值，即 18.55。

	A	B	C	D	E	F	G
1	代码	名称	上市日期	现价			
25	600000	浦发银行	19991110	11.55		结果	公式
26	601229	上海银行	20161116	12.16		浦发银行	=INDEX(A25:D32,1,2)
27	600928	西安银行	20190301	12.67		18.55	=INDEX(A25:D32,6,4)
28	000001	平安银行	19910403	12.75			
29	601997	贵阳银行	20160816	13.35			
30	601166	兴业银行	20070205	18.55			
31	002142	宁波银行	20070719	20.86			
32	600036	招商银行	20020409	32.27			

图 6-4-5　多行多列的 INDEX( )应用

3. MATCH( )函数

【功能】在单元格区域中搜索指定项，然后返回该项在此区域中的相对位置。

【语法】MATCH(lookup_value, lookup_array, [match_type])

【参数】lookup_value 必需，表示要在 lookup_array 中查找的值；lookup_array 必需，表示要搜索的单元格区域，必须是一行或者一列；match_type 可选，其值可为数字 -1、0 或 1。match_type 是数字 1 或省略时，MATCH( )查找小于或等于 lookup_value 的最大值。此时 lookup_array 参数中的值必须以升序排序。match_type 为数字为 0 时，MATCH( )查找完全等于 lookup_value 的第 1 个值，此时 lookup_array 参数中的值可按任何顺序排列。match_type 为数字为-1 时，MATCH( )查找大于或等于 lookup_value 的最小值，lookup_array 参数中的值必须按降序排列。

例如，如图 6-4-6 所示，查找"现价"在 A1：G1 中的相对位置，输入公式为=MATCH(D1,A1：G1,0)，得到结果为 4。

	A	B	C	D	E	F	G
1	代码	名称	上市日期	现价	地区	流通股(亿)	流通市值
2							
3	结果	公式					
4	4	=MATCH(D1,A1:G1,0)					

图 6-4-6　MATCH( )函数

4. INDEX( )和 MATCH( )的组合应用

根据提供的素材，完成如图 6-4-7 所示的 3 种查找：常规查找、逆向查找、加入数据有效性查找。

(1) 常规查找

要求查找"平安银行"的"现价"。在 J3 单元格输入公式=INDEX(A1：G14,MATCH(I3,B1：B14,0),MATCH(J2,A1：G1,0))。首先通过 MATCH(I3,B1：B14,0)查找 I3 单元格中的"平安银行"在 B2：B14 区域中相对位置是第 2 行，再通过 MATCH(J2,A1：G1,0)查找 J2 单元格中的

	A	B	C	D	E	F	G	H	I	J
1	代码	名称	上市日期	地区	现价（元）	流通股(亿股)	流通市值（亿元）		1、常规查找	
2	000001	平安银行	1991/04/03	深圳	12.75	171.70	2189.18		银行名称	现价（元）
3	002142	宁波银行	2007/07/19	浙江	20.86	46.31	966.03		平安银行	12.75
4	002807	江阴银行	2016/09/02	江苏	6.59	7.18	47.32			
5	002839	张家港行	2017/01/24	江苏	7.14	8.58	61.26		2、逆向查找	
6	002936	郑州银行	2018/09/19	河南	6.29	6.00	37.74		银行名称	代码
7	002948	青岛银行	2019/01/16	山东	8.12	4.51	36.62		浦发银行	600000
8	600000	浦发银行	1999/11/10	上海	11.55	281.04	3246.01			
9	600015	华夏银行	2003/09/12	北京	8.38	128.23	1074.57		3、加入数据有效性查找	
10	600016	民生银行	2000/12/19	北京	6.48	354.62	2297.94		代码	现价
11	600036	招商银行	2002/04/09	深圳	32.27	206.29	6656.98		002839	
12	600908	无锡银行	2016/09/23	江苏	6.76	8.16	55.16		000001	
13	600919	江苏银行	2016/08/02	江苏	7.16	60.08	430.17		002142	
14	600926	杭州银行	2016/10/27	浙江	8.85	20.82	184.26		002807	
15									002839	
16									002936	
17									002948	
18										
19										

图 6-4-7　INDEX( )和 MATCH( )的组合应用

“现价(元)”在 A1:G1 区域中的相对位置是第 5 列,最后使用 INDEX( )函数返回确定的行号 2、列号 5 交叉位置的值 12.75。

(2) 逆向查找

可以通过 INDEX( )和 MATCH( )函数实现查找列在右侧,结果列在左侧的逆向查找。在 J7 单元格输入公式=INDEX(A1:A14, MATCH (I7,B1:B14,0)),首先通过 MATCH( )函数查找“浦发银行”在 B 列的位置,返回结果为 8,然后再用 INDEX( )函数取 A 列的第 8 个单元格,返回值为“600000”。

(3) 加入数据有效性查找

要求查找任一股票代码的现价。首先为 I11 设置数据有效性(Excel 2016 中称为数据验证,参见前面的 6.2.4 小节),I11 单元格出现如图 6-4-7 右下所示的下拉菜单。在 J11 单元格输入公式=INDEX(A1:G14,MATCH(I11,A1:A14,0),MATCH(J10,A1:G1,0)),该公式解读与常规查找方法一致。

5. LOOKUP( )函数

【功能】通过查询一行或一列来查找另一行或列中的相同位置的值。例如通过汽车的部件号来查询所对应的价格。

【语法】LOOKUP(lookup_value, lookup_vector, [result_vector])

【参数】lookup_value 必需,表示查找值,如汽车的某部件号;lookup_vector 必需,表示查找值所在的区域,只包含一行或一列的区域;result_vector 可选,结果值所在的区域,只包含一行或一列的区域,此参数必须与 lookup_vector 数大小相同。

Tips

说明:第 2 个参数 lookup_vector 区域内的值必须升序排列;如果找不到 lookup_value,则该函数会与 lookup_vector 中小于 lookup_value 的最大值进行匹配;如果查找区域既未升序排列又需要精确查找,则使用 VLOOKUP( )函数或 HLOOKUP( )函数。

6. VLOOKUP( )函数

【功能】搜索某个单元格区域的第一列，然后返回该区域相同行上相对列的序列号对应的值。可以做查找列非升序排列时的精确查找。

【语法】VLOOKUP(lookup_value,table_array,col_index_num,[range_lookup])

【参数】lookup_value 必需，表示要查找的值；table_array 必需，表示要在其中查找结果值的区域；col_index_num 必需，区域中结果值的相对列号；range_lookup 可选，是一个逻辑值 TRUE 或 FALSE，表示精确匹配或近似匹配，0 或 FALSE 表示精确匹配，1 或 TRUE 表示近似匹配，近似匹配即与小于 lookup_value 的最大值进行匹配。该参数默认值为 TRUE。

7. HLOOKUP( )函数

【功能】搜索某个单元格区域的第一行，然后返回该区域相同列上相对行的序列号对应的值。可以做查找行非升序排列时的精确查找。

【语法】HLOOKUP(lookup_value,table_array,row_index_num,[range_lookup])

【参数】lookup_value 必需，要查找的值；table_array 必需，要在其中查找结果值的区域；row_index_num 必需，区域中结果值的相对行号；range_lookup 可选，是一个逻辑值 TRUE 或 FALSE，表示精确匹配或近似匹配，0 或 FALSE 表示精确匹配，1 或 TRUE 表示近似匹配，近似匹配即查找小于 lookup_value 的最大值进行匹配。该参数默认值为 TRUE。

8. LOOKUP( )、VLOOKUP( )、HLOOKUP( )的应用举例

【例 6.6】　如图 6-4-8 所示，使用 LOOKUP( )和 VLOOKUP( )在税率表中查找工资额 24 000元的每月应纳所得税额。其中，应交税额=应纳税工资额×税率-速算扣除数。

	A	B	C	D	E	F	G	H	I	J	K
1		2018年10月起个人所得税税率表						1、用LOOKUP查找24000元的税率和速算扣除数			
2	级数	说明	起点	终点	税率	速算扣除数		应纳税工资额	税率	速算扣除数	应交税额
3	1	不超过3000元的	0	3000	3%	0		24000	0.2	1410	3390
4	2	超过3000元至12000元的部分	3000	12000	10%	210					
5	3	超过12000元至25000元的部分	12000	25000	20%	1410		求税率：	=LOOKUP(H3, C3:C9, E3:E9)		
6	4	超过25000元至35000元的部分	25000	35000	25%	2660		求速算扣除数：	=LOOKUP(H3, C3:C9, F3:F9)		
7	5	超过35000元至55000元的部分	35000	55000	30%	4410		求应交税额：	=H3*I3-J3		
8	6	超过55000元至80000元的部分	55000	80000	35%	7160					
9	7	超过80000元的部分	80000	10000000	45%	15160		1、用VLOOKUP查找24000元的税率和速算扣除数			
10								应纳税工资额	税率	速算扣除数	应交税额
11								24000	0.2	1410	3390
12											
13								求税率：	=VLOOKUP(H11, C3:F9, 3)		
14								求速算扣除数：	=VLOOKUP(H11, C3:F9, 4)		
15								求应交税额：	=H3*I3-J3		
16											

图 6-4-8　所得税查找

(1) 用 LOOKUP( )查找 24 000 元的税率和速算扣除数

- 查找税率的解析是：查找值为 24 000，查找区域为 C 列，结果值税率所在列为 E 列，且查找区域 C3:C9 的值为升序排列，所以可用 LOOKUP( )函数查找。但在C3:C9中没有 24 000 的精确值，因此会在此区域中查找小于 24 000 数的最大值，即 12 000，故结果值为 12 000 对应在 E 列的值 20%，即 0.2。
- 查找速算扣除数的解析：查找值为 24 000，查找区域为 C 列，结果值税率所在列为 F 列，且查找区域 C3:C9 的值为升序排列，所以可用 LOOKUP( )函数查找。但在C3:C9中没有 24 000 的精确值，因此会在此区域中查找小于 24 000 数的最大值，即12 000，故结果值为 12 000 对应在 F 列的值 1 410。

(2) 用 VLOOKUP( )查找 24 000 元的税率和速算扣除数

VLOOKUP( )的参数与 LOOKUP( )不同。VLOOKUP( )的第 2 个参数是一个包含查找值列和结果值列的区域,且查找值列要是这个区域的第 1 列;第 3 个参数是结果值列在这个区域中的相对序列号;在查找税率时,第 2 个参数是 C3:F9,其中 C 列是查找值所在列,结果值 E 列在这个区域的第 3 列,所以第 3 个参数是 3,而 24 000 在查找列中没有精确匹配的值,所以第 4 个参数为不精确匹配 TRUE,也可省略,题目中就是省略了第 4 个参数的做法。查找速算扣除数与查找税率同理。

【例 6.7】 HLOOKUP( )函数的应用,如图 4-6-9 所示。

	A	B	C	D	E	F	G	H	I	J
1	某项目组加班奖励标准							小李本月加班10次的奖励:		
2	加班次数说明	不超过1次	不超过3次	不超过6次	不超过8次	不超过12次		次数	奖励	公式
3	加班次数	1	3	6	8	12		10	1800	=H3*hlookup(H3, B3:F4, 2)
4	每次奖励金额	100	120	150	180	200				
5										

图 6-4-9　HLOOKUP( )函数的应用

Tips

说明:HLOOKUP( )的语法与 VLOOKUP( )大致相同,不同之处仅为 HLOOKUP( )为按行查找,而 VLOOKUP( )为按列查找。在此例中,第 1 个参数查找值为 10;第 2 个参数为表格的灰色部分,也就是第 3 行和第 4 行,其中第 3 行为查找值所在的行,第 4 行为结果值所在的行;第 3 个参数为 2,因为结果值在第 2 个参数的区域中是第 2 行;由于 10 次在奖励表中没有精确的匹配值,所以做模糊查找,第 4 个参数为 TRUE,可以省略。

【例 6.8】 使用 VLOOKUP( )进行查找列非升序的精确查找,如图 6-4-10 所示。

	A	B	C	D	E	F	G	H	I	J	K
1	代码	名称	上市日期	地区	现价(元)	流通股(亿股)	流通市值(亿元)		vlookup查找(B列非升序):		
2	000001	平安银行	1991/04/03	深圳	12.75	171.70	2189.18		名称	现价	公式
3	002142	宁波银行	2007/07/19	浙江	20.86	46.31	966.03		招商银行	32.27	=VLOOKUP(I7, B2:E14, 4, FALSE)
4	002807	江阴银行	2016/09/02	江苏	6.59	7.18	47.32				
5	002839	张家港行	2017/01/24	江苏	7.14	8.58	61.26				
6	002936	郑州银行	2018/09/19	河南	6.29	6.00	37.74				
7	002948	青岛银行	2019/01/16	山东	8.12	4.51	36.62				
8	600000	浦发银行	1999/11/10	上海	11.55	281.04	3246.01				
9	600015	华夏银行	2003/09/12	北京	8.38	128.23	1074.57				
10	600016	民生银行	2000/12/19	北京	6.48	354.62	2297.94				
11	600036	招商银行	2002/04/09	深圳	32.27	206.29	6656.98				
12	600908	无锡银行	2016/09/23	江苏	6.76	8.16	55.16				
13	600919	江苏银行	2016/08/02	江苏	7.16	60.08	430.17				
14	600926	杭州银行	2016/10/27	浙江	8.85	20.82	184.26			=	
15											

图 6-4-10　用 HLOOKUP( )实现精确查找

查找"招商银行"的"现价",因为 B 列的值没有升序排列,而在 B 列中需要查找出精确的"招商银行"的值,所以 VLOOKUP( )的第 4 个参数为 FALSE。

9. OFFSET( )

【功能】返回对单元格或单元格区域中指定行数和列数的区域的引用。返回的引用可以是单个单元格或单元格区域。可以指定要返回的行数和列数。

【语法】OFFSET(reference, rows, cols, [height], [width])

【参数】reference 必需,作为参照系的单元格或单元格区域的引用;rows 必需,根据参照系要移动的行数,其中,正数向下移动,负数向上移动;cols 必需,根据参照系要移动的列数,其中,正数向右移动,负数向左移动;height 可选,需要返回的引用的行高, height 必须为正数;width 可选,需要返回的引用的列宽, width 必须为正数。

Tips

说明:OFFSET( )实际上并不移动任何单元格或更改选定区域;它只是返回一个引用。

例如,

=OFFSET(A1,1,1)返回的值是 B2 的值;

=OFFSET(B2,1,-1)返回的值是 A3 的值;

=SUM(OFFSET(A1,1,1,2,2))返回的值是 B2:C3 的求和;

=SUM(OFFSET(A1:B2,1,1,2,2))返回的值是 B2:C3 的求和。

10. LARGE( )

【功能】返回数据集中第 k 个最大值。例如,使用 LARGE 返回最大、第 2 大或第 3 大的数。

【语法】LARGE(array,k)

【参数】array 必需,需要确定第 k 个最大值的数组或数据区域;k 必需,返回值在数组或数据单元格区域中的位置(从大到小排)。

Tips

说明:如果区域中数据的个数为 n,则函数 LARGE(array,1)返回最大值,函数 LARGE(array,n)返回最小值。

例如,=LARGE(A2:B6,3)表示返回 A2:B6 中第 3 个最大值。

11. SMALL( )

【功能】返回数据集中第 k 个最小值。

【语法】SMALL(array,k)

【参数】array 必需,需要确定第 k 个最小值的数组或数据区域;k 必需,返回值在数组或数据单元格区域中的位置(从小到大排)。

Tips

说明:如果区域中数据的个数为 n,则函数 SMALL(array,1)返回最小值,函数 SMALL(array,n)返回最大值。

例如，=SMALL(A2:A10,3)表示返回 A2:A10 中第 3 个最小值。

6.4.8　IS 类函数

Excel 提供了 12 个以 IS 开头的函数，用于判断数据类型、奇偶性、空值单元格、错误值、文本、公式等，其返回值为 TRUE 或 FALSE。在 Excel 函数的帮助中，这 12 个函数在函数类别中被纳入信息类函数的范畴。下面就介绍其中的两个函数 ISERROR( )和 ISNUMBER( )。

1. ISERROR( )函数

【功能】检查一个值是否为错误值(#N/A、#VALUE!、#REF!、#DIV/0!、#NUM!、#NAME?、#NULL!)，是则返回 TRUE，否则返回 FALSE。

【语法】ISERROR(value)

【参数】value 必需，指要测试的值。

例如，如图 6-4-11 所示，统计连续两天涨幅进入排行榜的股票。

	A	B	C
1	周一涨幅前15位股票	周二涨幅前15位股票	连续两天进入排行榜股票
2	002807	000001	002807
3	002839	002142	002839
4	600000	002807	
5	600015	002839	600015
6	600036	002936	
7	600919	600015	
8	600926	600908	
9	600928	600928	600928
10	601128	601009	601128
11	601166	601128	601166
12	601229	601166	
13	601288	601838	
14	601328	601860	
15	601939	601988	
16	603323	603323	603323

图 6-4-11　ISERROR 函数的应用

在 C2 单元格填写的公式为：

=IF(ISERROR(MATCH(A2,$B$2:$B$16,0)),"",A2)

2. ISNUMBER( )函数

【功能】检查一个值是否为数值型数据，是则返回 TRUE，否则返回 FALSE。

【语法】ISNUMBER(value)

【参数】value 必需，指要测试的值。

例如，=ISNUMBER(3)的结果是 TRUE，而=ISNUMBER("3")的结果是 FALSE。

6.4.9　财务函数

1. 未来值函数 FV( )

【功能】根据固定利率计算投资的未来值。

【语法】FV(rate,nper,pmt,[pv],[type])

【参数】rate 必需，各期利率；nper 必需，年金的付款总期数；pmt 必需，各期所应支付的金额，在整个年金期间保持不变,通常 pmt 包括本金和利息,但不包括其他费用或税款;pv 可选,现值,或一系列未来付款的当前值的累积和;type 可选,数字 0 或 1,用以指定各期的付款时间是在期初还是期末,期初为 0,期末为 1。如果省略 type,则假定其值为 0。

说明:以上参数中,现金流入,以正数表示;现金流出,以负数表示。

例,

(1) 以 100 000 元购买一理财产品,年收益是 5%,按月计息,计算 1 年后的本利合计公式为 =FV(0.05/12,12,0,-100 000),值为 105 116.19。

(2) 每月初存入 1 000 元,年利 3.5%,按月计息,计算 2 年后该账户的存款额公式为 =FV(0.035/12,24,-2 000,1),值为 49 643.9。

2. 分期付款额函数 PMT( )

【功能】根据固定付款额和固定利率计算贷款的付款额。

【语法】PMT(rate, nper, pv, [fv], [type])

【参数】rate 必需,贷款利率;nper 必需,该项贷款的付款总期数;pv 必需,现值,或一系列未来付款额现在所值的总额,也叫本金;fv 可选,未来值,或在最后一次付款后希望得到的现金余额,如果省略 fv,则假定其值为 0(零),即贷款的未来值是 0;type 可选,数字 0 或 1 表示支付时间。

说明:以上参数中,现金流入,以正数表示;现金流出,以负数表示。

例如,分期买房,贷款 100 万元,按 20 年分期付款,贷款年利率 7%,若每月月末还款,则计算每月还款额的公式为 =PMT(0.07/12,240,1 000 000,0),值为-7 752.99。

3. 利率函数 RATE( )

【功能】计算每期的利率。

【语法】RATE(nper, pmt, pv, [fv], [type], [guess])

【参数】nper 必需,该项付款的总期数;pmt 必需,每期的付款金额,在期数内不能更改;pv 必需,现值,即一系列未来付款额当前值的总额;fv 可选,未来值,或在最后一次付款后希望得到的现金余额,如果省略 fv,则假定其值为 0(零);type 可选,数字 0 或 1 表示支付时间,期初为 1,期末为 0,省略为 0。guess 可选,预期利率,如果省略 guess,则假定其值为 10%。

说明:以上参数中,现金流入,以正数表示;现金流出,以负数表示。

例如,某种保险,一次性缴费 12 000 元,每年年底返还 1 000 元,共 20 年,在没有出险的情况下,这种保险的年收益率计算公式为 =RATE(20,1 000,-12 000,1),值为 6.18%。

6.5 公式与函数应用案例

实验素材：
练习 3_数组公式与条件统计

1. IF( )函数的使用

(1) 根据身份证号码判断性别

身份证号码共有 18 位,倒数第 2 位若为奇数,则为男性,偶数为女性。

假设 B2 单元格有一文本型的身份证号码,则判断其性别的公式为：

=IF(MOD(MID(B2,17,1),2)=1,"男","女")

这里使用 MID( )函数来截取身份证号码的倒数第 2 位,用 MOD( )函数来判断奇偶。MID( )函数的返回值为文本型,当使用 MOD( )函数时,文本型数字被自动转换为了数值型数字。

当函数中套用比较多时,会出现较多的括号。为了防止括号错误,在输入时可以先成对地输入括号,然后再在括号中输入内容。

(2) 根据成绩判断所属级别

假设在 B2:B100 单元格中记录有百分制的成绩,现在要根据成绩进行评级。评级依据为：小于 60 分,不及格;大于或等于 60 分且小于 75 分,及格;大于或等于 75 分且小于 85 分,良好;大于或等于 85 分,优秀。

评级公式为：=IF(B2<60,"不及格",IF(B2<75,"及格",IF(B2<85,"良好","优秀")))

使用 IF( )的嵌套,可以解决此类问题。嵌套使用 IF( )函数时,最好按照数据从大到小或者从小到大的顺序来进行,以免发生混乱。

2. 条件统计

根据条件来进行数据统计,是 Excel 的一项重要应用。在使用公式来做条件统计时,在不改变原有数据列表布局的情况下,主要涉及两大类公式：一是使用 SUMIF/S( )、AVERAGEIF/S( )、COUNTIF/S( )这三组六个统计函数;二是使用数组公式。

下面以图 6-5-1 中的数据列表为例(共有 31 只银行股,部分截图),使用公式和函数来完成给定条件下的数据统计。

(1) 分地区统计上市银行家数

在 H3 单元格填写公式：=COUNTIF($D$2:$D$32,G3),然后向下填充。

【解释】

由前面的 6.4.3 小节,可知 COUNTIF( )函数的语法是 COUNTIF(range,criteria)。在统计函数中,criteria 表示前面的 range 要满足的条件,用带双引号的文本来进行描述。但是,如果在本例中将 criteria 写成"=G3",地址将失去意义。

Excel 允许将统计函数中的 criteria 写成用文本连接运算符 & 连接的形式。于是,"=G3"可以写成"="&G3,而"="可以省略,于是 criteria 就简化成了 G3。

也就是说,本例也可以在单元格 H3 中填写：=COUNTIF($D$2:$D$32,"="&G3)

(2) 统计上市时间满 10 年的银行家数

填入的公式为：=COUNTIF(C2:C32,"<="&DATE(YEAR(TODAY())-10,

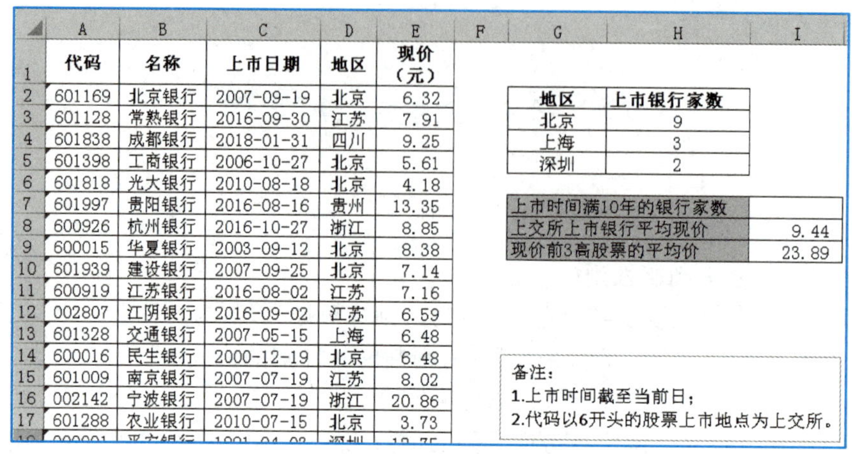

图 6-5-1　使用公式和函数根据条件进行统计

MONTH(TODAY()), DAY(TODAY()))

【解释】

用 DATE(X)函数,生成在当前日期 TODAY( )之前 10 年的日期。

如果将 DATE(X)函数放到英文双引号中,函数将无效。所以,使用 & 连接的形式。

(3) 统计在上交所上市的银行的平均股价

填入的公式为:=SUM((LEFT(A2:A32)="6")*(E2:E32))/SUM(--(LEFT(A2:A32)="6")),数组公式,最后以 Ctrl+Shift+Enter 结束公式的输入。

【解释】

代码以 6 开头的股票,在上交所上市。所以需要用 LEFT 函数将代码的左边第一位取出来。但是在统计函数中,range 是不能使用函数的。因此,在不增加辅助列(例如增加一列“代码首位”)的情况下,使用数组公式来解决此类问题。

公式中分子统计的是满足条件的价格之和。LEFT 取出来的是文本型数字,所以 6 要加双引号。(LEFT(A2:A32)="6")的结果是逻辑型的 TRUE 或 FALSE,在与数值型数据进行算术运算时,TRUE 被自动转换为 1,FALSE 被自动转换为 0,数组运算的结果是统计出了满足条件的价格的总和。

分母统计的是满足条件的股票的数量。SUM(X)只能对数值型数据进行求和,因此需要将 TRUE 转换为 1,FALSE 转换为 0。符号--的作用,相当于乘以 1,可以将其他类型的数据转换为数值型数据。加上 0,也可以起到同样的效果。

(4) 统计股价前 3 高股票的平均价

填入的公式为:=AVERAGE(LARGE(E2:E32,{1;2;3})),数组公式。

【解释】

{1;2;3}是一个一维数组,结合 LARGE 函数,分别获得第 1 高、第 2 高和第 3 高股票的价格,然后再进行平均,即得到结果。

如前面的 6.3.5 小节所述,使用 F9 键,可以获得分布计算的结果,以帮助理解公式。

3. 在条件格式中使用公式

前面的 6.2.5 小节曾经介绍过条件格式。在条件格式中设置格式规则时,可以通过公式来进行。

(1) 还是以图 6-5-1 中使用的数据列表为例,现在需要对属于 12 月份的上市日期,设置突出显示的单元格格式。

如图 6-5-2 所示,首先选定所有的上市日期,本例中为 C2:C32,然后在功能区“开始”选项中选中“条件格式”选项,选择“新建规则”命令,即弹出“新建格式规则”对话框。

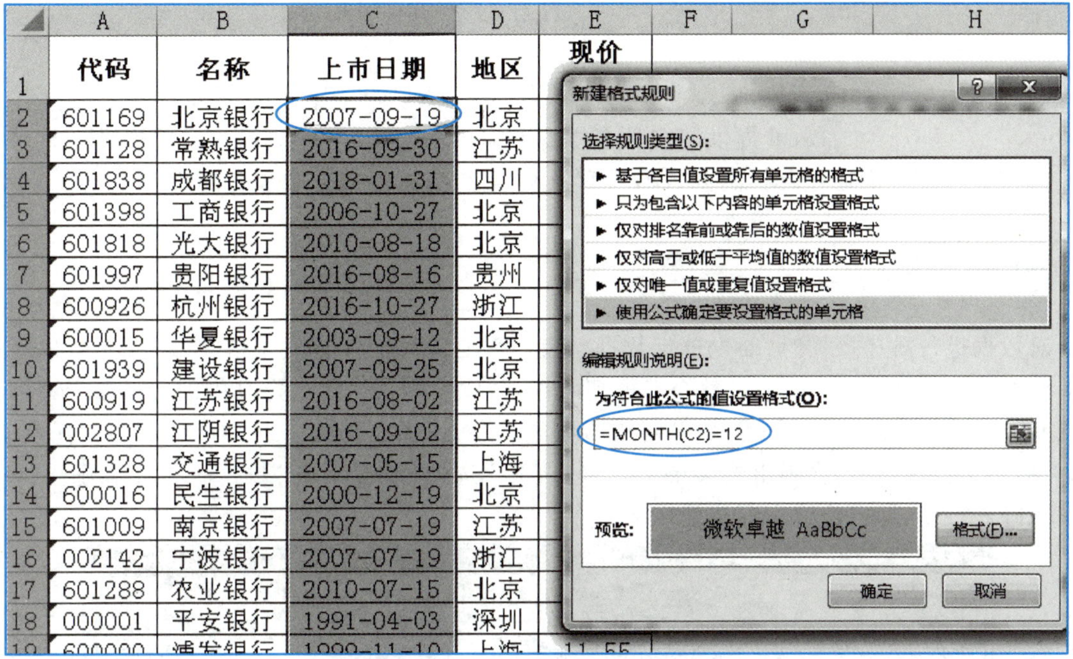

	A	B	C	D	E
1	代码	名称	上市日期	地区	现价
2	601169	北京银行	2007-09-19	北京	
3	601128	常熟银行	2016-09-30	江苏	
4	601838	成都银行	2018-01-31	四川	
5	601398	工商银行	2006-10-27	北京	
6	601818	光大银行	2010-08-18	北京	
7	601997	贵阳银行	2016-08-16	贵州	
8	600926	杭州银行	2016-10-27	浙江	
9	600015	华夏银行	2003-09-12	北京	
10	601939	建设银行	2007-09-25	北京	
11	600919	江苏银行	2016-08-02	江苏	
12	002807	江阴银行	2016-09-02	江苏	
13	601328	交通银行	2007-05-15	上海	
14	600016	民生银行	2000-12-19	北京	
15	601009	南京银行	2007-07-19	江苏	
16	002142	宁波银行	2007-07-19	浙江	
17	601288	农业银行	2010-07-15	北京	
18	000001	平安银行	1991-04-03	深圳	

图 6-5-2　在条件格式中使用公式

在对话框中的公式编辑栏输入公式:=MONTH(C2)=12,再设置“格式”,单击“确定”按钮,12 月份的上市日期就被突出显示了。

公式中的引用地址 C2 为选定区域中活动单元格的地址。

执行这个公式时,会从活动单元格开始,分别检查选定区域中的所有单元格是否满足条件。相当于,=MONTH(C2)=12 为活动单元格 C2 中的公式,然后再填充到选定区域中的其他单元格。因为 C2 是相对引用,所以单元格引用会变化。例如,在 C3 单元格中,这个公式变为 =MONTH(C3)=12,MONTH(C3)=12 的结果为 FALSE,所以 C3 单元格的格式不会发生改变。

逐一检查中,若 MONTH(引用的单元格)=12 的结果为 TRUE,则满足条件,执行设置的单元格格式。

如果选定区域时,活动单元格不是 C2 而是 C32,那么公式中的引用单元格也需要对应地改变为 C32。

如果需要突出显示的是股票代码而非上市日期,那么先选定 A2:A32 区域,活动单元格为 A2,公式不变。

(2) 对上市日期为 12 月份的股票,突出显示其所在的行。

如图 6-5-2 所示。首先选定 A2:E32 区域,活动单元格为 A2,然后在“新建格式规则”对话框中填写公式:=MONTH($C2)=12。

执行时,相当于这个公式首先位于活动单元格 A2 中,然后填充到整个 A2:E32 区域。由于字母使用了 $ 符号,公式中的 C 将不会变化。例如,在 B3 单元格中,这个公式为:=MONTH($C3)=12,MONTH($C3)= 12 的结果为 FALSE,所以 B3 单元格的格式不会发生改变。

实验素材:练习 4_数据分析

实验素材:Excel 工资条处理

6.6　数据分析

Excel 提供了多种多样的数据分析工具,来方便用户对数据进行整理,进而通过分析洞察数据后面隐藏的信息,挖掘数据中包含的规律。

6.6.1　排序

对数据进行排序操作时,要先选定数据列表中需要进行排序的单元格区域(关于数据列表,见前面的 6-2-6 小节)。如果是整个数据列表参与排序,则只需要选定其中的一个单元格即可。以图 6-6-1 中的数据列表为例,如果要按照地区排序,先选定数据列表“地区”列中的任意单元格,然后单击鼠标右键,在弹出的菜单中选择“排序”选项,或者单击“数据→排序和筛选”中的升序或降序按钮,即可快速实现按地区的排序。

代码	名称	上市日期	地区	现价(元)	流通股(亿股)	流通市值(亿元)
000001	平安银行	1991-04-03	深圳	12.75	171.70	2189.18
002142	宁波银行	2007-07-19	浙江	20.86	46.31	966.03
002807	江阴银行	2016-09-02	江苏	6.59	7.18	47.32
002839	张家港行	2017-01-24	江苏	7.14	8.58	61.26
002936	郑州银行	2018-09-19	河南	6.29	6.00	37.74
002948	青岛银行	2019-01-16	山东	8.12	4.51	36.62

图 6-6-1　数据列表排序示例

文本型的字符串排序时,先比较第一个字符,若第一个字符相同,再比较第二个字符,依此类推。默认状态下,排序时不区分英文字母的大小写,若要区分,需先在功能区中选择“数据→排序和筛选→排序”选项,然后在弹出的对话框中选择“选项”命令,再在“排序选项”对话框中选择“区分大小写”命令。

默认状态下,汉字是按照拼音的顺序来进行排序的,若要按照汉字的笔画来进行排序,则需在“排序选项”对话框中选择“笔画排序”命令。如图 6-6-2 所示。

在“排序”对话框中,还可以选择是否“数据包含标题”,即所选的数据列表中,是否包含标题行。

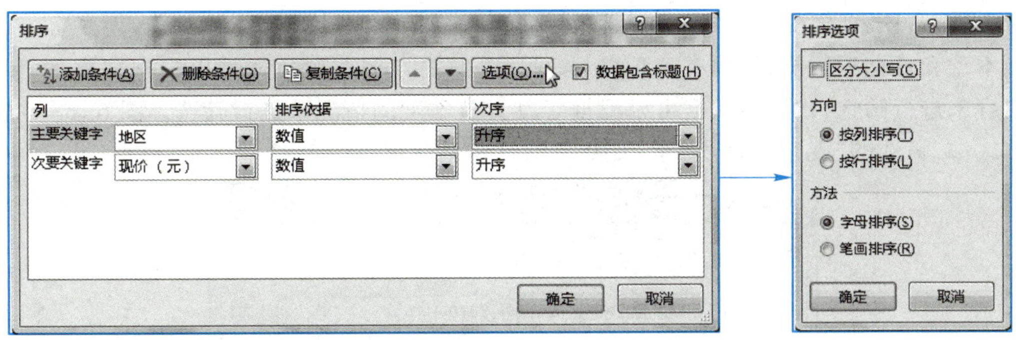

图 6-6-2　“排序”对话框及“排序选项”对话框

在图 6-6-1 的数据列表中，若需要先按照地区来排序，地区相同再按照现价来排序，则可以在“排序”对话框中，先将“地区”设置为主要关键字，然后选择“添加条件”选项，将“现价(元)”设置为次要关键字。

在排序依据中，除了数据的取值，还可以是单元格颜色和字体颜色等。

在“排序”对话框的“次序”选项中，除了升序和降序，还可以选择“自定义序列”，即根据用户自己定义的序列顺序来进行排序。有关“自定义序列”的内容，参见前面的 6.2.3 小节。

6.6.2　筛选

1. 筛选

对于数据列表，选定其中的任意单元格，再在功能区选择“数据→排序和筛选→筛选”选项，数据列表标题行中每个列标题的右侧即会出现下拉箭头，点开下拉箭头，就可以筛选该列数据。如图 6-6-3 所示。

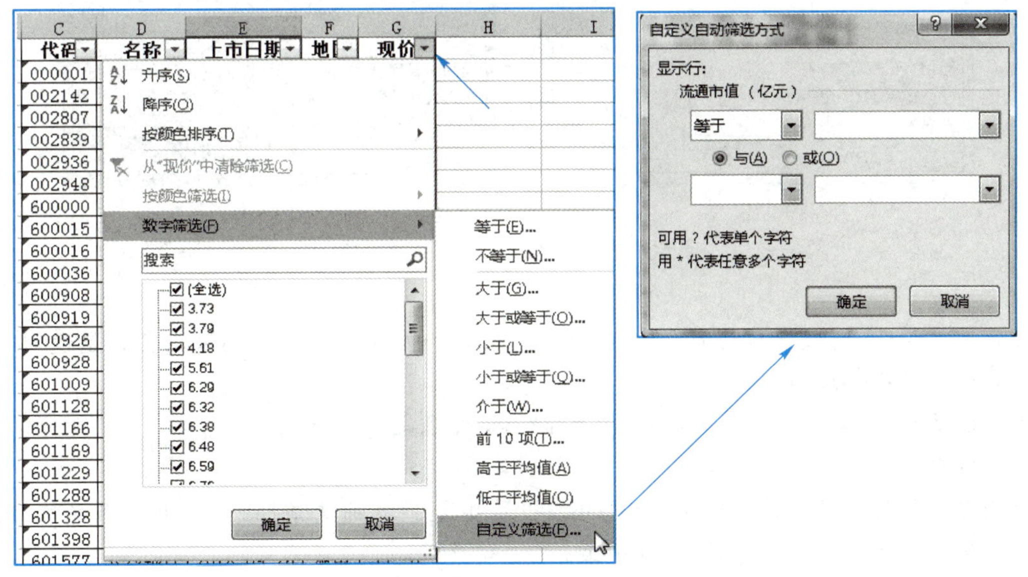

图 6-6-3　数据筛选

对于数据，Excel 定义了丰富的筛选方式，还可以使用“自定义筛选”选项。

文本型和日期型数据，同样有多种多样的筛选方式。文本型数据可以根据文本的开头、结尾等内容来进行筛选，日期型数据可以根据年月日及季度的情况来进行筛选。图 6-6-4 显示的筛选方式中，筛选的“上市日期”属于 2010 年的日期型数据。

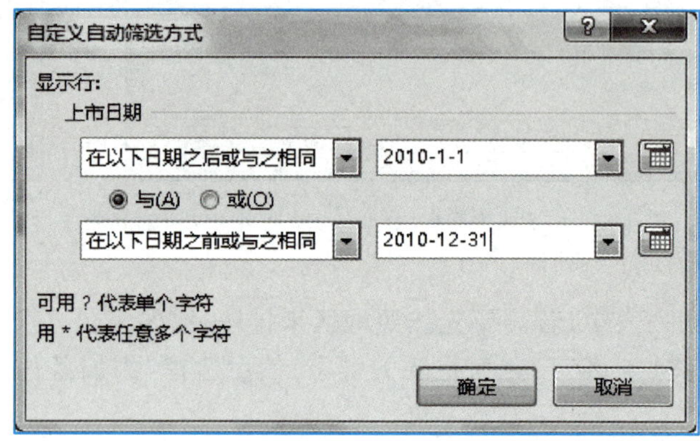

图 6-6-4　自定义日期筛选方式

在“自定义自动筛选方式”对话框中，可以使用通配符。例如，要筛选出所有以 002 开头的股票代码，筛选方式的设置如图 6-6-5(a)所示；要筛选出非字符型的代码，设置如图6-6-5(b)所示，其中单独一个 * 号表示字符型数据。

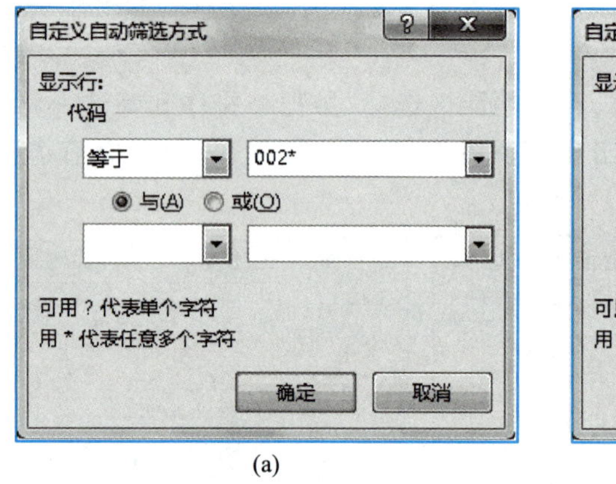

(a)

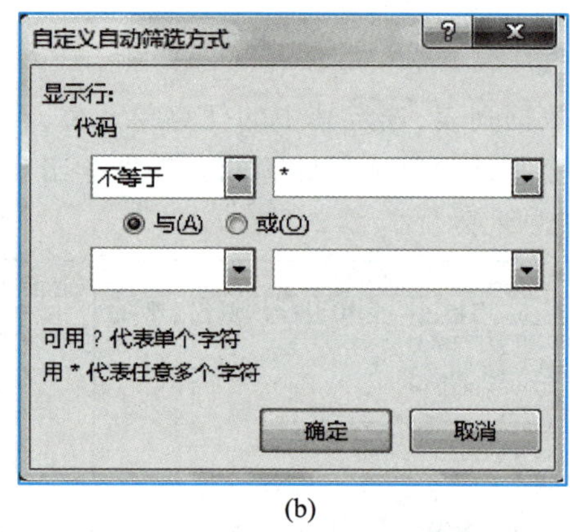

(b)

图 6-6-5　筛选方式中使用通配符

在筛选结果中，可以针对其他字段，再次进行筛选。两次筛选之间的逻辑关系是逻辑与，即两次的筛选条件都要满足。

若要取消筛选，则再次在功能区选择“数据→排序和筛选→筛选”选项。

2. 高级筛选

高级筛选不仅包括了筛选功能，而且可以设置更复杂的筛选条件，不仅可以将筛选结果输出到指定位置，还可以筛选出不重复的记录。

使用高级筛选，需要先在数据列表之外的空白区域，设置“条件区域”，如图6-6-6所示。条件区域中的列标题，最好从数据列表中复制粘贴，以保证完全一样。同一行的条件，逻辑关系是与；不同行的条件，逻辑关系是或。例如，图 6-6-6(a)所示的条件区域表示：上市日期大于或等于2010-01-01或者现价小于 10；图 6-6-6(b)所示的条件区域表示：上市日期大于或等于2010-01-01且现价大于或等于 10，或者上市日期小于 2010-01-01 且现价小于 10。

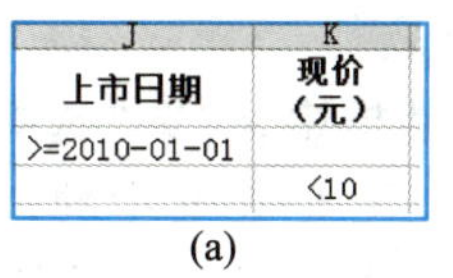

J	K
上市日期	现价（元）
>=2010-01-01	
	<10

(a)

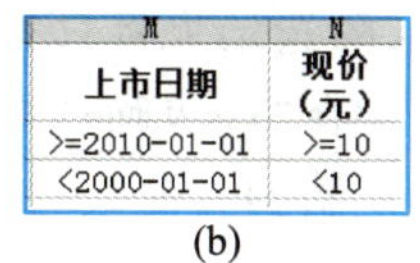

M	N
上市日期	现价（元）
>=2010-01-01	>=10
<2000-01-01	<10

(b)

图 6-6-6　条件区域

在 Excel 中，以 = 开头的条件，如 = 10，= 可以省略。但是，对于文本型数据，如果在条件中省略了 = 号，高级筛选时为近似匹配。以图 6-6-7 中的数据为例，使用 E 列的条件，高级筛选的结果将包括“手机”“手机屏幕”和“手机电池”等以手机开头的商品，而使用 H 列的条件，高级筛选的结果将只有“手机”。由于等号的特殊性，在 H2 单元格中要输入 = " = 手机"，才会显示等号；或者事先将 H2 单元格设置为文本型。

	A	B	C	D	E	F	G	H
1	商品	单价	数量		商品			商品
2	手机	5000	100		手机			=手机
3	手机屏幕	1036	200					
4	手机电池	510	180					
5	手机耳机	120	300					
6	打印机	3100	50					

近似匹配　　精确匹配

图 6-6-7　有无等号的区别

设置好条件区域之后，就可以进行高级筛选了。

首先，在数据列表中选定任一单元格，在功能区选择“数据→排序与筛选→高级”选项。然后，在弹出的“高级筛选”对话框中进行设置。如图 6-6-8 所示。

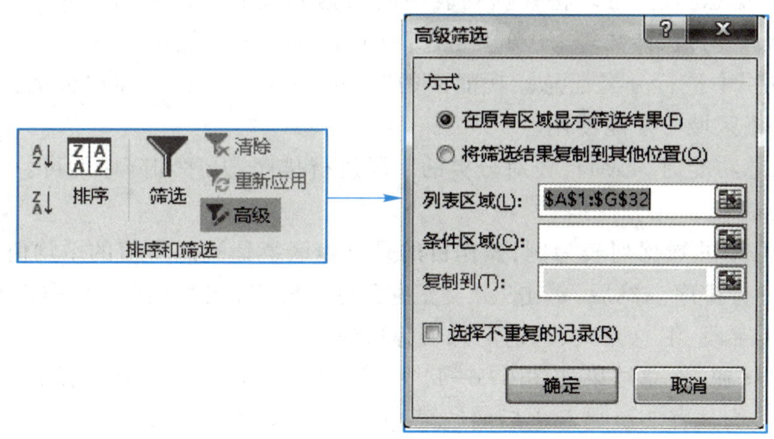

图 6-6-8　高级筛选步骤

在高级筛选中，筛选结果既可以和一般筛选那样，保留在原来的数据列表区域，也可以复制到其他位置。若选择了复制到其他位置，则需要在下面的地址栏选择或输入一个单元格地址，该单元格将成为筛选结果列表的左上角。

列表区域指的是需要进行筛选的数据列表区域。在事先已经选定数据列表中任一单元格的情况下，列表区域默认为整个数据列表。条件区域则根据需要进行选择。

设置好“高级筛选”对话框，单击“确定”按钮，即出现筛选结果。若没有满足筛选条件的记录，筛选结果将只有标题行。

在“高级筛选”对话框中，勾选“选择不重复的记录”复选框，可以删除重复项，并可以将结果复制到其他区域。以图 6-6-9 中的表为例，列表区域选定为 C1:C15，条件区域空白（相当于没有筛选条件），结果就得到了不含重复项的地区。

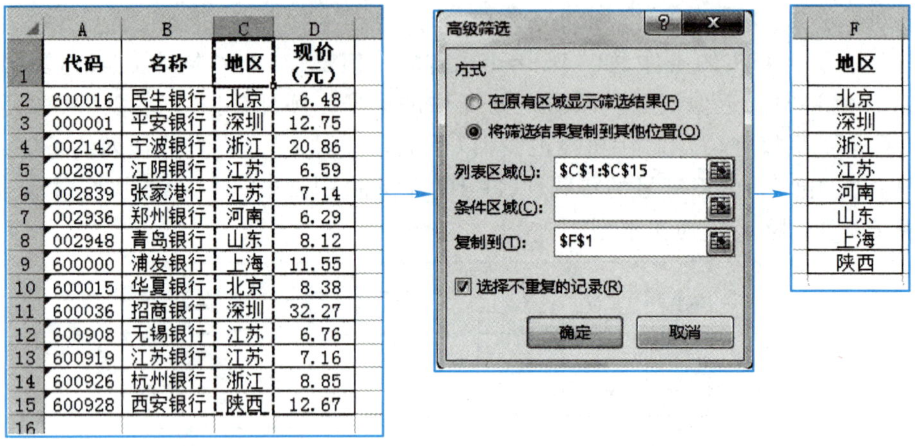

	A	B	C	D
1	代码	名称	地区	现价（元）
2	600016	民生银行	北京	6.48
3	000001	平安银行	深圳	12.75
4	002142	宁波银行	浙江	20.86
5	002807	江阴银行	江苏	6.59
6	002839	张家港行	江苏	7.14
7	002936	郑州银行	河南	6.29
8	002948	青岛银行	山东	8.12
9	600000	浦发银行	上海	11.55
10	600015	华夏银行	北京	8.38
11	600036	招商银行	深圳	32.27
12	600908	无锡银行	江苏	6.76
13	600919	江苏银行	江苏	7.16
14	600926	杭州银行	浙江	8.85
15	600928	西安银行	陕西	12.67
16				

图 6-6-9　使用高级筛选删除重复项

6.6.3　分类汇总

Excel 的分类汇总功能，可以将数据列表中的数据先按照字段进行分类，再进行汇总，汇总的方式包括求和、平均值、计数等。“分类汇总”还可以实现分级显示。

不能在“表格”中进行分类汇总。功能区的“数据→分级显示”中的“分类汇总”功能按钮，只有在普通单元格区域中才能使用。

使用分类汇总功能时，必须首先对分类的字段进行排序，升序和降序均可。

1. 简单分类汇总

以图 6-6-10 中的数据列表为例，操作目的是分地区统计流通市值的平均值。首先，在数据列表中，按地区进行排序。然后，单击“分类汇总”功能按钮，在弹出的“分类汇总”对话框中进行设置，选择分类字段、汇总方式、选定汇总项等选项。

单击“确定”按钮，汇总结果如图 6-6-11 所示。图 6-6-11(a)为选择 3 级显示之后的结果，图 6-6-11(b)为选择 2 级显示之后的结果，大家可以尝试一下选择 1 级显示的结果。

在图中的 2 级显示中，因为隐藏了行，所以如果要复制结果，就需要使用 Excel 的定位功能，先将“定位条件”设置为定位可见单元格，再进行复制。

2. 多重分类汇总

在已经进行了分类汇总的基础上，再次进行分类汇总时，若在“分类汇总”对话框中，取消勾选“替换当前分类汇总”选项，则可以实现多重分类汇总。

多重分类汇总，可以针对同一个分类字段，也可以针对不同的分类字段。

若是针对不同的分类字段，则排序时需要将第一次的分类字段设置为主要关键字，第二次的分类字段设置为次要关键字。这样，可以实现 3 级以上的分级显示。如图 6-6-12 所示。

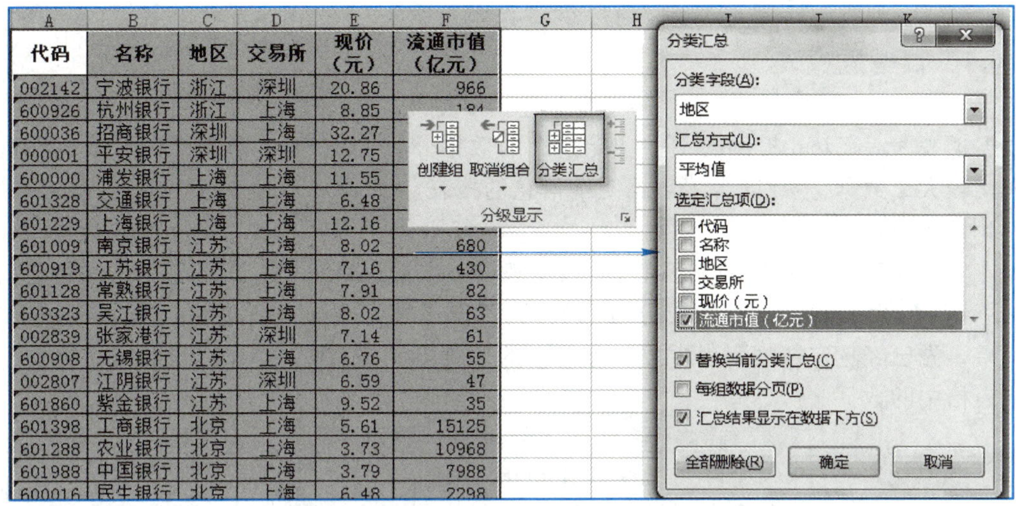

图 6-6-10　分类汇总

分级显示按钮

行	代码	名称	地区	交易所	现价（元）	流通市值（亿元）
2	002142	宁波银行	浙江	深圳	20.86	966
3	600926	杭州银行	浙江	上海	8.85	184
4			浙江 平均值			575
5	600036	招商银行	深圳	上海	32.27	6657
6	000001	平安银行	深圳	深圳	12.75	2189
7			深圳 平均值			4423
8	600000	浦发银行	上海	上海	11.55	3246
9	601328	交通银行	上海	上海	6.48	2543
10	601229	上海银行	上海	上海	12.16	632
11			上海 平均值			2140
12	601009	南京银行	江苏	上海	8.02	680

(a) 3级显示结果

行	代码	名称	地区	交易所	现价（元）	流通市值（亿元）
4			浙江 平均值			575
7			深圳 平均值			4423
11			上海 平均值			2140
20			江苏 平均值			182
30			北京 平均值			4777
31			总计平均值			2536

(b) 2级显示结果

图 6-6-11　分类汇总结果以及分级显示

行	代码	名称	地区	交易所	现价（元）	流通市值（亿元）
3				深圳 汇总		966
5				上海 汇总		184
6			浙江 汇总			1150
8				深圳 汇总		2189
10				上海 汇总		6657
11			深圳 汇总			8846
15				上海 汇总		6421
16			上海 汇总			6421
19				深圳 汇总		109
26				上海 汇总		1346
27			江苏 汇总			1454
37				上海 汇总		42992
38			北京 汇总			42992
39			总计			60864

图 6-6-12　多重分类汇总结果

3. 取消分类汇总

要取消分类汇总，则再次进行分类汇总，然后在“分类汇总”对话框中，选择“全部删除”命令。

6.6.4　数据透视表

数据透视表是 Excel 提供的一种功能强大的数据分析工具,能够以交互的方式,快速分类、汇总和比较大量数据,生成隐含了数据明细信息的报表。

1. 创建数据透视表

如图 6-6-13 所示,选择功能区的“插入→表格→数据透视表”选项,即弹出“创建数据透视表”对话框。在对话框中,选择需要分析的数据,可以是数据列表或者表格,也可以是外部数据源。如果事先已经选定数据列表中或者表格中的任意单元格,那么要分析的数据就是整个数据列表或表格中的数据。

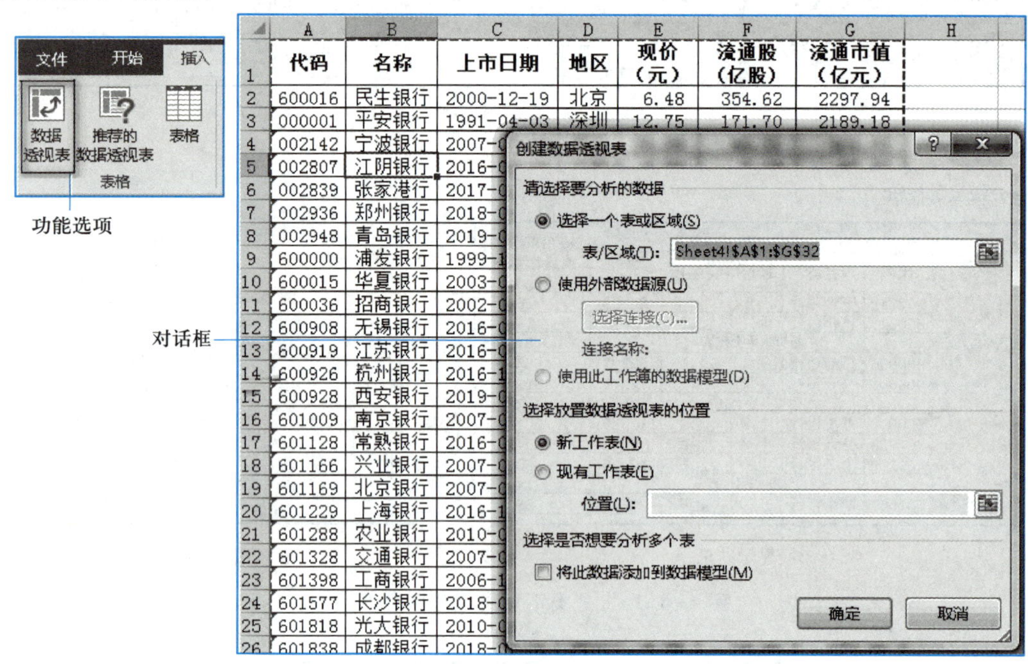

图 6-6-13　创建数据透视表

创建的数据透视表可以作为一张新的工作表插入到原来的工作簿中,也可以放置在现有工作表的空白区域。

单击“确定”按钮,即生成一张空白的数据透视表,同时在工作表的右侧出现“数据透视表字段”对话框,如图 6-6-14 所示。选定数据透视表中的任意单元格,功能区将出现“数据透视表工具”,使用其中的“分析→显示→字段列表”工具,可以关闭或打开“数据透视表字段”对话框。

2. 选择字段

在“数据透视表字段”对话框的上半部分,列出了所选数据列表的所有字段,可以按鼠标左键把这些字段拖到下半部分的框中。

拖曳到“筛选器”中的字段,将作为筛选工具,出现在数据透视表上半部分的单元格中。拖曳到“列”中的字段,其取值将作为列标签,即列的标题。“行”中字段的取值,将作为行标签。“值”中的字段,将作为汇总项,Excel 将根据情况指定默认汇总方式,而用户则可以根据情况选择汇总方式。

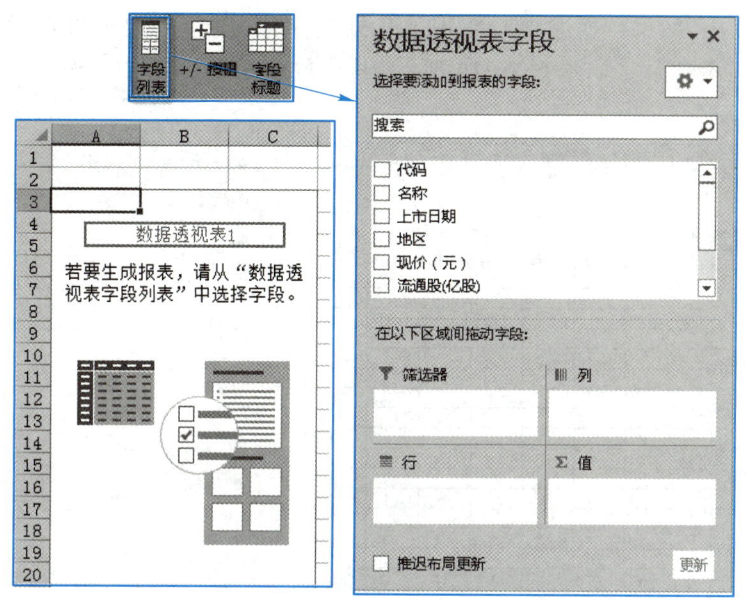

图 6-6-14 “数据透视表字段”对话框

如图 6-6-15 所示,用户按照“数据透视表字段”对话框所示,完成了相应字段的拖曳后,生成了相应的数据透视表(如图 6-6-15 左侧所示)。

数据透视表是一个表格,可以进行单元格格式设置、排序等操作。

用鼠标左键双击数据透视表中的汇总值,可以显示其来源明细。

当数据列表中的数据改变之后,右击数据透视表,在弹出的快捷菜单中选择“刷新”命令,数据透视表中的数据才会更新。

“数据透视表字段”对话框下面的 4 个区域中,都可以拖入多个字段,从而能够构造复杂的透视表。若在某个区域不需要某个字段,则将该字段拖出即可,非常方便。

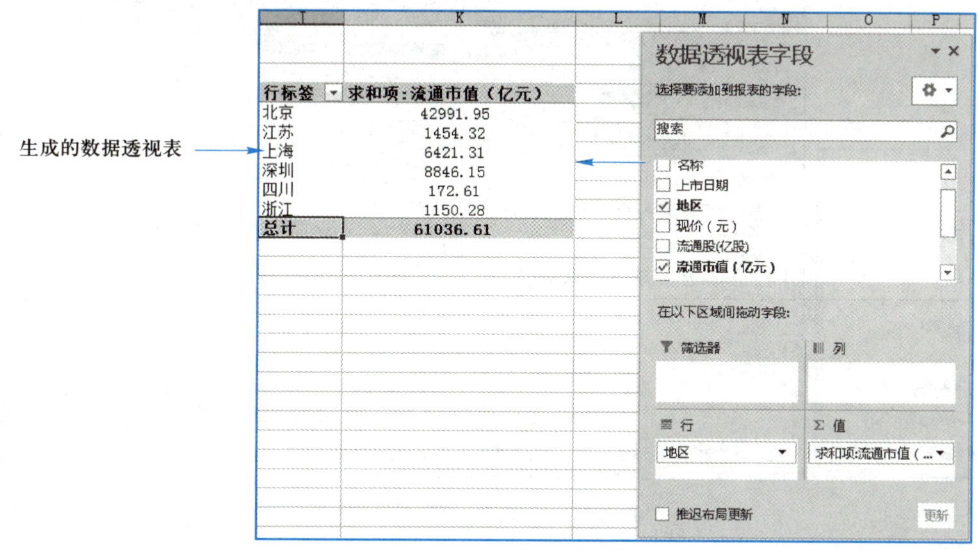

图 6-6-15 选择字段

在 Excel 2016 中，如果数据透视时使用了日期型字段，字段列表中将自动出现“年”和“季度”字段，日期只显示到月。如图 6-6-16 所示，其中的汇总值为对“代码”计数，即统计上市股票的数量。

计数项：代码　列标签

行标签	北京	江苏	上海	深圳	四川	浙江	总计
⊟1991年							
⊟第二季							
4月				1			1
⊟1999年							
⊞第四季			1				1
⊞2000年	1						1
⊞2002年				1			1
⊞2003年	1						1
⊞2006年	2						2
⊞2007年	3	1	1			1	6
⊞2010年	2						2
⊞2016年		5	1			1	7
⊞2017年		1					1
⊞2018年					1		1
⊞2019年		1					1
总计	9	8	3	2	1	2	25

图 6-6-16　含日期型字段的数据透视表

3. 值字段设置

值字段是指进行汇总操作的字段。调出“值字段设置”对话框的方法有：在“数据透视表字段”对话框中，单击值字段右侧的下拉箭头，然后选择“值字段设置”选项，如图 6-6-17(a)所示；或者在数据透视表中，选定任意值字段的取值，然后单击鼠标右键，在弹出的菜单中选择“值字段设置”选项，如图 6-6-17(b)所示。

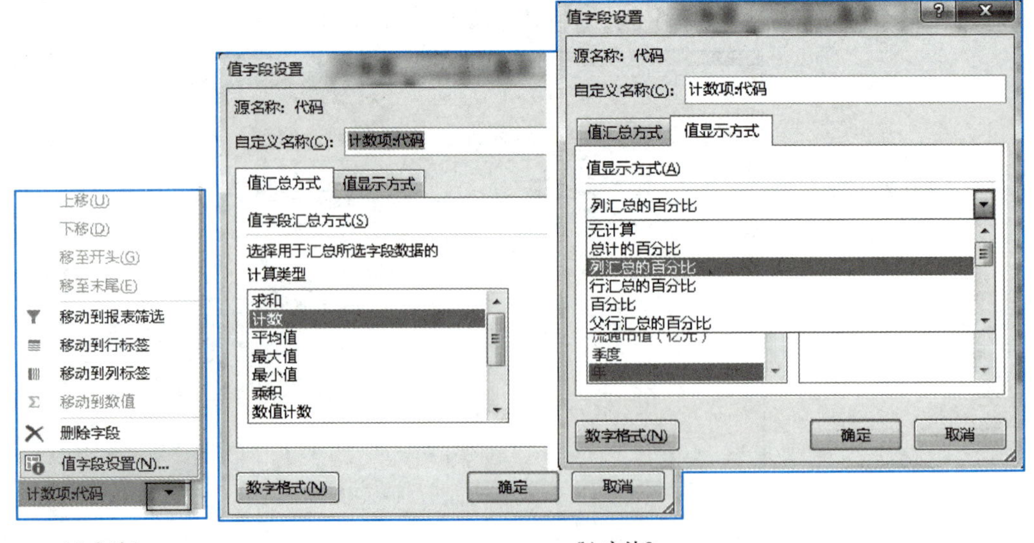

图 6-6-17　值字段设置

“值字段设置”对话框中有两个选项：值汇总方式和值显示方式。值汇总方式包括求和、计数、求平均值、求最大值、求最小值等。值显示方式包括无计算（即直接显示汇总值）、汇总值占总计百分比、汇总值占列汇总的百分比等。

图 6-6-18 显示的数据透视表中，值汇总方式为计数、值显示方式为“列汇总的百分比”。

行标签	计数项:代码
北京	36.00%
江苏	32.00%
上海	12.00%
深圳	8.00%
四川	4.00%
浙江	8.00%
总计	100.00%

图 6-6-18　以百分比显示的透视表

4. 创建组

对于数值型的行标签和列标签，可以通过“创建组”来进行进一步分组。以图6-6-19中的行标签为例，右击其中的任一行标签，在弹出的快捷菜单中选择“创建组”命令，即弹出“组合”对话框，其中显示了数值型字段的起始数和终止数。

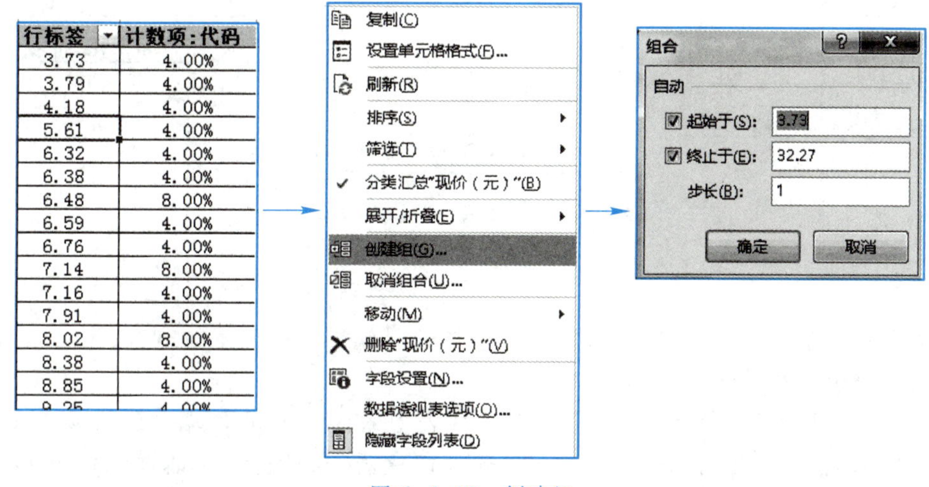

行标签	计数项:代码
3.73	4.00%
3.79	4.00%
4.18	4.00%
5.61	4.00%
6.32	4.00%
6.38	4.00%
6.48	8.00%
6.59	4.00%
6.76	4.00%
7.14	8.00%
7.16	4.00%
7.91	4.00%
8.02	8.00%
8.38	4.00%
8.85	4.00%

图 6-6-19　创建组

在“组合”对话框中，按图 6-6-20 所示，修改“起始于”和“终止于”文本框中的数据，并且将步长修改为 2，则数据透视表中的行标签改变。图 6-6-20 中，5-7 的意思是大于或等于 5 且小于 7，步长为 2。

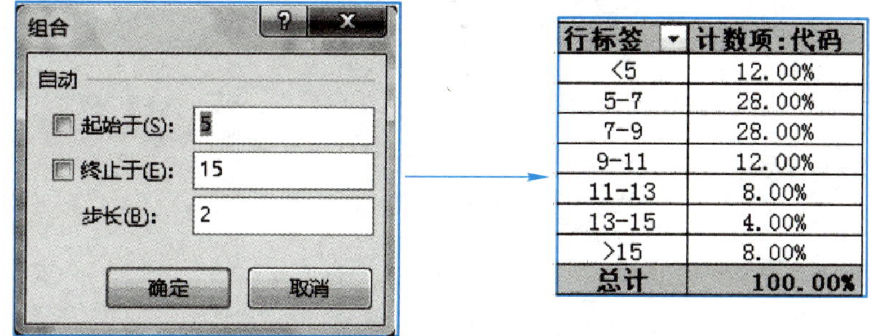

行标签	计数项:代码
<5	12.00%
5-7	28.00%
7-9	28.00%
9-11	12.00%
11-13	8.00%
13-15	4.00%
>15	8.00%
总计	100.00%

图 6-6-20　创建组之后的透视表

对于日期型字段，Excel 2016 中在创建标签时，已经按照年和季度创建了组。

对于文本型字段，不能创建组。对文本型字段创建组时，将弹出“选定区域不能分组”的信息。

要取消已经创建的组,右键单击任意分组(如图6-6-20中右侧的5-7),然后在弹出的快捷菜单中选择“取消组合”命令即可。

5. 筛选器

在“数据透视表字段”对话框中,将字段拖入“筛选器”后,在数据透视表上部的单元格中将增加筛选字段,如图6-6-21所示,从而形成带筛选器的数据透视表。打开筛选箭头,可以进行选择。

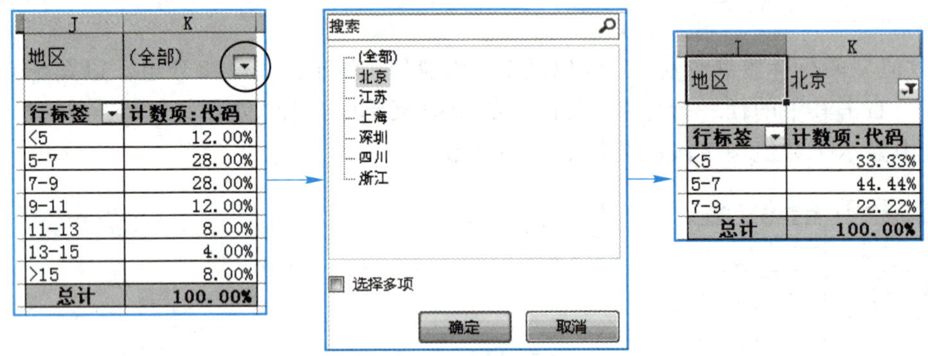

图6-6-21　带筛选器的数据透视表

6. 切片器

筛选器显示的是筛选之后的结果,要进行选择的时候需要打开下拉列表,不够直观。Excel引入了切片器来解决这一问题。

以图6-6-22中的透视表为例,单击数据透视表中的任意单元格,在“数据透视表工具”功能区选择“分析→插入切片器”选项,即弹出“插入切片器”对话框。对话框中列出了可以用作筛选的字段,可以复选。选择了筛选字段之后,即生成了切片器。切片器中,筛选字段的取值可以多选。

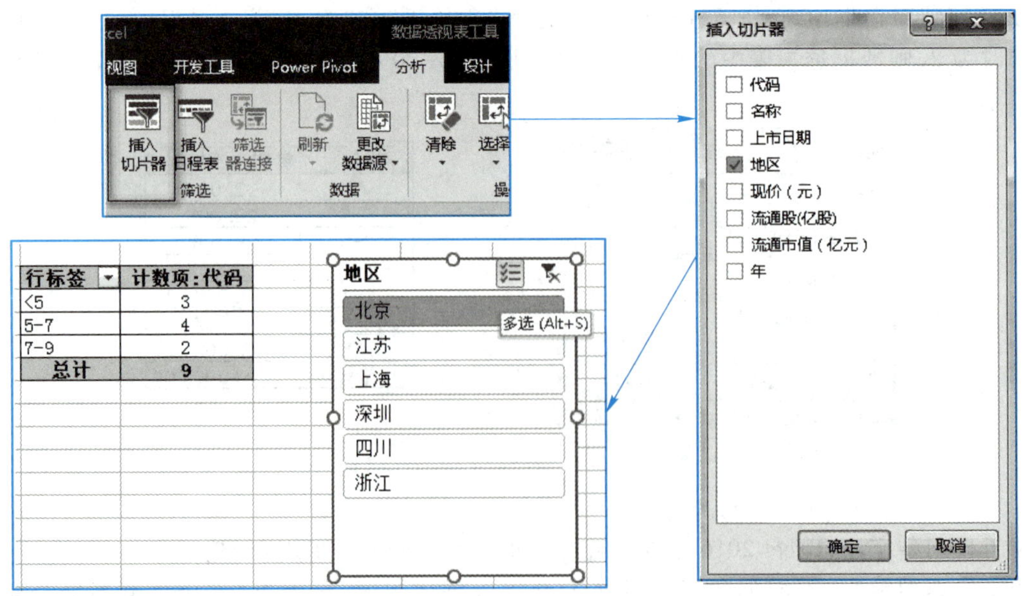

图6-6-22　切片器

一个切片器,可以与多张数据透视表联动。在图 6-6-23 的例中,先选定切片器,然后在功能区的“切片器工具”中选择“选项→报表连接”选项,在弹出的“数据透视表连接(地区)”对话框中选择需要连接的透视表,即可实现切片器与多张数据透视表的联动。

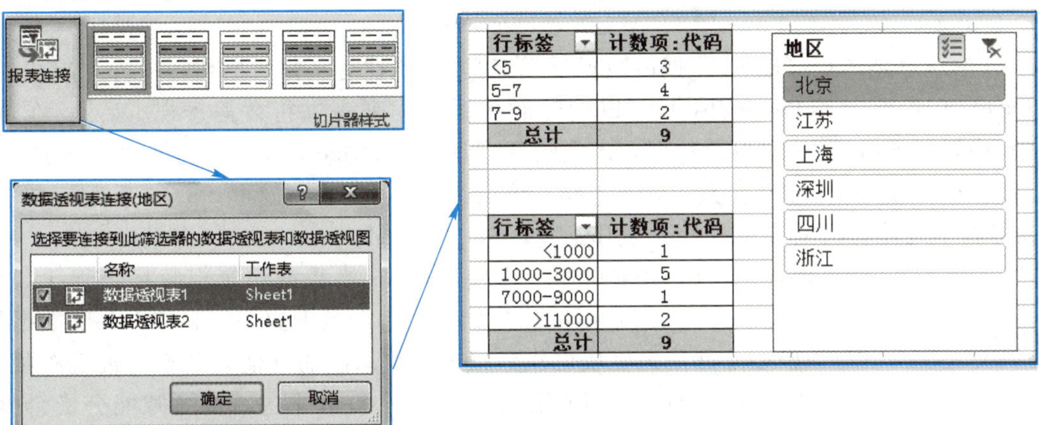

图 6-6-23　切片器与数据透视表的连接

要删除切片器,则先选定该切片器,然后单击鼠标右键,在弹出的快捷菜单中选择“删除”命令即可。

6.6.5　数据透视图

在功能区“数据透视表工具”中选择“分析→工具→数据透视图”选项,即可方便地在数据透视表的基础上作出数据透视图。

数据透视图的制作需要一定的“Excel 图表”基础,本小节只放置一张结合了切片器的数据透视图,如图 6-6-24 所示。透视图的具体设置,可以在学习了后面章节中的“Excel 图表”之后再进行。

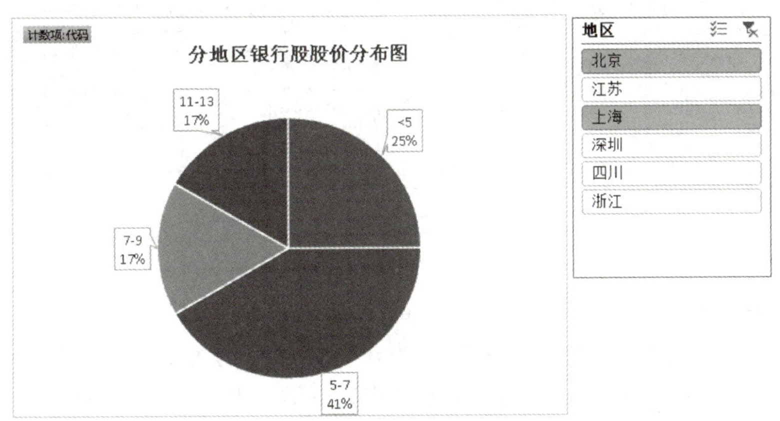

图 6-6-24　数据透视图

6.6.6　Power Pivot 简介

1. 从 Power Pivot 到 Power BI

Pivot 的意思是透视。Excel 早期的数据透视工具，只能针对一张数据列表进行。起初，微软针对 Excel 2010 推出了 Power Pivot，可以同时对多张数据列表进行数据透视。后来，在 Excel 2013 中，内置了 Power Pivot，以及数据导入和整理工具 Power Query、交互式报表制作工具 Power View、基于地图的数据可视化工具 Power Map。再后来，微软整合了这些 Power 系列工具，推出了一款可在本地计算机上安装的免费应用程序 Power BI Desktop。

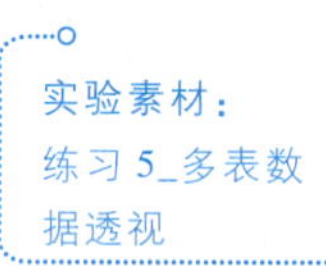

Power BI Desktop 可用于连接数据、转换数据和实现数据可视化。借助 Power BI Desktop，用户可以连接到多个不同数据源并将它们合并到数据模型中，该模型允许用户生成可作为报表与组织内的其他人共享的视觉对象和视觉对象集合。用户可以使用 Power BI Desktop 来进行商务智能分析、创建报表，并与其他用户共享报表。

在 Excel 2016 中，Power Pivot 作为内置的加载项而存在。下面就介绍使用 Power Pivot 来进行多张数据列表的数据透视。

2. 多表的数据透视

以图 6-6-25 中的 3 张数据列表为例，现在要同时对其进行数据透视。

课程ID	学号	平时成绩	期末成绩	总评成绩
BX01	61911001	81	71	74
BX01	61911002	89	67	74
BX01	61911006	92	61	70
BX01	61911007	63	75	71
BX01	61911009	75	45	54
BX01	61913103	65	32	42
BX01	61913104	81	50	59
BX01	61913105	81	94	90
BX01	61913106	70	76	74
BX01	61913107	79	74	76
BX03	61911001	82	65	70
BX03	61911002	91	52	64
BX03	61911003	72	59	63
BX03	61913101	62	65	64
BX03	61913102	93	62	71
BX03	61913103	94	55	67
BX03	61913104	82	82	82
BX03	61913105	93	60	70
BX03	61915212	67	91	84
BX03	61915213	95	79	84
BX03	61915214	75	74	74
BX03	61915215	74	87	83
BX03	61915216	87	50	61

课程ID	课程名称	开课学期
BX01	数学分析	春季
BX02	概率与统计	秋季
BX03	英语	春季
BX04	微观经济学	秋季

学号	姓名	性别	专业	籍贯	电话
61911001	花荣	男	金融	江苏	96655002
61911002	柴进	男	金融	江苏	81122012
61911003	李应	男	金融	四川	81122003
61911004	朱全	男	金融	湖北	96655004
61911005	鲁智深	男	金融	江苏	81122002
61911006	武松	男	金融	湖北	96655006
61911007	董平	男	金融	四川	81122007
61911008	张清	男	金融	四川	96655005
61911009	薛宝钗	女	金融	湖北	96655016
61911010	林黛玉	女	金融	湖北	96655013
61913101	贾元春	女	会计	四川	96655015
61913102	贾探春	女	会计	江苏	96655014
61913103	史湘云	女	会计	四川	96655012
61913104	妙玉	女	会计	四川	81122004
61913105	贾迎春	女	会计	江苏	81122005
61913106	贾惜春	女	会计	江苏	81122010
61913107	王熙凤	女	会计	四川	81122009

图 6-6-25　示例的数据列表(局部)

(1) 转换为表格

按 Ctrl+T 快捷键，将这 3 张数据列表转换为包含标题行的表格。为了便于区分，可以在功能区的表格工具中，使用"设计→表名称"命令来将这 3 张表格分别命名为"学生信息""学生成绩"和"课程编码"。

(2) 将表格添加到数据模型

首先，加载 Power Pivot。如图 6-6-26 所示，选择"开发工具"功能选项中的"COM 加载项"

选项，在弹出的菜单中勾选“Microsoft Power Pivot for Excel”选项，功能区即出现“Power Pivot”选项。

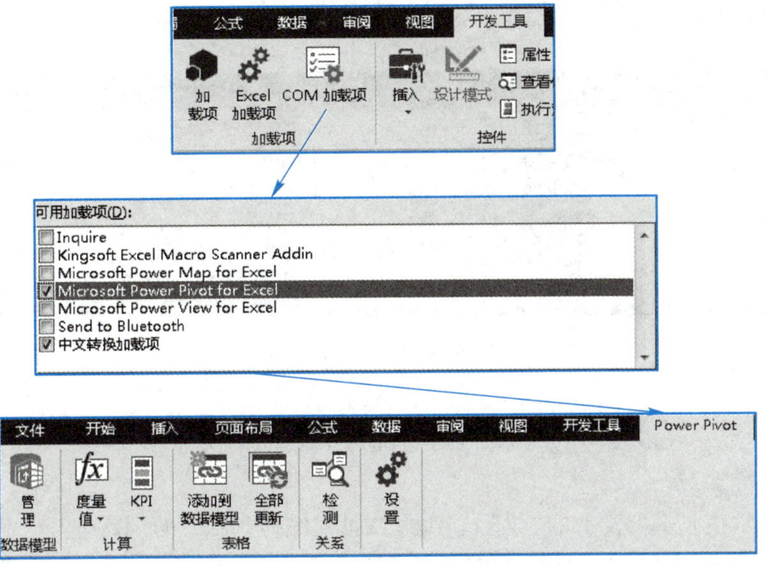

图 6-6-26　加载 Power Pivot

然后，在工作区选定表格的任意单元格，使用“Power Pivot”功能区中的“添加到数据模型”选项，将 3 张表格分别添加到“数据模型”中。添加了一张表格到数据模型之后，Power Pivot 将在另外的窗口启动，如图 6-6-27 所示。使用其左上角的按钮，用户可以方便地切换到 Excel 窗口，并再次添加另外的表格到“数据模型”。

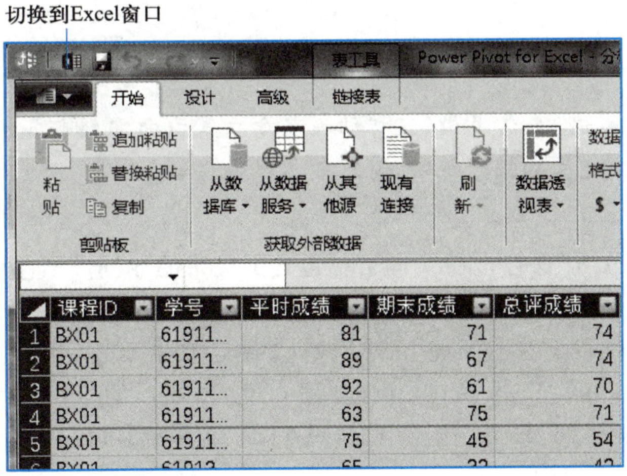

切换到Excel窗口

图 6-6-27　Power Pivot 窗口

（3）创建关系

在 Power Pivot 窗口中，使用功能区“开始”选项下的“关系图视图”按钮，可以形象地创建表格之间的关系，如图 6-6-28 所示。

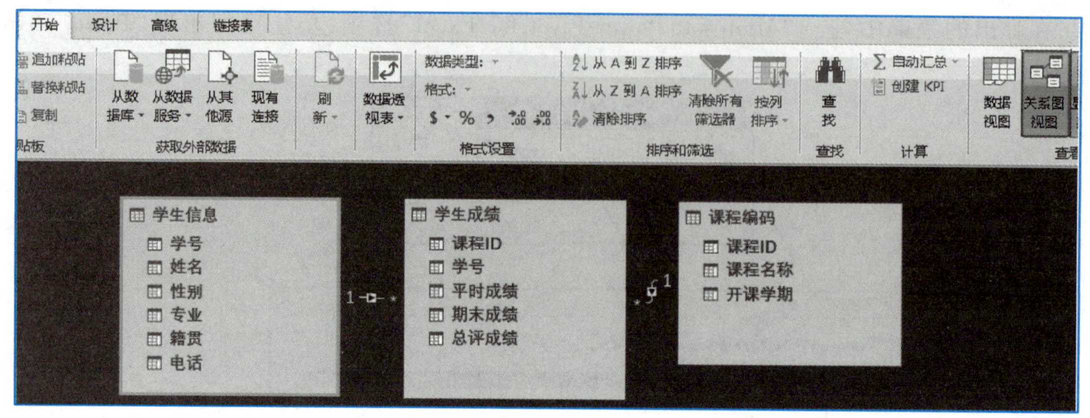

图 6-6-28　创建关系

Excel 数据模型中表格之间的关系,与数据库中表之间的关系非常类似,读者可以结合数据库基础知识来进行学习。

在本例中,“学生信息”表中的“学号”字段、“课程编码”表中的“课程 ID”字段,相当于数据库表中的主键,其取值不能重复且没有空值。“学生成绩”表中“学号”字段的取值,应在“学生信息”中“学号”字段的取值之内,也就是“学生成绩”表中不能有“学生信息”表中没有的学号;同样,“学生成绩”表中也不能有“课程编码”表格中没有的课程 ID。

表格之间的关系,是通过创建不同表格字段之间的关系来实现的。在“关系图视图”中,字段之间关系的创建,可以通过拖曳鼠标来进行。按住鼠标左键,从“学生成绩”学号字段拖一根线到“学生信息”学号字段,即创建了这两个字段之间的关系。类似地,可以创建“学生成绩”课程 ID 字段和“课程编码”课程 ID 字段之间的关系。

注意:拖曳的方向非常关键,鼠标的拖曳方向是拖向需要在其中进行查询的表格。否则,在后面建立数据透视时,有可能出现错误。

创建了关系之后,单击“保存按钮”,即可将包含了关系的数据模型保存到了相应的 Excel 工作簿中。关闭 Power Pivot 窗口,不会影响 Excel,而关闭 Excel,Power Pivot 也随之关闭。

若关闭了 Power Pivot 窗口,在 Excel 的“Power Pivot”功能区中,选择“数据模型→管理”选项,可以调出并切换到 Power Pivot 窗口,弹出如图 6-6-26 所示的“Power Pivot”功能选项。

在 Power Pivot 功能区的“设计”选项中,如图 6-6-29 所示,可以对数据模型中的关系、表格进行管理,例如,删除关系或删除表格。

(4) 插入数据透视表

在 Power Pivot 窗口中,单击“开始”功能区下的“数据透视表”按钮,如图6-6-27所示,即可插入数据透视表,如图 6-6-30 所示。其与普通数据透视表的区别是,在建立了包含 3 张表格关系的数据模型之后,在“数据透视表字段”对话框中选择“全部”选项,将会出现全部 3 张表格及其字段。这样就可以同时对 3 张表格进行数据透视了。

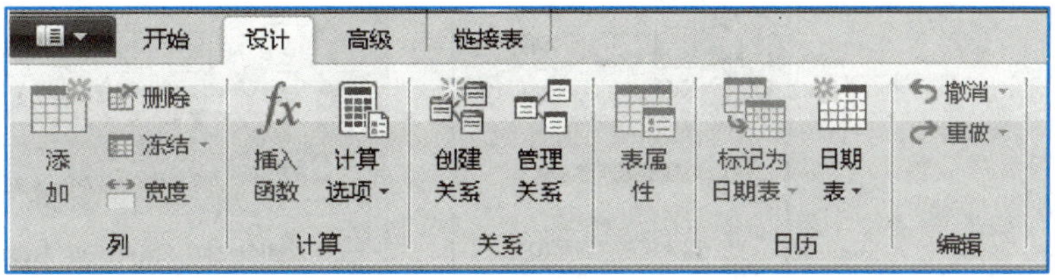

图 6-6-29　Power Pivot 窗口中的“设计”功能选项

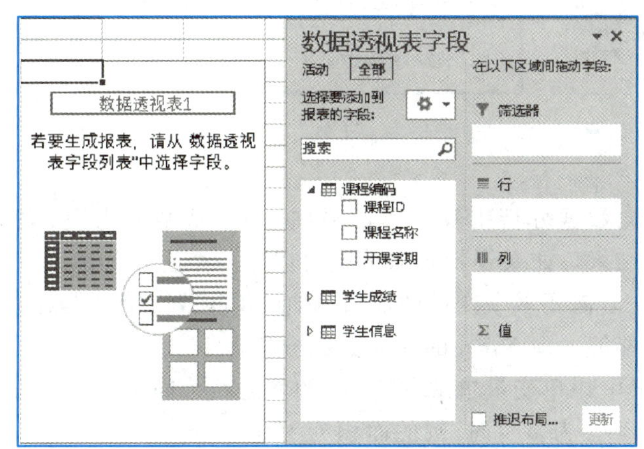

图 6-6-30　包含关系的数据透视表

(5) 根据需要编辑数据透视表

例如，生成图 6-6-31 所示的数据透视表，则具体步骤如下。

首先在“数据透视表字段”对话框中，对各构成部分的设置如下。行标签：“学生信息”中的“学号”和“姓名”，“课程编码”中的“课程名称”；汇总值：“学生成绩”中的“总评成绩”，汇总方式为求平均（对单个数求平均就是其本身）；筛选器：“学生信息”中的“专业”和“性别”。

专业	金融		
性别	男		
学号	姓名	课程名称	总评成绩
61911001	花荣	数学分析	74
61911002	柴进	数学分析	74
61911006	武松	数学分析	70
61911007	董平	数学分析	71
平均成绩			72.25

图 6-6-31　根据需要建立的数据透视表

然后，使用功能区的“数据透视表工具”选项，进行如图6-6-32所示的操作。在“分析”选项中，取消显示组内的“+/-按钮”；在“设计→报表布局”选项中，选择“以表格方式显示”选项；在“设计→分类汇总”选项中，选择“不显示分类汇总”选项。

最后，再进行相应的筛选，并对单元格中的文字进行编辑，即可以生成图 6-6-31 所示的数据透视表。

6.6.7　单变量求解

截至目前，本教材介绍的数据分析，都是从数据出发，通过计算，或者通过 Excel 提供的工具，得到想要的结果。这是一种正向的数据分析。

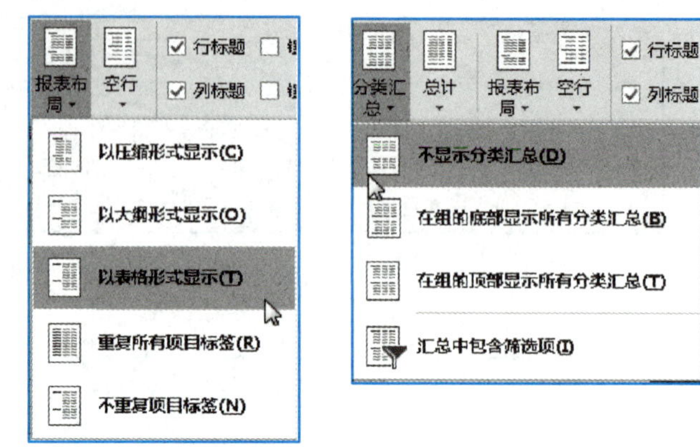

图 6-6-32　“数据透视表工具”功能区所进行的选择操作

Excel 还提供了逆向数据分析工具。所谓逆向,是指从结果出发,去分析在什么样的情况下,才可能实现这样的结果。如果要找到的情况可以用一个变量的取值来表示,则可以使用“单变量求解”工具来实现;若需要多个变量的取值,则使用“规划求解”工具来实现。本教材只介绍单变量求解,以便读者能够一窥 Excel 的逆向数据分析。

在简单的应用场景中,“单变量求解”要解决的就是一个简单的一元方程问题。

【例 6.9】　计算当半径为多少时,圆的面积为 100。

【解析过程】

(1) 建立模型,即通过一个算例说明圆的面积和半径之间的关系,如图 6-6-33 所示。这里给出的是半径为 1 时,通过公式算出圆面积的过程。

(2) 在功能区“数据→预测→模拟分析”面板中,选择“单变量求解”选项,在“单变量求解”对话框中作如图 6-6-33 所示的设置。目标单元格即圆面积取值所在的单元格,将其取值设置为 100,即求解目标是当圆面积为 100 时的圆半径。可变单元格即半径取值所在的单元格。

(3) 单击“确定”按钮,Excel 即开始运算。在设置的精度下,找到所需要的解。对于一些问题,也可能找不到解。

(4) 找到解之后,单击“确定”按钮,原来单元格中的数据即变为所求得的解。

Tips

注意:可以在“Excel 选项”对话框中,通过单击“公式→计算选项”按钮来设置单变量求解时的迭代次数和精度(如图 6-6-33 的左下角所示,不必勾选“启用迭代计算”前的复选框,因为是否启用迭代计算实际上和是否允许循环引用相关);对于一些有多个解的问题,如求一元二次方程的根,一次只能找到一个解,可以通过改变算例中的初值,来获得所需要的解。

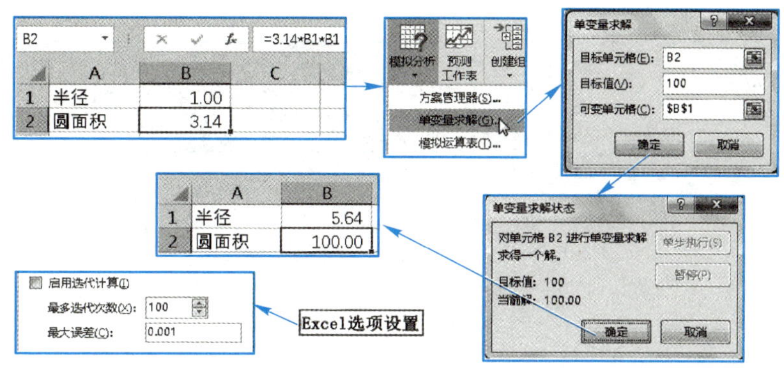

图 6-6-33　单变量求解圆的半径

Tips

注意：Excel 单变量求解的好处是，在一些比较复杂的应用场景中，不需要列出方程，就能够通过算例，求解到所需要的单个变量的取值。

【例 6.10】　从某银行贷款 100 万元，从借款之后的第一个月起开始还款，20 年还清，贷款年利率为 4.90%，计算使用等额本息法来还款时，每个月应该还款多少。

等额本息法：银行贷款中经常使用的一种归还本息的方法，这个方法中每个月还款的金额是一样的，其中包括了本金和利息。如图 6-6-34 所示，假如每个月还款5 000元，那么第 1 期还款时，其中包含的利息为 4 083.33 元，本金为 916.67 元。

	A	B	C	D	E	F	G
1	贷款年限		期数	还本付息	付息	还本	剩余本金
2	20		0				¥1, 000, 000. 00
3	贷款年利率		1	¥5,000.00	4083.33	916.67	¥999,083.33
4	4. 90%		2	¥5,000.00	4079.59	920.41	¥998,162.92
5			3	¥5,000.00	4075.83	924.17	¥997,238.76
241			239	¥5,000.00	2582.24	2417.76	¥629,966.54
242			240	¥5,000.00	2572.36	2427.64	¥627,538.90

在D3单元格输入：5000　　在D4单元格输入：=$D$3
在E3单元格输入：=G2*$A$4/12
在F3单元格输入：=D3-E3
在G3单元格输入：=G2-F3

图 6-6-34　等额本息法算例

【解析过程】

（1）建立模型。如图 6-6-34 所示，这里给出的是假如每个月还款 5 000 元的模型。

（2）使用单变量求解，其设置如图 6-6-35(a)所示。

（3）求解结果，如图 6-6-35(b)所示。

这样，就使用单变量求解工具计算出，使用等额本息法，每个月还本付息的金额为6 544.44元。

C	D	E	F	G
期数	还本付息	付息	还本	剩余本金
238	¥6,544.44	79.52	6464.92	¥13,009.15
239	¥6,544.44	53.12	6491.32	¥6,517.83
240	¥6,544.44	26.61	6517.83	(¥0.00)

(a)　　　　　　　　(b)

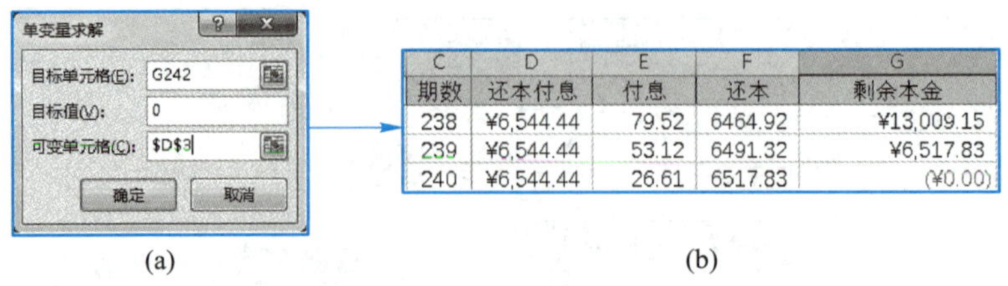

图 6-6-35　单变量求解的设置和结果

6.7　Excel 图表

实验素材：练习 6_图表操作

数据的可视化，是数据处理技术中的一个重要领域。Excel 提供了丰富的图表类型，可以方便地根据选择的数据，制作静态和动态图表。本教材主要介绍静态图表的制作。

下面，通过几种主要类型图表的制作，在介绍生成图表操作步骤的同时，介绍一些图表制作过程中的基本概念。

6.7.1　柱形图

柱形图包括二维和三维。在 Excel 中，图表的生成包括 3 个主要步骤：选择数据、创建图表、编辑美化图表。

1. 选择数据

Excel 中的图表是数据生成的，所以首先要选择数据。以图 6-7-1 中的数据为例来生成图表。

	A	B	C	D	E	F	G	H
1								
2		宜友公司销售统计						
3			华北	华东	华南	华西	华中	总计
4		1月	564	456	213	235	365	1833
5		2月	232	220	134	201	465	1252
6		3月	456	464	233	259	456	1868
7		4月	464	270	453	389	879	2455
8		5月	721	612	523	402	456	2714
9		6月	802	720	636	369	546	3073
10		总计	3239	2742	2192	1855	3167	13195

图 6-7-1　选择数据生成图表

按住鼠标左键，即可选择生成图表的数据。若选择的单元格不连续，则同时按住 Ctrl 键。对于行和列的标题，如果在图表中需要，也应该选择。

2. 生成图表

选择了数据之后，在“插入→图表”功能区中选择要插入的图表类型。本例中，如图 6-7-2 所示，选择柱形图中的二维柱形图。

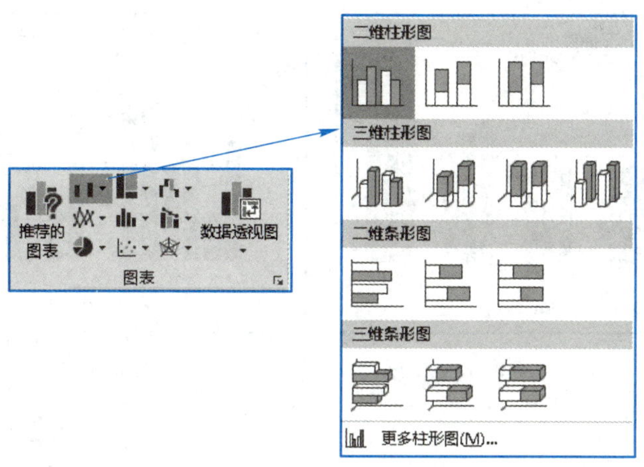

图 6-7-2　选择图表类型

也可以单击“图表”功能组右下角的小箭头，在弹出的对话框中选择图表类型，如图 6-7-3 所示。在“插入图表”对话框中会自动生成图表的缩略图。

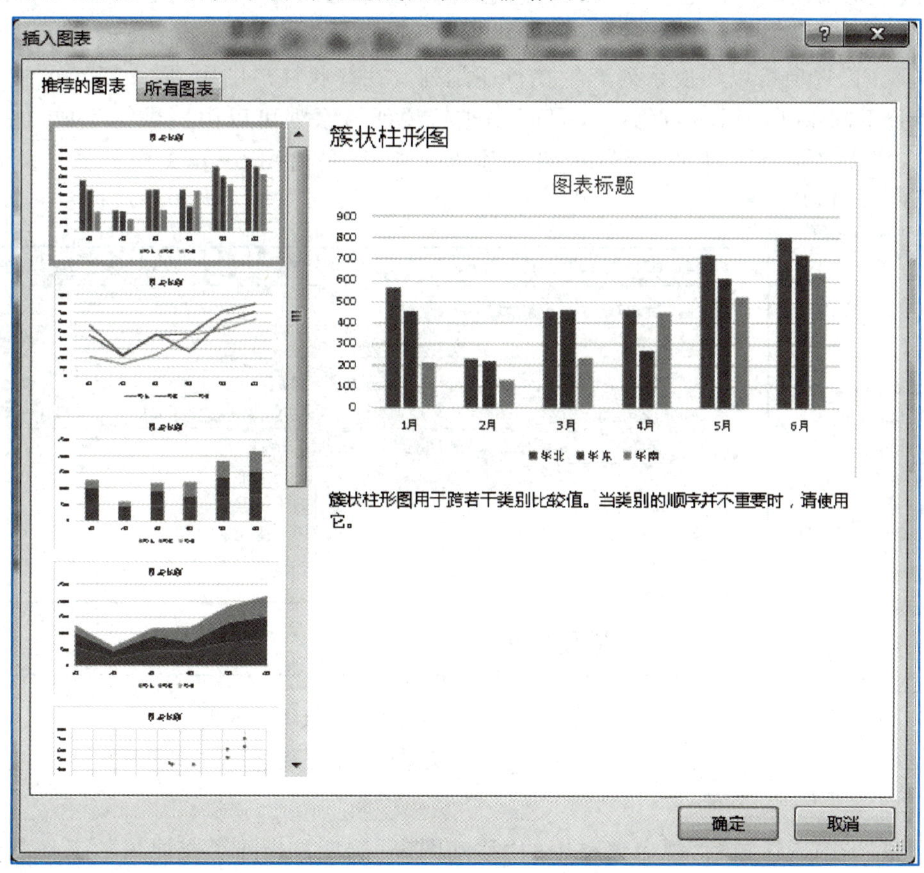

图 6-7-3　“插入图表”对话框

选择了图表类型之后，即生成柱形图。如图 6-7-4 所示。

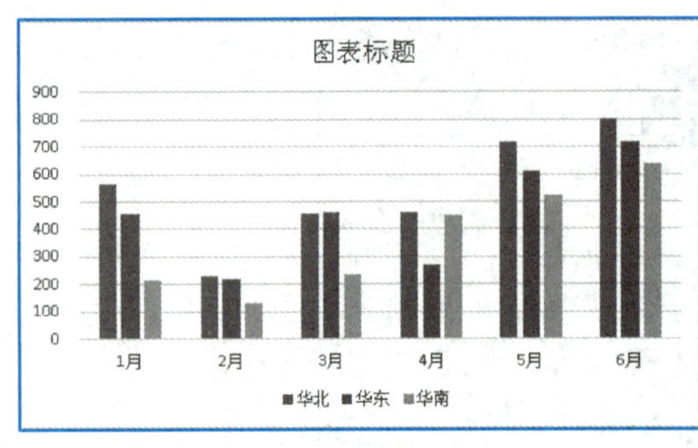

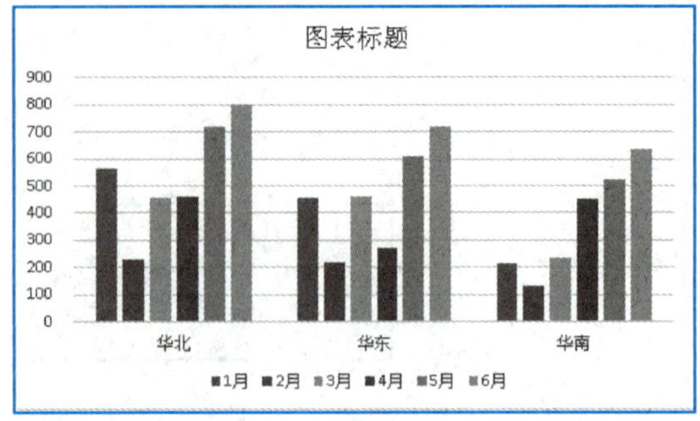

图 6-7-4 生成的示例柱状图(系列产生在列和行)

3. 编辑美化图表

创建了图表之后,可以对图表区域的组成元素进行编辑和美化,以满足需要。Excel 的图表区域包括绘图区、图例、标题等组成元素,对于柱形图这样的图表,还有坐标轴。

(1) 图表区域

图表区域是指图表所占的整个区域。选定图表区域,右击鼠标,在弹出的如图6-7-5(a)所示的快捷菜单中选择“选择数据”选项,即弹出“选择数据源”对话框,如图 6-7-5(b)所示。其中,“切换行/列”选项可以切换系列产生在行还是列。在簇状柱形图中,同一颜色的柱形代表了同一个系列,不同系列所用的颜色在“图例”中进行说明。系列可以由行数据生成,也可以由列数据生成。图 6-7-4 中左侧的柱形图,同一系列的柱形,是由图 6-7-1 中的同一列数据生成的,即系列产生自列。

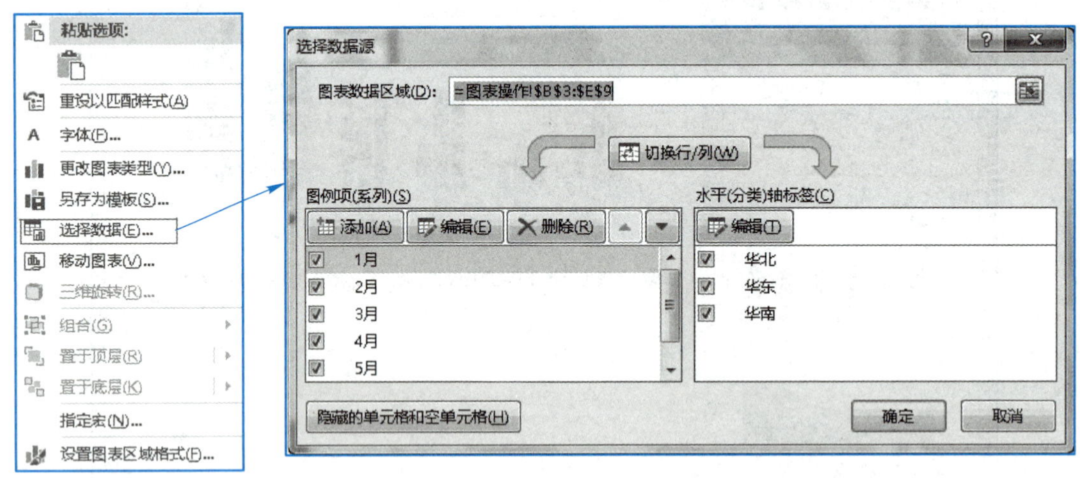

(a) 快捷菜单　　(b)“选择数据源”对话框

图 6-7-5 选择生成图表的数据源

用鼠标右击图表区域后,弹出菜单中的“移动图表”选项是指除了在原来的工作表中插入图表外,还可以将图表作为新的工作表插入原来的工作簿中。“设置图表区域格式”选项则可以设置图表区域的填充色和边框等。

（2）绘图区

选定绘图区，按住鼠标左键，可以调整绘图区的大小，如图 6-7-6 所示。用鼠标左键单击绘图区中的任一数据系列，则该系列的全部柱形均被选定，再单击鼠标右键，即可在弹出的快捷菜单中对该系列进行设置，如图 6-7-7 所示。

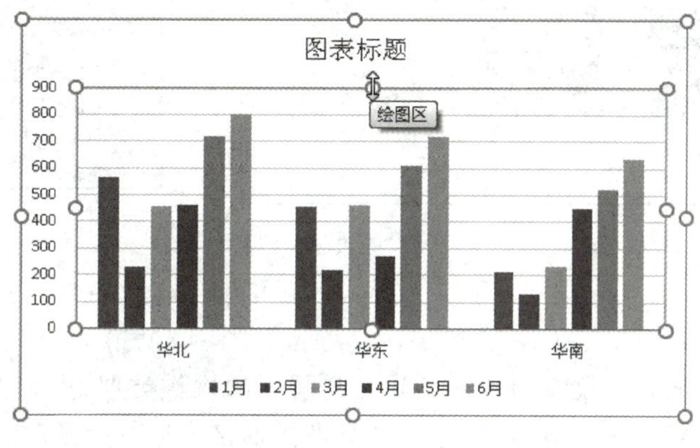

图 6-7-6　绘图区

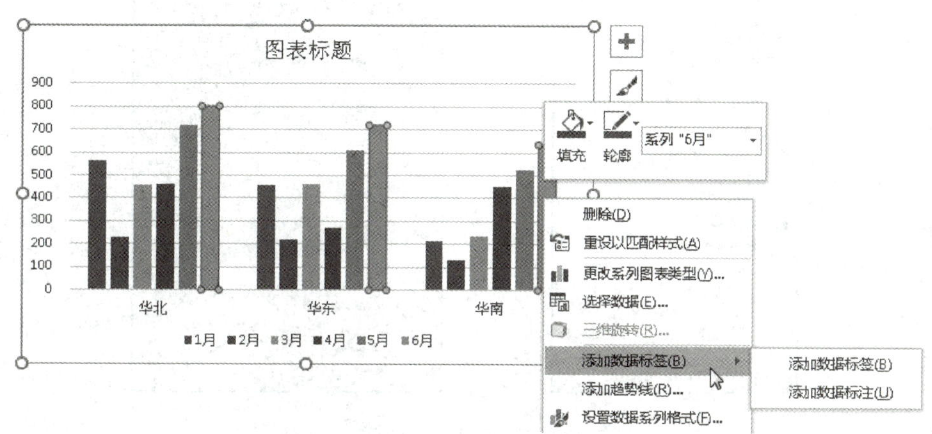

图 6-7-7　数据系列设置

选择“添加数据标签”选项，可以为数据系列添加数据标签或者数据标注。添加了标签或者标注之后，右击其中的一个标签或标注，又可以对其进行设置。

选择“设置数据系列格式”选项，可以设置系列的“填充与线条”“效果”和“系列选项”。其中，“系列选项”中可以设置系列重叠程度和分类间距，当“系列重叠”被设置为 0 时，系列之间将没有间距，如图 6-7-8 所示。

单击任一数据系列之后，再次单击，则可以选定该系列中的一个柱形对象，右击该对象，可以在弹出的快捷菜单中选择相应设置。

在 Excel 的图表区域中，要设置某个组成元素的格式，除了上面已经介绍的先用鼠标左键选中元素，然后右击选中的元素，并在弹出的快捷菜单中进行设置外，也可以直接双击选中的元素，在工作区的右侧就会出现相应元素的格式设置对话框，如图6-7-8中所示的“设置数据系列格式”对话框。另外，还可以使用功能区中的“图表工具”选项，来进行相关设置。

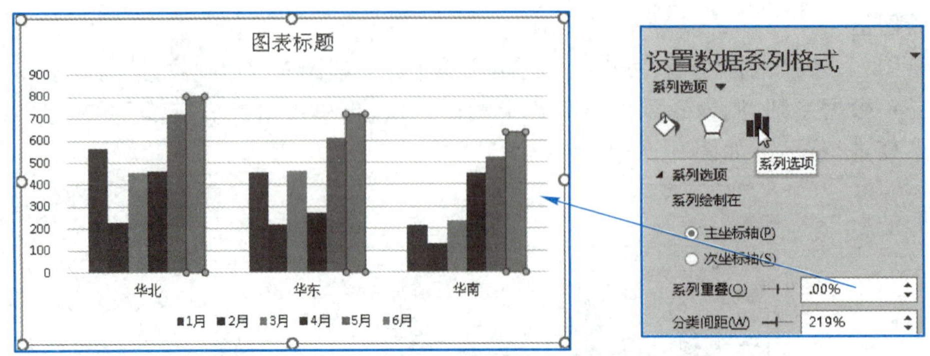

图 6-7-8 将“数据重叠”设置为 0

(3) 坐标轴

在柱形图中，坐标轴分为数值轴和分类轴。和前面的操作类似，先单击选中坐标轴，再右击鼠标，或者用鼠标左键直接双击坐标轴，均可以对坐标轴格式进行设置，如图 6-7-9 所示。

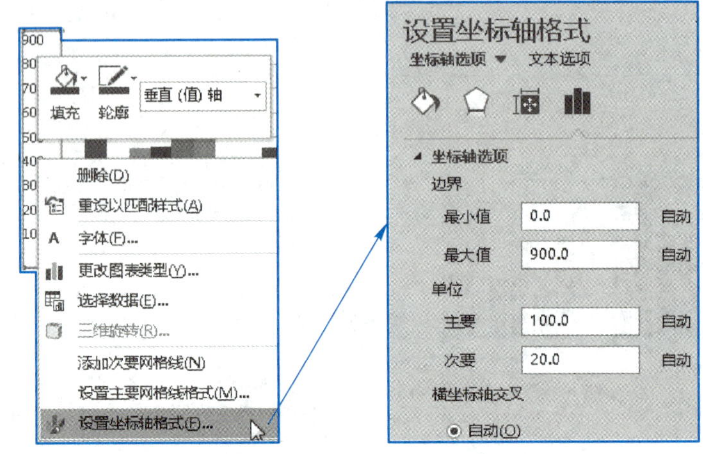

图 6-7-9 设置坐标轴格式

(4) 图例

单击图例，可以对图例进行设置，包括位置、字体等。再次单击图例，则可以设置其中的图例项。

(5) 图表标题

图表标题实际上是一个文本框。用户可以在文本框中直接输入标题的文字内容，也可以先选定文本框，然后在工作区上面的编辑栏中输入 =，通过选择引用单元格，使用公式来获得标题内容（本例中在编辑栏输入 =B2）。注意：不能直接在文本框中输入公式，那样的话文本框会将等号视为普通的符号而不是公式的开始。

在图表区域的其他位置，也可以插入文本框，添加需要的文本内容。

(6) 使用图表快捷按钮

选定图表区域的任意元素，在图表区域的右侧就会出现 3 个图表快捷按钮，如图 6-7-10 所示。“图表元素”可以增加或者取消图表元素；“图表样式”可以在 Excel 内置的图表模板中进行选择，以快速设置图表的样式和配色方案；"图表筛选器"可以筛选图表上显示的数据点和名称。图 6-7-10 中显示了如何使用"图表元素"来为数值轴添加标题。

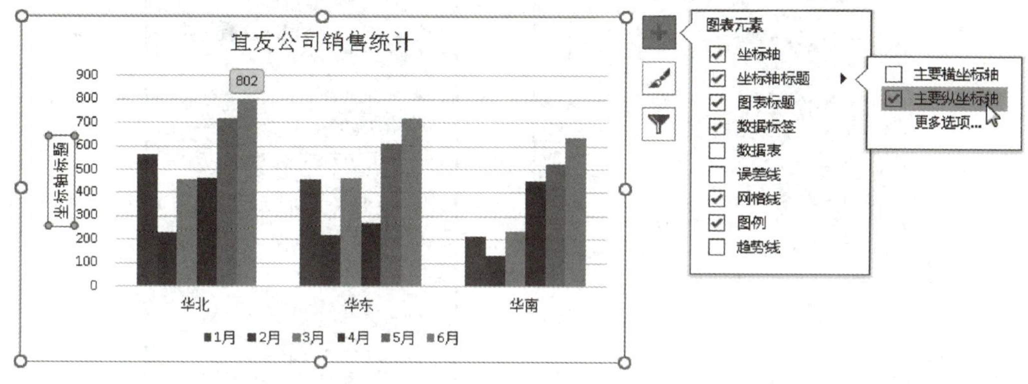

图 6-7-10　图表快捷按钮

6.7.2　饼状图

如图 6-7-11 所示，先选择数据，然后作饼状图，其操作步骤与柱状图类似。

选定绘图区，可以设置数据系列格式，其中可以设置饼图的分离程度。在数据标签格式中，可以只选择显示百分比，还可以选择显示引导线等，如图 6-7-12 所示。

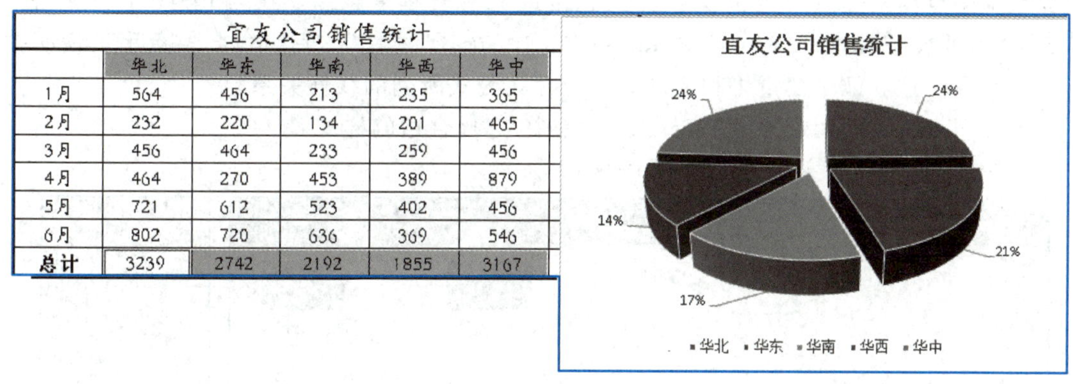

宜友公司销售统计

	华北	华东	华南	华西	华中
1月	564	456	213	235	365
2月	232	220	134	201	465
3月	456	464	233	259	456
4月	464	270	453	389	879
5月	721	612	523	402	456
6月	802	720	636	369	546
总计	3239	2742	2192	1855	3167

(a) 选择数据　　(b) 生成饼状图

图 6-7-11　饼状图

6.7.3　散点图

在经济管理工作中，经常需要验证两个经济变量之间是否存在一定的函数关系，或者对时间序列进行预测。这两种情况，都属于散点图的典型应用场景。

1. 验证两个变量之间的关系

（1）在数据区域选择数据，然后创建散点图。

（2）设置坐标轴格式。为了使散点图尽量分布在绘图区的中间位置，更改坐标轴起点和终

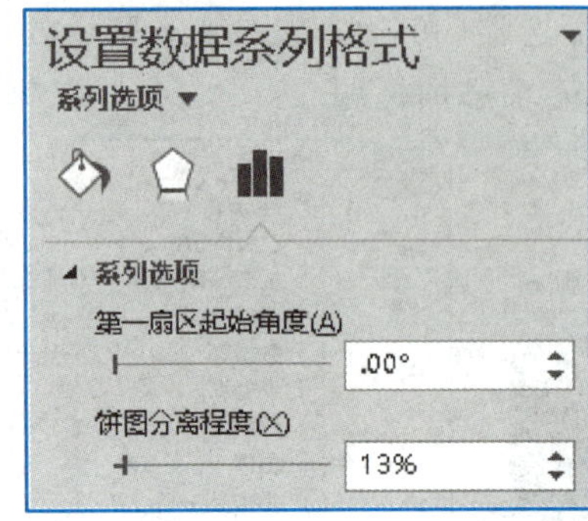

(a) 设置数据系列格式

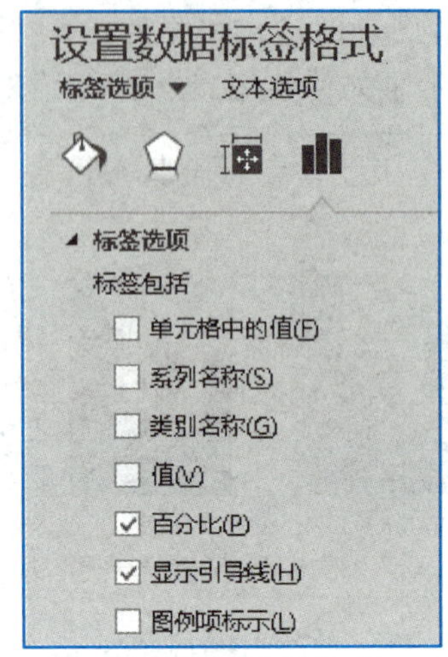

(b) 设置数据标签格式

图 6-7-12　设置饼状图格式

点的读数。

（3）单击图表快捷按钮，添加两个坐标轴的标题。

（4）单击左键选中散点后，单击右键，添加趋势线，然后在右侧的“设置趋势线格式”对话框中，选择“显示公式”和“显示 R 平方值”选项。公式是指两个变量之间的函数关系。R 平方表示趋势线上的点与实际点之间的拟合程度，越接近 1，拟合程度越高。在“趋势线选项”中有“指数”“线性”“对数”等函数关系可以选择。在本例中，选择“线性”之后，R^2 非常接近 1，说明拟合程度已经很高。这验证了变量 1 和变量 2 之间存在公式所列的线性关系。

（5）在图表工具的“设计→图表样式”功能中，选择合适的样式。

本例中，设置完成的变量关系如图 6-7-13 所示。

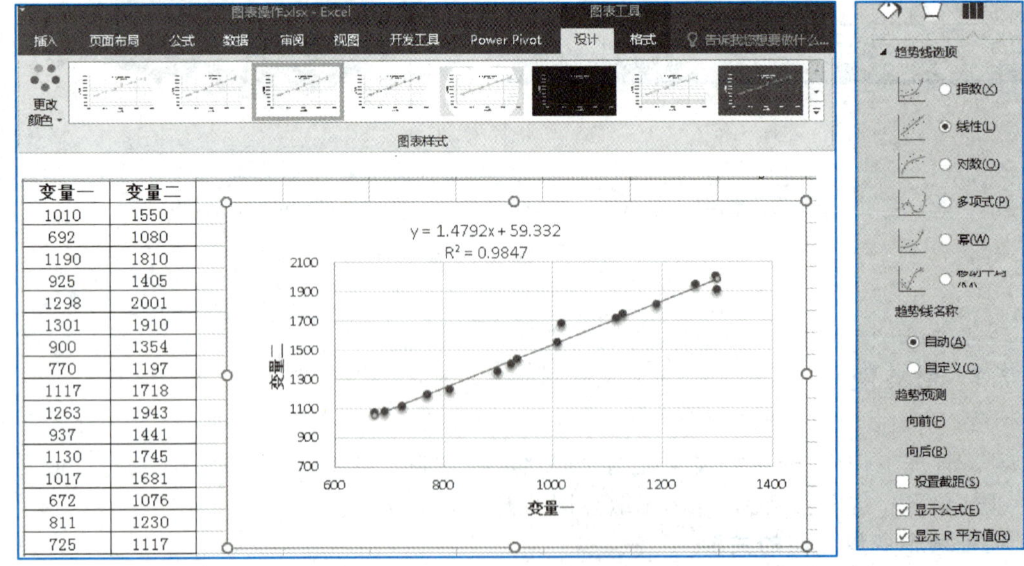

变量一	变量二
1010	1550
692	1080
1190	1810
925	1405
1298	2001
1301	1910
900	1354
770	1197
1117	1718
1263	1943
937	1441
1130	1745
1017	1681
672	1076
811	1230
725	1117

图 6-7-13　用散点图验证两个变量之间的关系

2. 时间序列预测

如图 6-7-14 所示，要求根据如图 6-7-14 所示的数据区域中的时间序列数据，来预测 2017 年以后的 GDP。

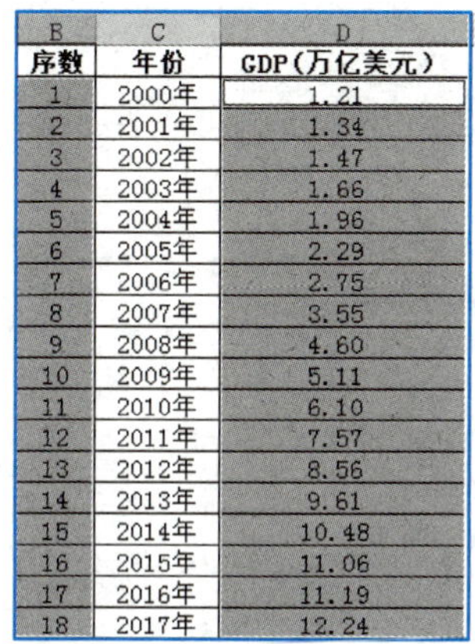

序数	年份	GDP(万亿美元)
1	2000年	1.21
2	2001年	1.34
3	2002年	1.47
4	2003年	1.66
5	2004年	1.96
6	2005年	2.29
7	2006年	2.75
8	2007年	3.55
9	2008年	4.60
10	2009年	5.11
11	2010年	6.10
12	2011年	7.57
13	2012年	8.56
14	2013年	9.61
15	2014年	10.48
16	2015年	11.06
17	2016年	11.19
18	2017年	12.24

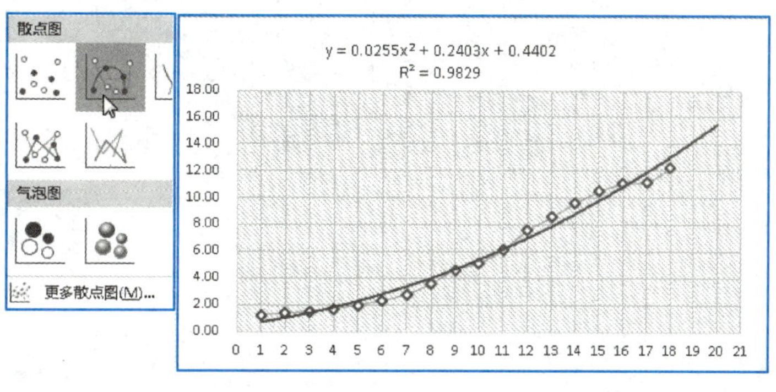

图 6-7-14　时间序列预测

在时间序列预测中，一般不直接使用时间来作为分类轴（x 值），而是使用从 1 开始的序数。在本例中，1 代表 2000 年，2 代表 2001 年，依此类推。

选择数据之后，使用“带平滑线和数据标记的散点图”来作散点图，添加趋势线，并且在“设置趋势线格式”对话框中，将“趋势预测”适当前移几个周期。选择适当的趋势线，使得 R^2 的值尽量接近 1。最后，得到公式。在公式中，当 x 取 19 和 20 时，即可得到 2018 年和 2019 年的 GDP 预测值。

6.7.4　组合图表

将两个和两个以上的图表类型，组合在同一个图表中，即为组合图表。下面以图 6-7-15 为例，在簇状柱形图中插入表示平均值的折线图。

宜友公司销售统计

	华北	华东	华南	华西	华中	总计
1月	564	456	213	235	365	1833
2月	232	220	134	201	465	1252
3月	456	464	233	259	456	1868
4月	464	270	453	389	879	2455
5月	721	612	523	402	456	2714
6月	802	720	636	369	546	3073
总计	3239	2742	2192	1855	3167	13195
均值	2639	2639	2639	2639	2639	

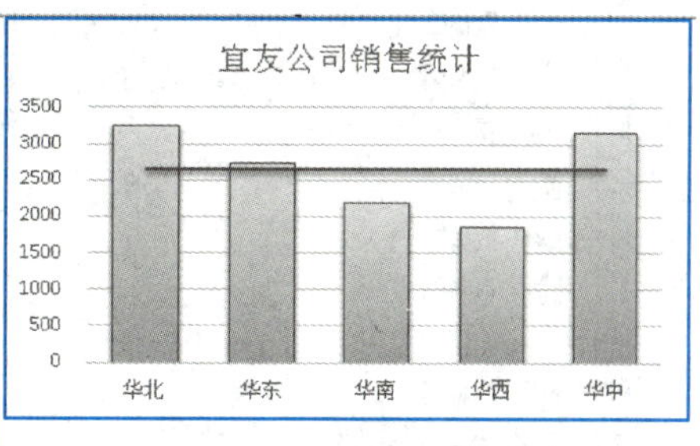

图 6-7-15　组合图表

（1）在数据区域中，使用 AVERAGE( ) 函数计算各地区总计的均值，生成 5 个数据。复制这 5 个数据，选定图表后，按 Ctrl+V 粘贴，即在图表区域生成了一个新的系列，如图 6-7-16 所示。

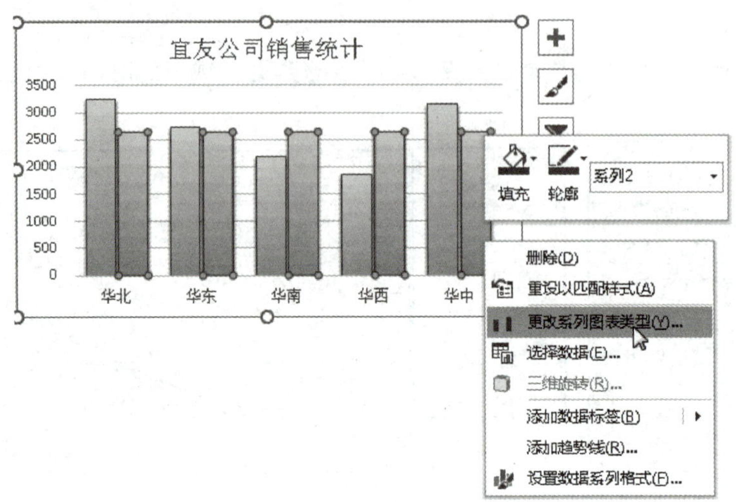

图 6-7-16　将数据复制粘贴到图表区域

（2）选定新生成的系列，右击鼠标，在菜单中选择“更改系列图表类型”选项，弹出“更改图表类型”对话框，在“所有图表→组合”选项中，将系列 2 的图表类型修改为“折线图”，如图 6-7-17所示。再在功能区选择适当的样式，即可生成图 6-7-15 所示的组合图表。

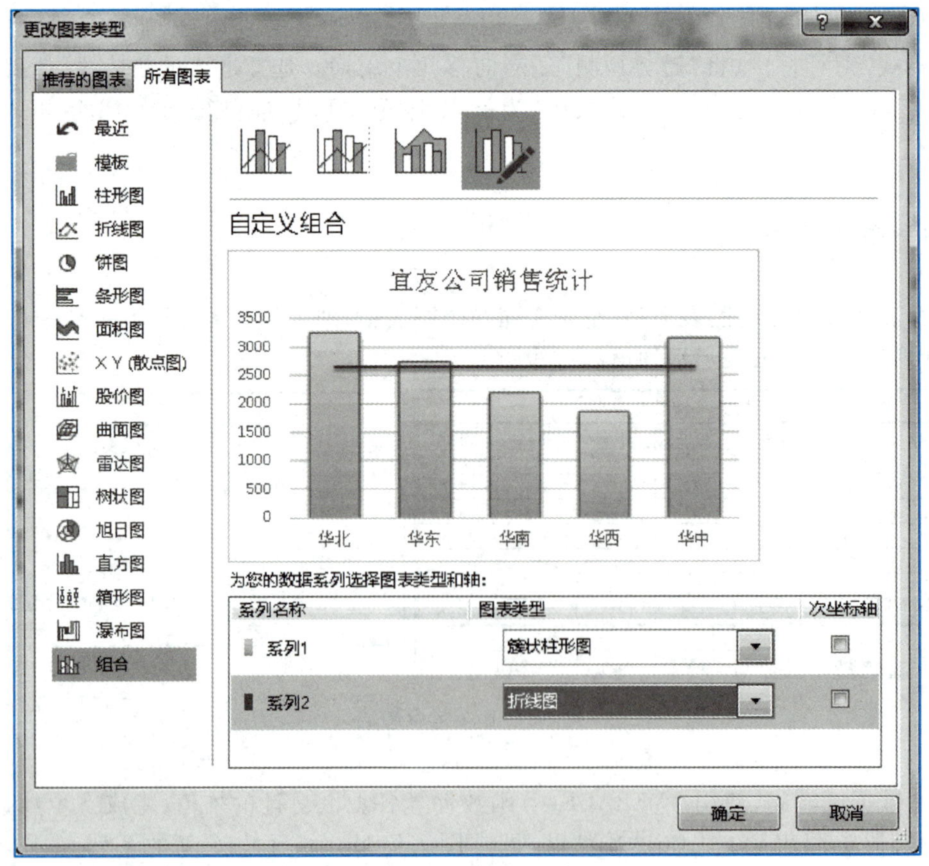

图 6-7-17　“更改图表类型”对话框

6.7.5　迷你图

迷你图是放置在单元格中的微型图表，其结构简单，通常位于数据区域边上，能够帮助用户快速直观地识别数据的变化情况。

下面以图 6-7-18 中的迷你图为例，来介绍创建迷你图的步骤。

	A	B	C	D	E	F	G
1		华北	华东	华南	华西	华中	
2	1月	564	456	213	235	365	
3	2月	232	220	134	201	465	
4	3月	456	464	233	259	456	
5	4月	464	270	453	389	879	
6	5月	721	612	523	402	456	
7	6月	802	720	636	369	546	
8							

图 6-7-18　迷你图的创建

（1）选定要插入迷你图的单元格，这里选定 B8 单元格。

（2）选择功能区中的“插入→迷你图→折线图”选项，即弹出“创建迷你图”对话框，如图 6-7-19所示。迷你图有 3 种类型：折线图、柱形图和盈亏图。用户在对话框中设置好生成迷你图的数据，即可创建迷你图。

（3）使用填充柄向右填充，即可创建其他单元格中的迷你图。

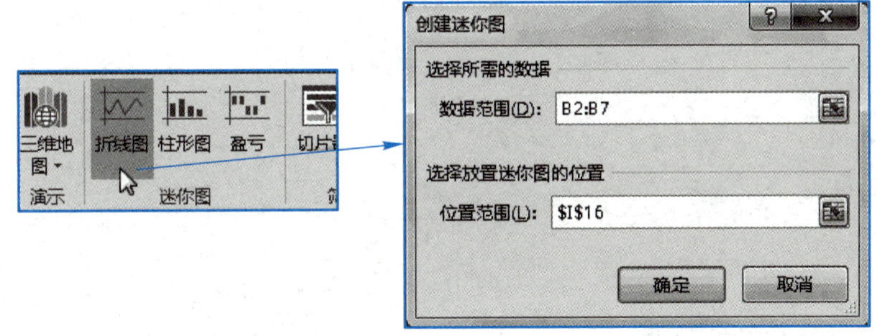

图 6-7-19　创建迷你图

类似地，可以创建图 6-7-18 中 G 列的柱形迷你图。

当用户在数据区域的右侧创建迷你图时，也可以在选定数据后，单击“快速分析”按钮来进行，如图 6-7-20 所示。

以上介绍的内容是 Excel 图表的基本操作，主要涉及静态图表的创建和编辑美化。结合切片器、控件等工具，Excel 还可以建立动态图表。

为适应数据可视化的需要，微软公司在 Excel 的基础上，推出了桌面版的 Power BI，可以制作更为丰富生动的图表。而 Tableau 等软件，也正在挑战微软在数据图表领域的地位。可以预见，未来数据可视化工具将更加丰富、生动和便捷。

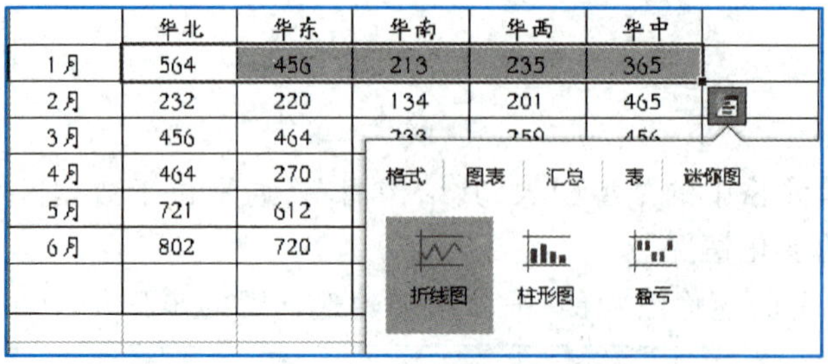

	华北	华东	华南	华西	华中
1月	564	456	213	235	365
2月	232	220	134	201	465
3月	456	464	233	259	456
4月	464	270			
5月	721	612			
6月	802	720			

图 6-7-20　单击“快速分析”按钮创建迷你图

第 7 章　数据库应用基础

学习目标

1. 了解数据库系统的基础知识。
2. 能够在 Access 2016 中建立一个数据库，并利用设计视图建立表及表间关系。
3. 能够在 Excel 和 Access 之间实现数据的导入和导出。
4. 了解 SQL 语言，能够通过 SQL 语句来完成基本的查询和更新。

7.1　数据库系统基本知识

移动互联网、大数据、人工智能将人类社会带入了“大智慧”的智能时代，我们的衣食住行和社会的方方面面都和数据、智能终端、网络、服务器、各种 APP 等计算机系统紧密联系在一起，数据管理和数据分析已然成为当代人必备的技能之一。

数据库系统是对数据进行组织、存储、定义、操作、控制、分析，同时完成用户的业务逻辑、满足用户的需求的软件系统，在各行各业早已得到普遍应用。

7.1.1　数据库系统概述

什么是数据？数据以什么方式组织？存放在哪里？由谁管理？如何对数据进行存储、修改、查询？这些都是数据库系统需要解决的基本问题。

1. 数据、信息与数据处理

数据和信息是我们经常混用的两个词语，它们的真正含义是一样的吗？数据处理的主流技术是什么？

数据是人们用于描述事物特征的物理符号，它包括 3 个方面：数据形式、数据内容和数据语义。数据形式即数据的“类型”，包括数字、文字、图形、图像、声音等多种类型；数据内容即数据的“值”;数据的语义即数据的“含义”,是数据所反映的客观事实,没有语义,数据也就失去了意义,只能成为“垃圾”。例如,对于“王伟,男,金融”这条字符串,如果没有明确表示的含义,则它就不能称为真正的数据,因为不知道它所描述的客观事实。相同形式的数据可以表达不同的含义,例如,上述数据可以表示“王伟是一名金融专业的男学生”,也可以表示“王伟是一名金融专业的男教师”等。

信息是一种被加工为特定形式的数据,这种数据形式对接收者来说是有意义的,而且对当前和将来的决策具有明显的或实际的价值。可以说数据是信息的具体表现形式,信息则是数据的语义及其有意义的体现。数据和信息是不可分割的,在一些不是很严格的场合,对信息和数据没有严格的区分,有时甚至把它们当作同义词来使用,例如,信息处理与数据处理、信息采集与数据采集等。

数据处理是对各种数据进行收集、整理、存储、加工(如编码、计算、排序、筛选、分类、汇总、检索)和传播的一系列活动的总合。数据处理技术经历了人工处理阶段、文件系统处理阶段,20世纪 60 年代末发生了 3 件大事标志着数据库处理阶段的开始。

1968 年美国 IBM 公司推出第一个基于层次模型的商用数据库管理系统(Information Management System,IMS)。

1969 年美国数据系统语言协会(Conference On Data System Language,CODASYL)下属的数据库任务组(Data Base Task Group,DBTG)发布了 DBTG 报告,他们基于网状模型确定并建立了数据库系统的许多概念、方法和技术。

1970 年美国 IBM 公司 San Jose 研究室的研究员 E.F.Codd 发表论文,首次提出了数据库系统的关系模型,奠定了关系数据库的理论基础。

我们现在实际使用的数据库系统都是基于关系模型的数据库系统。近五十年来,数据库技术得到了快速发展,面向对象的数据库系统、分布式数据库系统、并行数据库系统、多媒体数据库系统、NOSQL 数据库系统、数据仓库等已经得到普及和应用。

2. 数据库与数据库管理系统

数据库简称 DB,是存放数据的仓库,只是这个仓库存在计算机的存储设备上。数据库中往往存储大量的数据,满足与应用相关的各种用户的需要。为了高效地存取这些数据,正如人们在现实生活中对物品分门别类地进行组织存放,数据库中的数据往往按一定的格式来存放,具有较小的冗余度。严格地讲,数据库是长期储存在计算机内、有组织、可共享的有关某个特定主题或商业应用的大量数据的集合。数据库中的数据按一定的数据模型组织、描述和储存。

数据库管理系统(DataBase Management System,DBMS)是专门负责对数据库中的数据进行统一管理和控制的软件。数据库管理系统将应用程序和数据库中数据结构的变化进行适当的隔离,只要用户的数据需求没有改变,数据库中数据结构的任何变化都不会影响到应用程序。数据库管理系统提供相应的语言和机制实现对数据库的集中管理和控制,是数据库名副其实的管家。

3. 数据库系统

数据库系统是使用数据库的计算机系统,一般由计算机硬件设备、数据库、软件、数据库用户 4 部分组成。数据库系统的构成如图 7-1-1 所示。

(1) 硬件设备

数据库和所有的软件都存放在计算机的存储设备上,并且需要在运行效率上满足多个用户的需要，因此数据库系统对硬件资源的要求较高：包括要求计算机具有足够大的内存，用于存放操作系统、DBMS的核心模块、数据缓冲区及应用程序；有足够大和安全性好的磁盘或磁盘阵列等存储设备存放数据及数据备份和软件；有运算能力强大的中央处理器和通信能力强大的I/O通道。

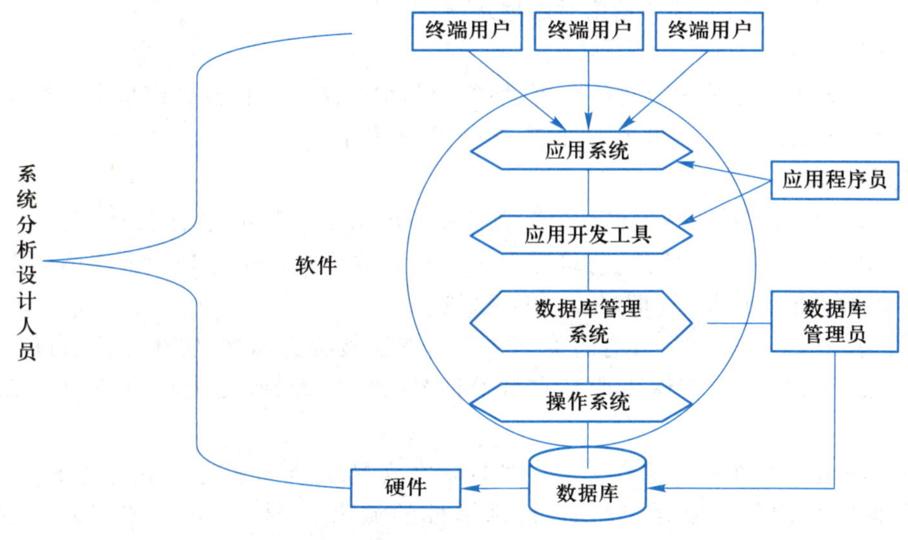

图7-1-1 数据库系统的构成

(2) 软件

除了数据库本身，数据库系统的软件主要包括：操作系统作为基础软件支持DBMS运行；数据库管理系统完成数据库的管理和控制；高级语言及其编译系统用于开发应用程序；应用程序满足特定业务需求。其中，数据库管理系统是数据库系统的核心。

(3) 数据库用户

数据库用户通常包括以下几类人员。

- 数据库管理员DBA：负责整个数据库的规划和设计，并利用数据库管理系统对数据库进行全面管理、维护和控制。
- 系统分析员：主要负责应用系统的分析设计，配合DBA，并指导应用程序员的工作。
- 应用程序员：按照系统分析员的设计要求，利用某种编程语言和开发工具编写和调试应用程序。
- 终端用户：通过使用应用程序完成特定的业务。

7.1.2 数据模型

在现实世界有许多模型，这些模型都是对现实世界中某种对象特征的模拟和抽象，如飞机模型、汽车模型。数据模型也是一种模型，是对数据建模，而数据又是对客观世界的描述，因此，我们可以说数据模型是对我们关注的某个特定现实世界的模拟。例如，银行存款数据模型就是对现实世界中某银行的存款相关业务进行的抽象模拟，描述这些业务涉及的数据、数据之间的联系、数据的组织结构和存取方式等。

要建立一个飞机模型、汽车模型，往往需要先绘制图纸，再准备或购买材料以根据图纸制作模型。数据模型所要模拟的客观世界更加复杂，因此建立数据模型也需要一个绘制图纸的中间过程，即数据模型有两个层次：第一个层次是概念模型，从用户的角度认识并抽象现实世界中的人、物、活动和概念等，并用相应的术语和工具进行描述；第二个层次是结构数据模型（通常简称为数据模型），是从计算机系统的角度对数据建模。

1. 概念模型

概念模型是对特定现实世界进行分析、抽象和归纳的结果。在概念模型中主要使用实体和联系这两大类术语来描述现实世界，并使用 E-R 图来表示。

（1）实体类术语

① 实体（Entity）：实体是现实世界中客观存在并可相互区别的“物体”或“事件”，例如，每个在银行存款的客户，每个存款账户、每笔存取款或转账的明细记录都是一个实体。不同的实体可以通过某些方面的不同特征（即属性）相互区别。

② 属性（Attribute）：实体所具有的某一方面的特征被称为属性，实体往往通过一组属性来描述。例如，银行存款客户实体可能具有身份证号、姓名、性别、出生日期、职业、家庭地址等属性。

③ 域（Domain）：每个属性都有一个合理的取值范围，这个取值范围就称为域，即域是具有一组相同数据类型的值的集合。例如，性别属性的域为（“男”“女”）或代表男女的（“M”“F”）等。

④ 候选码（Candidate Key）和主码（Primary Key）：描述实体的属性有多个，但它们的重要性不同。候选码、主码是对属性重要性的一种描述。

取值能够唯一标识一个实体的最简属性组被称为实体的候选码。候选码既具有标识一个实体的唯一性，也具有表达形式上的最简性（或最小性）。例如，（身份证号）是银行存款客户实体的候选码，如果假定同一性别的客户不会重名，则（姓名，性别）也是银行存款客户实体的候选码。

一个实体可能存在多个候选码，根据实际需要，选定其中一个候选码作为唯一标识一个实体的主码。

很多情况下一个实体只有一个候选码，也就自然地成为主码。

⑤ 实体集（Entity Set）：具有相同属性的实体构成的集合称为实体集。例如，全体银行存款客户构成了一个实体集。

⑥ 实体型（Entity Type）：对实体集中所有实体共同特征的描述被称为实体型，用实体名及其属性名集合来表示。实体型实际上就是实体集的类型，是对实体集的描述。例如，银行存款客户实体型表示为：银行存款客户（身份证号，姓名，性别，出生日期，职业，家庭地址）。

（2）联系类术语——联系

在现实世界中，事物与事物之间以及事物内部都是有联系的，而这些联系反映在信息世界中即表现为实体集之间的联系和实体集内部的联系，最普遍的是两个实体集之间的联系，这种联系从两个实体集元素的数量对应关系方面可以分为一对一、一对多、多对多三种。

- 如果实体集 A 中的一个实体至多同实体集 B 中的一个实体相联系，实体集 B 中的一个实体也至多同实体集 A 中的一个实体相联系，则称两者之间存在一对一联系，记为 1∶1。
- 如果实体集 A 中的一个实体同实体集 B 中的多个实体相联系，而实体集 B 中的一个实体至多同实体集 A 中的一个实体相联系，则称两者之间存在一对多联系，记为 $1:m$。

- 如果实体集 A 中的一个实体同实体集 B 中的多个实体相联系，实体集 B 中的一个实体也同实体集 A 中的多个实体相联系，则称两者之间存在多对多联系，记为$m:n$。

另外，在实体集之间的逻辑关系方面，多个实体集之间还可能构成父子关系。

(3) E-R(实体-联系)图

E-R 图是常用的一种概念模型表示工具，它通过特定的图形符号来表示实体和联系相关的术语。一般用矩形表示实体型，用椭圆形表示属性，用菱形表示联系，在属性名下加下画线表示主码中的属性，用线段连接上述各部分。例如，银行存款业务的概念模型可以表示为图 7-1-2 所示的 E-R 图。

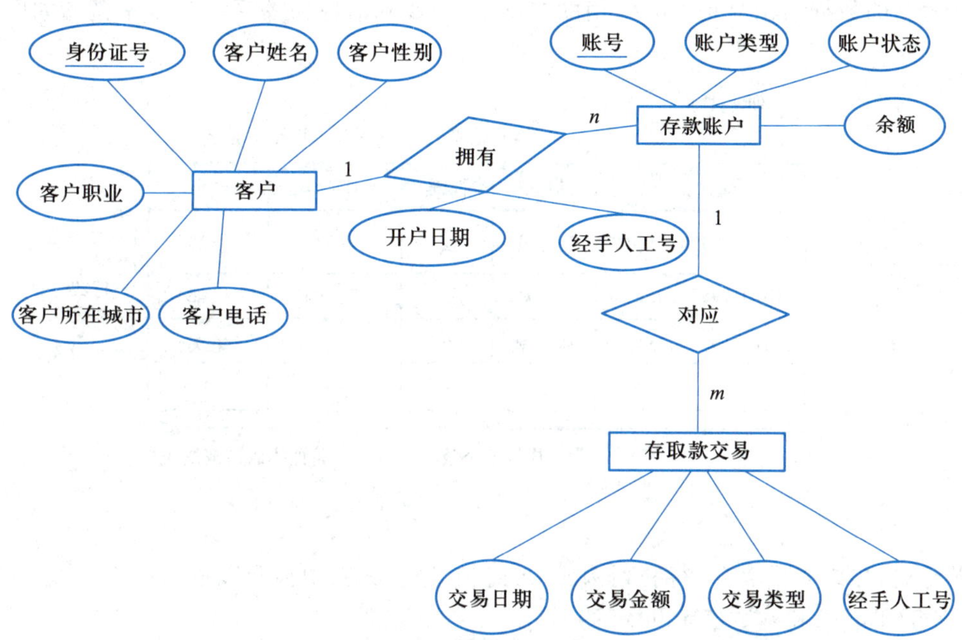

图 7-1-2 银行存取款业务概念模型 E-R 图

2. 结构数据模型

结构数据模型从计算机角度精确地描述了系统的静态特性、动态特性和完整性约束条件，是数据库系统的核心和基础。结构数据模型在计算机领域往往被简称为数据模型，通常具有以下 3 个要素。

(1) 数据结构

数据结构用于描述数据库的组成对象以及对象之间的联系，是数据模型最重要的方面。在数据库系统中，往往根据数据结构的类型来命名数据模型。例如，基于表结构的关系数据模型、基于树结构的层次模型和基于图结构的网状模型。目前的数据库系统都支持关系数据模型。

(2) 数据操作

数据操作描述对数据库中的对象允许执行的操作，主要有检索和更新(包括插入、删除、修改)两大类。数据模型必须定义这些操作的确切含义、操作符号、操作规则(如优先级)以及实现操作的语言。

(3)数据的约束条件

数据的约束条件描述数据及其联系应满足的制约规则，数据模型应该提供定义完整性约束条件的机制。

7.1.3　关系数据模型

关系数据模型结构简单，操作方便，而且具有严格的数学理论基础，是目前数据库系统普遍支持的一种数据模型。

1. 关系数据模型的数据结构

关系模型的数据结构就是平时常用的二维表，专业术语称为关系。其基本概念如图 7-1-3 所示。

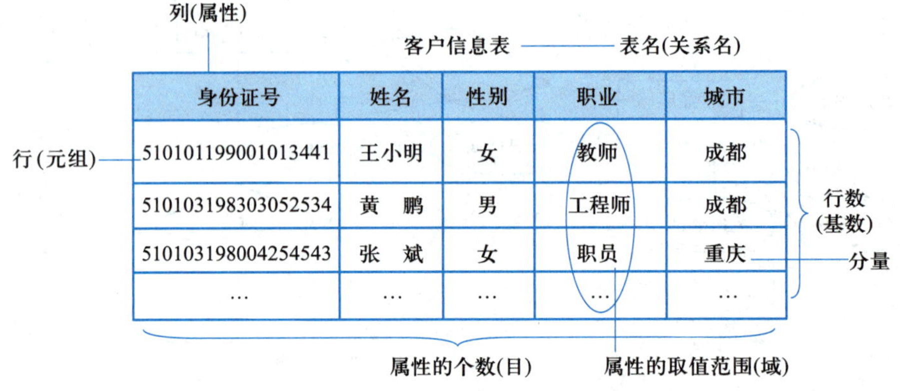

图 7-1-3　关系的基本概念

简单地讲，二维表由表名、行和列构成，与此相对应，关系中涉及以下术语。

① 元组(Tuple)和基数(Cardinality)

二维表中的行称为元组。概念模型的一个实体转化为关系模型的一个元组。二维表的行数(或元组的个数)称为关系的基数。

② 属性(Attribute)和目(Degree)

二维表的列称为属性，每个属性有一个唯一的属性名，各属性不能重名。关系包含的属性的个数称为关系的目或度。

③ 域(Domain)

属性的取值范围称为域，即一组具有相同数据类型的值的集合。每个属性对应一个域，不同的属性可以具有相同的域。

④ 分量(Item)

属性在每个元组中对应的取值称为元组的一个分量。如果一张二维表的每个分量都是不可分的数据项，即只有一个取值，则这张二维表就是一个关系。

⑤ 候选码(Candidate Key)和主码(Primary Key)

取值能够唯一代表一个元组的最小属性组称为候选码，根据实际需要，从候选码中任选一个作为主码。候选码和主码同概念模型中的相应概念一致。

⑥ 关系模式

现实世界中的任何实体都有它所属的类型,对实体的称呼实际上就包含了类型的名称,例如,一张桌子、一个学生、一门课程。同样地,二维表或关系也有它所属的类型,在关系模型中,对二维表或关系类型的描述称为关系模式(即关系模式描述了关系的类型)。

表的类型包括哪些要素呢?总体上可以分为两大类,一类是表的结构(即空表),包括表名(关系名)、栏目名(属性名);另一类是填表说明,说明表中数据应满足的约束条件,包括每列应填写的数据含义和范围(域)、不同列之间取值的约束关系(数据依赖关系)。因此,关系模式可以归纳为包含 5 个元素的五元组,可表示为:

$$R(U,D,DOM,F)$$

其中,R 为关系名,U 为属性组,D 为属性的取值范围(域),DOM 为属性与域的对应关系(说明哪个属性的取值范围属于哪个域),F 为关系应满足的约束条件。

由于 D 和 DOM 根据实际环境很容易确定和理解,所以也可以将关系模式表示为三元组:R(U,F)。又因为 F 的表达比较专业,一般用于关系模式的设计领域,因此一般情况下,也可以将关系模式简单地表示为二元组 R(U),即关系名(属性 1,属性2,…,属性 n),例如图 7-1-3 所示二维表的关系模式为:

存款客户(身份证号,姓名,性别,职业,城市)

一个关系实际上就是关系模式在某一时刻的状态或内容,是关系模式的一个取值。

按照一定的规则可以将 E-R 图表示的概念模型转化为关系模型,基本转换规则如下。

- 实体型转换为一个关系。
- 一个一对多联系可以选择与多方实体型转化后的关系合并(在关系中加入一方实体型的主码)。
- 一个多对多联系转换为一个独立的关系。

图 7-1-2 所示的 E-R 图可转化为图 7-1-4 所示的关系模型,其中存取款明细表 deposit 的主码为(Account_no,Oper_date)。

客户表customer

字段名	含义
Customer_id (主码)	身份证号
Cust_name	客户姓名
Cust_phone	客户电话
Cust_gender	客户性别
Cust_job	客户职业
Cust_city	客户所在城市

存款账户表account

字段名	含义
Customer_id	身份证号
Account_no (主码)	账号
Banlance	余额
Buld_date	开户日期
Acc_type	账户类型
Status	账户状态
Staff_id	经手人工号

存取款明细表deposit

字段名	含义
Account_no (主属性)	账号
Amount	交易金额
Oper_date (主属性)	交易日期
Oper_type	交易类型
Staff_id	经手人工号

图 7-1-4 银行存取款关系模型

2. 关系数据模型的数据操作

前面已经提到过“关系数据模型应用数学方法来处理数据库中的数据”,关系操作和数学操作有紧密关系。在关系数据模型中,所有的关系操作都是数学的集合操作,即操作的对象和结果都是集合,关系看作元组的集合,而不是属性的集合(集合要求元素必须是同类型的,关系的元组肯定类型相同,而属性的类型则不一定)。

关系操作要通过关系操作语言来实现,关系操作语言是非过程化的语言,只需要描述操作要求,而不用描述操作的过程。关系操作语言大体可以分为关系代数(用对关系的代数运算来表达关系操作的要求)、关系演算(用关系谓词来表达关系操作的要求)和实际应用的标准关系操作语言(Structured Query Language,SQL)三大类。

关系模型中常用的关系操作包括查询和更新(具体包括增、删、改操作)两类,其中查询的表达能力尤其重要,关系查询分为传统的集合运算(具体包括并、交、差运算)和专门的关系运算(具体包括选择、投影、连接、除)。选择、投影、连接操作示意图参见图 7-1-5。

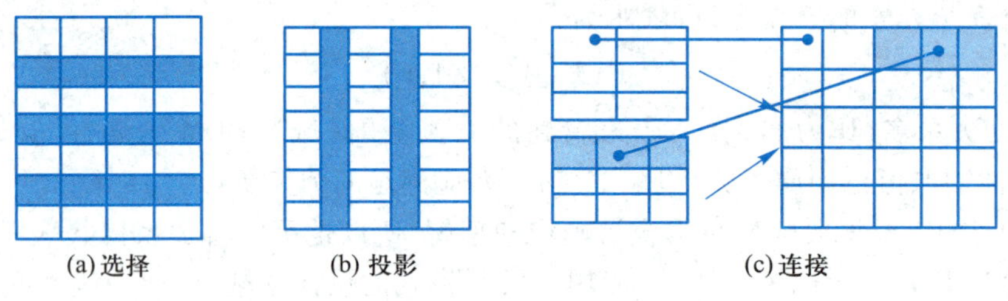

图 7-1-5 选择、投影与连接操作

(1) 选择

在银行存取款案例中,如果我们要查询所有位于"成都"的客户,则需要在 customer 表中选择满足"Cust_city=成都"的所有行,这种从表中选择部分行构成查询结果的操作称为选择。

(2) 投影

如果我们要查询所有客户的身份证号、姓名和电话,则需要在 customer 表中选择所有行的 Customer_id、Cust_name、Cust_phone 三列,这种从表中选择所有行的部分列构成查询结果的操作称为投影。

(3) 连接

如果我们要查询所有账户及该账户所涉及的所有存取款历史信息,则需要将 account 表(如图 7-1-6(a)所示)和 deposit 表(如图 7-1-6(b)所示)中的信息从水平方向上进行对接形成一个大表,大表中的属性包括两个表的所有属性,大表中的行这样得到:对 account 表中的每一行,逐行检查 deposit 表中的每一行,如果他们的账号 Account_no 相同,则从水平方向上连成一行放入查询结果集合,如图 7-1-6(c)所示。这种将两张表按照某种条件(如账号相同)从水平方向上拼接成一张大表的操作称为连接。

上述查询的连接条件表示为"account.Account_no=Deposit.account_no",这种连接条件中使用"="比较符的连接称为等值连接;实际上,"="两边进行比较的往往是相同的属性,这样在等值连接的结果中就会出现重复列,为此,在等值连接中引入了一种称为自然连接(Natural join)的特殊连接操作:将两张表中的同名属性相等作为连接条件,并且只保留等值连接结果中重复列中的一列,如图 7-1-6(d)所示。

3. 关系数据模型的完整性约束

关系模型的完整性约束是为了保证关系中数据的正确性、完整性和相容性,对关系及其操作做出的一系列约束。其中,最重要也最常用的是以下三类完整性约束:实体完整性约束、参照完整性约束和用户自定义的完整性约束。

(1) 实体完整性约束(Entity Integrity Rule)

一个基本关系通常对应现实世界的一个实体集,一个元组对应一个实体。在构成关系的多

Account_no	Build_date	Balance
a1000001	2000-01-01	20500
a1000050	2004-03-01	50000
a0000033	2000-03-01	6000

(a) account表

Account_no	Oper_date	Amount	Oper_type
a1000001	2012-04-20	1000	C
a1000001	2012-04-30	500	Q
a0000033	2012-04-28	2000	C
a0000033	2012-04-30	1000	Q

(b) deposit表

Account_no	Build_date	Balance	Account_no	Oper_date	Amount	Oper_type
a1000001	2000-01-01	20500	a1000001	2012-04-20	1000	C
a1000001	2000-01-01	20500	a1000001	2012-04-30	500	Q
a0000033	2000-03-01	6000	a0000033	2012-04-28	2000	C
a0000033	2000-03-01	6000	a0000033	2012-04-30	1000	Q

(c) 按照账号相等进行等值连接

Account_no	Build_date	Balance	Oper_date	Amount	Oper_type
a1000001	2000-01-01	20500	2012-04-20	1000	C
a1000001	2000-01-01	20500	2012-04-30	500	Q
a0000033	2000-03-01	6000	2012-04-28	2000	C
a0000033	2000-03-01	6000	2012-04-30	1000	Q

(d) 自然连接

图 7-1-6　等值连接与自然连接

个属性中,用候选码的取值作为元组唯一性的标识;包含在任何一个候选码中的属性称为主属性。因此,元组的唯一性最终通过主属性的取值表现出来,这就要求主属性的取值必须是一个具有唯一性的具体的值,而不能是一个“不知道”或“无意义”或“不确定”的值(即空值),这就是实体完整性约束的内容,可以简单地表达为:关系的主属性非空。

(2) 参照完整性约束(Reference Integrity Rule)

在银行存款案例中,我们有客户表 customer、存款账户表 account、存取款明细表 deposit。读者请考虑以下问题。

① 存款账户表中 Customer_id 栏是否可以出现一个在客户表的 Customer_id 栏中不存在的值?

② 存取款明细表的 Account_no 栏是否可以出现一个在存款账户表的 Account_no 栏中不存在的值?

答案显然是否定的,账户表中 Customer_id 栏的填写必须参照客户表 Customer_id 栏的取值,存取款明细表的 Account_no 栏的填写必须参照存款账户表的 Account_no 栏中的值。这种表间的参照关系在关系模型中用外码来表示。

假定每个关系都只有一个候选码,也就是主码。则外码的定义如下:

如果关系 R 的一组属性 K 不是关系 R 的主码,但其取值需要引用某一关系 S 中 K 的取值(关系 S 中 K 是主码),则称该属性组 K 是关系 R 的外码。

注意：某些情况下 R 和 S 是同一个关系。

上述客户表 customer 的主码为 Customer_id，存款账户表 account 的主码为 Account_no、存取款明细表 deposit 的主码为(Account_no，Oper_date)。

这 3 个表是否存在外码？答案显然也是肯定的。在存款账户表 account 中，Customer_id 是外码，在存取款明细表 deposit 中，Account_no 是外码。

外码用来体现关系之间的引用，参照完整性约束就是对外码取值的一种约束。简单地讲，参照完整性约束的内容就是：外码的取值要么为空值，要么取它所参照的候选码的一个值。例如，在存取款明细表 deposit 中，Account_no 是外码，但同时也是主属性，它只能取参照的 account 表中的 Account_no 的值。

(3) 用户自定义的完整性约束

用户定义的完整性约束就是针对某一具体应用的约束条件，反映某一具体应用所涉及的客观事实。例如，在上述银行存取款案例中，客户性别只能取值为 F(表示女)和 M(表示男)、存款余额和发生额必须大于 0 等。

在对关系进行更新操作(即插入、删除和修改)时，数据库管理系统 DBMS 会检查数据是否满足上述三类完整性约束条件。

7.1.4 关系数据库标准语言 SQL

结构化查询语言 SQL(Structured Query Language)是一个通用的、功能极强的关系数据库标准操作语言，可以完成数据的定义、操纵和控制等各种数据管理功能。

1. SQL 标准和特点

SQL 语言是 1974 年由 Boyce 和 Chamberlin 提出的，最早用于 IBM 的 San Jose 研究室，该研究室在 20 世纪 70 年代后期研制的著名的关系数据库管理系统原型系统 System R 中实现了 SQL 语言。Oracle 在 1979 年率先推出了支持 SQL 的商用产品。

由于 SQL 功能丰富，语言简洁，倍受用户及计算机界欢迎，被众多计算机公司和软件公司所采用，例如，著名的大型商用数据库产品 Oracle、DB2、Sybase、SQL Server，开源数据库产品 PostgreSQL、MySQL，小型桌面数据库产品 Access。近些年蓬勃发展的 NoSQL 系统最初宣称不再需要 SQL，后来也不得不修正为 Not Only SQL 来拥抱 SQL。

经过各公司的不断修改、扩充和完善，SQL 语言最终发展成为关系数据库的标准语言。1986 年至今，美国国家标准协会(ANSI)和国际标准化组织(ISO)制订了一系列的 SQL 标准，它们是 SQL-86、SQL-89、SQL-92(SQL2)、SQL:1999(SQL3)、SQL:2003、SQL:2008、SQL:20011(ISO 标准习惯上采用冒号，ANSI 标准则采用短横线)，其中，SQL-92 标准涉及了 SQL 最基础和最核心的内容。随着各标准版本的推出，SQL 标准的内容越来越丰富和完善，以适应不断变化的技术需求。

为了使 SQL 完成更复杂的任务，各主要数据库厂商对标准 SQL 进行了一定的扩充和修改，增加了部分非标准化的 SQL 语句和函数。

SQL 语言主要有以下几个特点。

- SQL 集数据定义、数据操纵、数据控制几大功能于一体。
- SQL 高度非过程化。用户只要提出“做什么”，而无须了解“怎么做”。
- SQL 采用集合操作方式，即操作对象、操作结果都是元组的集合。
- 以同一种语法结构提供两种使用方式，一种是联机交互方式，即用户直接输入 SQL 命令完成对数据库的各种操作，另一种是嵌入式方式，即将 SQL 语言嵌入到高级语言程序中使用。
- 语言简洁，易学易用。

2. SQL 主要命令动词

SQL 虽功能强大，但其命令并不太多，用 9 个动词即可完成数据库的核心功能，SQL 的主要命令动词参见表 7-1-1 所示。

表 7-1-1　SQL 的主要命令动词

SQL 功能	命令动词
数据定义	CREATE、DROP、ALTER
数据查询	SELECT
数据操纵	INSERT、UPDATE、DELETE
数据控制	GRANT、REVOKE

在使用 SQL 语言时有以下几个注意事项。

- SQL 语言与大小写无关。SQL 命令中的命令动词、关键字、表名、列名既可以大写，也可以小写，但 SQL 命令中涉及的字符数据对大小写是敏感的。
- 每个 SQL 语句用半角分号“;”结束，语句中使用的标点符号都是英文半角符号。
- 在 SQL 语句中字符数据用半角单引号“'”括起。
- 各数据库厂商对标准 SQL 进行了一定的扩充和修改，增加了部分非标准化的 SQL 语句和函数。

7.2　Access 2016 数据库概述和基本操作

7.2.1　Access 2016 简介

Access 2016 是 Microsoft Office 2016（专业版）的组成部分之一，是一个面向对象的、采用事件驱动的小型关系数据库管理系统（RDBMS）。Access 2016 具有很多优点，深受广大用户的喜爱。

（1）Access 2016 具有与 Word 2016、Excel 2016 和 PowerPoint 2016 等相似的操作界面，用户学习和使用都非常容易上手。

（2）Access 2016 可以突破 Excel 对电子表格数据行列数量的限制，从而实现对较大规模数据的高效管理，而且它还可以方便、高效地管理不同数据表之间的关系。

（3）Access 2016 附带了很多工具和向导，例如，可视化的表生成器、查询生成器等，使用户能够很方便地构建一个功能完善、界面友好的应用程序。

（4）Access 2016 中也可以直接使用关系数据库的标准语言 SQL 实现对数据的高效存取，极大提升了对大量数据的管理效率。

注意：Access 的对象名和关键字不区分大小写。

7.2.2　Access 2016 数据库组成

1. Access 数据库的构成对象

在 Access 2016 数据库中，任何事物都可以被称为对象，也就是说，Access 数据库由各种对象组成。Access 2016 数据库包含 6 种顶级对象，如下所述。

（1）表：保存实际数据，是整个数据库系统的基础。

（2）查询：搜索查询特定数据，可以通过交互式查询设计器或 SQL 语句实现。

（3）窗体：以自定义格式输入和显示数据。窗体是 Access 数据库对象中最灵活的一种对象，是数据库与一般用户进行交互操作的主要方式，其数据源可以是表或查询。

（4）报表：显示和输出格式化数据，可以在一个也可以在多个表或查询的基础上创建报表。

（5）宏：自动执行任务，而不必编程。

（6）模块：包含使用 VBA 编程语言编写的程序。

这些对象都可以存储在一个数据文件中，创建一个 Access 数据库应用系统的过程就是创建一个 Access 数据库文件并在其中设置和创建各种对象的过程。

从 Access 2007 开始，Access 数据库文件的扩展名为 accdb，而早期 Access 版本的数据库文件的扩展名为 mdb。

2. 与表相关的概念

在 Access 中，表是存储二维表格的容器，由若干行和列构成。下面是和表相关的一些基本概念。

（1）字段：二维表中的一列称为一个字段，它描述数据的同一类特征。

（2）记录：二维表中的一行称为一条记录，每条记录都对应一个实体。

（3）值：表中记录的具体数据的取值，一般有一定的范围。例如，在客户表 customer（如图 7-1-4 所示）中，“王小明”是字段 Cust_name 的值，“M”是字段 Cust_gender 的值（只能取 M 或 F）。

（4）主键：在 Access 表中，取值能够唯一标识实体属性的字段，可以被设置为主键。字段一旦被设置为主键，该字段的取值就不允许有重复值或空值。Access 并不要求每一个表都要有主键，但是设置了主键后，可以通过主键实现对记录的快速排序和查找。

（5）外键：引用其他表中主键的字段，用于说明表与表之间的关系。例如，假设客户表 customer 中的 Customer_id 被设置成了主键，而存款账户表 account 中的 Customer_id 字段需要引用 customer 表中 Customer_id 字段的值，当引用关系建立后，account 表中的 Customer_id 字段就是外键。

7.2.3　在 Access 2016 中建立数据库

1. 打开和新建 Access 2016 数据库文件

实验素材：
bank.accdb
和 bank.xlsx

在 Windows 10 的“开始菜单”中找到“Access 2016”，单击即可启动 Access 2016。启动后的界面如图 7-2-1 所示，在此界面中可以打开最近使用过的数据库，也可以新建 Access 数据库。

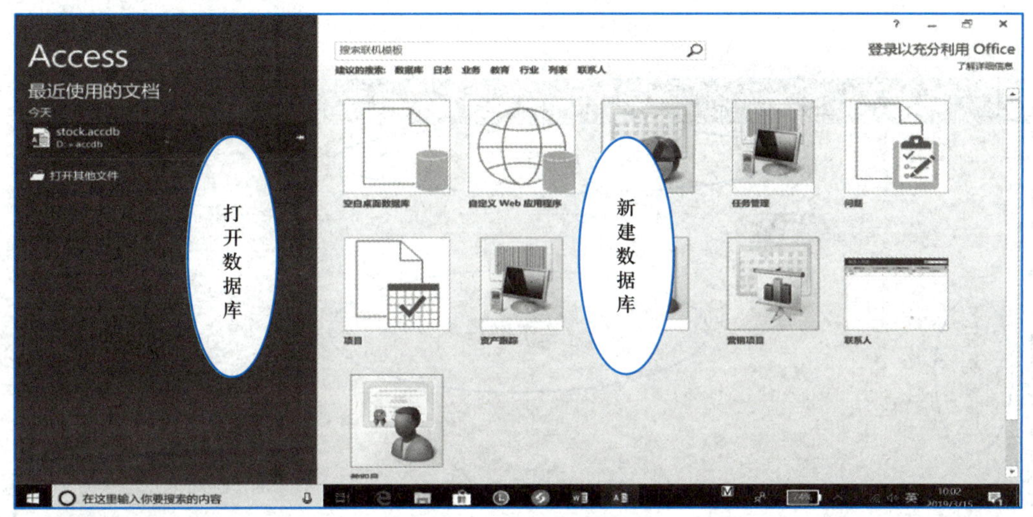

图 7-2-1　Access 启动界面

在图 7-2-1 所示界面的左侧窗口中，可以选择打开已经建立的数据库。如果要打开的数据库出现在“最近使用的文档”列表中，那么直接单击相应的选项（如 stock.accdb）即可；如果没有在“最近使用的文档”列表中，则可以单击“打开其他文件”按钮，进入 Access 2016 的“打开”界面，在该界面中通过“最近使用的文件”或者“此计算机”或者“浏览”找到需要打开的数据库文件并打开。

在图 7-2-1 所示界面的右侧窗口中，可以新建数据库。新建数据库的方式有以下两种。

方法 1：利用模板创建数据库。每个模板都具有预先建立好的表、窗体等各种对象。用户可以使用模板作为基础，对所创建的数据库进行修改，从而得到符合特定需求的数据库。

方法 2：创建空白数据库。用户也可以通过模板中的“空白桌面数据库”选项来创建一个空白数据库。此时将弹出对话框要求输入新数据库的名称和文件存放路径，如图 7-2-2 所示。默认的数据库文件名是“Database1.accdb”，用户可以进行重命名，例如，可以将“Database1”修改为“bank”。单击后面的浏览按钮，可以选择数据库文件的保存位置。最后，单击“创建”按钮，即可出现图 7-2-3 所示的窗口。

在图 7-2-3 所示的窗口中，“功能区”用于选择对数据库及其对象的操作功能；“导航窗格”用于选择数据库中的操作对象；“主工作区”是具体实施操作的区域。

2. 在 Access 2016 数据库中新建表

表是 Access 2016 数据库中最基本的对象，是实际存储数据的对象，其他所有数据库对象都

图 7-2-2　新建桌面空白数据库

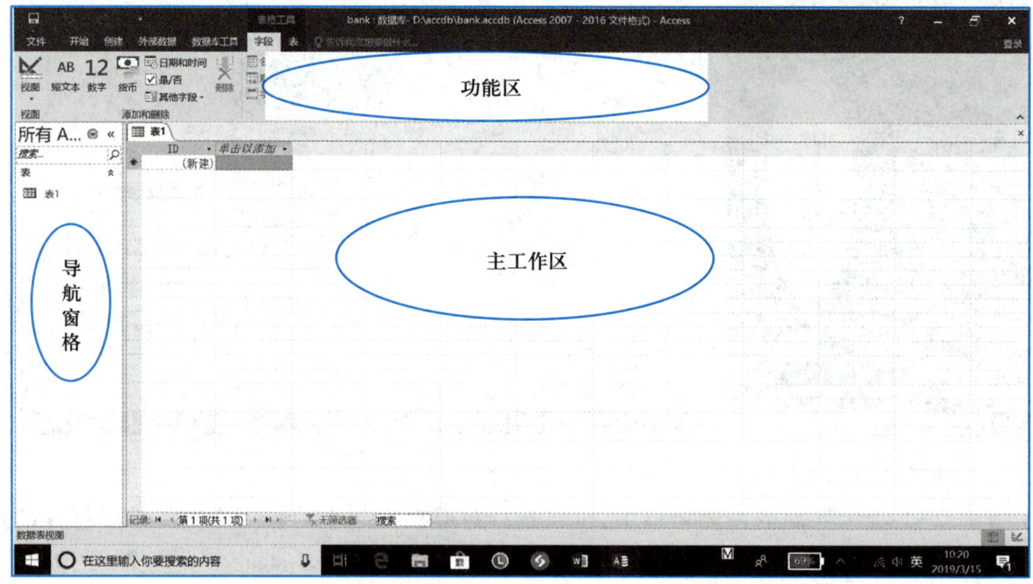

图 7-2-3　创建空白数据库

是基于表而建立的。一个数据库可以包含一个或多个表。在创建新数据库时,系统自动创建一个新表"表 1"。

在创建表时,必须先建立表的结构,主要包括表名、字段名、数据类型、字段大小、缺省值以及有效性规则等字段属性。字段的命名规则如下:

- 长度为 1~64 个字符;
- 可以包含字母、汉字、数字、空格和其他字符,但不能以空格开头;
- 不能使用 ASCII 码值为 0~32 的 ASCII 字符;
- 不能包含句号(.)、惊叹号(!)、方括号([ ])和单引号(');
- 字段的类型参见表 7-2-1。

表 7-2-1　Access 字段类型说明表

数据类型	说明
短文本	字符、数字或字符与数字的任意组合,不能用于计算。最长 255 个字符,默认长度为 50 个字符。对于指定大小的短文本,可以存放的中文汉字与英文字母的个数都是一样的

续表

数据类型	说明
长文本	超长的文本，最大可达 1 GB
数字	用于计算的值，可以是 1、2、4 或 8 字节；对于同步复制 ID(GUID)为 16 字节
日期/时间	表示日期和时间，可用于计算，最多 8 字节
货币	表示货币的数据类型，可用于计算，小数点左边最多为 15 位，右边可精确到 4 位，最多 8 字节
自动编号	Access 为每条记录提供唯一值的数值类型，常用作主码，一般为 4 个字节
是/否	布尔型，一般为 1 位，如是/否、真/假等
OLE 对象	源于其他基于 Windows 应用程序的对象链接与嵌入，如 Excel 表格、Word 文档、图片、声音等，文件最大可达 1 GB
超链接	建立一个存储超链接的字段，可以链接到一个本地 UNC 或网络 URL 字段，由 4 部分组成：显示文本、地址、子地址、屏幕提示，用#间隔，最多有 2 048 个字符
附件	一个特殊字段，用于将外部文件附加到 Access 数据库中，大小因附件而异
查阅向导	显示某个数据集合（如另一个表中的数据）中的值，也就是说，字段的值只能来源于指定的数据。一般为 4 个字节

创建表的方式有 4 种：使用数据表视图创建表（新建数据库时，创建表的缺省方式，在创建表的同时可以输入数据）、使用设计视图创建表、使用模板创建表、通过导入方法创建表。其中使用设计视图创建表比较方便且常用，通过导入方法创建表参见 7.2.4 节。

下面介绍使用设计视图创建表，举例说明案例的表结构如表 7-2-2～表 7-2-4 所示。

表 7-2-2　客户表 customer

字段名	标题	类型	长度	约束
Customer_id	身份证号	短文本	18	主键
Cust_name	客户姓名	短文本	20	必需，不允许为空字符串
Cust_phone	客户电话	短文本	13	
Cust_gender	客户性别	短文本	1	M 表示男，F 表示女
Cust_job	客户职业	短文本	30	
Cust_city	客户所在城市	短文本	30	

表 7-2-3　存款账户表 account

字段名	标题	类型	长度	约束
Customer_id	身份证号	短文本	18	必需，不允许空字符串
Account_no	账号	短文本	20	主键
Balance	余额	货币	2 位小数	缺省为 0.00

续表

字段名	标题	类型	长度	约束
Build_date	开户日期	日期/时间		必需,不允许空字符串
Acc_type	账户类型	数字	整型	0(表示活期),非零(表示定期存款的期限,单位为“月”)
Status	账户状态	短文本	1	“0”(表示正常),“1”(表示挂失),“2”(表示销户)
Staff_id	经手人工号	短文本	18	

表 7-2-4　存取款明细表 deposit

字段名	标题	类型	长度	约束
T_id	交易序号	自动编号	长整型	主键
Account_no	账号	短文本	20	必需,不允许为空字符串
Amount	交易金额	货币	2 位小数	必需,不允许为空字符串
Oper_date	交易日期	日期/时间		必需,不允许为空字符串
Oper_type	交易类型	短文本	1	“C”(表示存款),“Q”(表示取款)
Staff_id	经手人工号	短文本	18	

Tips

注意:为了方便举例,表 7-2-2~表 7-2-4 与图 7-1-4 中的字段并非完全相同,例如,表7-2-4 中增加了 T_id 字段来记录交易序号。

下面,以新建客户表 customer 为例,来说明在 Access 2016 中新建表的过程。

在图 7-2-3 所示窗口的“导航窗格”中选定“表 1”,然后单击“功能区”最左侧的“视图”按钮,将弹出“另存为”对话框,在该对话框中将表名改为“customer”,如图7-2-4 所示。

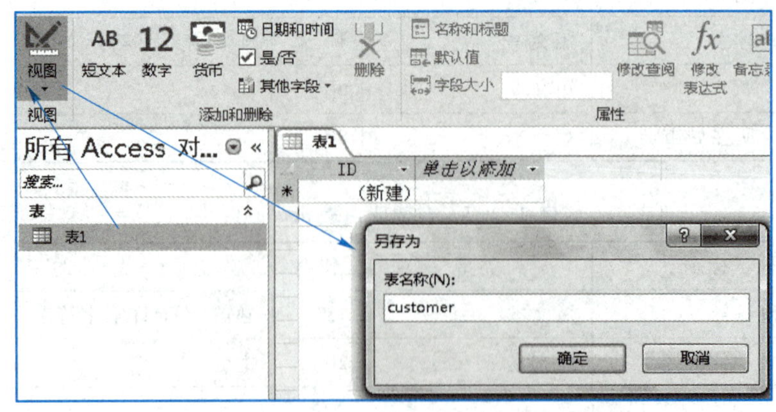

图 7-2-4　新建 customer 表

单击“另存为”对话框中的“确定”按钮之后，在“主工作区”Access 自动为表添加了一个名称为“ID”、类型为“自动编号”的字段。这种类型的字段取值缺省从 1 开始自动赋值，表中每增加一行取值自动加 1，往往用于在没有其他明确主键字段的表中担任主键。如图 7-2-5 所示，本例中不需要该字段，可以直接修改字段名称为“Customer_id”，数据类型选择“短文本”；在下面字段属性部分将“字段大小”设置为 18，“必需”设置为“是”，“允许空字符串”设置为“否”。依据这个方法，可以依次定义其他字段。

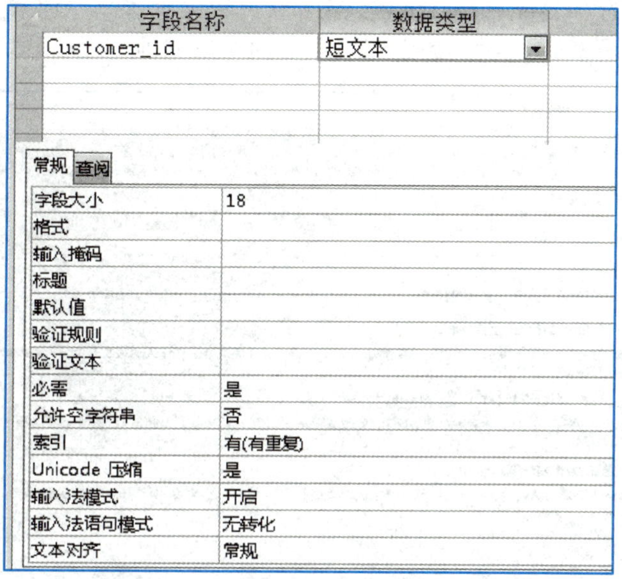

字段名称	数据类型
Customer_id	短文本

常规　查阅

字段大小	18
格式	
输入掩码	
标题	
默认值	
验证规则	
验证文本	
必需	是
允许空字符串	否
索引	有(有重复)
Unicode 压缩	是
输入法模式	开启
输入法语句模式	无转化
文本对齐	常规

图 7-2-5　定义 Customer_id 字段

选择 Customer_id 字段，单击“表格工具→设计”功能区的“主键”按钮，设置 Customer_id 字段为表 customer 的主键。

定义完所有字段后，单击屏幕左上角的保存图标，再单击主工作区右上角的“关闭”按钮，关闭当前表。

单击屏幕“创建”选项卡，在其功能区中单击“表”按钮新增表，可依次定义表 account 和 deposit 表。

如果需要打开已经创建的表，可以在“导航窗格”中找到要打开的对象，然后双击鼠标左键。

3. 保存 Access 2016 数据库

单击“文件”选项卡，选择“保存”命令，即可保存对当前数据库的修改。也可以更改当前数据库的保存位置和文件名保存：选择“文件”选项卡中的“另存为”命令，在打开的“另存为”对话框中，选择文件的保存位置，然后在“文件名”后的文本框中输入新的文件名称，最后单击“保存”按钮即可。

当不再需要使用数据库时，单击窗口右上角的“关闭”按钮，即可关闭数据库。

7.2.4　Access 2016 与 Excel 2016 的数据交换

我们已经拥有 bank 数据库中 3 张表的部分数据，这些数据存放在 d:\pc 文件夹下的 Excel

文件 bank.xlsx 中的同名电子表格中，而且每张表的列名和对应的 bank 数据库中 3 张表的列名也相同。下面介绍从 bank.xlsx 中将数据导入 Access 的操作。

在导入数据之前，要确保拟导入数据的表格没有被打开，如果已经打开，请先关闭。

1. 向 Access 表中追加数据

这种方式可以保留 Access 表中原有的数据。

在导航窗口中右击 customer 表，在弹出的快捷菜单中选择“导入”下的“Excel”选项，根据系统提示，选择来源文件为“d:\pc\bank.xlsx”，存储方式和位置选择 “向表中追加一份记录的副本”，并在其后选择“customer”，单击“确定”按钮，如图 7-2-6 所示。

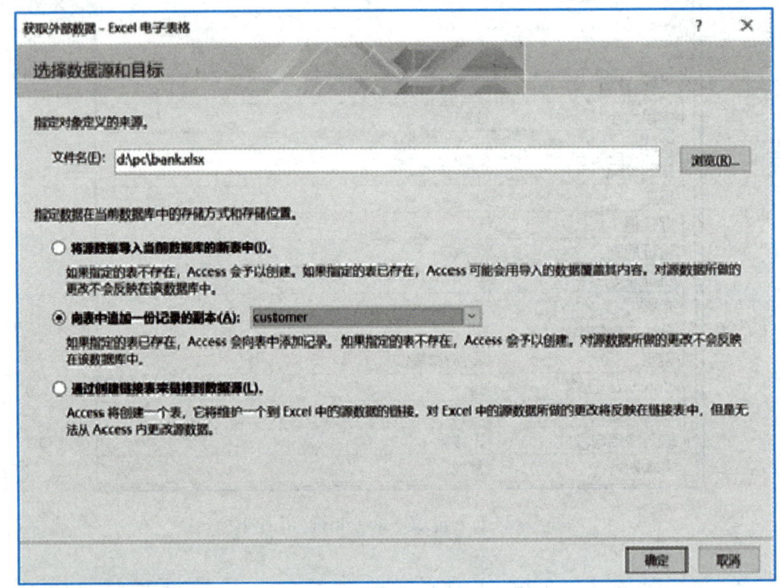

图 7-2-6　把 bank.xlsx 文件中的数据导入 customer 表

如果系统出现警示信息，选择“打开”选项，在如图 7-2-7 所示的图中选择工作表 customer，单击窗口右下角的“完成”按钮，系统会弹出如图 7-2-8 所示的警告对话框，其中显示 0 条记录被删除和丢失，说明 Excel 电子表中的数据格式与当前表的定义相容，而且未违反数据库的完整性约束。单击“是”按钮，在弹出的“保存导入步骤”对话框中选择“取消”选项。

注意：① 在导航窗格中双击 customer 表，可以查看导入的数据。② 确保 Excel 电子表中要导入数据的类型与 Access 中要导入的二维表各列的类型一致。

2. 在 Access 表中新建数据

这种方式可以新建二维表(指定的表名不存在)，或者覆盖 Access 表中原有的数据(指定的表名已存在)。

在导航窗口中右击 account 表，在弹出的快捷菜单中选择“导入”下的“Excel”选项，选择来源文件为“d:\pc\bank.xlsx”，在图 7-2-6 所示的窗口中，存储方式和位置选择第一项“将源数据

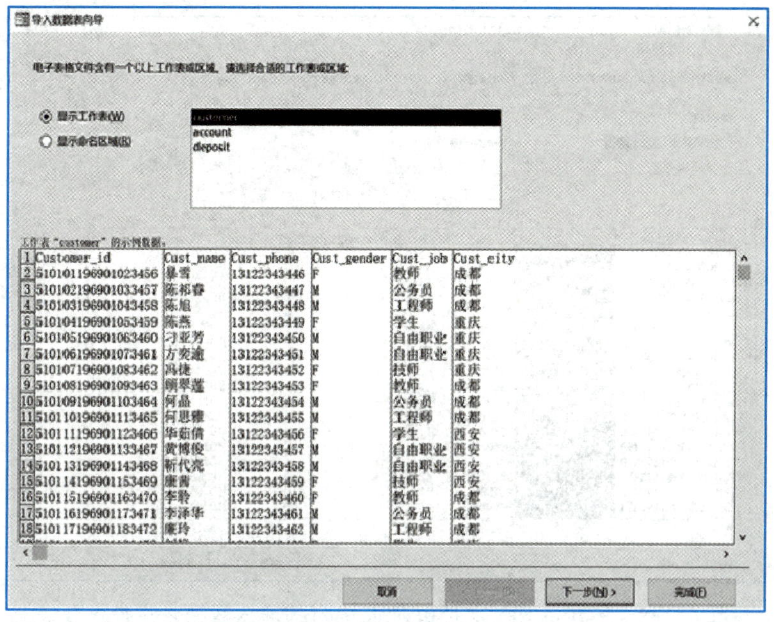

图 7-2-7　“导入数据表向导”对话框

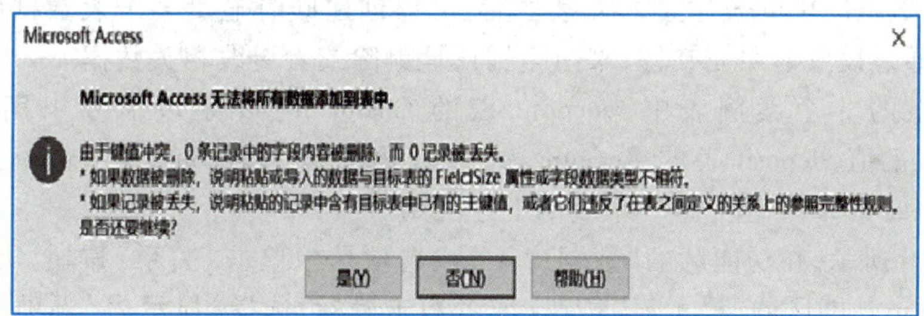

图 7-2-8　系统警示信息

导入当前数据库的新表中”，单击“下一步”按钮。

在“导入数据向导”窗口中勾选“第一行包含列标题”选项，单击“下一步”按钮，出现如图 7-2-9 所示的窗口。单击图中 Excel 数据的每一列，查看或调整其对应的数据类型及选择是否导入该列。完成后，单击“下一步”按钮。

在接下来的窗口中根据需要选择是否需要添加主键。我们选择“不要主键”选项，单击“下一步”按钮。输入 Access 表名，如果表名不存在则新建，如果已经存在则覆盖原有数据。输入“account”，确认覆盖原内容，完成 Excel 表的导入。用同样的方式可以导入 deposit 表。

3. 将 Access 表中的数据导出到 Excel

在导航窗口中右击要导出的表名，例如“account”表，在弹出的快捷菜单中选择“导出”下的“Excel”选项，输入导出的文件名，单击“确定”按钮即可。

7.2.5　创建表之间的关系

表之间的关系是指在两个数据表的相同域上的字段之间建立起一对一、一对多或者多对多

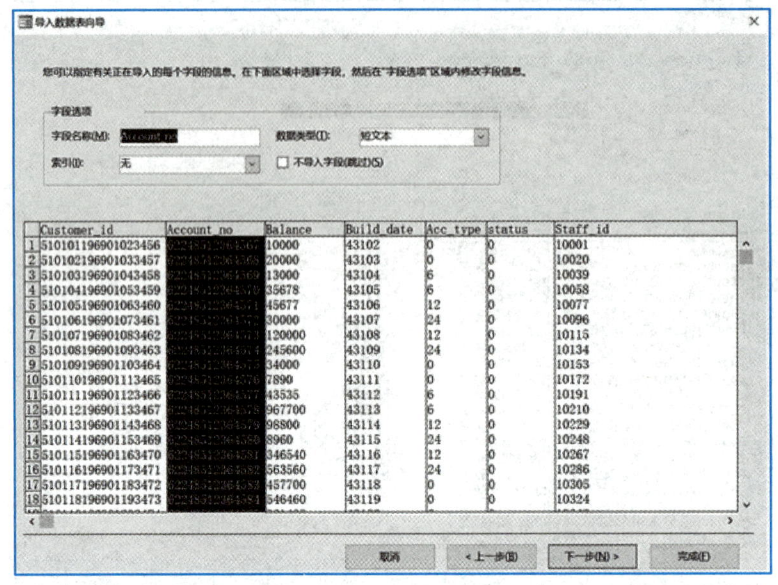

图 7-2-9 从 bank.xlsx 文件中向 account 表导入数据并检查列类型

的关系。Access 数据库中的表建立了关系之后，可以创建同时显示多个表数据的查询、窗体及报表等，还可以通过设置参照完整性，来防止错误地删除或者更改相关数据。

在前面建立的 3 个案例表中，account 表的 Customer_id 字段需要引用 customer 表的 Customer_id 字段的值，deposit 表的 Account_no 字段需要引用 account 表的 Account_no 字段的值。下面在 Access 2016 中建立这 3 个表的上述关系。

如图 7-2-10 所示，在功能区的“数据库工具”选项卡中单击“关系”按钮。弹出空白的“关系”工作区后，单击功能区的“显示表”按钮（或者右击鼠标，选择“显示表”选项），将弹出“显示表”对话框。

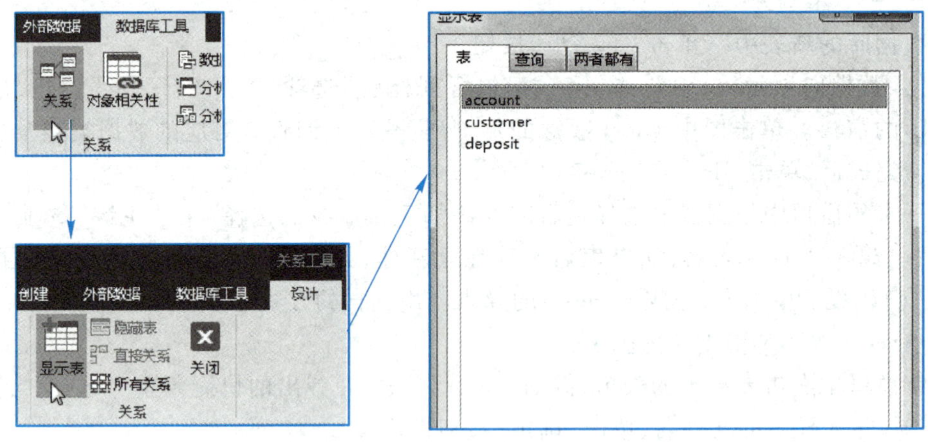

图 7-2-10 创建表之间的关系

在对话框中按 Ctrl 键，同时选定 3 张表，单击“添加”按钮后，3 张表出现在“关系”工作区，最后单击“关闭”按钮关闭对话框。“关系”工作区如图 7-2-11 所示。

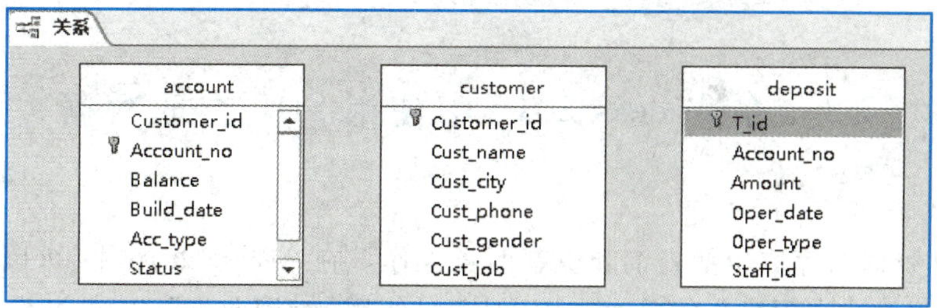

图 7-2-11　“关系”工作区

在“关系”工作区中单击 account 表的 Customer_id 字段，按下鼠标左键(不要松开)拖动鼠标到 customer 表的 Customer_id 字段，松开鼠标左键，出现如图 7-2-12 所示的“编辑关系”对话框。勾选“实施参照完整性”选项后，单击“创建”按钮。

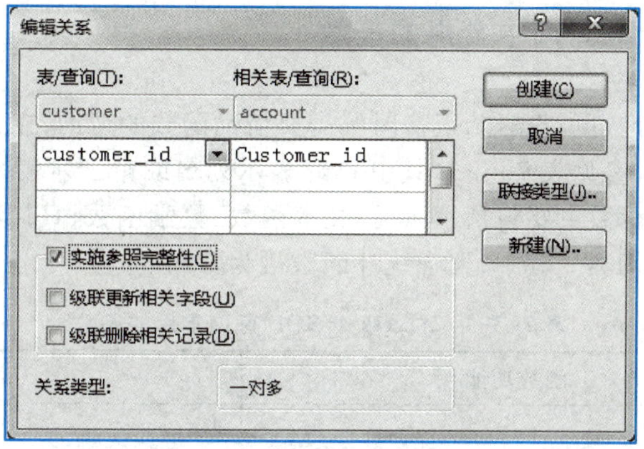

图 7-2-12　“编辑关系”对话框

类似地，单击 deposit 表的 Account_no 字段，按下鼠标左键拖动到 account 表的 Account_no 字段，勾选“实施参照完整性”选项后，单击“创建”按钮。拖动各表的表名，调整表的位置之后，定义好的关系如图 7-2-13 所示。

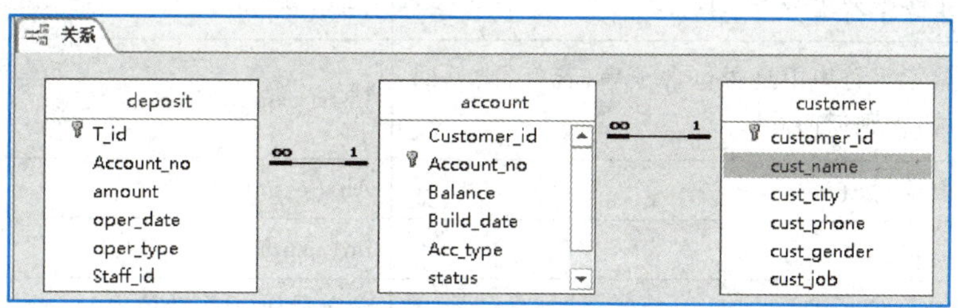

图 7-2-13　定义好的关系图

这样，就创建好了表之间的关系。这里的两个关系均为一对多关系。右击关系连线，可以编辑或者删除关系。

7.3 在 Access 2016 中使用 SQL 存取数据

数据库中对数据的存取包括查询和更新两类操作。在 Access 2016 中,可以在表的“数据视图”中通过各列的筛选实现简单的单表查询,但通过使用“查询向导”和“查询设计”创建“查询”对象可以完成功能更丰富、灵活的数据操作。

在 Access 2016 中,根据对数据源操作方式和操作结果的不同,可以把查询分为 5 种:选择查询、参数查询、交叉表查询、操作查询和 SQL 查询。其中,SQL 查询可以直接使用 SQL 语言快速、灵活地完成各种查询和更新工作,本节将仅介绍 SQL 查询。

7.3.1 Access 2016 查询中常用的函数

要完成对数据的查询、更新操作,很多时候需要借助函数的帮助,在具体介绍 SQL 查询前首先列出可能使用的函数,参见表 7-3-1,其中 expr 表示列名或包含列名的表达式。

SQL 语言中的常用函数主要包括六大类:文本函数、数学函数、日期函数、类型转换函数、条件判断函数及聚合统计函数。其中,聚合统计函数最为常用。

表 7-3-1 Access 中 SQL 查询常用的函数

函数类型	函数功能	函数形式
文本	取字符串长度	Len(expr)
	从字符串左侧截取长度为 *n* 的子串	Left(expr,n)
	从字符串右侧截取长度为 *n* 的子串	Right(expr,n)
	从字符串指定位置 *m* 开始截取长度为 *n* 的子串	Mid(expr,n)
	去除字符串首位空格	Trim(expr)
	检索字符串中是否包含子串,若有,则返回位置;否则返回 0	Instr(expr,子串)
数学	取绝对值	Abs(expr)
	取整	int(expr)
	四舍五入	round(expr,小数位数)
类型转换	转换为字符型	CStr(expr)
	转换为日期时间型	CDate(expr)
	转换为整数(短整型、长整型)	CInt(expr),CLng(expr)
	转换为小数(单精度、双精度、高精度)	CSng(expr),CDbl(expr),CDec(expr)

续表

函数类型	函数功能	函数形式
判断	根据条件是否满足返回不同的值	iif(条件,条件成立时的取值,条件不成立时的取值)
统计	取总和	Sum(expr)
	取平均	Avg(expr)
	取行数	Count(expr)
	取最大值	Max(expr)
	取最小值	Min(expr)

7.3.2　使用 SQL 实现数据查询

SQL 语言的查询功能虽只有一个 select 命令动词,但它却具有灵活的使用方法和丰富的功能。

如图 7-3-1 所示,在 Access 2016 中,打开前面建立的 bank 数据库,在“创建”功能区中单击“查询设计”按钮,在弹出的“显示表”对话框中单击“关闭”按钮,然后单击“设计”功能区最左侧的“SQL 视图”选项,即可进入创建查询的 SQL 视图,可以输入 SQL 命令。

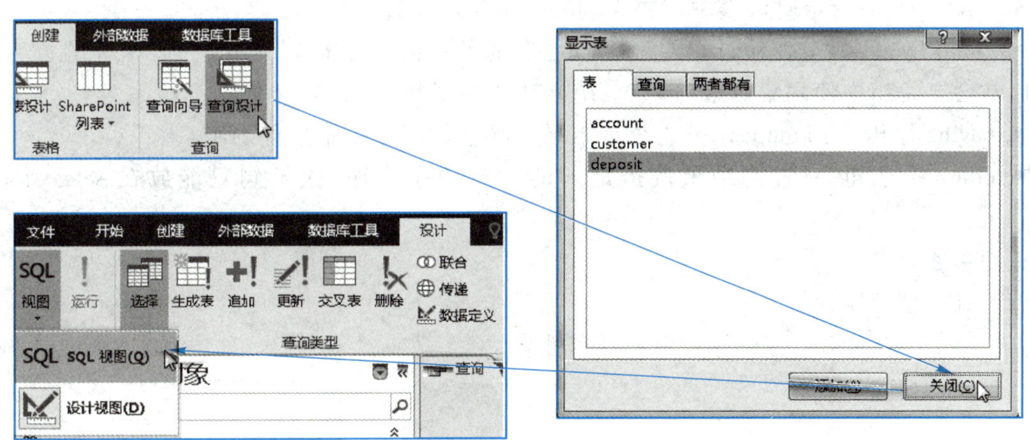

图 7-3-1　进入 SQL 视图

如图 7-3-2 所示,输入命令完毕后,单击功能区左侧的“运行”按钮,即可得到查询结果(即查询对应的“数据表视图”)。此时,通过单击最左侧“视图”的下拉箭头,选择“SQL 视图”选项,又可以返回 SQL 命令输入窗口。

1. select 语句的基本格式

```
select  <目标列表达式>[,…]
from <表名>[,…]
[ where <条件表达式> ]
[ group by <列名> [ having <组条件表达式> ] ]
[ order by<列名> [ asc |desc ] ];
```

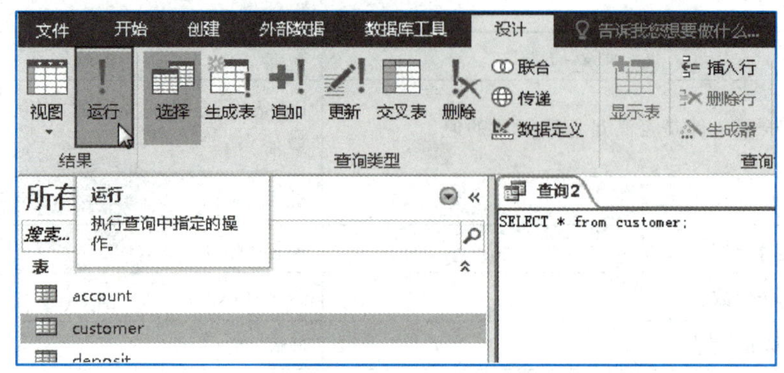

图 7-3-2　运行 SQL 命令

select 语句的执行结果也是一张表，通常称为查询表。select 语句的 6 个子句分别描述了查询的不同方面的特征，其中，select 子句和 from 子句是必需的，其他子句根据查询的具体需要选择使用，但各子句的顺序不能颠倒。上述每个子句的含义如下。

- select 子句：指定查询结果表中包含的属性或表达式，多个属性或表达式之间以逗号隔开。
- from 子句：指定查询对象表，多个对象之间以逗号隔开；也可以为表指定别名，其形式为“from <表名><别名>”或“from <表名>as <别名>”，表名也可以是一个查询语句。
- where 子句：指定对象表中需要查询的行满足的条件。
- group by 子句：分组统计。对表中满足查询条件的行按指定列分组，值相等的行为一个组。通常会在每组中使用集函数（即完成统计功能的函数）。
- having 短语：在 group by 分组统计结果中筛选出满足指定条件的组。
- order by 子句：对查询结果按指定列的指定顺序排序，该子句只能放在 select 语句的最后。

2. 单表查询

（1）查询部分属性。

【例 7.1】　查询每个客户的身份证号和姓名。

```
select Customer_id, Cust_name from customer;
```

（2）查询所有属性：为简化表达，SQL 中用“ * ”表示表中所有属性。

【例 7.2】　查询所有客户的基本信息。

```
select * from customer;
```

（3）取消结果表中的重复记录：SQL 语句通过在 SELECT 子句中使用 distinct 关键字取消查询结果表中的重复记录。

【例 7.3】　查询存款客户分布在哪些职业。

```
select distinct Cust_job from customer;
```

（4）查询经过计算的表达式与属性重命名：查询结果表中不仅包括查询对象中的属性，也可以是经过计算的表达式结果,但表达式结果所在的列没有具体有意义的属性名,此时可以为该列在结果表中重新命名,也称别名,其格式为“<表达式>　as　<别名>”。

【例 7.4】　查询每个客户的出生日期。

在 customer 表中并没有客户出生日期列,但在其身份证号中包含出生日期,在 Access 中可以借助取子串函数 mid(字符数据,子串起始位置,子串长度)从身份证号中提取出生日期。

```
select Customer_id,Cust_name,mid(Customer_id,7,8)  as Cust_birth
From customer;
```

例 7.4 中,结果表的第 3 列的属性名为 Cust_birth,内容为客户的出生日期。

(5) 带条件的单表查询:若要在数据表中找出满足某些条件的行时,则需使用 WHERE 来指定查询条件。Access 查询条件的表达如表 7-3-2 所示。

表 7-3-2　WHERE 查询条件

运算符	含义	举例
=、>、<、>=、<=、! =、<>	比较大小	balance>100000
between …and…	是否在范围内	balance between 20000 and 100000
in、not in	是否在集合内	cust_job in ('教师','工程师')
like、not like	字符模糊匹配	cust_job like '* 师'
is null、is not null	是否为空值	cust_name is not null
not、and、or	多重条件	balance>20000 and balance<100000

【例 7.5】　查询所有来自“成都”的客户的信息。

SQL 语句为:`select * from customer where cust_city='成都';`

注意:对于文本型的常量,要加上英文的单引号。

【例 7.6】　查询所有来自“成都”的职业为“教师”的客户信息。

SQL 语句为:
```
select * from customer
where cust_city='成都' and cust_job='教师';
```

【例 7.7】　查询余额大于 100 000 元或小于 20 000 元的账户信息。

SQL 语句为:
```
select * from account
where balance<20000 or balance>100000;
```

【例 7.8】　查询职业为“教师”“工人”“工程师”的客户信息。

SQL 语句为:
```
select * from customer
where cust_job in ('教师','工程师','工人');
```

【例 7.9】 查询没有填写联系电话的客户的身份证号和姓名。

SQL 语句为：

```
select customer_id,cust_name from customer
where cust_ phone is null;
```

【例 7.10】 查询 2018 年新开的所有账户的信息。

账户表中开户日期 build_date 为日期型，不能直接和 2018 进行比较，在 Access 中可以使用 datepart('yyyy',build_date)或 year(build_date)提取开户日期的年份，再和 2018 进行比较。

SQL 语句为：

```
select * from account
where datepart('yyyy', build_date)= 2018;
```

在 Access 中使用 SQL 命令时，日期型常量可以用日期外侧加#来表示，因此本例也可以用下面的命令来实现。

```
select * from account
where build_date>= #2018/1/1# and build_date<= #2018/12/31#;
```

【例 7.11】 查询成都市、职业为“教师”“工程师”等以“师”结尾的职业的客户基本信息。

该例中涉及 customer 表的 Cust_job 列，但条件不是精确相等，而是在 Cust_job 列中只要以“师”结尾即可，这是一种字符数据的模糊查询，在 SQL 中使用以下形式表达模糊查询：

字符型列名 like '模板'

其中，“模板”中会用到以下 3 个通配符：“?”表示任何单一字符、“ * ”表示零个或多个字符、“#”表示任何一个数字。

SQL 语句为：

```
select * from customer where Cust_job like '*师';
```

（6）统计查询：在实际应用中，往往不仅要求将表中的记录查询出来，还需要在原有数据的基础上进行统计计算。SQL 提供了许多统计函数，标准 SQL 常用的统计函数如表 7-3-3 所示。在这些函数中，如果指定了 distinct，则可以在计算时取消指定列中的重复值，但 Access 在这里不支持 distinct 选项。

表 7-3-3 标准 SQL 统计函数

函数名称	功能
avg([distinct] <数值型列名>)	按列计算平均值
sum([distinct] <数值型列名>)	按列计算值的总和
count([distinct] <列名>) count(*)	按列统计值的个数 统计行数
max([distinct] <列名>)	求一列中的最大值
min([distinct] <列名>)	求一列中的最小值

在聚合函数中遇到空值时，除 count(*)外，都跳过空值，仅处理非空值。需特别注意的是，在 where 子句中是不能用聚合函数作为条件表达式的。

【例 7.12】 统计所有账户中的最高余额和最低余额。

SQL 语句为：

```
select max(balance) as 最高余额 ,min(balance) as 最低余额
```

```
        from account;
```

【例 7.13】 统计位于“成都”市的客户数量。

SQL 语句为:

```
select count( * )from customer where cust_city='成都';
```

【例 7.14】 统计在银行开户的客户数。

由于 Access 不支持 distinct 选项,我们可以先查出在银行开户的不同的客户,再统计行数。

SQL 语句为:

```
select count( * )  from  (select distinct customer_id from account) as
temp;
```

上述几个例子中,都是将表中所有满足条件的行(或者所有行)作为一个组处理,在一个组上进行指定的统计。

【例 7.15】 一个客户可以开立多个存款账户,统计每个客户开立的存款账户数。

该案例需要将所有账户按照客户分组,对每个组分别进行统计,这就需要使用分组统计功能,用 group by 子句实现。分组统计的关键是确定分组属性、汇总属性和统计函数。该例中,分组属性为客户身份证号,汇总属性为账号,统计函数为统计个数。

SQL 语句为:

```
select Customer_id,count(account_no) as 开户数 from account
group by Customer_id;
```

【例 7.16】 统计每个客户的总存款额。

SQL 语句为:

```
select Customer_id,sum(balance) as 余额合计 from account
group by Customer_id;
```

【例 7.17】 统计总存款额大于 100 000 元的客户的身份证号及其总存款额。

本例需要先统计每个客户的总存款额,再在结果中选择满足条件的行。

从分组统计结果中再选择满足条件的组用 having 子句。

SQL 语句为:

```
select Customer_id,sum(balance) from account
group by Customer_id
having sum(balance)>100000;
```

Tips

注意:在带有 group by 子句的查询语句中,select 子句中只能出现下列内容:分组属性、统计函数、常量。换句话说,select 子句中出现的属性必须包含在分组属性中。having 子句总是在 group by 子句之后,不可以单独使用。

(7) 对查询结果排序

当用户需要对查询结果排序时,可用 order by 子句对查询结果按一个或多个查询列的升序(asc)或降序(desc)排列,默认值为升序。排在后面的属性指定的顺序只有在排在前面的属性的值相同时才起作用。

【例 7.18】　查询所有客户基本信息，查询结果按 Cust_city 升序排序，Cust_city 相同的按照 Cust_job 降序排序。

SQL 语句为：
```
select * from customer
order by Cust_city, Cust_job desc;
```

（8）取查询结果的前几行

【例 7.19】　统计所有账户的存款总额，给出存款最高的 5 个账号及其存款总额。

注意：Access 提供 top nn 选项从查询结果中返回前 nn 行。

SQL 语句为：
```
select top 5 Account_no,sum(balance) from account
group by Account_no
order by sum(balance) desc;
```

3. 连接查询

当一个查询同时涉及两个及以上的表，而且需要将这些表进行水平方向的拼接和筛选时使用连接查询，连接查询又细分为内连接和外连接两种。

（1）内连接：Access 中内连接的表达方式有以下两种（以两个表连接为例）。

方法 1：
```
select <查询目标列>from<表 1>,<表 2>where<连接条件>
```
方法 2：
```
select <查询目标列>
from<表 1>inner join<表 2>on<连接条件>
```

注意：对于两个表都有的同名字段，必须用表名（使用形式为：<表名>.<属性名>）或别名加以限制。

【例 7.20】　查询每个账户的账号、客户姓名和账户余额。

本例需要将 customer 和 account 表按照 Customer_id 相同进行行的对接。

SQL 语句为：
```
select Cust_name,Account_no,balance
from customer c,account a
where c.Customer_id=a.Customer_id;
```
或者
```
select Cust_name,Account_no,balance
from customer c  inner join account  a
on c.Customer_id=a.Customer_id;
```

（2）外连接

外连接的结果是在内连接结果基础上增加只在一张表中存在的行。标准 SQL 中，外连接又分为左外联（增加只在左侧表中存在的行）、右外联（增加只在右侧表中存在的行）和全外联（增加只在任何一侧表中存在的行）。表达形式为：

```
SELECT <查询目标列>
FORM <表 1>left |right |full outer join <表 2> on <连接条件>
```

Access 中不支持全外联。

【例 7.21】 查询每个客户的姓名、身份证号，如果该客户开立了账户，给出其账号及账户余额。

本例中无论客户是否开立了账户都要出现在结果中，查询需要对 customer 和 account 两张表进行连接，属于外连接类型。

SQL 语句为：

```
select c.Cust_name,c.Customer_id, a.Account_no,a.balance
from customer c left outer join account a on c.Customer_id=a.Custom-
er_id;
```

4. 嵌套查询

一个 select 查询的结果是一张表，表又可以看做元组的集合。因此，在 select 查询的 6 个子句中，from、where、having 3 个子句中可以嵌入查询语句，这就形成了嵌套查询。

【例 7.22】 查询每个客户的姓名、身份证号，如果该客户开立了活期存款账户，给出其活期存款账号及账户余额。

SQL 语句为：

```
select c.Cust_name,c.Customer_id, a.Account_no, a.balance
from customer c left outer join
(select Account_no,balance from account where acc_type=0) a
on c.Customer_id=a.Customer_id;
```

【例 7.23】 查询没有开立账户的客户的身份证号。

SQL 语句为：

```
select Customer_id from customer
where Customer_id not in(select distinct Customer_id from account);
```

7.3.3 通过 SQL 更新数据

数据更新包括数据插入、修改和删除。

1. 插入数据

如果要向表中插入一个具体的行，可以使用以下格式的 SQL 命令。

```
insert into <表名>[(<属性 1>[,<属性 2>,…])] values(<值 1>[,<值 2>,…])
```

insert 语句中属性的排列顺序可以任意指定，但当指定属性名时，values 子句值的排列顺序必须和指定属性名的排列顺序一致、个数相等、数据类型一一对应。

如果要将一个查询的结果插入一张表，则可以使用以下格式的 SQL 命令。

```
insert into <表名>[(<属性 1>[,<属性 2>,…])] <查询语句>
```

查询语句中 select 子句指定的属性的个数及相应属性的类型和长度，必须与 into 后指定的属性相容。into 语句中没有出现的属性名将取空值。

如果 into 子句没有指定属性名,则插入的新记录的值顺序必须和表定义的属性顺序一致,而且必须在每个属性上都有值。如果 into 子句指定了属性,则必须包含表中具有主码和非空约束的属性。

【例 7.24】 向 customer 表中插入一个新客户信息,其中客户身份证号:510106199006035443,姓名:李峰,电话:13512345678,性别:男

SQL 语句为:
```
insert into customer(Customer_id,Cust_name,Cust_phone,Cust_gender)
values('510106199006035443','李峰','13512345678','M');
```

2. 修改数据

修改数据的 SQL 命令格式为。

```
update <表名>
set <属性名 1>=<新值表达式>[,<属性名 2>=<新值表达式>...]
[ where <条件> ]
```

如果不指定 where 条件则表示修改表的所有行。

【例 7.25】 将身份证号为“510106199006035443”的客户的城市修改为重庆。

SQL 语句为:
```
update customer
set Cust_city='重庆'
where Customer_id='510106199006035443';
```

3. 删除数据

使用 delete 语句可删除表中的一条或多条记录,语法格式为:

```
delete from <表名>[ where <条件> ]
```

如果不指定 where 条件则表示删除表的所有行。

【例 7.26】 删除表 account 中 status 为“2”的账户信息。

SQL 语句为:
```
delete    from    account
where   status='2';
```

第 8 章 数据科学简介

学习目标

1. 了解 Python 语言的特点。
2. 了解机器学习、深度学习。
3. 了解一些常用的数据分析方法。
4. 了解 Python 中常用的数据分析库。

随着计算机技术的发展,基于计算机技术帮助人们解决生活中各方面问题的应用越来越普遍,例如,在机场利用人脸识别技术帮助工作人员进行身份证核对、电子邮件系统利用人工神经网络技术进行垃圾邮件过滤,以及电商网站利用机器学习技术根据人们购物习惯进行精准推荐等。

数据量指数级地增长,在提高计算机进行人脸识别、垃圾邮件过滤和产品推荐的准确度的同时,也对海量数据处理技术提出了挑战。人们需要更有效的数据处理和分析工具,通过数据中所蕴含的规律,利用计算机进行自我学习,从而提高人们解决各类问题的能力。

8.1 Python 语言

8.1.1 Python 语言简介

Python 语言由吉多 · 范罗苏姆(Guido van Rossum)创建于 1989 年。Python 的名称来自英国一个叫做 Monty Python 的喜剧团体。Python 是一种解释型的语言,利用 Python 编写的代码可以在 Windows、Mac OS 或 Linux 等操作系统中跨平台使用。Python 语法十分简洁,适合初学者快速入门,并且具有丰富的类库,使用者能够用几行非常简单的代码就完成复杂多样的功能。

微视频:
登记作业上交情况
(Python 语言)

Python 语言在各个领域均有着十分广泛的应用。图 8-1-1 所示的是 Python 语言的 Logo。

图 8-1-1　Python 语言的 Logo

8.1.2　Python 语言的特点

Python 语言简单易懂，对于许多非计算机专业的人士具有较大的吸引力，促使越来越多的人利用 Python 编写一些简单的小程序，解决学习、工作和生活中的各类问题。Python 语言目前已经成为最受欢迎的程序设计语言之一。Python 语言的设计哲学是“明确”“优雅”“简单”，其具有以下一些特点。

（1）简单、易学、易懂。Python 语法明确、结构简单，语句表述接近自然语言。

（2）面向对象。Python 中一切皆为“对象”，既支持面向过程的编程，也支持面向对象的编程。

（3）解释型语言。Python 程序只有在运行时才需要被编译成机器语言，这使得对 Python 源程序的维护变得非常方便。

（4）跨平台。在目前主流的各类操作系统中，Python 是标准的系统组件，可以在终端机中直接运行。

（5）免费、开源。作为自由/开放源码软件之一的 Python，使用者既可以免费使用和复制这个软件，也可以修改其源码。

（6）丰富的库资源。Python 提供了功能丰富的标准库，同时有大量优秀免费的第三方库，例如，NumPy、Pandas、Matplotlib 和 Scikit-Learn 等，这些是常用的数据处理与应用工具。

（7）代码规范。Python 利用代码块缩进的方式强制开发者对齐同一代码块中的代码，使得源代码具有较高的可读性，如图 8-1-2 所示。

```
for i in range(1, 10):
    for j in range(1, i + 1):
        print("{} * {} = {:2}   ".format(i, j, i * j), end = "")
    print()
```

```
1 * 1 =  1
2 * 1 =  2   2 * 2 =  4
3 * 1 =  3   3 * 2 =  6   3 * 3 =  9
4 * 1 =  4   4 * 2 =  8   4 * 3 = 12   4 * 4 = 16
5 * 1 =  5   5 * 2 = 10   5 * 3 = 15   5 * 4 = 20   5 * 5 = 25
6 * 1 =  6   6 * 2 = 12   6 * 3 = 18   6 * 4 = 24   6 * 5 = 30   6 * 6 = 36
7 * 1 =  7   7 * 2 = 14   7 * 3 = 21   7 * 4 = 28   7 * 5 = 35   7 * 6 = 42   7 * 7 = 49
8 * 1 =  8   8 * 2 = 16   8 * 3 = 24   8 * 4 = 32   8 * 5 = 40   8 * 6 = 48   8 * 7 = 56   8 * 8 = 64
9 * 1 =  9   9 * 2 = 18   9 * 3 = 27   9 * 4 = 36   9 * 5 = 45   9 * 6 = 54   9 * 7 = 63   9 * 8 = 72   9 * 9 = 81
```

图 8-1-2　Python 代码缩进示例

8.1.3　大数据时代 Python 的重要性

互联网技术的飞速发展，使得人们每天都在“生产”大量的数据。许多“有用”的信息隐藏在这些海量的数据中。被誉为“大数据商业应用第一人”的维克托·迈尔·舍恩伯格在其《大数据时代》一书中指出“大数据带来的信息风暴正在变革我们的生活、工作和思维,大数据开启了一次重大的时代转型”。在大数据时代,人们不再追求事物间的因果关系,而是更加关注相关性。基于海量的大数据,利用机器学习的计算机算法进行分类和预测,挖掘出数据中的相关关系是大数据人工智能时代的核心。

在大数据人工智能时代,越来越多的非计算机专业人员参与到数据的处理与分析过程中。人们急需快速掌握编程能力,以便结合自身的专业知识,进行相关的大数据处理工作。Python 正是这样一门语言,其简单易学、通俗易懂的特性,获得了人们的青睐,特别是在数据处理和分析领域,丰富的模块库大大缩短了开发周期。即使是零基础的使用者,也能快速地掌握 Python 的基础知识和编程技巧,进而专注于利用编程能力进行大数据处理和分析,以解决实际问题。例如,NumPy 和 Pandas 库中提供的向量和矩阵操作,为金融领域解决相关问题提供了高效的解决方案;开发者利用 Matplotlib 库可以非常方便地进行数据可视化展示。Scikit-Learn 库中提供的支持向量机(SVM)、逻辑回归、贝叶斯回归、k-均值聚类、分层聚类等为使用者提供了方便的分类、回归、聚类和预测等数据分析处理模型。

8.2　机器学习基础

8.2.1　机器学习概述

人类与人工智能计算机的第一次竞技是在 1997 年,IBM 的深蓝与国际象棋大师加里·卡斯帕罗夫对战,人类顶尖国际象棋选手输给了计算机。2016 年 3 月,Google 利用深度神经网络研发的 AlphaGo 以 4:1的成绩战胜了人类围棋世界冠军李世石。这次比赛将人工智能带入了人们的视野,引起了人们对人工智能的广泛关注和讨论。2016 年 5 月,AlphaGo 又以 3:0的成绩完胜了中国围棋领军人物柯洁。2017 年 10 月 19 日,AlphaGo 团队在《自然》上发表文章,介绍了 AlphaGo 的最新版 AlphaGo Zero。该版本的 AlphaGo 不再受限于人类的认知,而是通过对自我的反思和独有的创造力直接超越人类。AlphaGo 是一个典型的机器学习实例,机器学习已经成为目前非常热门的词汇之一。机器学习逐渐被应用到各行各业中。

机器学习(Machine Learning)主要是研究利用计算机算法,通过对海量数据的学习获取新的知识和技能,从而完善自身的知识结构,不断提高自身性能。机器学习是人工智能的核心,其在自然语言处理、证券市场分析、人脸识别、图像处理和医疗保险等多个领域均有成功应用。

机器学习的出现,改变了人类与计算机交互的方式。在传统的程序设计过程中,由人类输入一串指令,计算机根据程序设计中的语法结构,将这些指令一步一步地执行,最终得到结果。通常来说,相同的输入将会得到相同的输出,也就是说计算机运行的结果是可以确定的。然而,机器学习基于统计的思想,人类输入的指令不再是执行的过程,而是“教会”计算机通过统计的方法,从已有的数据中“学到”知识,并且将其用于新的数据中,从而得到准确的预测结果。

机器学习的过程和人类的认知过程非常相似。人类的成长也是一个不断学习的过程,从幼儿、少年、青年到成年,都是通过获取外部信息,在不断修正认识的过程中,更新自我的知识储备,提高对外部事物的认识,从而提升自身的技能,获取的信息越多,学习的能力越强。机器学习在最初也和幼儿一样,需要通过海量的外部数据以及各种算法模型进行训练,在训练的过程中不断修正模型参数,提高性能(分类或预测的准确性和效率),最终使模型具有能从未知数据中提取有用信息,做出正确判断的能力。

在机器学习中,获取外部数据的方式有很多,例如,通过键盘、鼠标、摄像头、话筒等输入设备输入,或者由光、热、位置等各类传感器传递。这些数据是机器学习的基础,并一定程度上决定了最终性能的好坏。机器学习的核心是算法,机器根据算法对海量数据进行处理、训练和调整,不断提高自身性能,从而达到应用的目的。目前机器学习算法主要有:监督学习、非监督学习和强化学习等。

8.2.2 监督学习

监督学习(Supervised Learning)又称为监督训练或者有教师学习。监督学习的过程和人类绝大部分学习过程非常相似,例如,父母在幼儿认识事物初期,给他们介绍狗和猫的区别,并且在幼儿对狗和猫判断出错的时候,父母会进行纠正,幼儿将调整自身对于狗和猫的认识,经过不断地训练,当遇见新的狗或者猫的时候,幼儿就能根据之前的学习做出正确的判断。

监督学习同样是这样一个过程,是指利用一组已知分类的样本进行训练,通过调整分类算法的参数,最终达到所要求性能的过程。在这个过程中(如图 8-2-1 所示),算法根据自身参数对每一个样本进行判断,依据判断的结果和正确的分类调整参数,逐步缩小误差率。每一个样本由输入(特征或矢量)和期望输出(目标或监督信号)组成,其中期望输出是由人类事先进行标注的,即样本的真实分类。经过大量的样本训练,机器将"学会"一个模型,当有新的数据时,依据该模型作出判断。判断的结果可以是一个连续的值(回归分析),或者一个标签(分类)。

例如,对房子价格进行预测就是一个回归问题。为了对房子价格进行预测,首先,我们需要收集大量的房地产相关信息,每一条信息中包含了房子面积、位置、房间数量、房龄和朝向等,这些称为样本的"特征";同时还包含了其对应的价格,称为样本的"目标"。这些房地产相关信息分成两个部分:训练集和测试集,利用回归模型对训练集中的每一条信息进行预测,将预测结果与真实结果进行比较,如果结果一致,则不进行处理,如果不一致,就调整模型的参数,缩小误差率。将训练集中的每一个样本按照这个过程训练完毕后,再利用测试集数据对模型的预测结果进行测试,以验证模型的预测准确性。

再来看一个例子,垃圾邮件过滤就是一个分类问题。目前的电子邮件管理系统中,有新的电子邮件时,系统都会自动判断该邮件是否为垃圾邮件。这个判断是由系统根据模型作出的,而模型是经过对大量已经被标记为正常邮件或者垃圾邮件的数据训练后得到的。我们可以将正常邮件标记为 0,垃圾邮件标记为 1。训练的过程和回归问题类似,不同之处在于这里需要预测的是一个离散值(0 或者 1),这就是一个分类问题。在其他的分类问题中,离散值可以大于两个,例如,对文本情绪作出的分类可以分为:积极、平静和消极等;对手写数字识别时,分类结果包括:0、1、2、3 等 10 个数字。

常见的监督学习分类算法包括:K-近邻算法、支持向量机(SVM)、决策树分类、逻辑回归(Logistic Regression)和朴素贝叶斯分类算法等;回归算法包括:支持向量回归(SVR)、最小二乘回归、线性回归、AdaBoost 算法和决策树回归等。

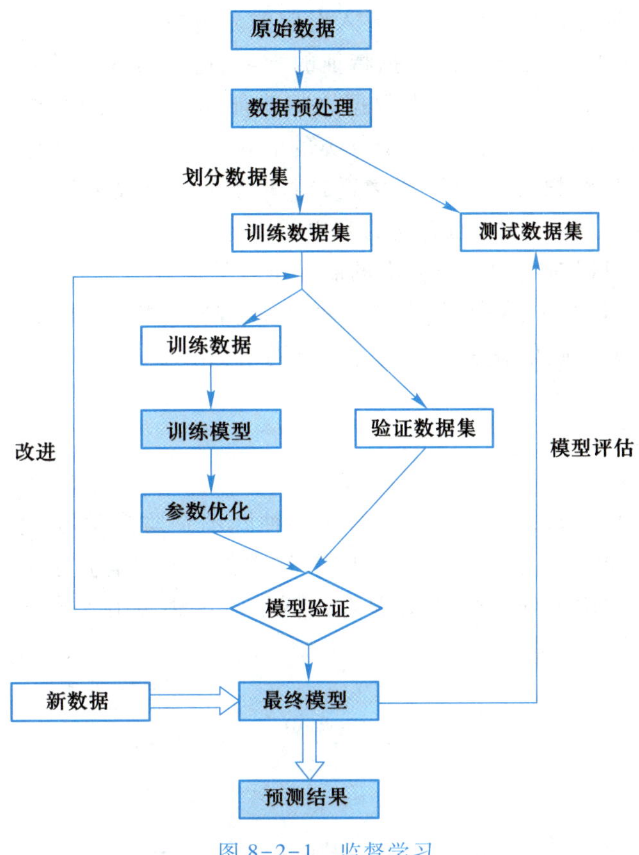

图 8-2-1　监督学习

8.2.3　非监督学习

非监督学习(Unsupervised Learning)过程则与监督学习不同。如图 8-2-2 所示,在非监督学习过程中,仅仅提供样本的特征,而不提供样本的分类,机器通过总结归纳,推断出数据一些内在的结构,将数据分配到不同类别中。所以非监督学习过程也是一个总结归纳的过程,是将样本数据分成多个不同簇(Cluster)的过程。

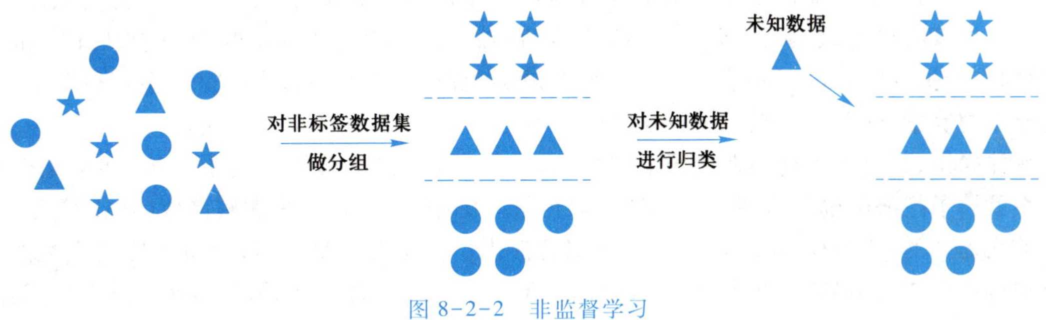

图 8-2-2　非监督学习

这就类似于在教幼儿过程中,给幼儿许多动物的图片,并不告诉幼儿这些动物的名称,幼儿根据这些图片中动物的形体、颜色和毛发等特征,将动物分到不同的组(簇)中。当给出新的图片时,根据该图片中动物的特征,幼儿将其放入对应的分组中。

在非监督学习过程中,机器通过对数据特征的学习,进行自我总结归纳,最终达到同组内的样本数据特征非常接近,而不同组的样本数据之间特征相距很远的结果。例如,在对客户群体进行分类过程中,人们并不需要知道每一个分类的名称,于是将海量的客户数据(样本特征)提交给非监督学习算法,算法根据组内特征接近,组间特征相距很远的原则,对客户进行正确分组,从而将客户分配到不同的组中,当有新的客户需要分组时,算法将根据该客户的特征将其放入到对应组中,最终便可以对用户进行精准的商品推荐等。

常见的非监督学习算法有:K-均值聚类算法、关联规则分析、谱聚类、主成分分析(PCA)、等距映射算法、拉普拉斯特征映射算法和生成式对抗网络(GAN)等。

8.2.4 强化学习

所谓的强化学习(Reinforcement Learning)是一种既不是监督学习,也不是非监督学习的过程。如图 8-2-3 所示,强化学习与监督学习不同,样本数据并没有直接给出正确的分类;也不像非监督学习,完全由算法决定分组过程,而是在机器学习算法做出正确分类时系统给予奖励,在做出错误分类时系统给予惩罚。

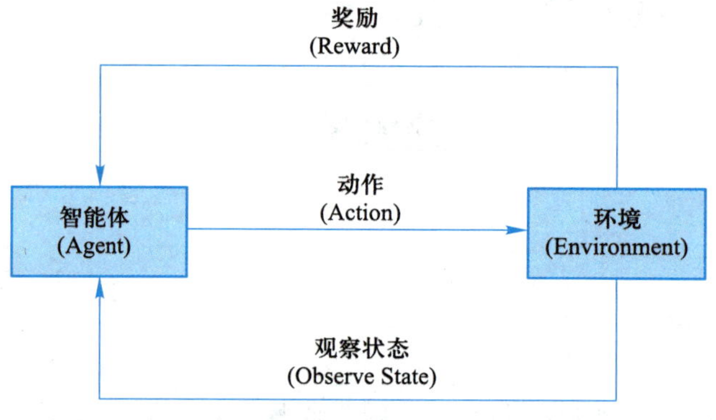

图 8-2-3 强化学习

强化学习源于心理学中的行为注意理论,即在环境不断给予奖励或惩罚的刺激下,人们逐步对刺激形成预期,进而产生获得最大收益的习惯性行为。例如,在规范幼儿行为的教学中,当幼儿专心认真听讲时,教师给予夸奖(精神奖励)或一块巧克力(物质奖励);当幼儿东张西望时,教师进行批评教育(惩罚),久而久之,幼儿就会明白,只有专心认真听讲才会获得奖励,为了获得更多的奖励,幼儿将自觉地更正自己的学习行为,形成良好的学习习惯。

具体来说,强化学习就是在机器学习算法对样本数据输出解答时给予评价,如果是个正确的答案就给予报酬奖励。机器学习算法以取得最大的报酬为目标,来调整参数(修正行为)。

前文提到的 AlphaGo Zero 就是一个典型的强化学习应用。AlphaGo Zero 不需要人类的任何历史围棋棋谱作为指导,不依赖人类棋手的经验,经过几天的训练后,就轻松地击败了其前身 AlphaGo。AlphaGo Zero 采用蒙特卡洛树搜索及深度学习算法,其本质是有个最优化搜索算法。就像 AlphaGo 创始人之一的大卫·席尔瓦所说,AlphaGo Zero 之所以强大,是因为它不再受到人类知识的限制,而是能够发现新知识和新策略。

常见的强化学习算法有:Q 学习、Sarsa 法和蒙特卡洛算法等。

8.3　深度学习简介

2017 年 7 月 20 日,国务院在印发的《新一代人工智能发展规划》中提出面向 2030 年我国新一代人工智能发展的指导思想、战略目标、重点任务和保障措施,部署构筑我国人工智能发展的先发优势,加快建设创新型国家和世界科技强国。人工智能(Artificial Intelligence,AI)、机器学习(Machine Learning)、神经网络(Neural Network)和深度学习(Deep Learning)等术语逐渐为人们所熟悉。

机器学习是实现人工智能最重要的技术,神经网络是机器学习研究领域中的一种算法,而深度学习则是一种模仿人类神经网络的"类神经网络",其比一般的神经网络更加深层化。图 8-3-1 给出了人工智能、机器学习、神经网络和深度学习之间的关系。

1956 年,在达特茅斯会议上,计算机科学家就首次提出了人工智能的概念:构建一台复杂的机器,然后让机器呈现出人类智力的特征,让它拥有人类的所有感知,像人一样思考。在人工智能发展的初期,神经网络就已经存在了。神经网络的构想来源于对人类大脑的理解,即神经元之间的信息传播机制。大脑中的神经元有两种状态:兴奋和抑制,一般情况下,大多数的神经元是处于抑制状态,但是一旦某个神经元受到刺激,导致它的电位超过一个阈值,那么这个神经元就会被激活,处于兴奋状态,进而向其他的神经元传播化学物质(信息)。受此启发,将大脑中的生物神经元系统在计算机中呈现,构成神经网络,又称为人工神经网络(Artificial Neural Networks,ANN)。

所谓的深度学习,就是由多个层次构成的人工神经网络。如图 8-3-2 所示,一般人工神经网络包含输入层、中间层和输出层。含有多个中间层,即总体在 4 层及以上的人工神经网络称为深度神经网络(Deep Neural Network),又称为深度学习(图 8-3-3)。深度学习通过组合底层

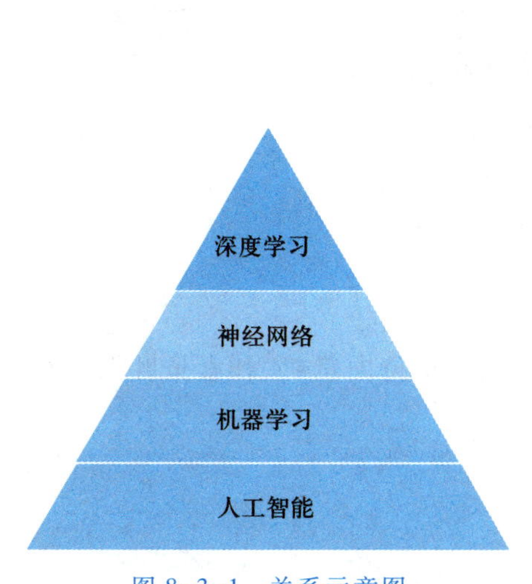

图 8-3-1　关系示意图

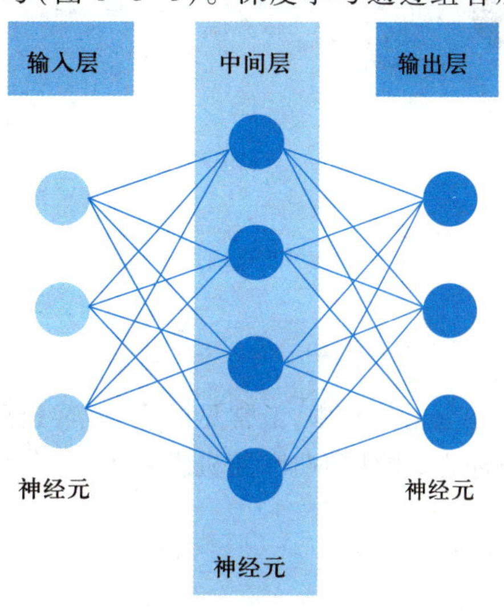

图 8-3-2　一般人工神经网络

特征形成更加抽象的高层来表示属性类别或特征,以发现数据的分布式特征表示。

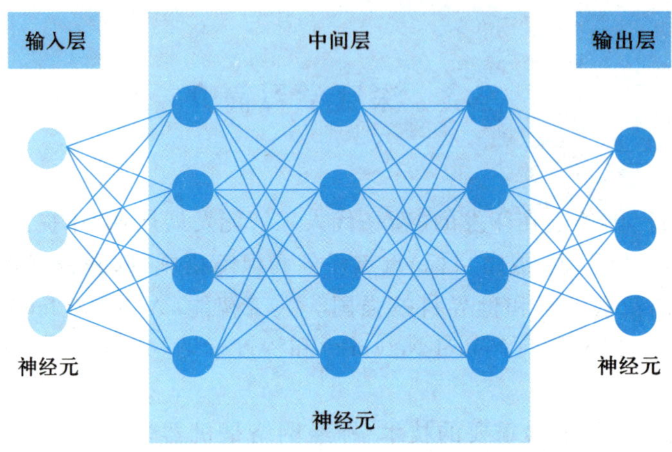

图 8-3-3 深度学习

深度学习的概念是由杰弗瑞·辛顿等人在 2006 年提出的。随着计算机性能的提升,辛顿等人发现,即使在 4 层以上的深度神经网络中,利用方向传播算法(Back-propagation)也能解决局部最优化和梯度消失等一直困扰机器学习发展的问题。在 2012 年的图像辨识竞赛会议(ImageNet Large Scale Visual Recognition Challenge,大规模视觉辨认竞赛)中,辛顿等人应用深度神经网络,使得其图像辨识准确度远远超过其他团队,进而掀起了深度神经网络(即深度学习)的浪潮。深度学习不仅仅限于图像识别,在自然语言处理、机器翻译、机器人控制、医疗等广大领域均有深入应用。如图 8-3-4 所示,是图像卷积编码-解码的深度神经网络。

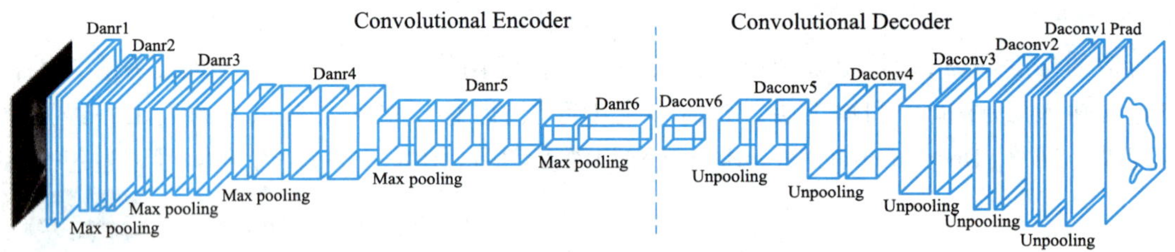

图 8-3-4 图像卷积编码-解码的深度神经网络

8.4 常用数据分析方法

在数据分析中,最常见的机器学习算法有:k-近邻算法、支持向量机、朴素贝叶斯、决策树、逻辑回归、线性回归和随机森林等。

8.4.1 k-近邻算法

k-近邻(k-Nearest Neighbor,kNN)分类算法是最简单的分类算法之一。其核心思想是:在一个给定的训练数据集中，对于一个新的数据实例，在训练数据集中找到离其最近的 k 个数据样本，这 k 个数据样本中大多数属于某个类别，则该数据实例也属于这个类别。kNN 中一般使用欧式距离来计算数据之间的距离：

$$d(x,y)=\sqrt{\sum_{k=1}^{n}(x_k-y_k)^2}$$

在 k-近邻算法中，不同的 k 值可能会导致分类结果不同，k 值的选择要在偏差和方差之间取得平衡。k 值选择越小，分类结果越容易因为噪声点而出错，导致方差较大；k 值选择越大，分类结果相对稳定，但是结果与真实值可能相差较大，导致偏差过大。如图 8-4-1 所示，有两类不同的数据样本，分别用三角形和五角星表示，图中的圆形表示待分类的新数据。

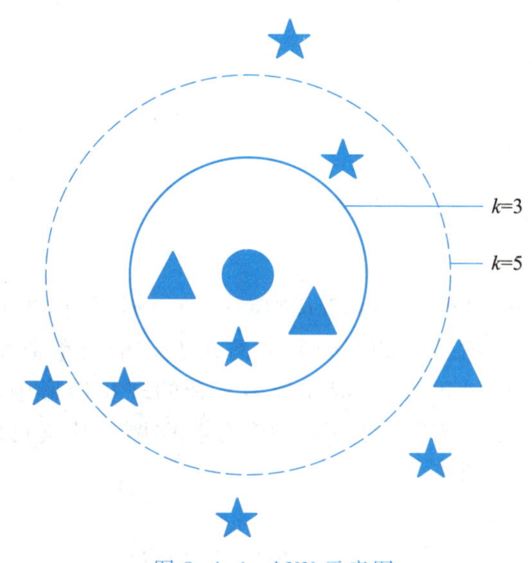

图 8-4-1 kNN 示意图

当 $k=3$ 时，距离圆形最近的 3 个点中，有 2 个三角形和 1 个五角星，根据 k-近邻算法的规则，新的数据应该属于三角形的分类。

当 $k=5$ 时，距离圆形最近的 5 个点中，有 3 个五角星和 2 个三角形，根据 k-近邻算法规则，新的数据应该属于五角星的分类。

因此，k 的取值不同可能会得到不同的分类结果，一般使用交叉验证（Cross Validation）进行评估，选取结果最好的 k 值作为模型参数。

8.4.2 支持向量机

支持向量机（Support Vector Machine，SVM），是一种监督学习算法，通常用在分类和回归分析中。支持向量机是一种二分类模型，其基本模型是定义在特征空间中的间隔最大的线性分类器，SVM 的学习策略就是间隔最大化，即求解凸二次的最优化算法。SVM 学习的基本思想是求解能够正确划分训练数据集并且集合间隔最大的分离超平面。如图 8-4-2 所示，$w \cdot x+b=0$ 就是分离超平面，对于线性可分的数据集来说，这样的超平面（即感知机）有无穷多个，但是几何间隔最大的分离超平面却是唯一的。图中 $w \cdot x+b=1$ 和 $w \cdot x+b=-1$ 上的点称为支持向量。

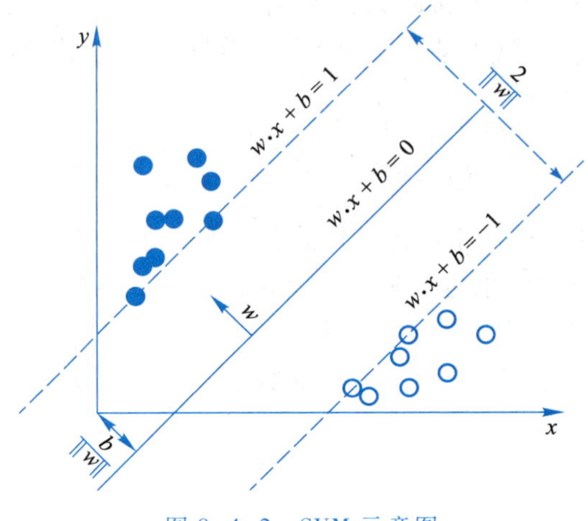

图 8-4-2　SVM 示意图

8.4.3　朴素贝叶斯

朴素贝叶斯分类器(Naive Bayes Classifier,NBC)是另一个简单的概率分类器,是一系列在假设数据样本特征之间强(朴素)独立下以贝叶斯定理为基础的简单概率分类器。虽然朴素贝叶斯中对于特征之间独立的假设过于简化,但在很多复杂的现实情形中的应用效果仍然相当好,并且在数据量较小的情况下依然有效,可以处理多分类问题。朴素贝叶斯应用非常广泛,如文本分类、垃圾邮件过滤器、医疗诊断等。

朴素贝叶斯的基本公式为:

$$P(B|A)=\frac{P(A|B)\,P(B)}{P(A)}$$

8.4.4　决策树

决策树(Decision Tree,DT)是一种用于分类的树结构,基于决策树的分类算法是一种监督学习算法。决策树中的每一个非叶节点表示对一个特征属性的一次测试,每个分支代表这个特征属性的一个测试结果,每个叶节点表示某个分类。

决策树的决策过程是:从根节点开始,测试待分类项中相应的特征属性,并按照其值选择输出分支,直到到达叶节点,将叶节点存放的类别作为决策结果。

如图 8-4-3 所示是一棵用于决策贷款用户是否具有偿还贷款能力的决策树。贷款用户的 3 个特征属性为:是否拥有房产、银行存款是否大于或等于 100 万元以及月收入。每个非叶节点都表示一个属性条件判断,叶节点则表示用户是否可以偿还贷款。例如,用户没有房产,银行存款在 100 万元以下,月收入为 1.5 万元。通过决策树的判断过程为:先判断房产("否"),再判断银行存款("小于 100 万元"),最后判断月收入("大于或等于 1 万元"),所以该用户的分类为"可以偿还",也就是说该用户具备还款能力。

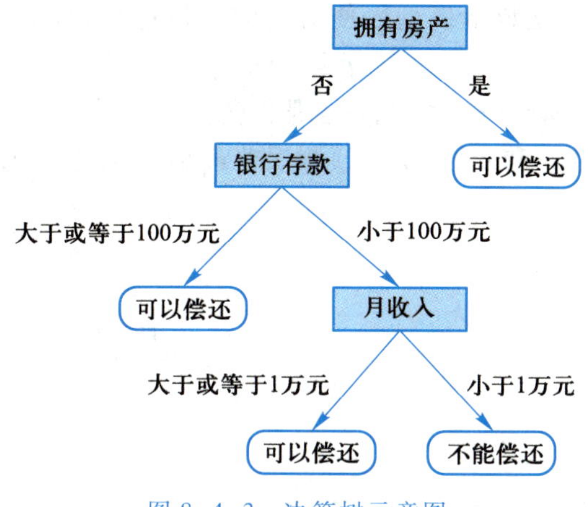

图 8-4-3 决策树示意图

8.4.5 逻辑回归

逻辑回归(Logistic Regression)算法虽然名字里带"回归",但实际上它是一种分类方法,主要用于二分类问题(即输出只有两个值,分别代表两个类别)。其建模过程为:面对一个回归或者分类问题,建立代价函数,然后通过优化方法迭代求解出最优的模型参数,然后测试验证这个求解出来的模型的好坏。

在逻辑回归模型中,输出 y 是一个定性变量,比如 $y=0$ 或 1,逻辑回归方法主要应用于研究某些事件发生的概率。逻辑回归的模拟速度很快,适合二分类问题。Logisitic 函数形式为:

$$g(z)=\frac{1}{1+e^{-z}}$$

该函数又称为 Sigmoid 函数,其函数图形如图 8-4-4 所示。

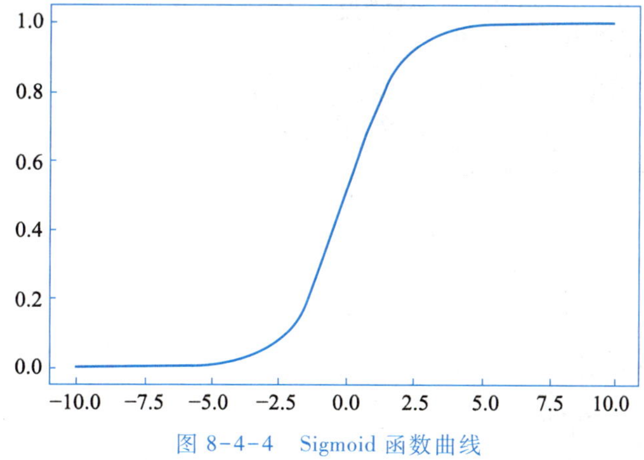

图 8-4-4 Sigmoid 函数曲线

8.4.6 线性回归

线性回归(Linear Regression)算法利用了统计学中的数据分析方法,目的在于找出两个或更多个变量之间的相关性，并建立数学模型以便对新的变量进行预测，其建模过程就是使用数据点来寻找最佳拟合线。

线性回归的公式为：$y=mx+c$，其中，y 是因变量、x 是自变量、m 为斜率、c 为偏移值。模型的拟合过程即是寻找合适的 m 和 c 值，使得预测误差最小。线性回归曲线如图 8-4-5 所示。

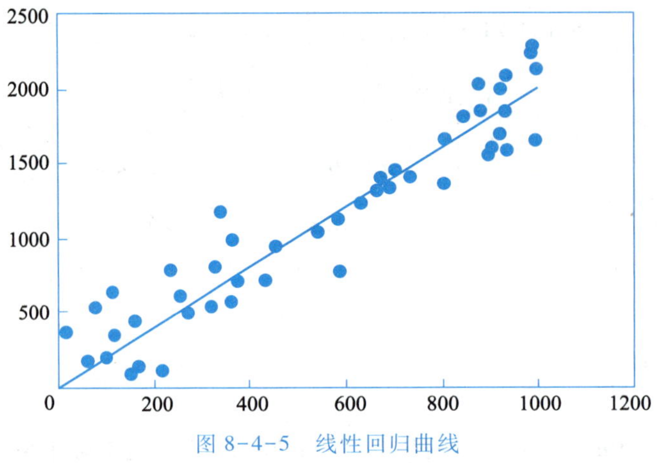

图 8-4-5　线性回归曲线

8.4.7　随机森林

随机森林算法（Random Forest）的名称是由 1995 年贝尔实验室提出的 random decision forests 演变而来，随机森林可以看作一个决策树的集合，是一个由多棵决策树组成的分类器。随机森林中每棵决策树输出一个分类，这个过程称为“投票”，随机森林算法输出的类别由个别树输出的类别的众数而定。如图 8-4-6 所示，是随机森林的决策过程。

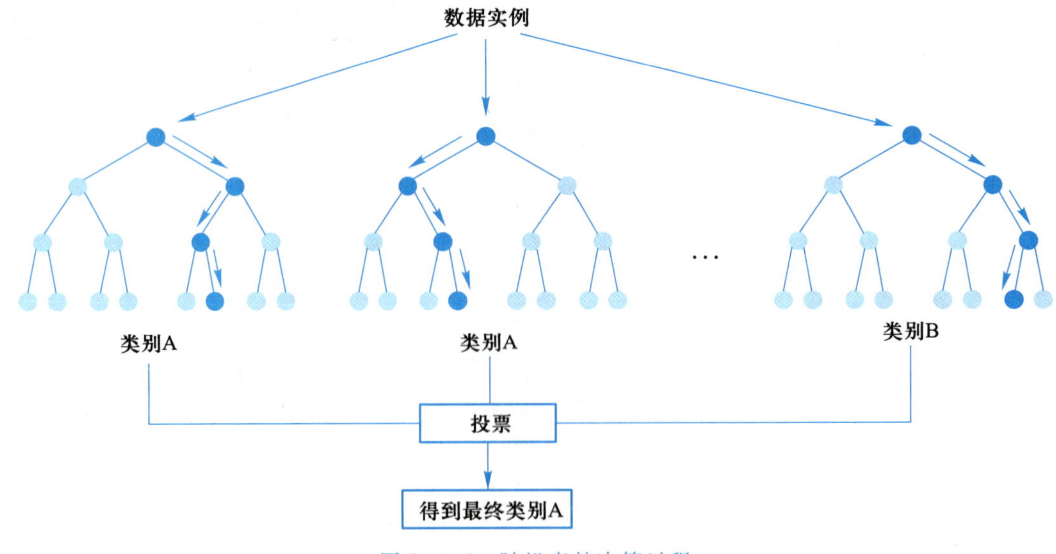

图 8-4-6　随机森林决策过程

8.5　Python 中常用数据分析库

8.5.1　NumPy 库

NumPy(Numerical Python)是 Python 科学计算的基础包。它提供了以下功能。

- 快速高效的多维数组对象 ndarray。
- 用于对数组执行元素级计算以及直接对数组执行数学运算的函数。
- 用于读写硬盘上基于数组的数据集的工具。
- 线性代数运算、傅立叶变换,以及随机数生成。
- 成熟的 C 语言接口函数,用于 Python 插件和原生 C、C++、FORTRAN 代码访问 NumPy 的数据结构和计算工具。

除了为 Python 提供快速的数组处理能力,NumPy 在数据分析方面还有另外一个主要作用,即作为在算法和库之间传递数据的容器。对于数值型数据,NumPy 数组在存储和处理数据时要比内置的 Python 数据结构高效得多。此外,由低级语言(如 C 和 Fortran)编写的库可以直接操作 NumPy 数组中的数据,无须进行任何数据复制工作。因此,许多 Python 的数值计算工具要么使用 NumPy 数组作为主要的数据结构,要么可以与 NumPy 进行无缝交互操作。

8.5.2　Pandas 库

Pandas 提供了快速便捷处理结构化数据的大量数据结构和函数。自从 2010 年出现以来,它助使 Python 成为强大而高效的数据分析环境。Pandas 具有以下一些特点。

- Pandas 用得最多的对象是 DataFrame,它是一个面向列(column-oriented)的二维表结构。
- 另一个是 Series,其是一个一维的标签化数组对象。

Pandas 兼具 NumPy 高性能的数组计算功能以及电子表格和关系型数据库语言(如 SQL)灵活的数据处理功能。它提供了复杂精细的索引功能,能更加便捷地完成重塑、切片和切块、聚合以及选取数据子集等操作。

Pandas 这个名字源于 Panel Data(面板数据,这是多维结构化数据集在计量经济学中的术语)以及 Python Data Analysis(Python 数据分析)。

8.5.3　matplotlib 库

matplotlib 是最流行的用于绘制图表和其他二维数据可视化的 Python 库。它最初由 John D. Hunter(JDH)创建,目前由一个庞大的开发团队维护。它非常适合创建出版物上用的图表。虽然还有其他的 Python 可视化库,但 matplotlib 却是使用最广泛的,并且它和其他生态工具配合也非常完美。

8.5.4 scikit-learn 库

自从 2010 年诞生以来，scikit-learn 成为了 Python 的通用机器学习工具包，它包括下面的子模块。

- 分类：SVM、近邻、随机森林、逻辑回归等。
- 回归：Lasso、岭回归等。
- 聚类：k-均值、谱聚类等。
- 降维：PCA、特征选择、矩阵分解等。
- 选型：网格搜索、交叉验证、度量。
- 预处理：特征提取、标准化。

与 pandas、statsmodels 和 IPython 一起，scikit-learn 对于 Python 成为高效数据科学编程语言起到了关键作用。

—— 课后思考 ——

1. Python 语言有什么特点？在机器学习领域为什么常常使用 Python 来进行编程？
2. 监督学习和非监督学习的区别是什么？深度学习和机器学习之间的关系又是怎样的？
3. 了解几种常用的数据分析算法，并思考如何使用编程的方式来实现算法。

附录 Excel 常用快捷键一览

Excel 常用快捷键如附表 1～附表 3 所示。

附表 1 Ctrl 系列快捷键

组合键	功能
Ctrl+A	选定整个数据区域或整个工作表
Ctrl+C	复制
Ctrl+F	打开“查找和替换”对话框中的“查找”选项
Ctrl+G	打开“定位”对话框
Ctrl+H	打开“查找和替换”对话框中的“替换”选项
Ctrl+N	新建工作簿
Ctrl+P	打开“打印”对话框
Ctrl+Q	打开“快速分析”工具
Ctrl+S	保存
Ctrl+T	打开“创建表”对话框
Ctrl+V	粘贴
Ctrl+X	剪切
Ctrl+Z	撤销上一步操作
Crl+1	打开“设置单元格格式”对话框
Ctrl+-	删除选定的行或列；或者打开“删除”对话框
Ctrl+;	显示系统当前日期
Ctrl+↓	定位到数据区域或者工作表中相同列的最后一行
Ctrl+→	定位到数据区域或者工作表中相同行的最后一列
Ctrl+↑	定位到数据区域或者工作表中相同列的第一列
Ctrl+←	定位到数据区域或者工作表中相同行的第一列
Ctrl+Enter	向选定的单元格中填充相同的数据
Ctrl+Shift+0	取消隐藏列

续表

组合键	功能
Ctrl+Shift+9	取消隐藏行
Ctrl+Shift+1	设置为数值格式
Ctrl+Shift+3	设置为日期格式
Ctrl+Shift+4	设置为货币格式
Ctrl+Shift+5	设置为百分比格式
Ctrl+Shift+;	显示系统时间
Ctrl+Shift+Enter	数组公式完成输入
Ctrl+Shift+↓	选定数据区域或者工作表的最后一行
Ctrl+Shift+→	选定数据区域或者工作表的最后一列

附表 2　F 系列快捷键

快捷键	功能
F1	显示帮助
F2	使单元格进入编辑状态
F4	切换单元格地址类型
F5	打开“定位”对话框
F9	显示公式分步计算的结果

附表 3　Alt 系列快捷键

快捷键	功能
Alt+Enter	对单元格中的内容进行强制换行
Alt+=	对行或者列求和
Alt+F4	退出 Excel

参考文献

[1] 匡松,李自力,康立.大学计算机应用教程[M].3 版.成都:西南财经大学出版社,2014.

[2] 王移芝,鲁凌云等.大学计算机[M].6 版.北京:高等教育出版社,2019.

[3] 赵宏.计算思维应用实例[M].北京:清华大学出版社,2015.

[4] 丛秋实.大学计算机基础教程[M].北京:清华大学出版社,2017.

[5] 薛胜军.计算机组成原理[M].4 版.北京:清华大学出版社,2017.

[6] 唐朔飞.计算机组成原理[M].2 版.北京:高等教育出版社,2013.

[7] 鼎翰文化.Windows 10 从入门到精通[M].北京:人民邮电出版社,2018.

[8] 刘春茂,刘荣英,张金伟.Windows 10 + Office 2016 高效办公[M].北京:清华大学出版社,2018.

[9] 雷震甲.网络工程师教程 [M].5 版.北京:清华大学出版社,2018.

[10] 谢希仁.计算机网络 [M].7 版.北京:电子工业出版社,2017.

[11] 张焕国.信息安全工程师教程[M].北京:清华大学出版社,2016.

[12] 教育部考试中心.全国计算机等级考试三级教程——信息安全技术[M].北京:高等教育出版社,2019.

[13] 谢华,冉洪艳.Office 2016 高效办公应用标准教程[M].北京:清华大学出版社,2017.

[14] Excel Home.Excel 2016 应用大全[M].北京:北京大学出版社,2018.

[15] 王秉宏.Access 2016 数据库应用基础教程[M].北京:清华大学出版社,2017.

[16] 王珊,萨师煊.数据库系统概论 [M].5 版.北京:高等教育出版社,2014.

[17] 嵩天,礼欣,黄天羽.Python 语言程序设计基础 [M].2 版.北京:高等教育出版社,2017.

[18] 伊恩・古德费洛.深度学习[M].北京:人民邮电出版社,2017.

郑重声明